复变函数

史济怀　刘太顺　编著

中国科学技术大学出版社

内 容 简 介

本书包括复数与复变函数、全纯函数、全纯函数的积分表示、全纯函数的 Taylor 展开及其应用、全纯函数的 Laurent 展开及其应用、全纯开拓、共形映射、调和函数和多复变数全纯函数等九章内容，讲述了复变函数论的基本理论与方法. 作为一种尝试，本书引进了非齐次的 Cauchy 积分公式，并用它给出了一维∂问题的解及其应用. 本书还扼要地介绍了次调和函数和多复变函数理论. 每节后都附有足够数量的习题，供读者练习.

本书可作为大学本科数学系各专业复变函数课程的教材，也可供自学者参考.

图书在版编目(CIP)数据

复变函数/史济怀，刘太顺编著. —合肥：中国科学技术大学出版社，1998.12(2021.3 重印)

ISBN 978-7-312-00999-0

Ⅰ. 复…　Ⅱ. ①史…　②刘…　Ⅲ. 复变函数　Ⅳ. O174.5

中国版本图书馆 CIP 数据核字(1998)第 33407 号

出版　中国科学技术大学出版社
安徽省合肥市金寨路 96 号，230026
http://press.ustc.edu.cn
https://zgkxjsdxcbs.tmall.com

印刷　安徽省瑞隆印务有限公司

发行　中国科学技术大学出版社

经销　全国新华书店

开本　850 mm×1168 mm　1/16

印张　11.5

字数　300 千

版次　1998 年 12 月第 1 版

印次　2021 年 3 月第 5 次印刷

定价　28.00 元

前 言

复变函数理论的基础是19世纪由三位杰出的数学家Cauchy，Weierstrass和Riemann奠定的，到现在已有一百多年的历史，这是一门相当成熟的学科.它在数学的其他分支(如常微分方程、积分方程、概率论、解析数论、算子理论及多复变函数论等)和自然科学的相关领域(如流体力学、空气动力学、电学及理论物理学等)中都有重要的应用.

复变函数论作为大学数学系的一门重要基础课，通常包含Cauchy的积分理论、Weierstrass的级数理论和Riemann的几何理论这三部分内容.本书作为这样一门课程的教材，就是以这三大块内容为中心来编写的，但在材料的取舍上与传统的教材略有不同.例如，在第3章全纯函数的积分表示中，我们除了介绍全纯函数的Cauchy积分公式外，还对非全纯的函数(仅要求f的实部和虚部有一阶连续偏导数)建立了Cauchy积分公式，并用它得到一维$\bar{\partial}$问题的解，再利用这个解在第5章中给出了Mittag-Leffler定理、Weierstrass因子分解定理和插值定理的证明，通过这些证明，使读者了解$\bar{\partial}$问题的解是构造全纯函数的重要工具，而这在以往的教材中是不被重视的.又如，在介绍调和函数理论(第8章)的同时，我们还介绍了次调和函数的基本理论，因为次调和函数的理论在众多的其他数学分支中要遇到.再如，在本书的最后一章中介绍了多复变数全纯函数和全纯映射的一些基本性质.

在以往的教学中，曾有学生问：在微积分中，讲完单变量微积分，还要讲多变量微积分，为什么在复变函数课程中没有多变量函数的理论？这是一个很自然的问题，但回答起来并不容易.我们增添这样一章的目的，是要使学生了解单复变与多复变有许多本质的不同，在内容上和研究方法上都是如此．在多复分析已经成为数学研究的主流方向之一的今天，让学生们了解一些多复变最基本的知识是必要的．我们认为 Riemann 面属于另外一门课程的内容，很难在这样一本教材中说清楚，干脆就不提它了．至于个别定理的取舍，就不在这里一一介绍了．

书中定理的证明，大部分与传统的教材相似，只是在编排与叙述方式上有些差别，但也有若干创新之处．例如，在证明 Weierstrass 关于级数的定理时，我们利用了全纯函数 f 的任意阶导数 $f^{(n)}$ 在紧集 K 上的模可以用 f 在 K 的邻域上的模来控制这一事实，使证明得以简化，而且上述事实在别处还要用到．其他如边界对应定理和 Weierstrass 因子分解定理的证明，与传统的证明有更大的差别．

我们主张教材可以写得详细一些，教师不必都讲，给学生留一些自己学习的余地．例如，为了完整起见，在第 1 章中我们比较详细地介绍了平面点集的知识，对于相当一部分学生来说，这部分内容在学多元函数的微积分时已经学过了，教师可不必再讲，留给学生备查就行了．又如，用残数理论计算定积分，我们介绍了不少方法，教师只需选择一部分来讲，其他可留作学生自学的材料．总之，教师应该根据实际情况作出取舍．

书中每节之后都附有不少习题，这是本书的重要组成部分．一些练习性的习题是为加深对教学内容的理解而设，学生都应该完成．一部分有一定难度的习题是为锻炼学生的综合分析能力而设，有些题初学时做不出来也不必介意，待学完本课程后回过头来还可以再想．

21 世纪的钟声即将敲响，数学教学的改革已经提到人们的议事日程上．对于这样一门成熟的学科，应该如何改？我们认为，任何积极的改革都不应该触动前面提到的那三部分主要内容，而是应该在介绍这三部分主要内容的同时，尽可能使这门课程和现代数学更为接近．前面提到的 $\overline{\partial}$ 问题及其应用、次调和函数和多复变基础知识等，都是为了这样一个目的而引进的.

作者曾在中国科学技术大学多次讲授这门课程，本书便是在这些讲稿的基础上写成的. 在编写过程中，龚昇教授最近编著的《简明复分析》(北京大学出版社，1996 年)对我们有很大启发，在此深致谢意. 兄弟院校的一些优秀教材也对我们有很多帮助，在此一并致谢.

由于水平所限，书中缺点和错误在所难免，希望得到广大读者的批评指正.

史济怀　刘太顺
1998 年 2 月于中国科学技术大学

目　　次

第1章 复数与复变函数

复变函数论讨论的是复变数的函数理论,也就是复数域上的微积分学. 本章先从较高的角度帮助读者系统地复习一下有关复数的知识,再在这个基础上引进复变函数及其连续性的概念.

1.1 复数的定义及其运算

我们把复数定义为一对有序的实数(a,b),如果用$\boldsymbol{R}$记实数的全体,$\boldsymbol{C}$记复数的全体,那么

$$\boldsymbol{C}=\{(a,b):a\in\boldsymbol{R},b\in\boldsymbol{R}\}.$$

在这个集合中定义加法和乘法两种运算:

$$(a,b)+(c,d)=(a+c,b+d),$$
$$(a,b)(c,d)=(ac-bd,ad+bc).$$

容易验证,加法和乘法都满足交换律和结合律;$(0,0)$是零元素,$(-a,-b)$是(a,b)的负元素;$(1,0)$是乘法的单位元素;每个非零元素(a,b)有逆元素$\left(\dfrac{a}{a^2+b^2},-\dfrac{b}{a^2+b^2}\right)$;此外,$\boldsymbol{C}$中的加法和乘法还满足分配律:

$$[(a,b)+(c,d)](e,f)=(a,b)(e,f)+(c,d)(e,f).$$

因此,$\boldsymbol{C}$在上面定义的加法和乘法运算下构成一个域,称为**复数域**. 如果记

$$\widetilde{\boldsymbol{R}}=\{(a,0):a\in\boldsymbol{R}\},$$

那么$\widetilde{\boldsymbol{R}}$是$\boldsymbol{C}$的一个子域. 显然,$(a,0)\to a$是$\widetilde{\boldsymbol{R}}$与$\boldsymbol{R}$之间的一个同构对应,因此,实数域$\boldsymbol{R}$是$\boldsymbol{C}$的一个子域. 我们直接记$(a,0)=a$. 在$\boldsymbol{C}$中,$(0,1)$这个元素有其特殊性,它满足

$$(0,1)^2=(0,1)(0,1)=(-1,0)=-1.$$

专门用 i 记$(0,1)$这个元素，于是有 $\mathrm{i}^2=-1$. 由于$(0,b)=(b,0)\cdot(0,1)=b\mathrm{i}$，于是每一个复数$(a,b)$都可写成

$$(a,b)=(a,0)+(0,b)=a+b\mathrm{i}.$$

复数域和实数域的一个重要区别是在复数域中不能定义两个复数的大小. 为了证明这一事实，我们先给出有序域的概念.

定义 1.1.1 域 F 称为**有序域**，如果在 F 的元素间能确定一种关系(记为 $a<b$)，其满足下列要求：

(i) 对 F 中任意两个元素 a,b，下述三个关系中必有而且只有一个成立：

$$a<b,\quad a=b,\quad b<a;$$

(ii) 如果 $a<b,b<c$，那么 $a<c$；

(iii) 如果 $a<b$，那么对任意 c，有 $a+c<b+c$；

(iv) 如果 $a<b,c>0$，那么 $ac<bc$.

容易知道，实数域是有序域，而复数域则不是.

定理 1.1.2 复数域不是有序域.

证 如果 $\boldsymbol{C}$ 是有序域，那么因为 $\mathrm{i}\neq0$，i 和 0 之间必有 $\mathrm{i}>0$ 或 $\mathrm{i}<0$ 的关系. 如果 $\mathrm{i}>0$，则由(iv)得 $\mathrm{i}\cdot\mathrm{i}>\mathrm{i}\cdot0$，即 $-1>0$，再由(iii)，两端都加 1，即得 $0>1$. 另一方面，从 $-1>0$ 还可得 $(-1)\cdot(-1)>0\cdot(-1)$，即 $1>0$，这和刚才得到的 $0>1$ 矛盾. 如果 $\mathrm{i}<0$，两端都加 $-\mathrm{i}$，得 $0<-\mathrm{i}$，再由(iv)，两端乘 $-\mathrm{i}$，得 $-1>0$. 重复上面的讨论，即可得 $0>1$ 和 $0<1$ 的矛盾. 所以，复数域不是有序域. □

从现在开始，我们不再用实数对(a,b)来记复数，而直接用 $z=a+b\mathrm{i}$ 记复数，a 称为 z 的实部，b 称为 z 的虚部，分别记为 $a=\mathrm{Re}z,b=\mathrm{Im}z$. 加法和乘法用现在的记号定义为：

$$(a+b\mathrm{i})+(c+d\mathrm{i})=(a+c)+(b+d)\mathrm{i},$$

$$(a+b\mathrm{i})(c+d\mathrm{i})=(ac-bd)+(ad+bc)\mathrm{i}.$$

减法和除法分别定义为加法和乘法的逆运算：

$$(a+bi)-(c+di)=(a-c)+(b-d)i,$$

$$\frac{a+bi}{c+di}=(a+bi)\left(\frac{c-di}{c^2+d^2}\right)$$

$$=\frac{ac+bd}{c^2+d^2}+\frac{bc-ad}{c^2+d^2}i.$$

设 $z=a+bi$ 是一复数,定义

$$|z|=\sqrt{a^2+b^2},$$

$$\bar{z}=a-bi,$$

$|z|$ 称为 z 的模或绝对值,$\bar{z}$ 称为 z 的共轭复数. 下面是它们的一些基本性质:

命题 1.1.3 设 z 和 w 是两个复数,那么

(i) $\mathrm{Re}z=\frac{1}{2}(z+\bar{z})$, $\mathrm{Im}z=\frac{1}{2i}(z-\bar{z})$;

(ii) $z\bar{z}=|z|^2$;

(iii) $\overline{z+w}=\bar{z}+\bar{w}$, $\overline{zw}=\bar{z}\,\bar{w}$;

(iv) $|zw|=|z|\,|w|$, $\left|\frac{z}{w}\right|=\frac{|z|}{|w|}$;

(v) $|z|=|\bar{z}|$.

这些性质的证明都很简单,但在证明(iv)时,初学者往往会用 z 和 w 的实部和虚部来表示 $|zw|$ 和 $|z|\,|w|$,从而证明它们相等. 其实,利用(ii)来证明要简单得多:

$$|zw|^2=(zw)(\overline{zw})=|z|^2|w|^2.$$

命题 1.1.4 设 z 和 w 是两个复数,那么

(i) $|\mathrm{Re}z|\leqslant|z|$, $|\mathrm{Im}z|\leqslant|z|$;

(ii) $|z+w|\leqslant|z|+|w|$,等号成立当且仅当存在某个 $t\geqslant0$,使得 $z=tw$;

(iii) $|z-w|\geqslant\big||z|-|w|\big|$.

证 (i) 从 $\mathrm{Re}z$, $\mathrm{Im}z$ 和 $|z|$ 的定义马上知道不等式成立.

(ii) 利用命题 1.1.3 的(ii),(i)和这里的不等式(i),即得

$$|z+w|^2=(z+w)(\overline{z+w})$$

$$
\begin{aligned}
&=|z|^2+2\mathrm{Re}(z\overline{w})+|w|^2\\
&\leqslant|z|^2+2|z||w|+|w|^2\\
&=(|z|+|w|)^2,
\end{aligned}
$$

由此即知(ii)成立. 由上面的不等式可以看出,等式成立的充要条件是 $\mathrm{Re}(z\overline{w})=|z\overline{w}|$,这等价于 $z\overline{w}\geqslant 0$. 不妨设 $w\neq 0$ ($w=0$ 时,等号显然成立),由于 $\overline{w}=\dfrac{|w|^2}{w}$,上面的不等式等价于$\dfrac{z}{w}|w|^2\geqslant 0$. 令 $t=\left(\dfrac{z}{w}|w|^2\right)\dfrac{1}{|w|^2}$,则 $t\geqslant 0$,而且 $z=tw$.

(iii) 是(ii)的简单推论,证明留给读者作练习. □

设 $z_1,\cdots,z_n$ 是任意 n 个复数,用数学归纳法,容易得到不等式

$$|z_1+\cdots+z_n|\leqslant|z_1|+\cdots+|z_n|.$$

请读者给出上述不等式中等号成立的条件.

习 题 1.1

1. 证明命题 1.1.3 的(i),(ii),(iii),(v).

2. 设 $z_1,\cdots,z_n$ 是任意 n 个复数,证明:

$$|z_1+\cdots+z_n|\leqslant|z_1|+\cdots+|z_n|,$$

并给出不等式中等号成立的条件.

3. 证明:

$$\frac{1}{\sqrt{2}}(|\mathrm{Re}z|+|\mathrm{Im}z|)\leqslant|z|\leqslant|\mathrm{Re}z|+|\mathrm{Im}z|.$$

4. 若 $|z_1|=\lambda|z_2|$, $\lambda>0$,证明:

$$|z_1-\lambda^2 z_2|=\lambda|z_1-z_2|.$$

5. 设 $|a|<1$,证明:若 $|z|=1$,则

$$\left|\frac{z-a}{1-\overline{a}z}\right|=1.$$

6. 设 $|a|<1$, $|z|<1$. 证明:

(i) $\left|\dfrac{z-a}{1-\overline{a}z}\right|<1$;

(ii) $1-\left|\frac{z-a}{1-\bar{a}z}\right|^2=\frac{(1-|a|^2)(1-|z|^2)}{|1-\bar{a}z|^2}$；

(iii) $\frac{||z|-|a||}{1-|a||z|}\leqslant\left|\frac{z-a}{1-\bar{a}z}\right|\leqslant\frac{|z|+|a|}{1+|a||z|}$.

7. 设 $z_1,\cdots,z_n,w_1,\cdots,w_n$ 是任意 $2n$ 个复数，证明复数形式的 Lagrange 等式：

$$\left|\sum_{j=1}^n z_jw_j\right|^2=\left(\sum_{j=1}^n|z_j|^2\right)\left(\sum_{j=1}^n|w_j|^2\right)-\sum_{1\leqslant j<k\leqslant n}|z_j\overline{w}_k-z_k\overline{w}_j|^2,$$

并由此推出 Cauchy 不等式：

$$\left|\sum_{j=1}^n z_jw_j\right|^2\leqslant\left(\sum_{j=1}^n|z_j|^2\right)\left(\sum_{j=1}^n|w_j|^2\right).$$

不等式中等号成立的条件是什么？

8. 设 $z_1,\cdots,z_n$ 是任意 n 个复数，证明必有 $\{1,2,\cdots,n\}$ 的子集 E，使得

$$\left|\sum_{j\in E}z_j\right|\geqslant\frac{1}{6}\sum_{j=1}^n|z_j|.$$

1.2 复数的几何表示

在平面上取定一个直角坐标系，实数对 (a,b) 就表示平面上的一个点，所以复数 $z=a+bi$ 可以看成平面上以 a 为横坐标、以 b 为纵坐标的一个点（图 1.1）. 这个点的极坐标设为 (r,θ)，那么

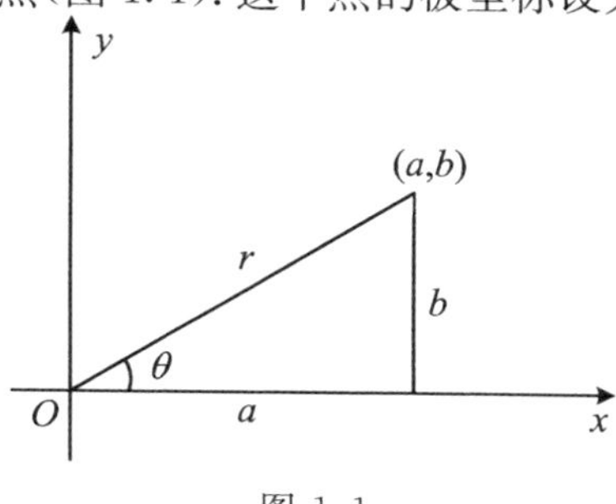

图 1.1

$$a=r\cos\theta,\quad b=r\sin\theta,$$

因而复数 $z=a+b\mathrm{i}$ 也可表示为

$$z=r(\cos\theta+\mathrm{i}\sin\theta).$$

这里,$r=|z|=\sqrt{a^2+b^2}$ 就是前面定义过的 z 的模,θ 称为 z 的辐角,记为 $\theta=\mathrm{Arg}z$. 容易看出,如果 θ 是 z 的辐角,那么 $\theta+2k\pi$ 也是 z 的辐角,这里,k 是任意的整数,因此 z 的辐角有无穷多个. 但在 $\mathrm{Arg}z$ 中,只有一个 θ 满足 $-\pi<\theta\leqslant\pi$,称这个 θ 为 z 的辐角的主值,把它记为 $\arg z$. 因而

$$\mathrm{Arg}z=\arg z+2k\pi,\quad k\in\mathbf{Z},$$

这里,$\mathbf{Z}$ 表示整数的全体. 注意,0 的辐角没有意义.

我们还可把复数 $z=a+b\mathrm{i}$ 看成在 x 轴和 y 轴上的投影分别为 a 和 b 的一个向量,这时我们就把复数和向量作为同义语来使用. 容易知道,由一向量经过平行移动所得的所有向量表示的是同一个复数. 如果一个向量的起点和终点分别为复数 z_1 和 z_2,那么这个向量所表示的复数便是 z_2-z_1,因而 $|z_2-z_1|$ 就表示 z_1 与 z_2 之间的距离. 特别地,当一个向量的起点为原点时,它的终点所表示的复数和向量所表示的复数是一致的.

由此可以知道,前面定义的复数的加法和向量的加法是一致的:把两个不重合的非零向量 z_1 和 z_2 的起点取在原点,以 z_1 和 z_2 为两边作平行四边形,那么以原点为起点沿对角线所作的向量就表示 z_1+z_2;以 z_2 为起点,z_1 为终点的向量就表示 z_1-z_2(图 1.2). 现在再来看 1.1 节命题 1.1.4 中(ii)的不等式 $|z_1+z_2|\leqslant|z_1|+|z_2|$,它实际上就是三角形两边之和大于第三边的最简单的几何命题.

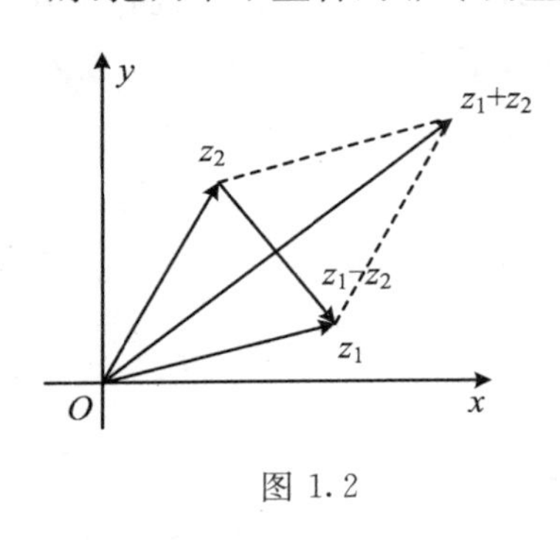

图 1.2

为了说明复数乘法的几何意

义，我们采用复数的三角表示式. 设

$$z_1 = r_1(\cos\theta_1 + i\sin\theta_1),$$
$$z_2 = r_2(\cos\theta_2 + i\sin\theta_2),$$

那么

$$z_1 z_2 = r_1 r_2(\cos(\theta_1 + \theta_2) + i\sin(\theta_1 + \theta_2)).$$

由此立刻得到

$$|z_1 z_2| = |z_1||z_2|,$$
$$\operatorname{Arg}(z_1 z_2) = \operatorname{Arg}z_1 + \operatorname{Arg}z_2.$$

第一个等式在 1.1 节中已经证明过；第二个等式应该理解为两个集合的相等. 这就是说，两个复数的乘积是这样一个复数，它的模是两个复数的模的乘积，它的辐角是两个复数的辐角之和. 从几何上看，用复数 w 乘复数 z，相当于把 z 沿反时针方向转动大小为 $\arg w$ 的角，再让 z 的长度伸长 $|w|$ 倍. 特别地，如果 w 是单位向量，那么 w 乘 z 的结果就是把 z 沿反时针方向转动大小为 $\arg w$ 的角. 例如，已知 i 是单位向量，它的辐角为 $\frac{\pi}{2}$，因此 iz 就是把 z 按反时针方向转动 $\frac{\pi}{2}$ 角所得的向量. 这种几何直观在考虑问题时非常有用.

再看复数的除法，由于

$$\frac{z_1}{z_2} = \frac{r_1}{r_2}[\cos(\theta_1 - \theta_2) + i\sin(\theta_1 - \theta_2)],$$

所以

$$\left|\frac{z_1}{z_2}\right| = \frac{|z_1|}{|z_2|},$$
$$\operatorname{Arg}\left(\frac{z_1}{z_2}\right) = \operatorname{Arg}z_1 - \operatorname{Arg}z_2.$$

这里，第二个等式也理解为集合的相等. 这说明向量 z_1 与 z_2 之间的夹角可以用 $\operatorname{Arg}\left(\frac{z_1}{z_2}\right)$ 来表示，这一简单的事实在讨论某些几何

问题时很有用. 例如,用它很容易证明向量 z_1 与 z_2 垂直的充要条件是 $\mathrm{Re}(z_1\bar{z}_2)=0$. 这是因为 z_1 与 z_2 垂直就是 z_1 与 z_2 之间的夹角为 $\pm\frac{\pi}{2}$,即 $\arg\left(\frac{z_1}{z_2}\right)=\pm\frac{\pi}{2}$,这说明 $\frac{z_1}{z_2}$ 是一个纯虚数,因而 $z_1\bar{z}_2=\frac{z_1}{z_2}|z_2|^2$ 也是一个纯虚数,即 $\mathrm{Re}(z_1\bar{z}_2)=0$. 同样道理,可以得到 z_1 与 z_2 平行的充要条件为 $\mathrm{Im}(z_1\bar{z}_2)=0$.

利用复数知识来处理几何问题,有时显得非常方便,下面是两个这方面的例子.

例 1.2.1 在图 1.3 的三角形中,$AB=AC$,$PQ=RS$,M 和 N 分别是 PR 和 QS 的中点. 证明:$MN\perp BC$.

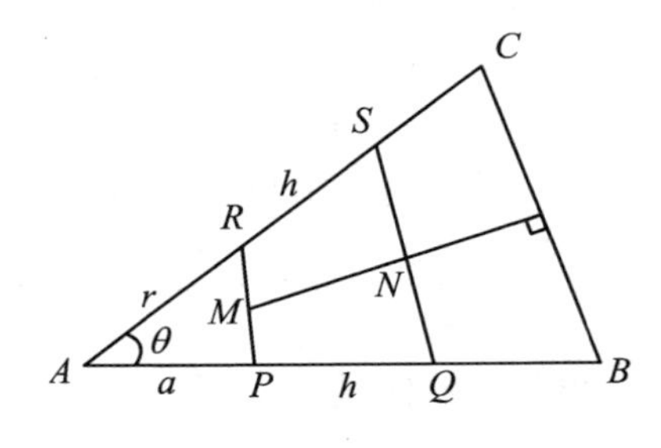

图 1.3

证 把 A 取作坐标原点,AB 所在的直线取作 x 轴,那么 P,Q 的坐标分别为 a 和 $a+h$. 如果用 $\mathrm{e}^{\mathrm{i}\theta}$ 记 $\cos\theta+\mathrm{i}\sin\theta$,那么 R 点和 S 点可分别用复数 $r\mathrm{e}^{\mathrm{i}\theta}$ 和 $(r+h)\mathrm{e}^{\mathrm{i}\theta}$ 表示. 由于 M 和 N 分别是 PR 和 SQ 的中点,所以 M 和 N 可以分别用复数表示为

$$M:\ \frac{1}{2}(a+r\mathrm{e}^{\mathrm{i}\theta}),$$

$$N:\ \frac{1}{2}[(a+h)+(r+h)\mathrm{e}^{\mathrm{i}\theta}].$$

若记 $z_1=\overrightarrow{MN}$,则

$$z_1=\frac{1}{2}[(a+h)+(r+h)\mathrm{e}^{\mathrm{i}\theta}]-\frac{1}{2}(a+r\mathrm{e}^{\mathrm{i}\theta})$$

$$=\frac{h}{2}(1+e^{i\theta}).$$

如果记 B 的坐标为 b，因为 $AB=AC$，所以 C 的坐标为 $be^{i\theta}$. 若记 $z_2=\overrightarrow{BC}$，则

$$z_2=be^{i\theta}-b=b(e^{i\theta}-1).$$

现在

$$\begin{aligned}z_1\bar{z}_2&=\frac{h}{2}(1+e^{i\theta})b(e^{-i\theta}-1)\\&=\frac{bh}{2}(e^{-i\theta}-e^{i\theta})\\&=-ibh\sin\theta,\end{aligned}$$

因而 $\mathrm{Re}(z_1\bar{z}_2)=0$. 所以 z_1 垂直 z_2，即 $MN\perp BC$. □

例 1.2.2 证明：平面上四点 z_1,z_2,z_3,z_4 共圆的充要条件为

$$\mathrm{Im}\left(\frac{z_1-z_3}{z_1-z_4}\Big/\frac{z_2-z_3}{z_2-z_4}\right)=0. \qquad (1)$$

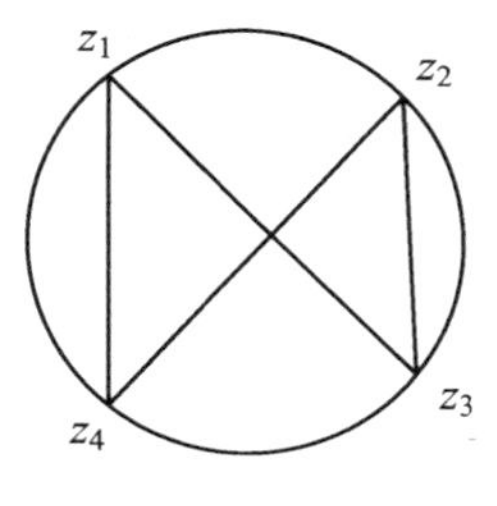

图 1.4

证 从图 1.4 可以看出，z_1,z_2,z_3,z_4 四点共圆的充要条件是向量 z_1-z_3 和 z_1-z_4 的夹角等于向量 z_2-z_3 和 z_2-z_4 的夹角或互补（当 z_2 在 z_3 与 z_4 之间时），即

$$\begin{aligned}\arg\left(\frac{z_1-z_3}{z_1-z_4}\Big/\frac{z_2-z_3}{z_2-z_4}\right)&=\arg\left(\frac{z_1-z_3}{z_1-z_4}\right)-\arg\left(\frac{z_2-z_3}{z_2-z_4}\right)\\&=0\text{ 或 }\pm\pi.\end{aligned}$$

这说明复数 $\frac{z_1-z_3}{z_1-z_4}\Big/\frac{z_2-z_3}{z_2-z_4}$ 在实轴上，因而等式(1)成立. □

还有一些有趣的例子，放在习题中供读者练习.

给定复数 w，如何计算 $\sqrt[n]{w}$？也就是要求复数 z，使得 $z^n=w$. 我们从 de Moivre 公式说起. 设 $z_1=r_1(\cos\theta_1+i\sin\theta_1),\cdots,z_n=r_n(\cos\theta_n+i\sin\theta_n)$ 是给定的 n 个复数，容易用数学归纳法证明：

$$z_1\cdots z_n=r_1\cdots r_n[\cos(\theta_1+\cdots+\theta_n)+i\sin(\theta_1+\cdots+\theta_n)].$$

特别当 $z_1 = \cdots = z_n$ 都是单位向量时，就有

$$(\cos\theta + i\sin\theta)^n = \cos n\theta + i\sin n\theta,$$

这就是著名的 de Moivre 公式. 其实，对于负整数，上面的公式也成立：

$$\begin{aligned}(\cos\theta + i\sin\theta)^{-n} &= \frac{1}{(\cos\theta + i\sin\theta)^n} \\ &= \frac{1}{\cos n\theta + i\sin n\theta} \\ &= \cos n\theta - i\sin n\theta \\ &= \cos(-n)\theta + i\sin(-n)\theta.\end{aligned}$$

现在设 $w = r(\cos\theta + i\sin\theta)$ 是给定的，要求的 $z = \rho(\cos\varphi + i\sin\varphi)$. 由 de Moivre 公式，$z^n = w$ 等价于

$$\rho^n(\cos n\varphi + i\sin n\varphi) = r(\cos\theta + i\sin\theta).$$

由此即得 $\rho = \sqrt[n]{r}$，$n\varphi = \theta + 2k\pi$，$k = 0, 1, \cdots, n-1$. 这就是说，共有 n 个复数满足 $z^n = w$，它们是

$$z = \sqrt[n]{|w|}\left(\cos\frac{\theta + 2k\pi}{n} + i\sin\frac{\theta + 2k\pi}{n}\right),$$

$$k = 0, 1, \cdots, n-1.$$

这 n 个复数恰好是以原点为中心、$\sqrt[n]{|w|}$ 为半径的圆的内接正 n 边形的顶点. 当 $w = 1$ 时，若记 $\omega = \cos\frac{2\pi}{n} + i\sin\frac{2\pi}{n}$，则 $\sqrt[n]{1}$ 的 n 个值为

$$1,\ \omega,\ \omega^2,\ \cdots,\ \omega^{n-1},$$

称为 n 个单位根. 如果用 $\sqrt[n]{w}$ 记 w 的任一 n 次根，那么 w 的 n 个 n 次根又可表示为

$$\sqrt[n]{w},\ \sqrt[n]{w}\omega,\ \cdots,\ \sqrt[n]{w}\omega^{n-1}.$$

习 题 1.2

1. 把复数 $z = 1 + \cos\theta + i\sin\theta$ 写成三角形式.

2. 问 n 取何值时有 $(1+\mathrm{i})^n=(1-\mathrm{i})^n$？

3. 证明：

$$\sum_{k=0}^{n}\cos k\theta=\frac{\sin\dfrac{\theta}{2}+\sin\left(n+\dfrac{1}{2}\right)\theta}{2\sin\dfrac{\theta}{2}},$$

$$\sum_{k=1}^{n}\sin k\theta=\frac{\cos\dfrac{\theta}{2}-\cos\left(n+\dfrac{1}{2}\right)\theta}{2\sin\dfrac{\theta}{2}}.$$

4. 证明：$\triangle z_1z_2z_3$ 和 $\triangle w_1w_2w_3$ 同向相似的充分必要条件为

$$\begin{vmatrix} z_1 & w_1 & 1 \\ z_2 & w_2 & 1 \\ z_3 & w_3 & 1 \end{vmatrix}=0.$$

5. 设 $z_1\neq z_2$，证明：

(i) z 位于以 z_1 和 z_2 为端点的开线段上，当且仅当存在 $\lambda\in(0,1)$，使得

$$z=\lambda z_1+(1-\lambda)z_2;$$

(ii) z 位于以 z_1 和 z_2 为端点的开圆弧上，当且仅当存在 $\theta\ (0<|\theta|<\pi)$，使得

$$\arg\frac{z-z_1}{z-z_2}=\theta.$$

6. 证明：三点 z_1,z_2,z_3 共线的充要条件为

$$\begin{vmatrix} z_1 & \bar{z}_1 & 1 \\ z_2 & \bar{z}_2 & 1 \\ z_3 & \bar{z}_3 & 1 \end{vmatrix}=0.$$

7. 图 1.5 是三个边长为 1 的正方形，证明：

$$\angle AOD+\angle BOD+\angle COD=\frac{\pi}{2}.$$

8. 图 1.6 中，$ABED$，$ACFG$ 是正方形，$AH\perp BC$，M 是 DG 的中点. 证明：M,A,H 三点共线.

9. 在平行四边形 $ABCD$ 中(见图 1.7),如果

$$\overline{AC}^2 \cdot \overline{BD}^2 = \overline{AB}^4 + \overline{AD}^4,$$

那么这个平行四边形的锐角等于$\frac{\pi}{4}$.

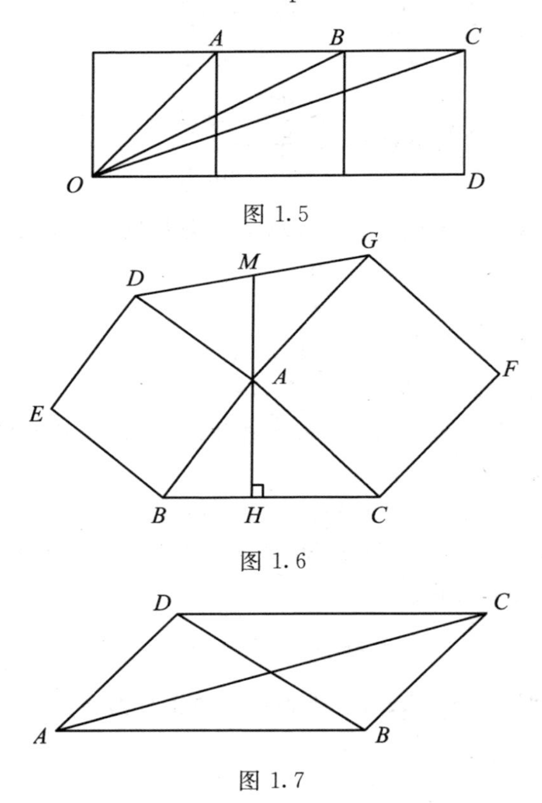

图 1.5

图 1.6

图 1.7

10. 证明:

$$|z_1 + z_2|^2 + |z_1 - z_2|^2 = 2(|z_1|^2 + |z_2|^2),$$

并说明等式的几何意义.

11. 设 $z_1, \cdots, z_n$ 是单位圆周(以原点为中心、半径为 1 的圆周)上的 n 个点,如果 $z_1, \cdots, z_n$ 是正 n 边形的 n 个顶点,证明:

$$z_1 + \cdots + z_n = 0.$$

12. 设 z_1,z_2,z_3 是单位圆周上的三个点，证明：这三个点是一正三角形三个顶点的充要条件为

$$z_1+z_2+z_3=0.$$

13. 设 z_1,z_2,z_3,z_4 是单位圆周上的四个点，证明：这四个点是一矩形顶点的充要条件为

$$z_1+z_2+z_3+z_4=0.$$

14. 设 L 是由方程

$$az\bar{z}+\bar{\beta}z+\beta\bar{z}+d=0$$

所确定的点的轨迹，其中 a,d 是实数，β 是复数. 证明：

(i) 当 $a=0,\beta\neq 0$ 时，L 是一直线；

(ii) 当 $a\neq 0,|\beta|^2-ad>0$ 时，L 是一圆周. 并求出该圆周的圆心和半径.

15. 设 $z_1\neq z_2,0<\lambda\neq 1$，证明由方程

$$\left|\frac{z-z_1}{z-z_2}\right|=\lambda$$

所确定的点 z 的轨迹是一圆周(通常称为 Apollonius 圆)，该圆周的圆心 a 和半径 R 分别为

$$a=\frac{z_1-\lambda^2 z_2}{1-\lambda^2},\quad R=\frac{\lambda\mid z_1-z_2\mid}{\mid 1-\lambda^2\mid}.$$

并问 $\lambda=1$ 时它的轨迹是什么？

16. 如果 $z_1,\cdots,z_n$ 都位于过原点的直线的一侧，证明 $\frac{1}{z_1},\cdots,\frac{1}{z_n}$ 也必位于该直线的某一侧，而且满足

$$z_1+\cdots+z_n\neq 0,$$

$$\frac{1}{z_1}+\cdots+\frac{1}{z_n}\neq 0.$$

17. 设 $z_1,\cdots,z_n$ 是一个凸 n 边形的 n 个顶点，如果 a 满足关系

$$\frac{1}{z_1-a}+\cdots+\frac{1}{z_n-a}=0,$$

那么 a 必在这个凸 n 边形的内部.

18. 证明：

$$\sin\frac{\pi}{n}\sin\frac{2\pi}{n}\cdots\sin\frac{(n-1)\pi}{n}=\frac{n}{2^{n-1}}.$$

（**提示：** 考虑方程式 $(z+1)^n=1$ 的 $n-1$ 个不为零的根的乘积.）

19. 设 $0<\theta<\frac{\pi}{2}$，$P_m(x)=\sum_{k=0}^{m}(-1)^k\binom{2m+1}{2k+1}x^{m-k}$. 证明：

$$\sin(2m+1)\theta=\sin^{2m+1}\theta P_m(\operatorname{ctg}^2\theta).$$

20. 利用上题结果证明：

(i) $\sum_{k=1}^{m}\operatorname{ctg}^2\frac{k\pi}{2m+1}=\frac{m(2m-1)}{3}$；

(ii) $\prod_{k=1}^{m}\operatorname{ctg}^2\frac{k\pi}{2m+1}=\frac{1}{2m+1}$.

1.3 扩充平面和复数的球面表示

为了今后讨论的需要，我们要在 $\boldsymbol{C}$ 中引进一个新的数 ∞，这个数的模是 ∞，辐角没有意义，它和其他数的运算规则规定为：

$$z\pm\infty=\infty,\quad z\cdot\infty=\infty\ (z\neq0),$$

$$\frac{z}{\infty}=0,\quad \frac{z}{0}=\infty\ (z\neq0);$$

$0\cdot\infty$ 和 $\infty\pm\infty$ 都不规定其意义. 引进了 ∞ 的复数系记为 $\boldsymbol{C}_\infty$，即 $\boldsymbol{C}_\infty=\boldsymbol{C}\cup\{\infty\}$. 在复平面上，没有一个点和 ∞ 相对应，但我们想像有一个**无穷远点**和 ∞ 对应，加上无穷远点的复平面称为扩充平面或闭平面，不包括无穷远点的复平面也称为开平面. 在复平面上，无穷远点和普通的点是不一样的，Riemann 首先引进了复数的球面表示，在这种表示中，∞ 和普通的复数没有什么区别. 设 S 是 $\boldsymbol{R}^3$ 中的单位球面，即

$$S=\{(x_1,x_2,x_3)\in \boldsymbol{R}^3: x_1^2+x_2^2+x_3^2=1\}.$$

把 $\boldsymbol{C}$ 等同于平面：

$$\boldsymbol{C}=\{(x_1,x_2,0): x_1,x_2\in \boldsymbol{R}\}.$$

固定 S 的北极 N，即 $N=(0,0,1)$，对于 $\boldsymbol{C}$ 上的任意点 z，联结 N 和 z 的直线必和 S 交于一点 P(图 1.8). 若 $|z|>1$，则 P 在北半球

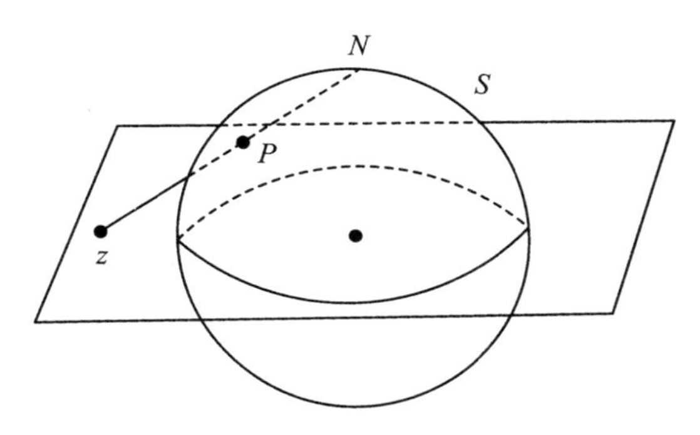

图 1.8

上；若 $|z|<1$，则 P 在南半球上；若 $|z|=1$，则 P 就是 z. 容易看出，当 z 趋向 ∞ 时，球面上对应的点 P 趋向于北极 N，自然地，我们就把 $\boldsymbol{C}_\infty$ 中的 ∞ 对应于北极 N. 这样一来，$\boldsymbol{C}_\infty$ 中的所有点(包括无穷远点在内)都被移植到球面上去了，而在球面上，N 和其他的点是一视同仁的.

现在给出这种对应的具体表达式. 设 $z=x+\mathrm{i}y$，容易算出 zN 和球面 S 的交点的坐标为

$$x_1=\frac{2x}{x^2+y^2+1},\ x_2=\frac{2y}{x^2+y^2+1},\ x_3=\frac{x^2+y^2-1}{x^2+y^2+1}.$$

直接用复数 z，可表示为

$$x_1=\frac{z+\bar{z}}{1+|z|^2},\ x_2=\frac{z-\bar{z}}{\mathrm{i}(1+|z|^2)},\ x_3=\frac{|z|^2-1}{|z|^2+1}.$$

这样，从 z 便可算出它在球面上对应点的坐标. 反过来，从球面上的点 (x_1,x_2,x_3) 也可算出它在平面上的对应点 z. 事实上，从上面的表达式得

$$\begin{cases} x_1 + \mathrm{i}x_2 = \dfrac{2z}{1+|z|^2}, \\ 1 - x_3 = \dfrac{2}{1+|z|^2}, \end{cases}$$

由此即得

$$z = \frac{x_1 + \mathrm{i}x_2}{1 - x_3}.$$

这就是所需的计算公式.

习　题　1.3

1. 证明:在复数的球面表示下,z 和 $\dfrac{1}{\bar{z}}$ 的球面像关于复平面对称.

2. 证明:在复数的球面表示下,z 和 w 的球面像是直径对点当且仅当 $z\bar{w}=-1$.

3. 证明:在复数的球面表示下,$\boldsymbol{C}_\infty$ 中的点 z 和 w 的球面像间的距离为 $\dfrac{2|z-w|}{\sqrt{(|z|^2+1)(|w|^2+1)}}$.

4. 证明:在复数的球面表示下,若 $\begin{pmatrix} a & b \\ c & d \end{pmatrix}$ 是二阶酉方阵,则 $\boldsymbol{C}_\infty$ 的变换 $w=\dfrac{az+b}{cz+d}$ 诱导了球面绕球心的一个旋转.

5. 证明:在复数的球面表示下,球面上的圆周对应于复平面上的圆周或直线,反之亦然.

6. 证明:在复数的球面表示下,复平面上两条光滑曲线在交点处的夹角与它们的球面像在交点处的夹角相等.

1.4　复数列的极限

复变函数是定义在平面点集上的复值函数,在讨论复变函数之前，必须对平面点集的知识有足够的了解. 我们从复数列的极限谈起.

我们说 $\boldsymbol{C}$ 中的复数列$\{z_n\}$收敛到 $\boldsymbol{C}$ 中的点 z_0，是指对于任给的 $\varepsilon>0$，存在正整数 N，当 $n>N$ 时，$|z_n-z_0|<\varepsilon$，记作$\lim\limits_{n\to\infty}z_n=z_0$. 我们称复数列$\{z_n\}$收敛到$\infty$，是指对任给的正数 $M>0$，存在正整数 N，当 $n>N$ 时，$|z_n|>M$，记为$\lim\limits_{n\to\infty}z_n=\infty$.

对于 $a\in\boldsymbol{C}, r>0$，称

$$B(a,r)=\{z\in\boldsymbol{C}:\ |z-a|<r\}$$

为以 a 为中心、以 r 为半径的**圆盘**. 特别当 $a=0, r=1$ 时，$B(0,1)=\{z:\ |z|<1\}$称为**单位圆盘**. $B(a,r)$也称为 a 点的一个 ***r* 邻域**，或简称为 a 点的**邻域**. 无穷远点 $z=\infty$的邻域是指集合$\{z\in\boldsymbol{C}:\ |z|>R\}$，记为 $B(\infty,R)$.

这样，从几何上来说，$\lim\limits_{n\to\infty}z_n=z_0$ 可以说成对任给的 $\varepsilon>0$，当 n 充分大时，$z_n\in B(z_0,\varepsilon)$；$\lim\limits_{n\to\infty}z_n=\infty$可以说成对任给的 $M>0$，当 n 充分大时，$z_n\in B(\infty,M)$.

设 $z_n=x_n+\mathrm{i}y_n, z_0=x_0+\mathrm{i}y_0$，从等式

$$|z_n-z_0|=\sqrt{(x_n-x_0)^2+(y_n-y_0)^2}$$

马上可以得到：$\lim\limits_{n\to\infty}z_n=z_0$ 的充分必要条件是$\{z_n\}$的实部和虚部分别有$\lim\limits_{n\to\infty}x_n=x_0$ 和$\lim\limits_{n\to\infty}y_n=y_0$.

复数列$\{z_n\}$称为 **Cauchy 列**，如果对任给的 $\varepsilon>0$，存在正整数 N，当 $m,n>N$ 时，有$|z_n-z_m|<\varepsilon$. 设 $z_n=x_n+\mathrm{i}y_n, z_m=x_m+\mathrm{i}y_m$，那么从等式

$$|z_n-z_m|=\sqrt{(x_n-x_m)^2+(y_n-y_m)^2}$$

知道，$\{z_n\}$是 Cauchy 列的充分必要条件是它的实部$\{x_n\}$和虚部$\{y_n\}$都是实的 Cauchy 列，因而从实数域中的 Cauchy 收敛准则立刻得到复数域的 Cauchy 收敛准则：$\{z_n\}$收敛的充要条件是$\{z_n\}$为 Cauchy 列. 由此知道 $\boldsymbol{C}$ 是**完备**的.

习 题 1.4

1. 设 $z_0 \notin (-\infty, 0]$，$z_n \neq 0$，$\forall n \in \boldsymbol{N}$. 证明：复数列 $\{z_n\}$ 收敛到 z_0 的充要条件是 $\lim\limits_{n \to \infty} |z_n| = |z_0|$ 和 $\lim\limits_{n \to \infty} \arg z_n = \arg z_0$.

2. 设 $z = x + \mathrm{i}y \in \boldsymbol{C}$，证明：

$$\lim_{n \to \infty} \left(1 + \frac{z}{n}\right)^n = \mathrm{e}^x (\cos y + \mathrm{i} \sin y).$$

3. 证明：若 $\lim\limits_{n \to \infty} z_n = z_0$，则

$$\lim_{n \to \infty} \frac{z_1 + z_2 + \cdots + z_n}{n} = z_0.$$

4. 证明：若 $\lim\limits_{n \to \infty} z_n = z_0$，$\lim\limits_{n \to \infty} w_n = w_0$，则

$$\lim_{n \to \infty} \frac{1}{n} \sum_{k=1}^{n} z_k w_{n-k} = z_0 w_0.$$

5. 设无穷三角阵

$$\begin{matrix} a_{11} & & \\ a_{21} & a_{22} & \\ a_{31} & a_{32} & a_{33} \\ \cdots & \cdots & \cdots \end{matrix}$$

满足

(i) 对任意固定的 k，$\lim\limits_{n \to \infty} a_{nk} = a_k$ 存在；

(ii) $\lim\limits_{n \to \infty} \sum\limits_{k=1}^{n} a_{nk}$ 存在；

(iii) $\sum\limits_{k=1}^{n} |a_{nk}| \leqslant M < \infty$，$\forall n \in \boldsymbol{N}$.

证明：若复数列 $\{z_n\}$ 收敛，则 $\lim\limits_{n \to \infty} \sum\limits_{k=1}^{n} a_{nk} z_k$ 存在.

1.5 开集、闭集和紧集

设 E 是一平面点集，$\boldsymbol{C}$ 中的点对 E 而言可以分为三类：(i) 如

果存在 $r>0$,使得 $B(a,r)\subset E$,就称 a 为 E 的**内点**;(ii) 如果存在 $r>0$,使得 $B(a,r)\subset E^c$,就称 a 为 E 的**外点**,这里,E^c 是由所有不属于 E 的点构成的集,称为 E 的**余集**或**补集**;(iii) 如果对任意 $r>0$,$B(a,r)$ 中既有 E 的点,也有 E^c 的点,就称 a 为 E 的**边界点**. E 的内点的全体称为 E 的**内部**,记为 E°;E 的外点的全体称为 E 的**外部**,它就是 E 的余集 E^c 的内部,即 $(E^c)^\circ$;E 的边界点的全体称为 E 的**边界**,记为 ∂E.

由上面的定义可知,集 E 把复平面分成三个互不相交的部分:$\mathbf{C}=E^\circ\cup(E^c)^\circ\cup\partial E$,即

$$(\partial E)^c = E^\circ \cup (E^c)^\circ. \tag{1}$$

例如,$B(a,r)$ 中的所有点都是它的内点,即 $B(a,r)=(B(a,r))^\circ$,$B(a,r)$ 的边界 $\partial B=\{z: |z-a|=r\}$,即是圆周,满足条件 $|z-a|>r$ 的点 z 都是 $B(a,r)$ 的外点.

如果 E 的所有点都是它的内点,即 $E=E^\circ$,就称 E 为**开集**. 如果 E^c 是开集,就称 E 为**闭集**.

例如,$B(a,r)$ 是开集,闭圆盘 $\{z: |z-a|\leqslant r\}$ 是闭集,$B(a,r)$ 和它的上半圆周的并集既不是开集也不是闭集.

点 a 称为集 E 的**极限点**或**聚点**,如果对任意 $r>0$,$B(a,r)$ 中除 a 外总有 E 中的点. 集 E 的所有极限点构成的集称为 E 的**导集**,记为 E'. E 中不属于 E' 的点称为 E 的**孤立点**. E 和它的导集 E' 的并称为 E 的**闭包**,记为 $\bar{E}$,即 $\bar{E}=E\cup E'$.

这些集之间有下面的关系:

命题 1.5.1 对于任意集 E,有

(i) $a\in\bar{E}$ 的充要条件是对任意 $\varepsilon>0$,有

$$B(a,r) \cap E \neq \varnothing, \tag{2}$$

这里,$\varnothing$ 表示空集;

(ii) $(\bar{E})^c=(E^c)^\circ$, $\overline{E^c}=(E^\circ)^c$.

证 (i) 若 $a\in\bar{E}$,则 $a\in E$ 或 $a\in E'$,不论何者发生,总有 $B(a,r)\cap E\neq\varnothing$. 反之,若等式(2)成立,这说明 a 或是 E 的极限

点，或是 E 的孤立点，因而 $a\in\overline{E}$.

(ii) 由(i)知，$a\in(\overline{E})^c$ 当且仅当存在 $\varepsilon>0$，使得 $B(a,r)\cap E=\varnothing$，这说明 a 是 E^c 的内点，即 $a\in(E^c)^\circ$，因而$(\overline{E})^c=(E^c)^\circ$. 再看第二个等式，$a\in(E^\circ)^c$ 意味着 a 不是 E 的内点，即 a 是 E 的外点或边界点，因而对任意 $\varepsilon>0$，总有 $B(a,r)\cap E^c\neq\varnothing$，由(i)知 $a\in\overline{E^c}$. 因而$\overline{E^c}=(E^\circ)^c$. □

命题 1.5.2 (i) E°是开集，∂E 和 $\overline{E}$ 是闭集；

(ii) E 是闭集的充要条件是 $E=\overline{E}$；

(iii) E 是闭集的充要条件是 $E'\subset E$.

证 (i) 任取 $a\in E^\circ$，则由定义知道，存在 $\varepsilon>0$，使得 $B(a,\varepsilon)\subset E$. 显然，$B(a,\varepsilon)$中的每一点都是 E 的内点，因而 $B(a,\varepsilon)\subset E^\circ$，即 a 是 E°的内点. 由于 a 是任意取的，所以 E°是开集. 由刚才所证，E°和$(E^c)^\circ$都是开集，两个开集的并当然也是开集，由等式(1)知$(\partial E)^c$ 是开集，因而∂E 是闭集. 由于$(E^c)^\circ$是开集，由命题 1.5.1 的(ii)知，$(\overline{E})^c$ 是开集，所以 $\overline{E}$ 是闭集.

(ii) 如果 $E=\overline{E}$，则由(i)知 $\overline{E}$ 是闭集，所以 E 是闭集. 反之，如果 E 是闭集，那么 E^c 是开集，因而 $E^c=(E^c)^\circ$. 另外，由命题 1.5.1 的(ii)得$(\overline{E})^c=(E^c)^\circ$，因而 $E^c=(\overline{E})^c$，即 $E=\overline{E}$.

(iii) 从(ii)立刻可得. □

下面给出闭集的一个重要性质，为此先定义点集 E 的直径的概念. 点集 E 的**直径**定义为 E 中任意两点间距离的上确界，记为 $\mathrm{diam}E$，即

$$\mathrm{diam}E=\sup\{|z_1-z_2|:z_1,z_2\in E\}.$$

定理 1.5.3(Cantor) 若非空闭集序列$\{F_n\}$满足

(i) $F_1\supset F_2\supset\cdots\supset F_n\supset\cdots$；

(ii) $\mathrm{diam}F_n\to 0$ (当 $n\to\infty$时)，

那么$\bigcap\limits_{n=1}^{\infty}F_n$ 是一个独点集.

证 在每一个 F_n 中任取一点 z_n，我们证明$\{z_n\}$是一个

Cauchy 点列. 由于$\lim\limits_{n\to\infty}\operatorname{diam}F_n=0$,所以对任意$\varepsilon>0$,可取充分大的$N$,使得$\operatorname{diam}F_N<\varepsilon$. 今取$m,n>N$,由条件(i),$z_m,z_n\in F_N$,所以$|z_n-z_m|\leqslant\operatorname{diam}F_N<\varepsilon$. 因而$\{z_n\}$是一 Cauchy 序列,设其收敛于$z_0$. 我们证明$z_0\in\bigcap\limits_{n=1}^{\infty}F_n$. 事实上,任取$F_k$,则当$n>k$时,$z_n$便全部落入$F_k$中,因为$F_k$是闭的,由命题 1.5.2 的(iii),$\{z_n\}$的极限$z_0\in F_k$,所以$z_0\in\bigcap\limits_{n=1}^{\infty}F_n$. 如果还有另一点$z_1$也属于$\bigcap\limits_{n=1}^{\infty}F_n$,那么必有$|z_0-z_1|\leqslant\operatorname{diam}F_n\to0\ (n\to\infty)$,因而$z_1=z_0$. □

这个定理是实数域中的区间套定理在复数域中的推广.

下面引进一类重要的集——紧集.

设E是一个集,$\mathscr{F}=\{G\}$是一个**开集族**,即$\mathscr{F}$中的每一个元素都是开集. 如果E中每一点至少属于$\mathscr{F}$中的一个开集,就说$\mathscr{F}$是E的一个**开覆盖**.

例如,E是任一点集,ε是一个给定的正数,那么

$$\mathscr{F}=\{B(a,\varepsilon):\ a\in E\}$$

便是E的一个开覆盖.

我们说点集E具有**有限覆盖性质**,是指从E的任一个开覆盖中必能选出有限个开集$G_1,\cdots,G_n$,使得这有限个开集的并就能覆盖E,即

$$E\subset\bigcup_{j=1}^{n}G_j.$$

定义 1.5.4 具有有限覆盖性质的集称为**紧集**.

例如,空集和有限集都是紧集,但单位圆盘$B(0,1)=\{z\in\mathbf{C}:|z|<1\}$却不是紧集,因为$G_n=\left\{z:\ |z|<1-\dfrac{1}{n}\right\}$, $n=2,3,\cdots$,这一串同心圆构成$B(0,1)$的一个开覆盖,但从中找不出有限个集覆盖$B(0,1)$.

我们希望能找到紧集的特征.

集E称为是**有界**的,如果存在$R>0$,使得$E\subset B(0,R)$.

定理 1.5.5(Heine-Borel) 在 $\mathbf{C}$ 中,E 是紧集的充要条件为 E 是有界闭集;在 $\mathbf{C}_\infty$ 中,E 是紧集的充要条件为 E 是闭集.

证 我们先证明,如果 E 是 $\mathbf{C}_\infty$ 中的闭集或 $\mathbf{C}$ 中的有界闭集,那么 E 是紧集,即从 E 的任一开覆盖 $\mathscr{F}$ 中,可以选出有限个开集覆盖 E. 先设 E 是 $\mathbf{C}_\infty$ 中的闭集,如果 $z=\infty\notin E$,则因 E 是闭集,有 $E=\overline{E}$,即$\infty\notin\overline{E}$,由命题 1.5.1 的(i),存在 $R>0$,使得 $B(\infty,R)\cap E=\varnothing$,即 $E\subset\overline{B(0,R)}$,因而 E 是有界闭集. 如果 $z=\infty\in E$,由开覆盖的定义,∞属于 $\mathscr{F}$ 中的某一个开集,而 E 在这个开集之外的部分是一有界闭集. 总之,不论何种情况发生,只要考虑 E 是有界闭集的情形就够了.

现设 E 是有界闭集,如果它不是紧集,那么从 E 的开覆盖 $\mathscr{F}$ 中不能取出有限个开集来覆盖 E. 因为 E 是有界的,它一定包含在一个充分大的闭正方形 Q 中:

$$Q=\{(x,y):\ |x|\leqslant M,\ |y|\leqslant M\}.$$

把这个正方形分成相等的四个小正方形,则其中必有一个小正方形 Q_1,使得 $Q_1\cap E$ 是有界闭集且不具有有限覆盖性质. 再把 Q_1 分成四个相等的小正方形,其中必有一个小正方形 Q_2 具有上述同样的性质. 这个过程可以无限地进行下去,得到一列闭正方形 $\{Q_n\}$. 如果记 $F_n=Q_n\cap E$,那么 F_n 满足下列条件:(i) F_n 是有界闭集;(ii) $F_n\supset F_{n+1}$,$n=1,2,\cdots$;(iii)不能从 $\mathscr{F}$ 中取出有限个开集来覆盖 F_n;(iv) 当 $n\to\infty$时,$\operatorname{diam}F_n\leqslant\frac{M}{2^n}\sqrt{2}\to 0$. 由(i),(ii),(iv)知道$\{F_n\}$满足 Cantor 定理的条件,因而存在复数 z_0,使得 $\bigcap\limits_{n=1}^{\infty}F_n=\{z_0\}$. 由于 $z_0\in F_n\subset E$,故在 $\mathscr{F}$ 中必有一个开集 G_0,使得 $z_0\in G_0$. 由于 z_0 是 G_0 的内点,故有 z_0 的邻域 $B(z_0,\varepsilon)\subset G_0$. 由于$\operatorname{diam}F_n\to 0$,故当 n 充分大时 $F_n\subset B(z_0,\varepsilon)\subset G_0$,这就是说 G_0 覆盖了 F_n,这与(iii)矛盾. 因而 E 是紧集.

现在证明必要性. 只要对扩充平面的情形来证明就够了,因为如果一个集对扩充平面是闭的,它又不包含无穷远点,那么它必然是有界的. 设 E 是一个紧集，我们要证明它是闭集，只要证明 E^c 是开集即可. 为此，任取 $a\in E^c$，只要证明 a 是 E^c 的内点就行了. 取这样的开集族 $\mathscr{F}$：凡是闭包不包含 a 点的开集都属于 $\mathscr{F}$. 因为 $a\in E^c$，因此对 E 中每一点 z，都能找到它的邻域 $B(z,\varepsilon)$，使得 $a\notin\overline{B(z,\varepsilon)}$，所以 $B(z,\varepsilon)\in\mathscr{F}$. 这就是说，$\mathscr{F}$ 是 E 的一个开覆盖. 由于 E 是紧集，故能从 $\mathscr{F}$ 中取出有限个开集 $G_1,\cdots,G_n$，使得 $E\subset\bigcup_{j=1}^{n}G_j$. 但 $a\notin\overline{G_j}$，$j=1,\cdots,n$，所以 $a\in\bigcap_{j=1}^{n}(\overline{G_j})^c$. 显然，$\bigcap_{j=1}^{n}(\overline{G_j})^c$ 是一个开集，而且从命题 1.5.1 的(ii)得

$$\bigcap_{j=1}^{n}(\overline{G_j})^c=\bigcap_{j=1}^{n}(G_j^c)^\circ\subset\bigcap_{j=1}^{n}G_j^c=(\bigcup_{j=1}^{n}G_j)^c\subset E^c,$$

这就证明了 a 是 E^c 的内点，即 E^c 是开集. □

紧集之所以重要，在于它保留了大部分有限集的性质，这在下面定理的讨论中可以明显地看出.

设 E,F 是任意两个集，E,F 间的距离定义为

$$d(E,F)=\inf\{|z_1-z_2|:z_1\in E,z_2\in F\}.$$

如果 $E=\{a\}$是由一个点所构成的集，那么 a 和 F 间的距离为

$$d(a,F)=\inf\{|a-z|:z\in F\}.$$

容易看出，如果 F 是闭集，$a\notin F$，那么 $d(a,F)>0$. 这是因为在这种情况下，必有 $\varepsilon>0$，使得 $B(a,\varepsilon)\cap F=\varnothing$，因而 $d(a,F)\geqslant\varepsilon>0$. 如果 E 是有限点集，且 $E\cap F=\varnothing$，当然也有 $d(E,F)>0$. 但若 E 是无穷闭集，F 也是闭集，且 $E\cap F=\varnothing$，这时 $d(E,F)>0$ 未必成立. 例如，E 是整个实轴，$F=\{z=x+\mathrm{i}e^x:-\infty<x<\infty\}$，则 E 和 F 都是 $\mathbf{C}$ 中的闭集，而且 $E\cap F=\varnothing$，但 $d(E,F)=0$. 但如果加上 E 是紧集的条件，就能保证 $d(E,F)>0$.

定理 1.5.6 设 E 是紧集，F 是闭集，且 $E\cap F=\varnothing$，则

$$d(E,F)>0.$$

证 任取 $a\in E$，则 $a\notin F$，所以 $d(a,F)>0$. 今以 a 为中心、$\frac{1}{2}d(a,F)$为半径作一圆盘，当 a 跑遍集 E 时，这些圆盘所组成的

开集族就是 E 的一个开覆盖. 因为 E 是紧的，故从这个开覆盖中能选出有限个开集 $G_1, \cdots, G_n$ 来覆盖 E，其中，$G_j = B\left(a_j, \frac{1}{2}d(a_j, F)\right), j=1, \cdots, n$. 记

$$\delta = \min\left\{\frac{1}{2}d(a_1, F), \cdots, \frac{1}{2}d(a_n, F)\right\}.$$

今任取 $z_1 \in E$，则必有某个 G_j，使得 $z_1 \in G_j$，因而

$$|z_1 - a_j| < \frac{1}{2}d(a_j, F).$$

任取 $z_2 \in F$，当然 $|z_2 - a_j| \geqslant d(a_j, F)$，于是

$$\begin{aligned} |z_1 - z_2| &\geqslant |z_2 - a_j| - |z_1 - a_j| \\ &\geqslant d(a_j, F) - \frac{1}{2}d(a_j, F) \\ &= \frac{1}{2}d(a_j, F) \\ &\geqslant \delta. \end{aligned}$$

所以

$$\begin{aligned} d(E, F) &= \inf\{|z_1 - z_2| : z_1 \in E, z_2 \in F\} \\ &\geqslant \delta > 0. \end{aligned}$$ □

下面是另一个运用 Heine-Borel 定理的例子，读者不妨用证明 Cantor 定理的方法给出另一个证明.

定理 1.5.7 (Bolzano-Weierstrass) 任一无穷点集至少有一个极限点.

证 设 E 是一个无穷点集，如果 E 是无界集，那么无穷远点便是它的极限点. 今设 E 是有界集，如果它没有极限点，那么它是一个闭集. 任取 $z \in E$，由于它不是 E 的极限点，故必存在 $\varepsilon > 0$，使得 $B(z, \varepsilon)$ 中除 z 外不再有 E 中的点. 由这种 $B(z, \varepsilon)$ 构成的开集族便是 E 的一个开覆盖，由 Heine-Borel 定理，能从中选出有限个来覆盖 E. 因为每个开集只包含 E 的一个点，这说明 E 是一个有限集，与 E 是无穷点集的假定矛盾，因而 E 必有极限点. □

习 题 1.5

1. 证明：一个平面点集的孤立点的全体至多可列.

2. 设 $E\subset \boldsymbol{C}$ 是非空点集，$z,w\in \boldsymbol{C}$. 证明：

$$|d(z,E)-d(w,E)|\leqslant|z-w|$$

成立，而

$$|d(z,E)-d(w,E)|\leqslant d(z-w,E)$$

不成立.

3. 指出下列点集的内部、边界、闭包和导集：

(i) $\boldsymbol{N}=\{k: k$ 为自然数$\}$；

(ii) $E=\left\{\dfrac{1}{k}: k \text{ 为自然数}\right\}$；

(iii) $D=B(1,1)\cup B(-1,1)$；

(iv) $G=\{z\in \boldsymbol{C}: 1<|z|\leqslant 2\}$；

(v) $\boldsymbol{C}$.

4. 指出下列点集中哪些是开集，哪些是闭集，哪些是紧集：

(i) $\boldsymbol{Z}=\{k: k$ 为整数$\}$；

(ii) E 为有限集；

(iii) $D=\{z\in \boldsymbol{C}: \operatorname{Im} z>0\}\setminus\left(\bigcup\limits_{k=-\infty}^{\infty}F_k\right)$，其中，$F_k=\{z\in \boldsymbol{C}: z=k+\mathrm{i}y,\ 0\leqslant y\leqslant 1\}$；

(iv) $G=B(0,1)\setminus\left\{\dfrac{1}{k+1}: k \text{ 为自然数}\right\}$；

(v) $\boldsymbol{C}\setminus B(\infty,R)$.

5. 证明：若 D 为开集，则 $D'=\overline{D}=\partial D\cup D$.

6. 设 Λ 是指标集，$\{D_\alpha\}_{\alpha\in\Lambda}$ 是开集族，$\{F_\alpha\}_{\alpha\in\Lambda}$ 是闭集族. 证明：$\bigcup\limits_{\alpha\in\Lambda}D_\alpha$ 是开集，$\bigcap\limits_{\alpha\in\Lambda}F_\alpha$ 是闭集.

7. 证明：有限个开集的交是开集，有限个闭集的并是闭集.

8. 设 D 是开集，$F\subset D$ 是非空紧集. 证明：

(i) $d(F,\partial D)>0$；

(ii) 对任意 $0<\delta<d(F,\partial D)$，存在 F 中的点 $z_1, z_2, \cdots, z_n$，使得 $F\subset\bigcup_{k=1}^{n}B(z_k,\delta)\subset D$，并且

$$d\left(\bigcup_{k=1}^{n}B(z_k,\delta),\partial D\right)\geqslant d(F,\partial D)-\delta.$$

9. 证明：若 E 是闭集，F 是紧集，则存在 $z_0\in E$，$w_0\in F$，使得 $d(E,F)=|z_0-w_0|$. 将 F 换成闭集后是否还存在这样的 z_0 和 w_0？

10. 证明：若 $E\subset\mathbf{C}$ 既是开集，又是闭集，则 E 是空集或 $E=\mathbf{C}$.

1.6 曲线和域

有两类平面点集在我们今后的讨论中常要遇到，那就是**连续曲线**和**域**.

所谓连续曲线，是指定义在闭区间 $[a,b]$ 上的一个复值连续函数 $\gamma:[a,b]\to\mathbf{C}$，写为

$$z=\gamma(t)=x(t)+\mathrm{i}y(t),\ a\leqslant t\leqslant b,$$

这里，$x(t)$，$y(t)$ 都是 $[a,b]$ 上的连续函数. 如果用 γ^* 记 γ 的像点所成的集合：

$$\gamma^*=\{\gamma(t):a\leqslant t\leqslant b\},$$

那么 γ^* 是 $\mathbf{C}$ 上的紧集. 曲线 γ 的方向就是参数 t 增加的方向，在这个意义下，$\gamma(a)$ 和 $\gamma(b)$ 分别称为 γ 的**起点**和**终点**. 如果 $\gamma(a)=\gamma(b)$，即起点和终点重合，就称 γ 为**闭曲线**. 如果曲线 γ 仅当 $t_1=t_2$ 时才有 $\gamma(t_1)=\gamma(t_2)$，就称 γ 为**简单曲线**或 **Jordan 曲线**. 如果只有当 $t_1=a, t_2=b$ 时才有 $\gamma(t_1)=\gamma(t_2)$，就称 γ 为**简单闭曲线**或 **Jordan 闭曲线**，或简称**围道**.

设 $z=\gamma(t)$ $(a\leqslant t\leqslant b)$ 是一条曲线. 对区间 $[a,b]$ 作分割 $a=t_0<t_1<\cdots<t_n=b$，得到以 $z_k=\gamma(t_k)$ $(k=0,1,\cdots,n)$ 为顶点的折线 P，那么 P 的长度为

$$|P|=\sum_{k=1}^{n}|\gamma(t_k)-\gamma(t_{k-1})|.$$

如果不论如何分割区间$[a,b]$,所得折线的长度都是有界的,就称曲线γ是**可求长**的,γ的长度定义为$|P|$的上确界.

如果$\gamma'(t)=x'(t)+\mathrm{i}y'(t)$存在,且$\gamma'(t)\neq 0$,那么$\gamma$在每一点都有切线,$\gamma'(t)$就是曲线$\gamma$在$\gamma(t)$处的切向量,它与正实轴的夹角为$\mathrm{Arg}\gamma'(t)$.如果$\gamma'(t)$是连续函数,那么$\gamma$的切线随$t$而连续变动,这时称$\gamma$为光滑曲线.在这种情况下,$\gamma$的长度为

$$\int_a^b\sqrt{(x'(t))^2+(y'(t))^2}\mathrm{d}t=\int_a^b|\gamma'(t)|\mathrm{d}t.$$

曲线γ称为**逐段光滑**的,如果存在$t_0,t_1,\cdots,t_n$,使得$a=t_0<t_1<\cdots<t_n=b$,γ在每个参数区间$[t_{j-1},t_j]$上是光滑的,在每个分点$t_1,\cdots,t_{n-1}$处γ的左右导数存在.

下面给出集的连通性的概念:

定义 1.6.1 平面点集E称为是连通的,如果对任意两个不相交的非空集E_1和E_2,满足

$$E=E_1\cup E_2,$$

那么E_1必含有E_2的极限点,或者E_2必含有E_1的极限点.也就是说,$E_1\cap\overline{E}_2$和$\overline{E}_1\cap E_2$至少有一个非空.

由这个定义立刻可以得到一个开集是连通的条件:

命题 1.6.2 $\boldsymbol{C}$中的开集E是连通的充分必要条件是E不能表示为两个不相交的非空开集的并.

证 设开集E是连通的,如果存在不相交的非空开集E_1和E_2,使得$E=E_1\cup E_2$.由于E_1中的点都是E_1的内点,E_2中的点都是E_2的内点,因此E_1中没有E_2的极限点,E_2中也没有E_1的极限点,这与E的连通性相矛盾.这就证明了条件的必要性.反之,如果开集E是不连通的,则必存在不相交的非空集E_1和E_2,使得$E=E_1\cup E_2$,且E_1中无E_2的极限点,E_2中无E_1的极限点.由此可见,E_1和E_2均为开集.这就证明了条件的充分性. □

从这个命题和区间的连通性(习题 1.6 中第 2 题)可以得到开集连通性的一个更直观的刻画:

定理 1.6.3 平面上的非空开集 E 是连通的充分必要条件是:E 中任意两点可用位于 E 中的折线连接起来.

证 先证必要性. 设 E 是平面上一个非空的连通的开集,任取 $a\in E$,定义 E 的子集 E_1,E_2 如下:

$$E_1=\{z\in E: z \text{ 和 } a \text{ 可用位于 } E \text{ 中的折线连接}\},$$

$$E_2=\{z\in E: z \text{ 和 } a \text{ 不能用位于 } E \text{ 中的折线连接}\}.$$

显然,$E=E_1\cup E_2$,而且 $E_1\cap E_2=\varnothing$. 现在证明 E_1 和 E_2 都是开集. 任取 $z_0\in E_1$,因 E 是开集,故必有 z_0 的邻域 $B(z_0,\delta)\subset E$. 这一邻域中的所有点当然可用一条线段与 z_0 相连,因而可用位于 E 中的折线与 a 相连,即 $B(z_0,\delta)\subset E_1$,所以 E_1 是开集. 再任取 $z_0'\in E_2$,则必有 z_0'的邻域 $B(z_0',\delta')\subset E$,如果此邻域中有一点能用一条折线与 a 点相连,那么 z_0'能用线段与该点相连,因而 z_0'能用折线与 a 点相连,这与 z_0'的定义矛盾. 因而 $B(z_0',\delta')\subset E_2$,即 E_2 也是开集. 由 E 的连通性知道,E_1,E_2 中必有一个是空集. 由于 $a\in E_1$,故 E_2 是空集. 因而 E 中所有点都能用折线与 a 相连,而 E 中任意两点可以用经过 a 的折线相连,这就证明了必要性.

再证条件的充分性. 如果存在两个不相交的非空开集 E_1,E_2,使得 $E=E_1\cup E_2$. 任取 $z_1\in E_1,z_2\in E_2$,由假定,这两点可用 E 中的折线连接,因而折线中必有一条线段把 E_1 中的一点与 E_2 中的一点连接起来. 不妨设这条线段连接的就是 z_1 和 z_2,该线段的参数表示为

$$z=z_1+t(z_2-z_1),$$

其中,$t\in[0,1]$. 今设

$$T_1=\{t\in(0,1): z_1+t(z_2-z_1)\in E_1\},$$

$$T_2=\{t\in(0,1): z_1+t(z_2-z_1)\in E_2\}.$$

则 T_1,T_2 是非空的不相交的开集,而且 $T_1\cup T_2=(0,1)$,这与区间的连通性相矛盾. □

定义 1.6.4 非空的连通开集称为**域**.

从上面的定理知道,域中任意两点必可用位于域中的折线连接起来.

从几何上来看,一个域就是平面上连成一片的开集. 例如,单位圆的内部、上半平面、下半平面等都是域的例子.

下面的定理非常直观,但严格的证明却非常复杂,超出了本书的范围.

定理 1.6.5(Jordan) 一条简单闭曲线 γ 把复平面分成两个域,其中一个是有界的,称为 γ 的内部;另一个是无界的,称为 γ 的外部,而 γ 是这两个域的共同的边界.

单位圆盘 $\{z: |z|<1\}$ 和圆环 $\{z: 1<|z|<2\}$ 都是域,但它们从函数论的角度来看有很大的差别,原因是前者是单连通的,而后者则不是.

定义 1.6.6 域 D 称为是**单连通**的,如果 D 内任意简单闭曲线的内部仍在 D 内. 不是单连通的域称为是**多连通**的.

定义 1.6.7 如果域 D 是由 n 条简单闭曲线围成的,就称 D 是 n 连通的,简单闭曲线中也可以有退化成一条简单曲线或一点的.

例如,单位圆盘是单连通的,圆环 $\{z: 1<|z|<2\}$ 是二连通的,除去圆心的单位圆盘也是二连通的,除去圆心和线段 $\left[\frac{1}{2}, \frac{2}{3}\right]$ 的单位圆盘则是一个三连通域.

习 题 1.6

1. 满足下列条件的点 z 所组成的点集是什么? 如果是域,说明它是单连通域还是多连通域?

(i) $\mathrm{Re}z=1$;

(ii) $\mathrm{Im}z<-5$;

(iii) $|z-\mathrm{i}|+|z+\mathrm{i}|=5$;

(iv) $|z-\mathrm{i}|\leqslant|2+\mathrm{i}|$；

(v) $\arg(z-1)=\frac{\pi}{6}$；

(vi) $|z|<1,\ \mathrm{Im}z>\frac{1}{2}$；

(vii) $\left|\frac{z-1}{z+1}\right|\leqslant 2$；

(viii) $0<\arg\frac{z-\mathrm{i}}{z+\mathrm{i}}<\frac{\pi}{4}$.

2. 证明：非空点集 $E\subset\boldsymbol{R}$ 为连通集，当且仅当 E 是一个区间.

3. 设 E 是非空点集，A 是 E 的非空子集. 若 A 是连通的，并且不存在 E 的连通子集真包含 A，则称 A 是 E 的连通分支. 证明：开集的连通分支仍然是开集，闭集的连通分支仍然是闭集.

4. 设 E 是非空点集，$\varepsilon>0$. 若对于 E 中的任意两点 a,b，存在 E 中的有限个点 $a=z_0,z_1,\cdots,z_n=b$，使得 $|z_k-z_{k-1}|<\varepsilon$ 成立 $(1\leqslant k\leqslant n)$，则称 E 为 ε-连通的. 证明：紧集连通的充要条件是，对任意 $\varepsilon>0$，它都是 ε-连通的. 并举例说明将紧集改为闭集后结论不再成立.

5. 证明：若 D 是有界单连通域，则 ∂D 连通. 举例说明，若 D 是无界单连通域，则 ∂D 可能不连通.

1.7 复变函数的极限和连续性

设 E 是复平面上一点集，如果对每一个 $z\in E$，按照某一规则有一确定的复数 w 与之对应，我们就说在 E 上确定了一个**单值复变函数**，记为 $w=f(z)$ 或 $f: E\to\boldsymbol{C}$. E 称为 f 的定义域，点集 $\{f(z): z\in E\}$ 称为 f 的值域. 如果对于 $z\in E$，对应的 w 有几个或无穷多个，则称在 E 上确定了一个**多值函数**. 例如，$w=|z|^2$，$w=z^3+1$ 都是确定在整个平面上的单值函数；而 $w=\sqrt[n]{z}$，$w=\mathrm{Arg}z$ 则是多值函数. 今后若非特别说明，我们所讲的函数都是指单值

函数.

复变函数是定义在平面点集上的,它的值域也是一个平面点集,因此复变函数也称为**映射**,它把一个平面点集映成另一个平面点集.与 $z\in E$ 对应的点 $w=f(z)$ 称为 z 在映射 f 下的像点,z 就称为 w 的原像.点集 $\{f(z): z\in E\}$ 也称为 E 在映射 f 下的像,记为 $f(E)$.如果 $f(E)\subset F$,就说 f 把 E 映入 F,或者说 f 是 E 到 F 中的映射.如果 $f(E)=F$,就说 f 把 E 映为 F,或者说 f 是 E 到 F 上的映射.

设 $z=x+\mathrm{i}y$,用 u 和 v 记 $w=f(z)$ 的实部和虚部,则有

$$\begin{aligned} w = f(z) &= u(z) + \mathrm{i}v(z) \\ &= u(x,y) + \mathrm{i}v(x,y). \end{aligned}$$

这就是说,一个复变函数等价于两个二元的实变函数 $u=u(x,y)$ 和 $v=v(x,y)$.

例如 $w=z^2=(x+\mathrm{i}y)^2=x^2-y^2+2\mathrm{i}xy$,它等价于 $u=x^2-y^2$ 和 $v=2xy$ 两个二元函数;再如 $w=|z|$,它等价于 $u=\sqrt{x^2+y^2}$ 和 $v=0$ 这两个二元函数.

这样就产生了一个问题,既然一个复变函数等价于两个二元的实变函数,那么研究复变函数的意义何在呢?在下一章中我们将要看到,对于一类重要的复变函数,即所谓的**全纯函数**,它所对应的两个二元函数要满足一个方程式,在这个基础上可以建立起一套完美的全纯函数理论;另一方面,满足这个方程式的一对二元函数有明显的力学和物理意义,这使得全纯函数的研究有直接的应用价值.正是这些数学和物理的背景,使得复变函数论成为数学中一个重要的独立分支.

现在引进复变函数的极限和连续性的概念.

设 f 是定义在点集 E 上的一个复变函数,z_0 是 E 的一个极限点,a 是给定的一个复数.如果对任意的 $\varepsilon>0$,存在与 ε 有关的 $\delta>0$,使得当 $z\in E$ 且 $0<|z-z_0|<\delta$ 时有 $|f(z)-a|<\varepsilon$,就说当 $z\to$

z_0 时 $f(z)$有极限 a,记作$\lim\limits_{z\to z_0}f(z)=a$. 上述极限的定义也可用邻域的语言叙述为:对于任给的 $\varepsilon>0$,存在与 ε 有关的正数 δ,使得当 $z\in B(z_0,\delta)\cap E$ 且 $z\neq z_0$ 时有 $f(z)\in B(a,\varepsilon)$,这后一种说法也适用于 $z=\infty$的情形.

设 $a=\alpha+\mathrm{i}\beta, z_0=x_0+\mathrm{i}y_0, f(z)=u(x,y)+\mathrm{i}v(x,y)$,由下面的不等式

$$
\begin{aligned}
|u(x,y)-\alpha| &\leqslant |f(z)-a| \\
&\leqslant |u(x,y)-\alpha|+|v(x,y)-\beta|, \\
|v(x,y)-\beta| &\leqslant |f(z)-a| \\
&\leqslant |u(x,y)-\alpha|+|v(x,y)-\beta|
\end{aligned}
$$

知道,$\lim\limits_{z\to z_0}f(z)=a$ 的充分必要条件为

$$
\lim_{\substack{x\to x_0\\ y\to y_0}}u(x,y)=\alpha, \quad \lim_{\substack{x\to x_0\\ y\to y_0}}v(x,y)=\beta.
$$

因此,实变函数中有关极限的一些运算法则在复变函数中也成立.

我们说 f 在点 $z_0\in E$ 连续,如果

$$
\lim_{z\to z_0}f(z)=f(z_0).
$$

如果 f 在集 E 中每点都连续,就说 f 在集 E 上连续.

从上面的讨论知道,$f(z)=u(x,y)+\mathrm{i}v(x,y)$在 $z_0=x_0+\mathrm{i}y_0$ 处连续的充要条件是 $u(x,y)$和 $v(x,y)$作为二元函数在(x_0,y_0)处连续.

紧集上的连续函数有许多重要的性质:

定理 1.7.1 设 E 是 $\mathbf{C}$ 中的紧集,$f:E\to\mathbf{C}$ 在 E 上连续,那么

(i) f 在 E 上有界;

(ii) $|f|$在 E 上能取得最大值和最小值,即存在 $a,b\in E$,使得对每个 $z\in E$,都有

$$
|f(z)|\leqslant|f(a)|, \quad |f(z)|\geqslant|f(b)|;
$$

(iii) f 在 E 上一致连续.

所谓 f 在 E 上一致连续,是指对任意 $\varepsilon>0$,存在只与 ε 有关

的$\delta>0$,对 E 上任意的 z_1,z_2,只要 $|z_1-z_2|<\delta$,就有 $|f(z_1)-f(z_2)|<\varepsilon$.

我们只给出(ii)的证明,(i)和(iii)的证明留给读者作为练习.

证 记 $M=\sup\{|f(z)|: z\in E\}$,于是对每一自然数 n,必有 $z_n\in E$,使得

$$M-\frac{1}{n}\leqslant|f(z_n)|\leqslant M. \tag{1}$$

因为 E 是 $\boldsymbol{C}$ 中的紧集,由定理 1.5.5,E 为有界闭集. 再由定理 1.5.7,$\{z_n\}$必有极限点,即有一收敛子列$\{z_{n_k}\}$,设其极限为 a,则 $a\in E$. 把(1)式写成

$$M-\frac{1}{n_k}\leqslant|f(z_{n_k})|\leqslant M,$$

让 $k\to\infty$,并注意到 f 在 a 处的连续性,即得 $|f(a)|=M$. □

习 题 1.7

1. 证明:若 E 是紧集,$f:E\to\boldsymbol{C}$ 连续,则 f 在 E 上一致连续.

2. 证明:若 D 是单连通域,$0\notin D$,则必存在 D 上的连续函数 $\varphi(z)$,使得 $\varphi(z)\in\operatorname{Arg}z$, $\forall z\in D$. $\varphi(z)$称为 $\operatorname{Arg}z$ 在 D 上的一个单值连续分支.

3. 证明:若 E 是紧集,f 在 E 上连续,则 $f(E)$也是紧集. 将紧集换成闭集,结论是否成立?

4. 设 f 是域 D 上的连续函数,并且对任意 $z_0\in\partial D$, $\lim\limits_{z\to z_0}f(z)$ 存在. 证明:

$$F(z)=\begin{cases}f(z), & z\in D;\\ \lim\limits_{\zeta\to z}f(\zeta), & z\in\partial D\end{cases}$$

在 $\overline{D}$ 上连续.

5. 证明:若 f 在域 D 上一致连续,则对任意 $z_0\in\partial D$, $\lim\limits_{z\to z_0}f(z)$ 存在.

6. 研究 $f(z)=\dfrac{1}{1-z}$和 $g(z)=\dfrac{1}{1+z^2}$在 $B(0,1)$上的连续性与一致连续性.

7. 设连续映射 $f:E\to\mathbf{C}$ 满足

$$f(z)\neq f(w),\quad \forall z,w\in E,z\neq w,$$

则称 f 是 E 上的**一一连续映射**. 证明:若 E 是紧集,f 是 E 上的一一连续映射,则 $f^{-1}:f(E)\to E$ 也是一一连续映射,即 $f:E\to f(E)$是一个**同胚**映射. 将紧集换成闭集,结论是否成立?

8. 证明:

(i) 存在连续映射将$[0,1]$映为$\partial B(0,1)$;

(ii) 不存在一一连续映射将$[0,1]$映为$\partial B(0,1)$.

9. 设 f 是域 D 上的复变函数,$z_0\in\partial D$. 若$\lim\limits_{z\to z_0}f(z)=A$ 存在,则称 A 是 f 在 z_0 处的边界值,记为 $f(z_0)=A$. 举例说明,存在开正方形 G 上的同胚映射,其不能在∂G 上处处都有边界值.

第2章　全纯函数

2.1　复变函数的导数

现在把实变函数中导数的概念推广到复变函数中来.

定义 2.1.1　设 $f: D \to \boldsymbol{C}$ 是定义在域 D 上的函数，$z_0 \in D$. 如果极限

$$\lim_{z \to z_0} \frac{f(z) - f(z_0)}{z - z_0} \tag{1}$$

存在，就说 f 在 z_0 处**复可微**或**可微**，这个极限称为 f 在 z_0 处的导数或微商，记作 $f'(z_0)$. 如果 f 在 D 中每点都可微，就称 f 是域 D 中的**全纯函数**或**解析函数**. 如果 f 在 z_0 的一个邻域中全纯，就称 f 在 z_0 处全纯.

设 f 在 z_0 处可微. 若记 $\Delta z = z - z_0$，则(1)式可以写成

$$\lim_{\Delta z \to 0} \frac{f(z_0 + \Delta z) - f(z_0)}{\Delta z} = f'(z_0),$$

或者

$$f(z_0 + \Delta z) - f(z_0) = f'(z_0)\Delta z + o(|\Delta z|). \tag{2}$$

由此即得 $\lim\limits_{\Delta z \to 0} f(z_0 + \Delta z) = f(z_0)$，这说明 f 在 z_0 处连续. 我们已经证明了

命题 2.1.2　若 f 在 z_0 处可微，则必在 z_0 处连续.

但反过来不成立，即若 f 在 z_0 处连续，则 f 未必在 z_0 处可微.

例 2.1.3　函数 $f(z) = \bar{z}$ 在 $\boldsymbol{C}$ 中处处不可微.

证　对于任意 $z \in \boldsymbol{C}$，有

$$\frac{f(z+\Delta z)-f(z)}{\Delta z}=\frac{\overline{z+\Delta z}-\bar{z}}{\Delta z}=\frac{\overline{\Delta z}}{\Delta z}.$$

如果让 Δz 取实数，则$\frac{\overline{\Delta z}}{\Delta z}=1$；如果让 Δz 取纯虚数，则$\frac{\overline{\Delta z}}{\Delta z}=-1$. 因此，当 $\Delta z\to 0$ 时上述极限不存在，因而在 $\boldsymbol{C}$ 中处处不可导. □

但容易看出这个函数在 $\boldsymbol{C}$ 中却是处处连续的，这是一个处处连续、处处不可微的例子. 其实，在复变函数中这种例子很多，例如 $f(z)=\mathrm{Re}z$，$f(z)=|z|$ 都是. 但在实变函数中，要举一个这样的例子却是相当困难的. 这说明在复变函数中可微的要求比实变函数中要强得多，因而得到的结论也强得多，这在以后的学习中将逐步揭示出来.

由于导数的定义在形式上与实变函数中一样，实变函数中导数的运算法则依然成立. 即若 f 和 g 在域 D 中全纯，那么 $f\pm g$，fg 也在 D 中全纯，而且

$$(f(z)\pm g(z))'=f'(z)\pm g'(z),$$
$$(f(z)g(z))'=f'(z)g(z)+f(z)g'(z).$$

如果对每一点 $z\in D$，$g(z)\neq 0$，那么$\frac{f}{g}$也是 D 中的全纯函数，而且

$$\left(\frac{f(z)}{g(z)}\right)'=\frac{f'(z)g(z)-g'(z)f(z)}{(g(z))^2}.$$

复合函数的求导法则也成立.

命题 2.1.4 设 D_1，D_2 是 $\boldsymbol{C}$ 中的两个域，且

$$f: D_1\to D_2,$$
$$g: D_2\to \boldsymbol{C}$$

都是全纯函数，那么 $h=g\circ f$ 是 $D_1\to\boldsymbol{C}$ 的全纯函数，而且 $h'(z)=g'(f(z))f'(z)$. 这里，$g\circ f$ 记 f 和 g 的复合函数：$g\circ f(z)=g(f(z))$.

证明与实变函数的情形一样，留给读者作为练习.

习 题 2.1

1. 研究下列函数的可微性：

(i) $f(z)=|z|$；　　(ii) $f(z)=|z|^2$；

(iii) $f(z)=\mathrm{Re}z$；　　(iv) $f(z)=\arg z$；

(v) $f(z)$为常数.

2. 设 f 和 g 都在 z_0 处可微，且 $f(z_0)=g(z_0)=0, g'(z_0)\neq 0$. 证明：

$$\lim_{z\to z_0}\frac{f(z)}{g(z)}=\frac{f'(z_0)}{g'(z_0)}.$$

3. 设 f 和 g 分别是域 D 和域 G 上的全纯函数，如果 $f(D)\subset G$，那么 $g\circ f$ 也是 D 上的全纯函数，而且

$$(g\circ f)'(z)=g'(f(z))f'(z).$$

4. 设域 G 和域 D 关于实轴对称. 证明：如果 $f(z)$ 是 D 上的全纯函数，那么 $\overline{f(\bar{z})}$ 是 G 上的全纯函数.

2.2 Cauchy-Riemann 方程

现在讨论 f 在某点 z_0 可微的充分必要条件，为此先引入 f 在 z_0 处实可微的概念.

定义 2.2.1 设 $f(z)=u(x,y)+\mathrm{i}v(x,y)$ 是定义在域 D 上的函数，$z_0=x_0+\mathrm{i}y_0\in D$. 我们说 f 在 z_0 处**实可微**，是指 u 和 v 作为 x,y 的二元函数在 (x_0,y_0) 处可微.

今设 f 在 z_0 处实可微，按定义，有

$$\begin{aligned}&u(x_0+\Delta x,y_0+\Delta y)-u(x_0,y_0)\\&\quad=\frac{\partial u}{\partial x}(x_0,y_0)\Delta x+\frac{\partial u}{\partial y}(x_0,y_0)\Delta y+o(|\Delta z|),\end{aligned}\tag{1}$$

$$\begin{aligned}&v(x_0+\Delta x,y_0+\Delta y)-v(x_0,y_0)\\&\quad=\frac{\partial v}{\partial x}(x_0,y_0)\Delta x+\frac{\partial v}{\partial y}(x_0,y_0)\Delta y+o(|\Delta z|),\end{aligned}\tag{2}$$

这里，$|\Delta z|=\sqrt{(\Delta x)^2+(\Delta y)^2}$. 于是

$$f(z_0+\Delta z)-f(z_0)$$

$$
\begin{aligned}
&= u(x_0+\Delta x, y_0+\Delta y) - u(x_0, y_0) \\
&\quad + \mathrm{i}(v(x_0+\Delta x, y_0+\Delta y) - v(x_0, y_0)) \\
&= \frac{\partial u}{\partial x}(x_0, y_0)\Delta x + \frac{\partial v}{\partial y}(x_0, y_0)\Delta y + o(|\Delta z|) \\
&\quad + \mathrm{i}\left(\frac{\partial v}{\partial x}(x_0, y_0)\Delta x + \frac{\partial v}{\partial y}(x_0, y_0)\Delta y + o(|\Delta z|)\right) \\
&= \left(\frac{\partial u}{\partial x}(x_0, y_0) + \mathrm{i}\frac{\partial v}{\partial x}(x_0, y_0)\right)\Delta x \\
&\quad + \left(\frac{\partial u}{\partial y}(x_0, y_0) + \mathrm{i}\frac{\partial v}{\partial y}(x_0, y_0)\right)\Delta y + o(|\Delta z|) \\
&= \frac{\partial f}{\partial x}(x_0, y_0)\Delta x + \frac{\partial f}{\partial y}(x_0, y_0)\Delta y + o(|\Delta z|).
\end{aligned}
$$

把 $\Delta x = \frac{1}{2}(\Delta z + \overline{\Delta z})$，$\Delta y = \frac{1}{2\mathrm{i}}(\Delta z - \overline{\Delta z})$ 代入上式，得

$$
\begin{aligned}
&f(z_0+\Delta z) - f(z_0) \\
&\quad = \frac{1}{2}\frac{\partial f}{\partial x}(x_0, y_0)(\Delta z + \overline{\Delta z}) \\
&\qquad - \frac{\mathrm{i}}{2}\frac{\partial f}{\partial y}(x_0, y_0)(\Delta z - \overline{\Delta z}) + o(|\Delta z|) \\
&\quad = \frac{1}{2}\left(\frac{\partial}{\partial x} - \mathrm{i}\frac{\partial}{\partial y}\right)f(x_0, y_0)\Delta z \\
&\qquad + \frac{1}{2}\left(\frac{\partial}{\partial x} + \mathrm{i}\frac{\partial}{\partial y}\right)f(x_0, y_0)\overline{\Delta z} + o(|\Delta z|).
\end{aligned}
$$

引进算子

$$
\begin{aligned}
\frac{\partial}{\partial z} &= \frac{1}{2}\left(\frac{\partial}{\partial x} - \mathrm{i}\frac{\partial}{\partial y}\right), \\
\frac{\partial}{\partial \bar{z}} &= \frac{1}{2}\left(\frac{\partial}{\partial x} + \mathrm{i}\frac{\partial}{\partial y}\right),
\end{aligned} \tag{3}
$$

则上式可写为

$$
f(z_0+\Delta z) - f(z_0) = \frac{\partial f}{\partial z}(z_0)\Delta z + \frac{\partial f}{\partial \bar{z}}(z_0)\overline{\Delta z} + o(|\Delta z|). \tag{4}
$$

容易看出,(4)式和(1),(2)两式等价.因而有下面的

命题 2.2.2 设 $f:D\to\mathbf{C}$ 是定义在域 D 上的函数,$z_0\in D$,那么 f 在 z_0 处实可微的充分必要条件是(4)式成立,其中,$\dfrac{\partial}{\partial z}$和$\dfrac{\partial}{\partial \bar{z}}$是由(3)式定义的算子.

为什么要像(3)式那样来定义算子$\dfrac{\partial}{\partial z}$和$\dfrac{\partial}{\partial \bar{z}}$呢? 这是因为如果把复变函数 $f(z)$写成

$$f(x,y)=f\left(\frac{z+\bar{z}}{2},-\mathrm{i}\,\frac{z-\bar{z}}{2}\right),$$

把 $z,\bar{z}$ 看成独立变量,分别对 z 和 $\bar{z}$ 求偏导数,则得

$$\frac{\partial f}{\partial z}=\frac{\partial f}{\partial x}\frac{\partial x}{\partial z}+\frac{\partial f}{\partial y}\frac{\partial y}{\partial z}=\frac{1}{2}\left(\frac{\partial f}{\partial x}-\mathrm{i}\,\frac{\partial f}{\partial y}\right),$$

$$\frac{\partial f}{\partial \bar{z}}=\frac{\partial f}{\partial x}\frac{\partial x}{\partial \bar{z}}+\frac{\partial f}{\partial y}\frac{\partial y}{\partial \bar{z}}=\frac{1}{2}\left(\frac{\partial f}{\partial x}+\mathrm{i}\,\frac{\partial f}{\partial y}\right).$$

这就是表达式(3)的来源.这说明在进行微分运算时,可以把 $z,\bar{z}$ 看成独立的变量.

现在很容易得到 f 在 z_0 处可微的条件了.

定理 2.2.3 设 f 是定义在域 D 上的函数,$z_0\in D$,那么 f 在 z_0 处可微的充要条件是 f 在 z_0 处实可微且$\dfrac{\partial f}{\partial \bar{z}}(z_0)=0$.在可微的情况下,$f'(z_0)=\dfrac{\partial f}{\partial z}(z_0)$.

证 如果 f 在 z_0 处可微,由 2.1 节的(2)式得

$$f(z_0+\Delta z)-f(z_0)=f'(z_0)\Delta z+o(|\Delta z|).$$

与(4)式比较就知道,f 在 z_0 处是实可微的,而且$\dfrac{\partial f}{\partial \bar{z}}(z_0)=0$,$f'(z_0)=\dfrac{\partial f}{\partial z}(z_0)$.

反之,若 f 在 z_0 处实可微,且$\dfrac{\partial f}{\partial \bar{z}}(z_0)=0$,则由(4)式得

$$f(z_0+\Delta z)-f(z_0)=\frac{\partial f}{\partial z}(z_0)\Delta z+o(|\Delta z|).$$

由此即知 f 在 z_0 处可微,而且 $f'(z_0)=\dfrac{\partial f}{\partial z}(z_0)$. □

$\dfrac{\partial f}{\partial \bar{z}}=0$ 称为 Cauchy-Riemann 方程,从这个方程可以得到 f 的实部和虚部应满足的条件. 设 $f=u+\mathrm{i}v$,则由(3)式得

$$\begin{aligned}\frac{\partial f}{\partial \bar{z}}&=\frac{\partial u}{\partial \bar{z}}+\mathrm{i}\frac{\partial v}{\partial \bar{z}}\\&=\frac{1}{2}\left(\frac{\partial u}{\partial x}+\mathrm{i}\frac{\partial u}{\partial y}\right)+\frac{\mathrm{i}}{2}\left(\frac{\partial v}{\partial x}+\mathrm{i}\frac{\partial v}{\partial y}\right)\\&=\frac{1}{2}\left(\frac{\partial u}{\partial x}-\frac{\partial v}{\partial y}\right)+\frac{\mathrm{i}}{2}\left(\frac{\partial u}{\partial y}+\frac{\partial v}{\partial x}\right).\end{aligned}$$

因此,Cauchy-Riemann 方程$\dfrac{\partial f}{\partial \bar{z}}=0$ 就等价于

$$\begin{cases}\dfrac{\partial u}{\partial x}=\dfrac{\partial v}{\partial y},\\[2mm]\dfrac{\partial u}{\partial y}=-\dfrac{\partial v}{\partial x}.\end{cases}\tag{5}$$

这样,f 在 z_0 处可微的条件可用它的实部和虚部表示为

定理 2.2.4 设 $f=u+\mathrm{i}v$ 是定义在域 D 上的函数,$z_0=x_0+\mathrm{i}y_0\in D$,那么 f 在 z_0 处可微的充要条件是 $u(x,y)$,$v(x,y)$在(x_0,y_0)处可微,且在(x_0,y_0)处满足

$$\begin{cases}\dfrac{\partial u}{\partial x}=\dfrac{\partial v}{\partial y},\\[2mm]\dfrac{\partial u}{\partial y}=-\dfrac{\partial v}{\partial x}.\end{cases}$$

在可微的情况下,有

$$\begin{aligned}f'(z_0)&=\frac{\partial u}{\partial x}+\mathrm{i}\frac{\partial v}{\partial x}\\&=\frac{\partial v}{\partial y}+\mathrm{i}\frac{\partial v}{\partial x}\end{aligned}$$

$$=\frac{\partial u}{\partial x}-\mathrm{i}\,\frac{\partial u}{\partial y}$$

$$=\frac{\partial v}{\partial y}-\mathrm{i}\,\frac{\partial u}{\partial y},$$

这里的偏导数都在(x_0,y_0)处取值.

最后这个 $f'(z_0)$ 的表达式是从 $f'(z_0)=\frac{\partial f}{\partial z}(z_0)$ 和 Cauchy-Riemann 方程(5)得到的.

设 D 是 $\boldsymbol{C}$ 中的域,我们用 $C(D)$ 记 D 上连续函数的全体,用 $H(D)$ 记 D 上全纯函数的全体. 命题 2.1.2 告诉我们,$H(D)\subset C(D)$.

设 $f=u+\mathrm{i}v$,记$\frac{\partial f}{\partial x}=\frac{\partial u}{\partial x}+\mathrm{i}\,\frac{\partial v}{\partial x}$,$\frac{\partial f}{\partial y}=\frac{\partial u}{\partial y}+\mathrm{i}\,\frac{\partial v}{\partial y}$. 我们用 $C^1(D)$ 记$\frac{\partial f}{\partial x}$,$\frac{\partial f}{\partial y}$在 D 上连续的 f 的全体. 由多元微积分的知识知道,对于任意 $f\in C^1(D)$,f 在 D 上实可微,从(4)式知道,f 在 D 上连续,因而

$$C^1(D)\subset C(D).$$

用 $C^k(D)$记在 D 上有 k 阶连续偏导数的函数的全体,$C^\infty(D)$记在 D 上有任意阶连续偏导数的函数的全体. 以后将证明(定理 3.4.4),域 D 上的全纯函数在 D 上有任意阶的连续偏导数,因而上面这些函数类有如下的包含关系:

$$H(D)\subset C^\infty(D)\subset C^k(D)\subset C^1(D)\subset C(D),$$

这里,k 是大于 1 的自然数.

例 2.2.5 研究函数 $f(z)=z^n$,n 是自然数.

解 显然,$\frac{\partial f}{\partial \bar{z}}=0$,且 f 在整个平面上是实可微的. 因而,f 是 $\boldsymbol{C}$ 上的全纯函数,而且

$$f'(z)=\frac{\partial f}{\partial z}=nz^{n-1}. \qquad \square$$

例 2.2.6 研究函数 $f(z)=\mathrm{e}^{-|z|^2}$.

解 把 f 写为 $f(z)=\mathrm{e}^{-z\bar{z}}$，于是$\dfrac{\partial f}{\partial \bar{z}}=-\mathrm{e}^{-z\bar{z}}z$，它只有在 $z=0$ 处才等于零. 因此，$\mathrm{e}^{-|z|^2}$ 只有在 $z=0$ 处可微，它在任何点处都不是全纯的. 但它对 x,y 有任意阶连续偏导数，所以它是 $C^{\infty}(\mathbf{C})$ 中的函数. □

定义 2.2.7 设 u 是域 D 上的实值函数，如果 $u\in C^2(D)$，且对任意 $z\in D$，有

$$\Delta u(z)=\frac{\partial^2 u(z)}{\partial x^2}+\frac{\partial^2 u(z)}{\partial y^2}=0,$$

就称 u 是 D 中的**调和函数**. $\Delta=\dfrac{\partial^2}{\partial x^2}+\dfrac{\partial^2}{\partial y^2}$称为 **Laplace 算子**.

命题 2.2.8 设 $u\in C^2(D)$，那么 $\Delta u=4\dfrac{\partial^2 u}{\partial z\partial \bar{z}}$.

证 由(3)式，有

$$\frac{\partial u}{\partial \bar{z}}=\frac{1}{2}\left(\frac{\partial u}{\partial x}-\mathrm{i}\frac{\partial u}{\partial y}\right),$$

所以

$$\begin{aligned}\frac{\partial^2 u}{\partial z\partial \bar{z}}&=\frac{\partial u}{\partial z}\frac{\partial u}{\partial \bar{z}}\\&=\frac{1}{4}\left[\frac{\partial}{\partial x}\left(\frac{\partial u}{\partial x}-\mathrm{i}\frac{\partial u}{\partial y}\right)+\mathrm{i}\frac{\partial}{\partial y}\left(\frac{\partial u}{\partial x}-\mathrm{i}\frac{\partial u}{\partial y}\right)\right]\\&=\frac{1}{4}\left(\frac{\partial^2 u}{\partial x^2}+\frac{\partial^2 u}{\partial y^2}\right)\\&=\frac{1}{4}\Delta u.\end{aligned}$$

□

由此便可得

定理 2.2.9 设 $f=u+\mathrm{i}v\in H(D)$，那么 u 和 v 都是 D 上的调和函数.

证 因为 $f\in H(D)$，由 Cauchy-Riemann 方程，有

$$\frac{\partial f}{\partial \bar{z}} = 0,$$

$$\frac{\partial \bar{f}}{\partial z} = 0.$$

所以

$$\frac{\partial^2 f}{\partial z \partial \bar{z}} = \frac{\partial^2 \bar{f}}{\partial z \partial \bar{z}} = 0.$$

于是，由 $u=\frac{1}{2}(f+\bar{f})$ 即得

$$\Delta u = 4 \frac{\partial^2 u}{\partial z \partial \bar{z}} = 0.$$

同理可证 $\Delta v=0$. □

定义 2.2.10 设 u 和 v 是 D 上的一对调和函数，如果它们还满足 Cauchy-Riemann 方程

$$\begin{cases} \dfrac{\partial u}{\partial x} = \dfrac{\partial v}{\partial y}, \\ \dfrac{\partial u}{\partial y} = -\dfrac{\partial v}{\partial x}, \end{cases}$$

就称 v 为 u 的**共轭调和函数**.

显然，全纯函数的实部和虚部就构成一对共轭调和函数. 现在问，给定域 D 中的调和函数 u，是否存在 u 的共轭调和函数 v，使得 $u+\mathrm{i}v$ 成为 D 中的全纯函数？对于单连通域，答案是肯定的.

定理 2.2.11 设 u 是单连通域 D 上的调和函数，则必存在 u 的共轭调和函数 v，使得 $u+\mathrm{i}v$ 是 D 上的全纯函数.

证 因为 u 满足 Laplace 方程

$$\frac{\partial^2 u}{\partial x^2} + \frac{\partial^2 u}{\partial y^2} = 0,$$

若令 $P=-\frac{\partial u}{\partial y}, Q=\frac{\partial u}{\partial x}$，则

$$\frac{\partial Q}{\partial x} = \frac{\partial^2 u}{\partial x^2} = -\frac{\partial^2 u}{\partial y^2} = \frac{\partial P}{\partial y},$$

所以

$$Pdx + Qdy = -\frac{\partial u}{\partial y}dx + \frac{\partial u}{\partial x}dy$$

是一个全微分，因而积分

$$\int_{(x_0,y_0)}^{(x,y)} -\frac{\partial u}{\partial y}dx + \frac{\partial u}{\partial x}dy$$

与路径无关. 令

$$v(x,y) = \int_{(x_0,y_0)}^{(x,y)} -\frac{\partial u}{\partial y}dx + \frac{\partial u}{\partial x}dy,$$

那么

$$\begin{cases} \dfrac{\partial v}{\partial x} = -\dfrac{\partial u}{\partial y}, \\ \dfrac{\partial v}{\partial y} = \dfrac{\partial u}{\partial x}. \end{cases}$$

所以，v 就是要求的 u 的共轭调和函数. □

关于调和函数的理论，我们将在第 8 章中作进一步的讨论.

习 题 2.2

1. 设 D 是 $\mathbf{C}$ 中的域，$f \in H(D)$. 如果对每一个 $z \in D$，都有 $f'(z)=0$，证明 f 是一常数.

2. 设 $f \in H(D)$，并且满足下列条件之一：

(i) $\mathrm{Re} f(z)$是常数；

(ii) $\mathrm{Im} f(z)$是常数；

(iii) $|f(z)|$是常数；

(iv) $\arg f(z)$是常数；

(v) $\mathrm{Re} f(z) = (\mathrm{Im} f(z))^2, z \in D$,

那么 f 是一常数.

3. 设 $z = x + iy$，证明 $f(z) = \sqrt{xy}$在 $z=0$ 处满足 Cauchy-Riemann 方程，但 f 在 $z=0$ 处不可微.

4. 设 $z = r(\cos\theta + i\sin\theta)$，$f(z) = u(r,\theta) + iv(r,\theta)$，证明 Cauchy-Riemann 方程为

$$\begin{cases}\dfrac{\partial u}{\partial r}=\dfrac{1}{r}\dfrac{\partial v}{\partial\theta},\\[2mm] \dfrac{\partial v}{\partial r}=-\dfrac{1}{r}\dfrac{\partial u}{\partial\theta}.\end{cases}$$

5. 设 $z=r(\cos\theta+\mathrm{i}\sin\theta)$. 证明：

$$\frac{\partial f}{\partial\bar{z}}=\frac{1}{2}\mathrm{e}^{\mathrm{i}\theta}\left(\frac{\partial f}{\partial r}+\frac{\mathrm{i}}{r}\frac{\partial f}{\partial\theta}\right),$$

$$\frac{\partial f}{\partial z}=\frac{1}{2}\mathrm{e}^{-\mathrm{i}\theta}\left(\frac{\partial f}{\partial r}-\frac{\mathrm{i}}{r}\frac{\partial f}{\partial\theta}\right).$$

6. 设 $\boldsymbol{s}$ 和 $\boldsymbol{n}$ 是两个平面向量，将 $\boldsymbol{s}$ 按逆时针方向旋转 $\frac{\pi}{2}$ 即为 $\boldsymbol{n}$. 如果 $f=u+\mathrm{i}v$ 是全纯函数，证明：

$$\begin{cases}\dfrac{\partial u}{\partial\boldsymbol{s}}=\dfrac{\partial v}{\partial\boldsymbol{n}},\\[2mm] \dfrac{\partial u}{\partial\boldsymbol{n}}=-\dfrac{\partial v}{\partial\boldsymbol{s}}.\end{cases}$$

7. 设 D 是 $\boldsymbol{C}$ 中的域，$f\in C^2(D)$. 证明：对每个 $z\in D$，有

$$\frac{\partial^2 f}{\partial z\partial\bar{z}}(z)=\frac{\partial^2 f}{\partial\bar{z}\partial z}(z).$$

8. 设 D 是 $\boldsymbol{C}$ 中的域，$f\in H(D)$，f 在 D 中不取零值. 证明：对任意 $p>0$，有

$$\left(\frac{\partial^2}{\partial x^2}+\frac{\partial^2}{\partial y^2}\right)|f(z)|^p=p^2|f(z)|^{p-2}|f'(z)|^2.$$

9. 设 D 是 $\boldsymbol{C}$ 中的域，$f=u+\mathrm{i}v\in C^1(D)$. 证明：

$$\begin{vmatrix}\dfrac{\partial u}{\partial x} & \dfrac{\partial u}{\partial y}\\[2mm] \dfrac{\partial v}{\partial x} & \dfrac{\partial v}{\partial y}\end{vmatrix}=\left|\frac{\partial f}{\partial z}\right|^2-\left|\frac{\partial f}{\partial\bar{z}}\right|^2.$$

特别地，当 $f\in H(D)$ 时，有

$$\begin{vmatrix}\dfrac{\partial u}{\partial x} & \dfrac{\partial u}{\partial y}\\[2mm] \dfrac{\partial v}{\partial x} & \dfrac{\partial v}{\partial y}\end{vmatrix}=|f'|^2.$$

给出上面等式的几何意义.

10. 设 D 是域, n 是自然数. 证明: $f\in C^n(D)$ 当且仅当 $\frac{\partial^n f}{\partial z^k\partial \bar{z}^{n-k}}$ 在 D 上连续, $0\leqslant k\leqslant n$.

11. 设 D 是域, $f:D\to \mathbf{C}\setminus(-\infty,0]$ 是非常数的全纯函数, 则 $\log|f(z)|$ 和 $\arg f(z)$ 是 D 上的调和函数, 而 $|f(z)|$ 不是 D 上的调和函数.

12. 设 D,G 是域, $\varphi:D\to G$ 是全纯函数. 证明: 若 u 是 G 上的调和函数. 则 $u\circ f$ 是 D 上的调和函数.

13. 设 u 是域 D 上的调和函数, φ 是 $u(D)$ 上的实函数. 证明: $\varphi\circ u$ 是 D 上的调和函数当且仅当 φ 是线性函数.

14. 设 D,G 是域, $u\in C^2(G)$, $\varphi\in H(D)$, 并且 $\varphi(D)\subset G$. 证明: $\Delta(u\circ\varphi)=\Delta u|\varphi'|^2$.

15. 举例说明: 存在 $B(0,1)\setminus\{0\}$ 上的调和函数, 它不是 $B(0,1)\setminus\{0\}$ 上全纯函数的实部.

16. 设 $f=u+\mathrm{i}v$, $z_0=x_0+\mathrm{i}y_0$. 证明:

(i) 如果极限 $\lim\limits_{z\to z_0}\mathrm{Re}\frac{f(z)-f(z_0)}{z-z_0}$ 存在, 那么 $\frac{\partial u}{\partial x}(x_0,y_0)$ 和 $\frac{\partial v}{\partial y}(x_0,y_0)$ 存在, 并且相等;

(ii) 如果极限 $\lim\limits_{z\to z_0}\mathrm{Im}\frac{f(z)-f(z_0)}{z-z_0}$ 存在, 那么 $\frac{\partial u}{\partial y}(x_0,y_0)$ 和 $\frac{\partial v}{\partial x}(x_0,y_0)$ 存在, 而且

$$\frac{\partial u}{\partial y}(x_0,y_0)=-\frac{\partial v}{\partial x}(x_0,y_0).$$

17. 证明: 若 $f(z)$ 在 z_0 处实可微, 并且 $\lim\limits_{z\to z_0}\left|\frac{f(z)-f(z_0)}{z-z_0}\right|$ 存在, 则 $f(z)$ 和 $\overline{f(z)}$ 必有一个在 z_0 处可微.

18. 证明: 若 $u(x,y)$ 是 x,y 的调和多项式, 则

$$f(z)=2u\left(\frac{z}{2},\frac{z}{2\mathrm{i}}\right)-u(0,0)$$
是 $\boldsymbol{C}$ 上的全纯函数，并且对任意 $z=x+\mathrm{i}y\in\boldsymbol{C}$，$\mathrm{Re}f(z)=u(x,y)$.

2.3 导数的几何意义

设 f 是域 D 上的连续函数，$z_0\in D$，如果 f 在 z_0 处全纯，且 $f'(z_0)\neq 0$，我们来讨论 $f'(z_0)$ 这个复数的几何意义.

过 z_0 作一条光滑曲线 γ，它的方程为
$$z=\gamma(t),\ a\leqslant t\leqslant b.$$
设 $\gamma(a)=z_0$，且 $\gamma'(a)\neq 0$. 前面说过，γ 在点 z_0 处的切线与正实轴的夹角为 $\mathrm{Arg}\gamma'(a)$. 设 $w=f(z)$ 把曲线 γ 映为 σ，它的方程为
$$w=\sigma(t)=f(\gamma(t)),\ a\leqslant t\leqslant b.$$
由于 $\sigma'(a)=f'(\gamma(a))\gamma'(a)=f'(z_0)\gamma'(a)\neq 0$，所以 σ 在 $w_0=f(z_0)$ 处的切线与正实轴的夹角为
$$\mathrm{Arg}\sigma'(a)=\mathrm{Arg}f'(z_0)+\mathrm{Arg}\gamma'(a),$$
或者写为
$$\mathrm{Arg}\sigma'(a)-\mathrm{Arg}\gamma'(a)=\mathrm{Arg}f'(z_0).\tag{1}$$
这说明像曲线 σ 在 w_0 处的切线与正实轴的夹角与原曲线 γ 在 z_0 处的切线与正实轴的夹角之差总是 $\mathrm{Arg}f'(z_0)$，而与曲线 γ 无关. $\mathrm{Arg}f'(z_0)$ 就称为映射 $w=f(z)$ 在点 z_0 处的转动角. 这一事实导致下面的重要结果：

如果过 z_0 点作两条光滑曲线 γ_1,γ_2，它们的方程分别为
$$z=\gamma_1(t),\ a\leqslant t\leqslant b$$
和
$$z=\gamma_2(t),\ a\leqslant t\leqslant b,$$
且 $\gamma_1(a)=\gamma_2(a)=z_0$（图 2.1(a)）. 映射 $w=f(z)$ 把它们分别映为过 w_0 点的两条光滑曲线 σ_1 和 σ_2（图 2.1(b)），它们的方程分别为
$$w=\sigma_1(t)=f(\gamma_1(t)),\ a\leqslant t\leqslant b$$

和

$$w=\sigma_2(t)=f(\gamma_2(t)),\ a\leqslant t\leqslant b.$$

由(1)式可得

$$\begin{aligned}\operatorname{Arg}\sigma_1'(a)-\operatorname{Arg}\gamma_1'(a)&=\operatorname{Arg}f'(z_0)\\&=\operatorname{Arg}\sigma_2'(a)-\operatorname{Arg}\gamma_2'(a),\end{aligned}$$

即

$$\operatorname{Arg}\sigma_2'(a)-\operatorname{Arg}\sigma_1'(a)=\operatorname{Arg}\gamma_2'(a)-\operatorname{Arg}\gamma_1'(a). \quad (2)$$

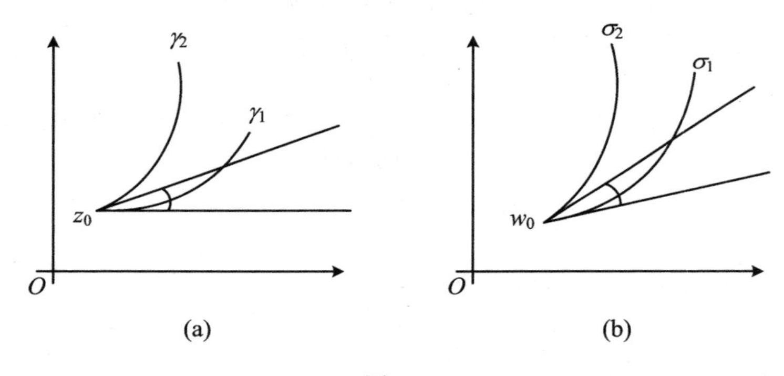

图 2.1

上式左端是曲线 σ_1 和 σ_2 在 w_0 处的夹角(两条曲线在某点的夹角定义为这两条曲线在该点的切线的夹角),右端是曲线 γ_1 和 γ_2 在 z_0 处的夹角.(2)式说明,如果 $f'(z_0)\neq 0$,那么在映射 $w=f(z)$的作用下,过 z_0 点的任意两条光滑曲线的夹角的大小与旋转方向都是保持不变的.我们把具有这种性质的映射称为在 z_0 点是保角的.这样,我们已经证明了

定理 2.3.1 全纯函数在其导数不为零的点处是保角的.

再来看导数的模的几何意义.和刚才一样,过 z_0 点作曲线 γ,它在映射 f 下的像为 σ (图 2.2).由于

$$\lim_{z\to z_0}\frac{f(z)-f(z_0)}{z-z_0}=f'(z_0),$$

所以,当 z 沿着 γ 趋于 z_0 时,有

$$\lim_{z \to z_0} \frac{|f(z)-f(z_0)|}{|z-z_0|} = \lim_{z \to z_0} \frac{|w-w_0|}{|z-z_0|} = |f'(z_0)|.$$

这说明像点之间的距离与原像之间的距离之比只与 z_0 有关，而与曲线 γ 无关. 称 $|f'(z_0)|$ 为 f 在 z_0 处的伸缩率.

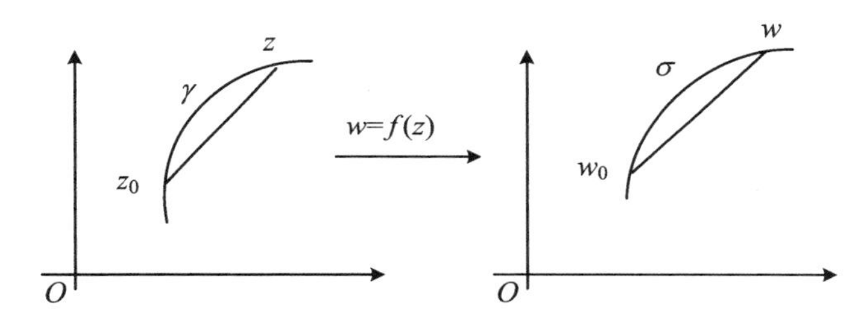

图 2.2

综合导数辐角和模的几何意义，我们看到：如果 $f'(z_0) \neq 0$，在 z_0 的邻域中，作一个以 z_0 为顶点的小三角形，这个小三角形被 f 映射为一个曲边三角形，它的微分三角形和原来的小三角形相似(图 2.3). 因此，我们把这样一个映射称为共形映射.

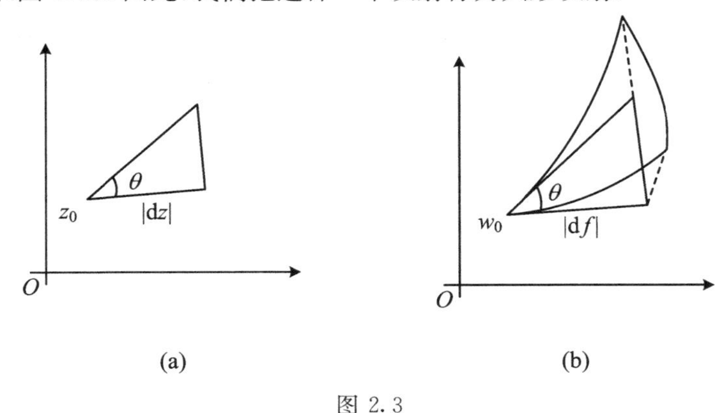

图 2.3

习　题　2.3

1. 求映射 $w=\frac{z-\mathrm{i}}{z+\mathrm{i}}$ 在 $z_1=-1$ 和 $z_2=\mathrm{i}$ 处的转动角和伸

缩率.

2. 设 f 是域 D 上的全纯函数,且 $f'(z)$ 在 D 上不取零值. 试证:

(i) 对每一个 $u_0+\mathrm{i}v_0\in f(D)$,曲线 $\mathrm{Re}f(z)=u_0$ 和曲线 $\mathrm{Im}f(z)=v_0$ 正交;

(ii) 对每一个 $r_0\mathrm{e}^{\mathrm{i}\theta_0}\in f(D)\setminus\{0\}$,$-\pi<\theta_0\leqslant\pi$,曲线 $|f(z)|=r_0$ 与曲线 $\arg f(z)=\theta_0$ 正交.

3. 设 f 在 $B(0,1)\cup\{1\}$ 上全纯,并且

$$f(B(0,1))\subset B(0,1),\ f(1)=1,$$

证明 $f'(1)\geqslant 0$.

(**提示**:在 $f'(1)\neq 0$ 的情形下,证明 $\arg f'(1)=0$.)

4. 设 $f\in H(B(0,1))$,如果存在 $z_0\in B(0,1)\setminus\{0\}$,使得 $f(z_0)\neq 0$,$f'(z_0)\neq 0$,且 $|f(z_0)|=\max\limits_{|z|\leqslant|z_0|}|f(z)|$,那么

$$\frac{z_0f'(z_0)}{f(z_0)}>0.$$

2.4 初等全纯函数

在讨论一般的全纯函数理论之前,先介绍几个初等的全纯函数. 在微积分中,我们把幂函数、指数函数及其反函数对数函数、三角函数及其反函数反三角函数这三类函数叫做基本初等函数,由这些基本初等函数经过有限次的加、减、乘、除以及复合运算所得的函数称为初等函数. 其实,幂函数 x^μ 也可通过指数函数和对数函数复合而得:$x^\mu=\mathrm{e}^{\mu\log x}$,但三角函数和指数函数没有直接的关系. 因此,基本初等函数实际上只有指数函数和三角函数以及它们各自的反函数两类. 下面我们将要看到,在复数域中,三角函数是可以用指数函数来表示的. 因此,在复数域中,基本初等函数就只有指数函数及其反函数这一类. 我们的讨论当然也从指数函数开始.

1. 指数函数

设 $z=x+\mathrm{i}y$，如何定义复变数的指数函数 e^z 呢？考虑的原则有两条：第一，因为实变数的指数函数 e^x 在实轴上每点都有导数，所以我们要求 e^z 在平面 $\boldsymbol{C}$ 上每点都可导，即 e^z 是 $\boldsymbol{C}$ 上的全纯函数. 第二，当 $z=x$ 时，它和实变数的指数函数相一致.

下面的讨论对我们会有些启发. 在微积分中我们已经知道，对任意实数 t，有

$$\mathrm{e}^t=\sum_{n=0}^{\infty}\frac{t^n}{n!},$$

$$\cos t=\sum_{n=0}^{\infty}(-1)^n\frac{t^{2n}}{(2n)!},$$

$$\sin t=\sum_{n=0}^{\infty}(-1)^n\frac{t^{2n+1}}{(2n+1)!}.$$

用 $t=\mathrm{i}y$ 代入 e^t 的展开式中，得

$$\begin{aligned}\mathrm{e}^{\mathrm{i}y}&=\sum_{n=0}^{\infty}\frac{(\mathrm{i}y)^n}{n!}\\&=\sum_{k=0}^{\infty}\frac{(\mathrm{i}y)^{2k}}{(2k)!}+\sum_{k=0}^{\infty}\frac{(\mathrm{i}y)^{2k+1}}{(2k+1)!}\\&=\sum_{k=0}^{\infty}(-1)^k\frac{y^{2k}}{(2k)!}+\mathrm{i}\sum_{k=0}^{\infty}(-1)^k\frac{y^{2k+1}}{(2k+1)!}\\&=\cos y+\mathrm{i}\sin y.\end{aligned}$$

这个等式通常称为 Euler 公式，它启发我们给出 e^z 的下列定义：

设 $z=x+\mathrm{i}y$，定义

$$\mathrm{e}^z=\mathrm{e}^x(\cos y+\mathrm{i}\sin y).$$

这样定义的指数函数有许多与实变数指数函数类似的性质，但也产生了一些新的性质：

(i) e^z 是 $\boldsymbol{C}$ 上的全纯函数，而且

$$(\mathrm{e}^z)'=\mathrm{e}^z.$$

e^z 在 $\boldsymbol{C}$ 上每点实可微是显然的. 今验证它满足 Cauchy-Riemann方程. 因为 $u(x,y)=e^x\cos y, v(x,y)=e^x\sin y$,所以

$$\frac{\partial u}{\partial x}=e^x\cos y=\frac{\partial v}{\partial y},$$

$$\frac{\partial u}{\partial y}=-e^x\sin y=-\frac{\partial v}{\partial x}.$$

故由定理 2.2.4,e^z 在 $\boldsymbol{C}$ 上全纯,而且

$$\begin{aligned}(e^z)'&=\frac{\partial u}{\partial x}+i\frac{\partial v}{\partial x}\\&=e^x\cos y+ie^x\sin y\\&=e^z.\end{aligned}$$

(ii) 当 $z=x$ 时,即 $y=0$,因而有 $e^z=e^x$;当 $z=iy$ 时,$e^{iy}=\cos y+i\sin y$. 这样,复数的三角表示 $z=r(\cos\theta+i\sin\theta)$就可简单地写为 $z=re^{i\theta}$.

(iii) 对于任意 $z\in\boldsymbol{C}$,$e^z\neq0$. 这是因为

$$|e^z|=e^x>0.$$

(iv) 对于任意 z_1,z_2,有

$$e^{z_1}e^{z_2}=e^{z_1+z_2}.$$

设 $z_1=x_1+iy_1$, $z_2=x_2+iy_2$,直接计算即得

$$\begin{aligned}e^{z_1}e^{z_2}&=e^{x_1}(\cos y_1+i\sin y_1)e^{x_2}(\cos y_2+i\sin y_2)\\&=e^{x_1+x_2}(\cos(y_1+y_2)+i\sin(y_1+y_2))\\&=e^{z_1+z_2}.\end{aligned}$$

(v) e^z 是以 $2\pi i$ 为周期的周期函数,这是实变数指数函数 e^x 所没有的性质. 证明当然很简单:

$$\begin{aligned}e^{z+2\pi i}&=e^{x+i(y+2\pi)}\\&=e^x(\cos(y+2\pi)+i\sin(y+2\pi))\\&=e^z.\end{aligned}$$

下面来研究 $w=e^z$ 的映射性质. 先给出

定义 2.4.1 设 $f:D\to\boldsymbol{C}$ 是一个复变函数,如果对域 D 中任

意两点 z_1, z_2 $(z_1 \neq z_2)$，必有 $f(z_1) \neq f(z_2)$，就称 f 在 D 中是**单叶的**，D 称为 f 的**单叶性域**.

如果 f 在 D 中是单叶的，$f(D)=G$，那么 f 是 D 到 G 之上的一一映射.

现在来求 $w=\mathrm{e}^z$ 的单叶性域. 如果 $z_1=x_1+\mathrm{i}y_1, z_2=x_2+\mathrm{i}y_2$ 使得 $\mathrm{e}^{z_1}=\mathrm{e}^{z_2}$，即 $\mathrm{e}^{x_1}\mathrm{e}^{\mathrm{i}y_1}=\mathrm{e}^{x_2}\mathrm{e}^{\mathrm{i}y_2}$，那么 $x_1=x_2, y_1=y_2+2k\pi$，k 是任意整数，也即 $z_1-z_2=2k\pi\mathrm{i}$. 这就是说，凡是不包含满足条件 $z_1-z_2=2k\pi\mathrm{i}$ 的 z_1, z_2 的域都是 $w=\mathrm{e}^z$ 的单叶性域. 例如，域

$$\{z=x+\mathrm{i}y: 2k\pi<y<2(k+1)\pi\},\ k=0,\pm 1,\cdots$$

都是 e^z 的单叶性域，它是平行于实轴、宽度为 2π 的带状域. 由于 e^z 是以 $2\pi\mathrm{i}$ 为周期的函数，我们只要弄清 e^z 在域$\{z=x+\mathrm{i}y: 0<y<2\pi\}$中的映射性质，那么在其他带状域中的性质是一样的.

现在我们来研究 $w=\mathrm{e}^z$ 把平行于实轴的直线 $\mathrm{Im}z=y_0$ 变成什么. 这条直线上的点的方程为

$$z=x+\mathrm{i}y_0,\ -\infty<x<\infty,$$

所以

$$w=\mathrm{e}^z=\mathrm{e}^x\mathrm{e}^{\mathrm{i}y_0}.$$

这是一条从原点出发的半射线，它与实轴正方向的夹角是 y_0（图 2.4）. 当 y_0 从 0 变到 2π 时，这条半射线的辐角也从 0 变到 2π. 因

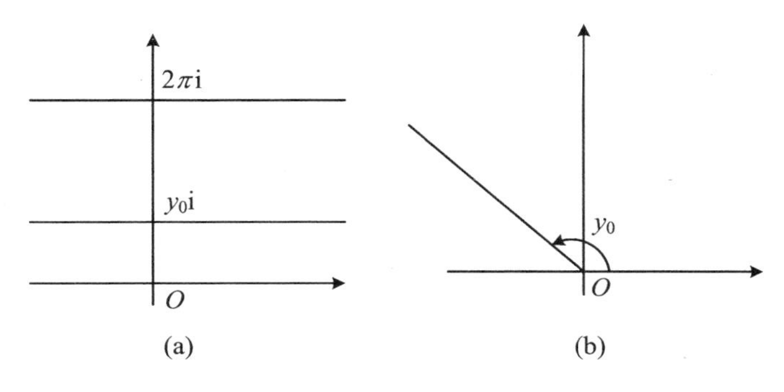

图 2.4

此，$w=e^z$ 把带状域$\{z=x+iy: 0<y<2\pi\}$变成全平面除掉正实轴的域 $\boldsymbol{C}\backslash\{z: z\geqslant 0\}$，直线 $\text{Im}z=0$ 变成正实轴的上岸，直线 $\text{Im}z=2\pi$ 变成正实轴的下岸；带状域$\{z=x+iy: 0<y<\pi\}$变成上半平面，带状域$\{z=x+iy: \pi<y<2\pi\}$变成下半平面. 一般来说，$w=e^z$ 把带状域$\{z=x+iy: \alpha<y<\beta, 0<\alpha<\beta\leqslant 2\pi\}$变成角状域 $\alpha<\arg w<\beta$.

2. 对数函数

对于给定的 $z\in\boldsymbol{C}$，满足方程 $e^w=z$ 的 w 称为 z 的对数，记为 $w=\text{Log}z$. 现在给出由 z 计算 w 的公式. 设 $z=re^{i\theta}$，$w=u+iv$，则 $e^{u+iv}=re^{i\theta}$，因而 $e^u=r$，$v=\theta+2k\pi$. 于是

$$
\begin{aligned}
\text{Log}z &= \log|z| + i\arg z + 2k\pi i \\
&= \log|z| + i\text{Arg}z.
\end{aligned}
$$

所以，$\text{Log}z$ 是一个多值函数，它的多值性是由 z 的辐角 $\text{Arg}z$ 的多值性产生的. 对多值函数来说，一个重要的问题是：在什么样的域中，从这个多值函数中能取出单值的全纯的分支？对此，我们有

定理 2.4.2 如果 D 是不包含原点和无穷远点的单连通域，则必在 D 上存在无穷多个单值全纯函数 φ_k，$k=0,\pm1,\cdots$，使得在 D 上成立

$$
e^{\varphi_k(z)} = z,\ k = 0, \pm 1, \cdots;
$$

而且对每一个 k，有 $\varphi_k'(z)=\dfrac{1}{z}$. 其中的每一个 φ_k 都称为 $\text{Log}z$ 在 D 上的单值全纯分支.

证 对给定的 z，选定它的辐角 $\theta=\theta_0+2k_0\pi$，这里，θ_0 是 z 的辐角的主值，即 $\theta_0=\arg z$，k_0 是任意一个给定的整数. 在 D 上定义

$$
\varphi_{k_0}(z) = \log|z| + i(\theta_0 + 2k_0\pi) = \log r + i\theta,
$$

这时，$u=\log r$，$v=\theta$. 容易验证这时有

$$
\frac{\partial u}{\partial r}=\frac{1}{r}\frac{\partial v}{\partial\theta},
$$

$$\frac{\partial u}{\partial \theta}=-r\frac{\partial v}{\partial r},$$

因此由习题 2.2 的第 4 题知道，φ_{k_0} 是 D 上的全纯函数，而且

$$\varphi_{k_0}{}'(z)=\frac{r}{z}\left(\frac{\partial u}{\partial r}+\mathrm{i}\frac{\partial v}{\partial r}\right)=\frac{1}{z}.$$

此外

$$\begin{aligned}\mathrm{e}^{\varphi_k(z)}&=\mathrm{e}^{\log|z|+\mathrm{i}(\theta_0+2k_0\pi)}\\&=|z|\mathrm{e}^{\mathrm{i}\theta_0}=z,\end{aligned}$$

对每一点 $z\in D$ 成立. □

现在说明为什么要求 D 不包含原点和无穷远点. 如果 D 包含原点，那么 D 中就包含绕原点 $z=0$ 的简单闭曲线 γ，当 z 从 γ 上的一点 z_0 沿 γ 的正方向(即反时针方向)回到 z_0 时，z 的辐角增加了 2π，φ_{k_0} 的值从 $\varphi_{k_0}(z_0)$ 连续地变为 $\varphi_{k_0+1}(z_0)$，而不再回到原来的值 $\varphi_{k_0}(z_0)$. 因此，在这样的域中就不可能从 $\mathrm{Log}z$ 中分出单值的全纯分支. 因为 D 内任意一条绕原点的简单闭曲线也可以看作是绕无穷远点的简单闭曲线，因此 D 也不能包含无穷远点.

一般来说，我们有下面的

定义 2.4.3 如果当 z 沿着 z_0 的充分小邻域中的任意简单闭曲线绕一圈时，多值函数的值就从一支变到另一支，那么称 z_0 为该多值函数的一个**支点**.

以对数函数为例，$z=0$ 和 $z=\infty$ 便是 $\mathrm{Log}z$ 的支点.

现在讨论 $\mathrm{Log}z$ 的映射性质. 根据定理 2.4.2，我们取 D 为 $\mathbf{C}$ 除去负实轴后所得的域，它是不包含原点和无穷远点的单连通域，因而可以分出无穷多个单值的全纯分支. 我们把 $k_0=0$ 的那一支称为它的主支，这时取 $\mathrm{Arg}z$ 的主值为 $-\pi<\arg z<\pi$，于是

$$w=\varphi_0(z)=\log|z|+\mathrm{i}\arg z$$

把 D 单叶地映为带状域 $-\pi<\mathrm{Im}w<\pi$. 其他各分支，例如 $w=\varphi_k(z)=\log|z|+\mathrm{i}(\arg z+2k\pi)$，就把 D 单叶地映为带状域 $(2k-1)\pi<\mathrm{Im}w<(2k+1)\pi$. 一般来说，$w=\varphi_0(z)$ 把角状域 $-\pi\leqslant$

$\alpha<\arg z<\beta\leqslant\pi$ 单叶地映为带状域 $\alpha<\mathrm{Im}w<\beta$. 今后，我们就把 $\mathrm{Log}z$ 的主支 $\varphi_0(z)$ 记为 $\log z$.

有时，为了方便起见，也可把 $\boldsymbol{C}$ 去掉正实轴以后的域取为 D，它同样是不包含原点和无穷远点的单连通域，但这时辐角的主值范围应取为 $0<\arg z<2\pi$. $\mathrm{Log}z$ 的主支是

$$\log z=\log|z|+\mathrm{i}\arg z,\quad 0<\arg z<2\pi,$$

它把 D 单叶地映为带状域 $0<\mathrm{Im}w<2\pi$.

一般来说，还可以用一条从原点出发并伸向无穷远的曲线代替上面的负实轴或正实轴，这样得到的域 D 同样满足定理 2.4.2 的条件. 我们把这种从原点出发并伸向无穷远的曲线叫做**割线**. 通常，为了便于表达出 $\mathrm{Log}z$ 的单值分支 $\varphi_k(z)$，常取从原点出发的一条射线作为割线，特别是取负实轴或正实轴.

3. 幂函数

$w=z^\mu$ 称为幂函数，这里，$\mu=a+b\mathrm{i}$ 是一个复数. 我们分几种情形来讨论.

(1) $\mu=n$，是一个自然数.

按导数的定义，可以直接算出

$$(z^n)'=nz^{n-1}.$$

所以，$w=z^n$ 在 $\boldsymbol{C}$ 上每点都是全纯的. 一般地，有

定义 2.4.4 在 $\boldsymbol{C}$ 上每点都全纯的函数称为**整函数**.

所以，$w=z^n$ 是一个整函数. 由于它的导数除原点外都不为零，因此除原点外它是一个保角变换，保角性在原点不成立. 考虑从原点出发的射线，它与正实轴的夹角为 θ，这条射线的方程可写为 $\arg z=\theta$. 由于 $w=z^n$，所以

$$\arg w=n\arg z=n\theta.$$

这就是说，这条射线的像也是一条过原点的射线，但它与正实轴的夹角是 $n\theta$，已经比原来的夹角扩大了 n 倍. 这一事实在作具体变换时却很有用. 例如，$w=z^2$ 能把第一象限变成上半平面，$w=z^3$

能把角状域$\left\{z: 0<\arg z<\frac{\pi}{3}\right\}$变成上半平面,等等.

现在来看 $w=z^n$ 的单叶性域. 设 $z_1=r_1 e^{i\theta_1}$, $z_2=r_2 e^{i\theta_2}$, 如果 $z_1 \neq z_2$, 但 $z_1^n=z_2^n$, 即 $r_1^n e^{in\theta_1}=r_2^n e^{in\theta_2}$, 因而 $r_1=r_2$, $\theta_1=\theta_2+\frac{2k\pi}{n}$. 因此, 只要域中不出现这样两个点,它们的辐角差等于$\frac{2\pi}{n}$,这样的域便是 $w=z^n$ 的单叶性域. 例如,$\left\{z: 0<\arg z<\frac{2\pi}{n}\right\}$便是它的一个单叶性域. 一般来说,域

$$\left\{z: \alpha<\arg z<\beta, 0<\beta-\alpha \leqslant \frac{2\pi}{n}\right\}$$

是它的单叶性域,它在 $w=z^n$ 映射下的像是

$$\{w: n\alpha<\arg w<n\beta\}.$$

(2) $\mu=\frac{1}{n}$, n 是一个自然数.

$w=z^{\frac{1}{n}}$ 是 $w=z^n$ 的反函数. 因为对于一个给定的 z, $z^{\frac{1}{n}}$ 有 n 个值,所以它是一个多值函数. 由第 1 章 1.3 节知道,它的多值性也是由 $\operatorname{Arg} z$ 的多值性产生的,所以 $z=0$ 和 $z=\infty$ 是它的支点. 因而,在 $\boldsymbol{C}$ 去掉正实轴后所成的域上可以分出 n 个单值的全纯分支,它们是

$$w=\varphi_k(z)=\sqrt[n]{|z|}\left(\cos \frac{\theta+2k\pi}{n}+i\sin \frac{\theta+2k\pi}{n}\right),$$

$$k=0,1,\cdots,n-1.$$

这里,$\theta=\arg z$,它的变化范围是 $0<\arg z<2\pi$. $k=0$ 的那一支称为它的主支,直接记为 $w=\sqrt[n]{z}$.

现在来看它的主支的映射性质. 容易看出,它把从原点发出的射线 $\arg z=\theta$ 变为从原点发出的射线 $\arg w=\frac{\theta}{n}$. 由此可知,$w=\sqrt[n]{z}$ 把除去正实轴以后的全平面单叶地映为角状域

$\left\{z: 0<\arg z<\frac{2\pi}{n}\right\}$. 例如,$w=\sqrt{z}$,$w=\sqrt[4]{z}$分别把除去正实轴的全平面单叶地映为上半平面和第一象限.

(3) $\mu=a+b\mathrm{i}$,是一个复数.

一般的幂函数 $w=z^{\mu}$ 定义为

$$w=z^{\mu}=\mathrm{e}^{\mu\log z},$$

显然,它是一个多值函数. 用 $\mathrm{Log}z$ 的表达式代入上式,可得

$$\begin{aligned} w=z^{\mu} &= \mathrm{e}^{(a+b\mathrm{i})(\log|z|+\mathrm{i}\arg z+2k\pi\mathrm{i})} \\ &= \mathrm{e}^{a\log|z|-b(\arg z+2k\pi)}\mathrm{e}^{\mathrm{i}[b\log|z|+a(\arg z+2k\pi)]}, \end{aligned}$$

$$k=0,\pm1,\cdots.$$

(i) 若 $b=0$,$a=n$ 是一个整数,这时 $w=z^n$ 是一个单值函数.

(ii) 若 $b=0$,$a=\frac{p}{q}$是一个有理数,不妨设 $p<q$,这时

$$w=z^{\mu}=z^{\frac{p}{q}}=|z|^{\frac{p}{q}}\mathrm{e}^{\mathrm{i}\frac{p}{q}(\arg z+2k\pi)}.$$

当 $k=0,1,\cdots,q-1$ 时,$z^{\frac{p}{q}}$ 有 q 个不同的值,因此是一个 q 值函数.

(iii) 若 $b=0$,a 是一个无理数,这时

$$w=z^{\mu}=|z|^{a}\mathrm{e}^{\mathrm{i}a\arg z}\mathrm{e}^{\mathrm{i}2k\pi a}.$$

因为 a 是无理数,不论 k 取什么整数值,都不能使 ka 为一整数,因此 z^a 是一个无穷值函数.

(iv) 若 $b\neq0$,则 $w=z^{\mu}$ 是一无穷值函数.

总之,在上面的情况(ii),(iii),(iv)下,z^{μ} 都是一个多值函数. 它的多值性是由 $\mathrm{Log}z$ 的多值性引起的,因此 $z=0$ 和 $z=\infty$是它的支点,而且在 $\mathrm{Log}z$ 可以分出单值全纯分支的域内,z^{μ} 也能分出单值全纯分支. 设 $\varphi_k(z)$是 $\mathrm{Log}z$ 在域 D 中的单值全纯分支,$w_k(z)$是 z^{μ} 的单值全纯分支,按定义,有

$$w_k(z)=\mathrm{e}^{\mu\varphi_k(z)}.$$

其中

$$w_0(z)=\mathrm{e}^{\mu\varphi_0(z)}=\mathrm{e}^{\mu\log z},$$

称为 z^μ 的主支. 因为 $\varphi_k(z)$ 和 $\varphi_{k+1}(z)$ 相差 $2\pi\mathrm{i}$,所以 $w_k(z)$ 和 $w_{k+1}(z)$ 相差 $\mathrm{e}^{2\mu\pi\mathrm{i}}$. 由于 $\varphi_k{}'(z)=\dfrac{1}{z}$,所以

$$\begin{aligned}w_k{}'(z)&=\mathrm{e}^{\mu\varphi_k(z)}\mu\varphi_k{}'(z)\\&=\mu z^{\mu-1}\\&=\mu\mathrm{e}^{(\mu-1)\varphi_k(z)}.\end{aligned}$$

有了上面这些知识,我们就可以作一些简单的保角变换了.

例 2.4.5 求一保角变换,把除去线段 $\{z=a+\mathrm{i}y:0<y<h\}$ 的上半平面变为上半平面.

解 初看起来,解这样的题目很困难,因为并没有一个现成的变换可以达到上述目的. 我们的想法是把整个变换过程分解成若干个简单的步骤,而每一个步骤都可用我们已知的变换来实现,把这些变换复合起来,就是我们要找的变换. 图 2.5 就是整个变换的

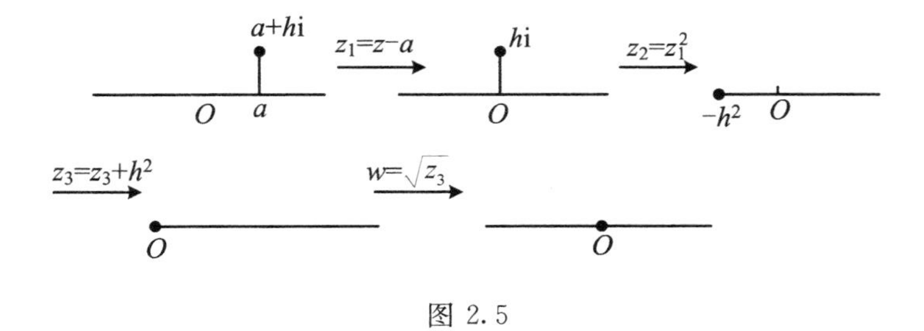

图 2.5

分解过程. 所以,要找的变换就是

$$\begin{aligned}w&=\sqrt{z_3}\\&=\sqrt{z_2+h^2}\\&=\sqrt{z_1^2+h^2}\\&=\sqrt{(z-a)^2+h^2}.\end{aligned}\qquad\square$$

例 2.4.6 求一保角变换,把除去割线 $\{z=x+\mathrm{i}:-\infty<x<-1\}$ 后的带状域 $\{z:0<\mathrm{Im}z<2\}$ 变为上半平面.

解 图 2.6 是变换的分解过程. 由此可见,要找的变换就是

$$w=\sqrt{e^{\pi z}+e^{-\pi}}.$$

这里,最后一个步骤用到了例 2.4.5 的结果. □

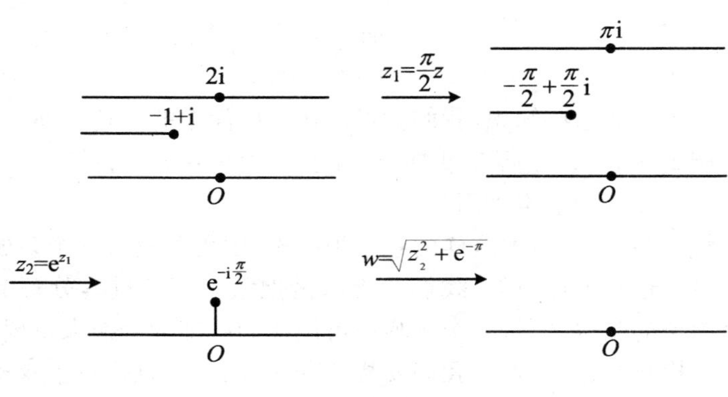

图 2.6

4. 三角函数

如何定义复变数 z 的正弦函数 $\sin z$ 和余弦函数 $\cos z$ 呢? 考虑的原则仍然是在讨论指数函数的定义时提出来的两条. 由 Euler 公式知道

$$e^{ix}=\cos x+i\sin x,$$

$$e^{-ix}=\cos x-i\sin x,$$

由此即得

$$\cos x=\frac{1}{2}(e^{ix}+e^{-ix}),$$

$$\sin x=\frac{1}{2i}(e^{ix}-e^{-ix}).$$

它启发我们给出 $\sin z,\cos z$ 的下列定义:

设 z 是任意复数,定义

$$\cos z = \frac{1}{2}(e^{iz} + e^{-iz}),$$

$$\sin z = \frac{1}{2i}(e^{iz} - e^{-iz}).$$

下面是它们的一些主要性质：

(i) 因为 e^{iz}，e^{-iz}是整函数，所以 $\cos z$ 和 $\sin z$ 也都是整函数.而且

$$(\cos z)' = -\sin z,$$

$$(\sin z)' = \cos z.$$

(ii) 由于 e^{iz}和 e^{-iz}都以 2π 为周期，所以 $\cos z$ 和 $\sin z$ 也都以 2π 为周期.

(iii) $\cos z$ 是偶函数，$\sin z$ 是奇函数，即

$$\cos(-z) = \cos z,$$

$$\sin(-z) = -\sin z.$$

(iv) 对任意复数 z_1 和 z_2，有

$$\cos(z_1 + z_2) = \cos z_1 \cos z_2 - \sin z_1 \sin z_2, \tag{1}$$

$$\sin(z_1 + z_2) = \sin z_1 \cos z_2 + \cos z_1 \sin z_2. \tag{2}$$

根据定义直接验证即得.

(v) 在(1)式中令 $z_1 = z$，$z_2 = -z$，即得

$$\cos^2 z + \sin^2 z = 1.$$

在(2)式令 $z_1 = z_2 = z$，即得

$$\sin 2z = 2\sin z\cos z.$$

(vi) $\sin z$ 仅在 $z = k\pi$ 处为零，$\cos z$ 仅在 $z = k\pi + \frac{\pi}{2}$处为零，这里，$k = 0, \pm 1, \cdots$. 这是因为

$$\begin{aligned}\sin z &= \frac{1}{2i}(e^{iz} - e^{-iz}) \\ &= \frac{1}{2ie^{iz}}(e^{2iz} - 1),\end{aligned}$$

$\sin z = 0$ 当且仅当 $e^{2iz} - 1 = 0$，而这只有当 $z = k\pi$ ($k = 0, \pm 1, \pm 2,$

…)时才能成立. 又由于 $\cos z=\sin\left(\frac{\pi}{2}-z\right)$, $\cos z=0$ 当且仅当 $\sin\left(\frac{\pi}{2}-z\right)=0$,所以 $z=\frac{\pi}{2}+k\pi$.

以上六条性质和实变数的正弦、余弦函数一样,但下面一条性质是不一样的:

(vii) $\cos z$ 和 $\sin z$ 不是有界函数.

若取 $z=\mathrm{i}y$, y 是实数,则

$$\begin{aligned}\cos z&=\frac{1}{2}(\mathrm{e}^{\mathrm{i}z}+\mathrm{e}^{-\mathrm{i}z})\\&=\frac{1}{2}(\mathrm{e}^{-y}+\mathrm{e}^{y})\\&\to\infty\ (\text{当 } y\to\infty \text{ 时}).\end{aligned}$$

对于 $\sin z$,取 $z=\frac{\pi}{2}+\mathrm{i}y$,则有

$$\sin\left(\frac{\pi}{2}+\mathrm{i}y\right)=\cos\mathrm{i}y\to\infty\ (\text{当 } y\to\infty \text{ 时}).$$

有了正弦、余弦函数,便可定义正切、余切函数:

$$\mathrm{tg}z=\frac{\sin z}{\cos z},$$

$$\mathrm{ctg}z=\frac{\cos z}{\sin z}.$$

前者在除掉 $z=\frac{\pi}{2}+k\pi$ $(k=0,\pm1,\cdots)$的开平面上是全纯的,后者在除掉 $z=k\pi$ $(k=0,\pm1,\cdots)$的开平面上全纯.

5. 多值函数 $w=\sqrt[n]{(z-a_1)^{\beta_1}\cdots(z-a_m)^{\beta_m}}$

这一小段我们讨论多值函数

$$w=\sqrt[n]{(z-a_1)^{\beta_1}\cdots(z-a_m)^{\beta_m}},$$

这里, $a_1,\cdots,a_m$ 是复数, $\beta_1,\cdots,\beta_m$ 是整数, n 是正整数. 在什么样的域中,从它能分出单值的全纯分支呢? 任取 $z_0\neq a_j$, $j=1,\cdots,m$,

取充分小的简单闭曲线 γ_0,使 z_0 在其内部,$a_1,\cdots,a_m$ 都在其外部. 当 z 沿着 γ_0 的正方向走一圈时,$z-a_1,\cdots,z-a_m$ 的辐角都不变,故 z_0 不是支点. 再看 a_j 是不是支点,以 a_1 为例,记 $z-a_j=r_j e^{i\theta_j}$,$j=1,\cdots,m$,于是 w 可写为

$$w=\sqrt[n]{r_1^{\beta_1}\cdots r_m^{\beta_m}e^{i(\beta_1\theta_1+\cdots+\beta_m\theta_m)}}.$$

取简单闭曲线 γ_1,使 a_1 在其内部,$a_2,\cdots,a_m$ 都在其外部. 当 z 沿着 γ_1 的正方向走一圈时,θ_1 增加 2π,$\theta_2,\cdots,\theta_m$ 都不变,w 就变成

$$\begin{aligned}&\sqrt[n]{r_1^{\beta_1}\cdots r_m^{\beta_m}e^{i(\beta_1\theta_1+\cdots+\beta_m\theta_m)+2\pi\beta_1 i}}\\&=e^{i\frac{2\pi\beta_1}{n}}\sqrt[n]{r_1^{\beta_1}\cdots r_m^{\beta_m}e^{i(\beta_1\theta_1+\cdots+\beta_m\theta_m)}}.\end{aligned}$$

因此,只有当 β_1 是 n 的倍数时,w 的值才不变. 其他 $a_2,\cdots,a_m$ 点的情况也一样. 于是得到结论:如果 β_j 不是 n 的倍数,那么 a_j 是它的支点. 再看无穷远点,取充分大的圆周,使 $a_1,\cdots,a_m$ 都在其内部. 当 z 沿着这个圆周转一圈时,$z-a_1,\cdots,z-a_m$ 的辐角都要增加 2π,w 就变成

$$e^{i\frac{2\pi(\beta_1+\cdots+\beta_m)}{n}}\sqrt[n]{r_1^{\beta_1}\cdots r_m^{\beta_m}e^{i(\beta_1\theta_1+\cdots+\beta_m\theta_m)}}.$$

因而,只有当 $\beta_1+\cdots+\beta_m$ 不是 n 的倍数时,$z=\infty$是支点. 用同样的方法讨论,可以知道,如果简单闭曲线的内部包含 $a_{j_1},\cdots,a_{j_r}$,与它们相应的和 $\beta_{j_1}+\cdots+\beta_{j_r}$ 是 n 的倍数,那么当 z 沿该曲线转一圈后 w 的值不变. 根据这些考察,我们得到下面的

定理 2.4.7 如果域 D 只包含这样的简单闭曲线,它的内部或者不含有任何支点,或者包含一组支点 $a_{j_1},\cdots,a_{j_r}$,但与它们相应的和 $\beta_{j_1}+\cdots+\beta_{j_r}$ 是 n 的倍数,那么 $w=\sqrt[n]{(z-a_1)^{\beta_1}\cdots(z-a_m)^{\beta_m}}$ 在 D 中能分出单值的全纯分支.

例 2.4.8 在怎样的域中,$w=\sqrt{z^2-1}$ 能分出单值的全纯分支?

解 由于

$$w=\sqrt{z^2-1}=\sqrt{(z-1)(z+1)},$$

这时 $a_1=1, a_2=-1, \beta_1=\beta_2=1, n=2$. 所以，1 和 -1 都是它的支点，但无穷远点不是支点. 因而，在除去线段$[-1,1]$的全平面(图 2.7)上，或者在除去两条割线$\{z: -\infty<z<-1\}$和$\{z: 1<z<\infty\}$的全平面(图 2.8)上，都能分出单值的全纯分支. □

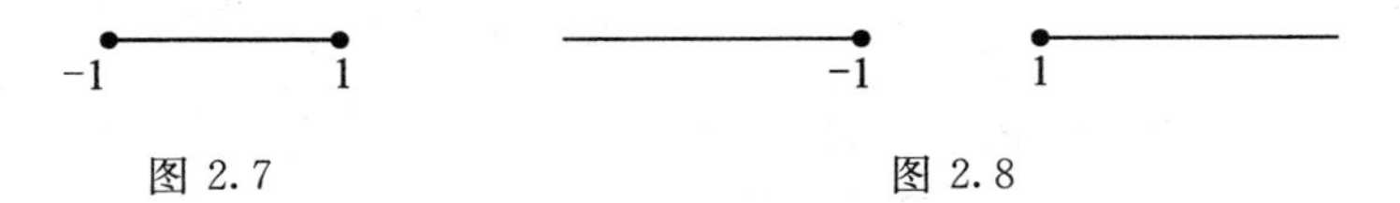

图 2.7　　　　图 2.8

例 2.4.9　设 $f(z)=\sqrt{z^{-1}(1-z)^3}(z+1)^{-1}$，试确定 f 在$[0,1]$的上岸取正值的单值全纯分支 f_0，并计算 $f_0(-\mathrm{i})$.

解　多值性主要发生在带根号的函数上，与$(z+1)^{-1}$无关. 令 $\varphi(z)=\sqrt{z^{-1}(1-z)^3}$，这时 $z=0$ 和 $z=1$ 都是 φ 的支点，但 $z=\infty$ 不是. 由定理 2.4.7，φ 能在除去线段$[0,1]$的全平面上分出单值全纯的分支. 为了确定出在$[0,1]$上岸取正值的分支，记 $z=r_1\mathrm{e}^{\mathrm{i}\theta_1}$，$1-z=r_2\mathrm{e}^{\mathrm{i}\theta_2}$ (图 2.9)，则

$$\sqrt{z^{-1}(1-z)^3}=\sqrt{r_1^{-1}r_2^3}\,\mathrm{e}^{\mathrm{i}\left(\frac{3\theta_2-\theta_1}{2}+k\pi\right)},\ k=0,1.$$

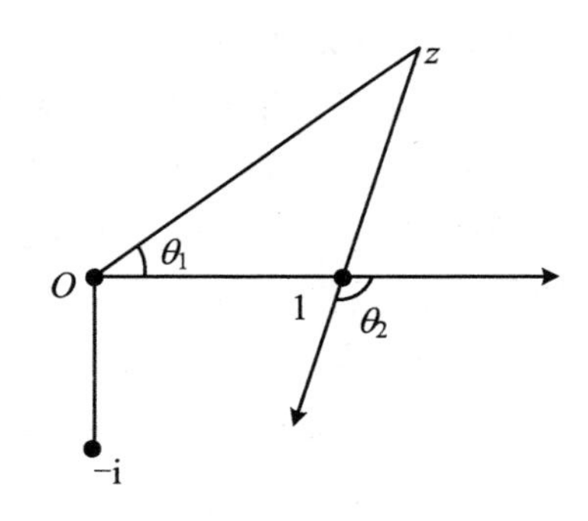

图 2.9

当 z 在$[0,1]$的上岸时，有

$$\theta_1=\theta_2=0,\ r_1=x,\ r_2=1-x.$$

显然，$k=0$ 的那一支在上岸取正值，记为 φ_0，即

$$\varphi_0(z) = \sqrt{r_1^{-1} r_2^3}\, e^{i\frac{3\theta_2 - \theta_1}{2}}.$$

现在计算 $\varphi_0(-i)$. 若让 z 从原点的左边到达 $-i$,则

$$\theta_1 = \frac{3}{2}\pi,\ \theta_2 = \frac{\pi}{4},\ r_1 = 1,\ r_2 = \sqrt{2}.$$

所以

$$\varphi_0(-i) = 2^{\frac{3}{4}} e^{-\frac{3\pi}{8}i},$$

故

$$\begin{aligned} f_0(-i) &= \frac{1}{1-i} 2^{\frac{3}{4}} e^{-\frac{3\pi}{8}i} \\ &= 2^{\frac{1}{4}} e^{-\frac{\pi i}{8}}. \end{aligned}$$

若让 z 从 1 的右边到达 $-i$,则

$$\theta_1 = -\frac{\pi}{2},\ \theta_2 = -\frac{7}{4}\pi,\ r_1 = 1,\ r_2 = \sqrt{2}.$$

这时

$$\begin{aligned} \varphi_0(-i) &= 2^{\frac{3}{4}} e^{-\frac{19}{8}\pi i} \\ &= 2^{\frac{3}{4}} e^{-\left(2\pi + \frac{3}{8}\pi\right) i} \\ &= 2^{\frac{3}{4}} e^{-\frac{3}{8}\pi i}. \end{aligned}$$

所得结果和刚才的完全一样. □

习　题 2.4

1. 验证 $\overline{e^z} = e^{\bar{z}}$.

2. 求 $|e^{z^2}|$ 和 $\arg e^{z^2}$.

3. 证明:若 $e^z = 1$,则必有 $z = 2k\pi i$, $k = 0, \pm 1, \cdots$.

4. 设 f 是整函数, $f(0) = 1$. 证明:

(i) 若 $f'(z) = f(z)$ 对每个 $z \in \boldsymbol{C}$ 成立,则 $f(z) \equiv e^z$;

(ii) 若对每个 $z, w \in \boldsymbol{C}$,有 $f(z+w) = f(z)f(w)$,且 $f'(0) = 1$,则 $f(z) \equiv e^z$.

5. 试证:

(i) $\overline{\mathrm{Log}z}=\mathrm{Log}\bar{z}$, $\forall z\in\boldsymbol{C}\setminus\{0\}$；

(ii) $\overline{\log z}=\log\bar{z}$, $\forall z\in\boldsymbol{C}\setminus(-\infty,0]$.

6. 求 $\mathrm{Re}(\log z^2)$和 $\mathrm{Im}(\log z^2)$, $z\in\boldsymbol{C}\setminus\{0\}$.

7. 设 f 在$\boldsymbol{C}\setminus(-\infty,0]$中全纯，$f(1)=0$. 证明：

(i) 若 $f'(z)=\mathrm{e}^{-f(z)}$, $z\in\boldsymbol{C}\setminus(-\infty,0]$，则 $f(z)\equiv\log z$；

(ii) 若 $f(zw)=f(z)+f(w)$, $z\in\boldsymbol{C}\setminus(-\infty,0]$, $w\in(0,\infty)$，且 $f'(1)=1$，则 $f(z)\equiv\log z$.

8. 证明：$f(z)=z^2+2z+3$ 在 $B(0,1)$中单叶.

9. 若$\dfrac{p}{q}$ $(q>0)$是有理数，证明：$z^{\frac{p}{q}}=(\sqrt[q]{z})^p$.

10. 验证$\overline{z^\mu}=\bar{z}^{\bar{\mu}}$.

11. 指出 $z^{2\mu}$, $(z^\mu)^2$ 和$(z^2)^\mu$ 是否相等，并说明理由.

12. 设 f 在$\boldsymbol{C}\setminus(-\infty,0]$上全纯，$f(1)=1$, $\mu>0$. 证明：

(i) 若 $f'(z)=\mu\dfrac{f(z)}{z}$, $z\in\boldsymbol{C}\setminus(-\infty,0]$，则

$$f(z)\equiv|z|^\mu\mathrm{e}^{\mathrm{i}\mu\arg z};$$

(ii) 若 $f(zw)=f(z)f(w)$, $z\in\boldsymbol{C}\setminus(-\infty,0]$, $w\in(0,\infty)$，且 $f'(1)=\mu$，则

$$f(z)\equiv|z|^\mu\mathrm{e}^{\mathrm{i}\mu\arg z}.$$

13. 验证$\overline{\sin z}=\sin\bar{z}$, $\overline{\cos z}=\cos\bar{z}$.

14. 证明：

(i) $\cos(z+w)=\cos z\cos w-\sin z\sin w$；

(ii) $\sin(z+w)=\sin z\cos w+\cos z\sin w$.

15. 称 $\varphi(z)=\dfrac{1}{2}\left(z+\dfrac{1}{z}\right)$为 Rokovsky 函数. 证明下面四个域都是 φ 的单叶性域：

(i) 上半平面$\{z\in\boldsymbol{C}: \mathrm{Im}z>0\}$；

(ii) 下半平面$\{z\in\boldsymbol{C}: \mathrm{Im}z<0\}$；

(iii) 无心单位圆盘$\{z\in\boldsymbol{C}: 0<|z|<1\}$；

(iv) 单位圆盘的外部$\{z\in\boldsymbol{C}: |z|>1\}$.

16. 求上题中的四个域在映射 $\varphi(z)=\frac{1}{2}\left(z+\frac{1}{z}\right)$ 下的像.

17. 证明下面三个域都是 $\cos z$ 和 $\sin z$ 的单叶性域:

(i) 条形域 $\{z\in \boldsymbol{C}: \theta_0<\operatorname{Re}z<\theta_0+\pi\}$;

(ii) 半条形域 $\{z\in \boldsymbol{C}: \theta_0<\operatorname{Re}z<\theta_0+2\pi, \operatorname{Im}z>0\}$;

(iii) 半条形域 $\{z\in \boldsymbol{C}: \theta_0<\operatorname{Re}z<\theta_0+2\pi, \operatorname{Im}z<0\}$.

18. 证明: $w=\cos z$ 将半条形域

$$\{z\in \boldsymbol{C}: 0<\operatorname{Re}z<2\pi, \operatorname{Im}z>0\}$$

一一地映为 $\boldsymbol{C}\setminus[-1,\infty)$.

19. 证明: $w=\sin z$ 将半条形域

$$\{z\in \boldsymbol{C}: -\frac{\pi}{2}<\operatorname{Re}z<\frac{\pi}{2}, \operatorname{Im}z>0\}$$

一一地映为上半平面.

20. 证明 $B(0,1)$ 是 $f(z)=\frac{z}{(1-z)^2}$ 的单叶性域, 并求出 $f(B(0,1))$.

21. 当 z 按逆时针方向沿圆周 $\{z\in \boldsymbol{C}: |z|=2\}$ 旋转一圈后, 计算下列函数辐角的增量:

(i) $(z-1)^{\frac{1}{2}}$;

(ii) $(1+z^4)^{\frac{1}{3}}$;

(iii) $(z^2+2z-3)^{\frac{1}{4}}$;

(iv) $\left(\frac{z-1}{z+1}\right)^{\frac{1}{2}}$;

(v) $\left(\frac{z^2-1}{z^2+5}\right)^{\frac{1}{7}}$.

22. 设 $f(z)=\frac{z^{p-1}}{(1-z)^p}$, $0<p<1$. 证明: f 能在域 $D=\boldsymbol{C}\setminus[0,1]$ 上选出单值的全纯分支.

23. 证明: $f(z)=\operatorname{Log}\left(\frac{z^2-1}{z}\right)$ 能在域

$$D=\boldsymbol{C}\setminus((-\infty,-1]\cup[0,1])$$

上选出单值的全纯分支.

24. 设单叶全纯映射 f 将域 D 一一地映为 G，证明：G 的面积为

$$\iint_D |f'(z)|^2 \mathrm{d}x\mathrm{d}y.$$

25. 设 f 是域 D 上的单叶全纯映射，$z=\gamma(t)$ $(\alpha\leqslant t\leqslant\beta)$ 是 D 中的光滑曲线. 证明：$w=f(\gamma(t))$ 的长度为

$$\int_\alpha^\beta |f'(\gamma(t))||\gamma'(t)|\mathrm{d}t.$$

26. 设 D 是 z 平面上去掉线段 $[-1,\mathrm{i}]$，$[1,\mathrm{i}]$ 和射线 $z=\mathrm{i}t$ $(1\leqslant t<\infty)$ 后所得的域，证明函数 $\mathrm{Log}(1-z^2)$ 能在 D 上分出单值全纯分支. 设 f 是满足 $f(0)=0$ 的那个分支，试计算 $f(2)$ 的值.

27. 证明函数 $\sqrt[4]{(1-z)^3(1+z)}$ 能在 $\mathbf{C}\setminus[-1,1]$ 上选出一个单值全纯分支 f，满足 $f(\mathrm{i})=\sqrt{2}\mathrm{e}^{-\frac{\pi}{8}\mathrm{i}}$. 试计算 $f(-\mathrm{i})$ 的值.

2.5 分式线性变换

形如 $w=T(z)=\dfrac{az+b}{cz+d}$ 的映射称为**分式线性变换**或 **Möbius 变换**，其中，a,b,c,d 是复常数，且满足 $ad-bc\neq 0$. 很明显，如果 $ad-bc=0$，则 $T(z)$ 是一常数或无意义，我们排除这种情形.

若 $c\neq 0$，则除去点 $z=-\dfrac{d}{c}$ 外，$T(z)$ 在 $\mathbf{C}$ 上是全纯的，而且

$$T'(z)=\frac{ad-bc}{(cz+d)^2}\neq 0,$$

所以分式线性变换在 $z\neq -\dfrac{d}{c}$ 处是保角变换. 若 $c=0$，则必 $d\neq 0$，这时 $T(z)=Az+B$ $\left(A=\dfrac{a}{d},\ B=\dfrac{b}{d}\right)$，称为**整线性变换**，它是一个整函数.

从方程 $w=T(z)$ 中把 z 解出来，得

$$z = T^{-1}(w) = \frac{-dw+b}{cw-a},$$

称它为 $w=T(z)$的逆变换,它仍然是一个分式线性变换. 由此可知,$w=T(z)$在 $\boldsymbol{C}$ 上是单叶的. 当 $c\neq0$ 时,我们规定 $T\left(-\dfrac{d}{c}\right)=\infty$,$T(\infty)=\dfrac{a}{c}$;当 $c=0$ 时,规定 $T(\infty)=\infty$. 于是,分式线性变换 $w=T(z)$把 $\boldsymbol{C}_\infty$ 单叶地映为 $\boldsymbol{C}_\infty$.

设 S 和 T 是两个分式线性变换,那么它们的复合 $S\circ T$ 也是分式线性变换,且对每一个 T,有逆变换 T^{-1},即 $T(T^{-1}(z))=z$. 所以,分式线性变换的全体在复合运算下构成一个群.

分式线性变换有一些有趣而重要的性质:

(1) 分式线性变换把圆周变为圆周.

我们先考虑整线性变换 $w=az+b$,若记 $a=r\mathrm{e}^{\mathrm{i}\theta}$,则 $w=r\mathrm{e}^{\mathrm{i}\theta}z+b$. 容易看出,它可由下列三个简单的变换复合而成:

$$z' = \mathrm{e}^{\mathrm{i}\theta}z,$$

$$z'' = rz',$$

$$w = z''+b.$$

第一个是旋转变换,第二个是伸缩变换,第三个是平移变换. 这里,每一个变换都把圆周变为圆周,因此整线性变换把圆周变为圆周. 对于一般的分式线性变换,不妨设 $c\neq0$,于是

$$w = \frac{az+b}{cz+d} = \frac{a}{c} + \frac{bc-ad}{c(cz+d)}.$$

若记 $\alpha=\dfrac{a}{c}$,$\beta=\dfrac{bc-ad}{c}$,则上式可写为

$$w = \alpha + \frac{\beta}{cz+d}.$$

它由下列三个变换复合而成:

$$z' = cz+d,$$

$$z'' = \frac{1}{z'},$$

$$w = \alpha + \beta z''.$$

其中，有两个变换是整线性变换，它们都把圆周变为圆周. 如果能证明 $w=\frac{1}{z}$ 也把圆周变为圆周，那么就证明了这一小段的标题上的结论. 由于分式线性变换是定义在整个闭平面 $\mathbf{C}_\infty$ 上的，我们把直线看成是过无穷远点的圆周. 于是，平面上的任一圆周都可写为（见习题 1.2 的第 14 题）：

$$az\bar{z} + \bar{\beta}z + \beta\bar{z} + d = 0, \tag{1}$$

这里，a,d 是实数，β 是复数，且满足 $|\beta|^2 - ad > 0$. 变换 $w=\frac{1}{z}$ 把方程(1)变为

$$\frac{a}{w\bar{w}} + \frac{\bar{\beta}}{w} + \frac{\beta}{\bar{w}} + d = 0,$$

即

$$dw\bar{w} + \bar{\beta}\,\bar{w} + \beta w + a = 0,$$

它仍然是一个圆周. 这样，我们已经证明了

定理 2.5.1 分式线性变换把圆周变成圆周.

现在的问题是，在把圆周变为圆周的同时，是否把圆的内部变成内部或外部？能否按预先的要求把内部变成内部或外部？下面将逐步解决这些问题.

(2) 交比是分式线性变换的不变量.

分式线性变换看上去有四个参数，但实际上独立的参数只有三个，因此有理由提出这样的问题：在 z 平面和 w 平面上分别给定三个点 z_1,z_2,z_3 和 w_1,w_2,w_3，是否一定能找到分式线性变换 $w=T(z)$，使得 $w_j=T(z_j)$，$j=1,2,3$？为了证明这一事实，先证明

命题 2.5.2 分式线性变换 T 最多只有两个不动点，除非 T 是恒等变换，即 $T(z)\equiv z$.

证 所谓不动点，是指满足 $T(z)=z$ 的 z. 如果 z 是一个不动

点，则有$\frac{az+b}{cz+d}=z$，即 z 满足

$$cz^2+(d-a)z-b=0.$$

这是一个二次方程，最多只有两个根，即 T 最多只有两个不动点，除非 $T(z)\equiv z$. □

为了具体写出把三点映为三点的分式线性变换，我们引进交比的概念.

定义 2.5.3 设 z_1,z_2,z_3,z_4 是给定的四个点，其中至少有三个点是不相同的，称比值

$$\frac{z_1-z_3}{z_1-z_4}\Big/\frac{z_2-z_3}{z_2-z_4}$$

为这四个点的**交比**，记为(z_1,z_2,z_3,z_4).

当这些点中有无穷远点时，我们规定

$$(\infty,z_2,z_3,z_4)=\frac{z_2-z_4}{z_2-z_3},$$

$$(z_1,\infty,z_3,z_4)=\frac{z_1-z_3}{z_1-z_4},$$

$$(z_1,z_2,\infty,z_4)=\frac{z_2-z_4}{z_1-z_4},$$

$$(z_1,z_2,z_3,\infty)=\frac{z_1-z_3}{z_2-z_3}.$$

按照交比的定义，有

$$(z,z_2,z_3,z_4)=\frac{z-z_3}{z-z_4}\cdot\frac{z_2-z_4}{z_2-z_3},$$

它是一个分式线性变换.若把它记为 $L(z)$，那么

$$L(z_2)=1,$$
$$L(z_3)=0,$$
$$L(z_4)=\infty.$$

现在可以证明

定理 2.5.4 有一个而且只有一个分式线性变换把 $\mathbf{C}_\infty$ 上三

个不同的点 z_2, z_3, z_4 映为事先给定的 $\boldsymbol{C}_\infty$ 上的三个点 w_2, w_3, w_4.

证 令 $L(z)=(z, z_2, z_3, z_4)$,已知

$$\begin{aligned} L(z_2) &= 1, \\ L(z_3) &= 0, \\ L(z_4) &= \infty. \end{aligned} \tag{2}$$

再令 $S(z)=(z, w_2, w_3, w_4)$,则同样有

$$\begin{aligned} S(w_2) &= 1, \\ S(w_3) &= 0, \\ S(w_4) &= \infty, \end{aligned}$$

于是

$$\begin{aligned} S^{-1}(1) &= w_2, \\ S^{-1}(0) &= w_3, \\ S^{-1}(\infty) &= w_4. \end{aligned}$$

若令 $M=S^{-1}\circ L$,则

$$M(z_2) = S^{-1}(L(z_2)) = S^{-1}(1) = w_2.$$

同样道理,$M(z_3)=w_3, M(z_4)=w_4$. 所以,M 即为所求的分式线性变换.

现证唯一性. 如果还有另外一个分式线性变换 M_1,也满足 $M_1(z_j)=w_j, j=2,3,4$,那么分式线性变换 $M^{-1}\circ M_1$ 便有三个不动点 z_2, z_3, z_4. 根据命题 2.5.2,它只能是恒等变换,即 $M^{-1}(M_1(z))\equiv z$,于是 $M_1(z)\equiv M(z)$. □

根据定理 2.5.4 的证明,$w=M(z)=S^{-1}(L(z))$ 便是把 z_2, z_3, z_4 映为 w_2, w_3, w_4 的分式线性变换,此即

$$(w, w_2, w_3, w_4) = (z, z_2, z_3, z_4). \tag{3}$$

由(3)式即可写出具体的变换. 从(3)式还可得到交比的一个重要性质:

定理 2.5.5 交比是分式线性变换的不变量. 这就是说,如果分式线性变换 T 把 z_1, z_2, z_3, z_4 映为 $T(z_1), T(z_2), T(z_3), T(z_4)$,那么

$$(z_1,z_2,z_3,z_4)=(T(z_1),T(z_2),T(z_3),T(z_4)).$$

证 不妨设 z_2,z_3,z_4 是三个不同的点，令 $T(z_j)=w_j$，$j=2,3,4$，则由定理 2.5.4 知道，T 就是由等式

$$(z,z_2,z_3,z_4)=(w,w_2,w_3,w_4)$$

所确定的分式线性变换. 若设 $T(z_1)=w_1$，则必有

$$(z_1,z_2,z_3,z_4)=(w_1,w_2,w_3,w_4),$$

这就是要证明的.

若 z_2,z_3,z_4 中有两点相同，则等式显然成立. □

除了交比以外，分式线性变换还有没有其他的不变量呢？当然，交比的函数仍然是不变量. 下面的定理断言，此外再没有其他的不变量了.

定理 2.5.6 如果 $f(z_1,z_2,z_3,z_4)$是分式线性变换下的不变量，即对任意分式线性变换 T，都有

$$f(z_1,z_2,z_3,z_4)=f(T(z_1),T(z_2),T(z_3),T(z_4)), \tag{4}$$

那么 f 只能是交比(z_1,z_2,z_3,z_4)的函数.

证 证明很简单. 令 L 是这样的线性变换：

$$L(z)=(z,z_2,z_3,z_4),$$

由(2)式知 $L(z_2)=1$，$L(z_3)=0$，$L(z_4)=\infty$. 把它们代入(4)式，即得

$$f(z_1,z_2,z_3,z_4)=f((z_1,z_2,z_3,z_4),1,0,\infty),$$

这就是要证明的. □

现在利用交比这个不变量来讨论第一小段末尾提出的问题. 为此，先证明

命题 2.5.7 四点 z_1,z_2,z_3,z_4 共圆的充要条件是

$$\operatorname{Im}(z_1,z_2,z_3,z_4)=0. \tag{5}$$

证 如果 z_1,z_2,z_3,z_4 四点共圆，令 $L(z)=(z_1,z_2,z_3,z_4)$，则 $L(z_2)=1$，$L(z_3)=0$，$L(z_4)=\infty$. 这说明分式线性变换 L 把 z_1，z_2,z_3,z_4 四点所在的圆周变成了实轴，因而

$$L(z_1)=(z_1,z_2,z_3,z_4)=\text{实数}.$$

这就是(5)式.

反之,如果(5)式成立,那么(z_1,z_2,z_3,z_4)等于某个实数t.由于$L^{-1}(1)=z_2, L^{-1}(0)=z_3, L^{-1}(\infty)=z_4$,所以分式线性变换$L^{-1}$把实轴变成由$z_2,z_3,z_4$所确定的圆周$\gamma$.因为$(z_1,z_2,z_3,z_4)=t$,即$L(z_1)=t$,于是$L^{-1}(t)=z_1$,所以$z_1\in\gamma$.因而$z_1,z_2,z_3,z_4$四点共圆. □

根据命题2.5.7,当且仅当点z在由z_1,z_2,z_3所确定的圆周γ上时才有$\mathrm{Im}(z,z_1,z_2,z_3)=0$,剩下不在圆周$\gamma$上的点$z$必使$\mathrm{Im}(z,z_1,z_2,z_3)>0$或$\mathrm{Im}(z,z_1,z_2,z_3)<0$.容易看出,圆内(或圆外)的点$z$必使$\mathrm{Im}(z,z_1,z_2,z_3)$保持定号.若不然,必在圆内有点$a$和$b$,使得

$$\mathrm{Im}(a,z_1,z_2,z_3)>0,$$
$$\mathrm{Im}(b,z_1,z_2,z_3)<0.$$

但$\mathrm{Im}(z,z_1,z_2,z_3)$是$z$的连续函数,故必在线段$[a,b]$上有点$c$,使得$\mathrm{Im}(c,z_1,z_2,z_3)=0$,这是不可能的.

现在的问题是:当z_1,z_2,z_3给定时,究竟是圆内的点还是圆外的点使$\mathrm{Im}(z,z_1,z_2,z_3)>0$?这与$z_1,z_2,z_3$的走向有关.

定义2.5.8 设$\boldsymbol{C}_\infty$上的圆周γ把平面分成g_1和g_2两个域,z_1,z_2,z_3是γ上有序的三个点.如果当我们从z_1走到z_2再走到z_3时,g_1和g_2分别在我们的左边和右边,就分别称g_1和g_2为γ关于走向z_1,z_2,z_3的左边和右边.

例如,实轴关于走向$0,1,\infty$的左边是上半平面;虚轴关于走向$\mathrm{i},0,-\mathrm{i}$的右边是左半平面$\{z:\mathrm{Re}z<0\}$;单位圆周$\{z:|z|<1\}$关于走向$1,\mathrm{i},-1$的左边是圆的内部,右边是圆的外部;单位圆关于走向$-\mathrm{i},-1,\mathrm{i}$的左边是圆的外部,右边是圆的内部,等等.

下面用交比来刻画圆周关于走向z_1,z_2,z_3的左边和右边.

命题2.5.9 设z_1,z_2,z_3是$\boldsymbol{C}_\infty$中的圆周γ上有序的三个点,那么γ关于走向z_1,z_2,z_3右边和左边的点z分别满足

$$\mathrm{Im}(z,z_1,z_2,z_3)>0$$

和

$$\operatorname{Im}(z,z_1,z_2,z_3)<0.$$

证 先设 γ 是以 a 为中心的圆周，不妨假定 z_1,z_2,z_3 是顺时针方向（图 2.10），这时，γ 关于走向 z_1,z_2,z_3 的右边就是圆的内部，左边是圆的外部. 我们只需证明

$$\begin{aligned}&\operatorname{Im}(a,z_1,z_2,z_3)>0,\\&\operatorname{Im}(\infty,z_1,z_2,z_3)<0\end{aligned}\tag{6}$$

就够了. 从图 2.10 中显然可见 $\left|\dfrac{z_2-a}{z_3-a}\right|=1$，且

$$\arg\left(\frac{z_2-a}{z_3-a}\right)=\arg(z_2-a)-\arg(z_3-a)=\theta,$$

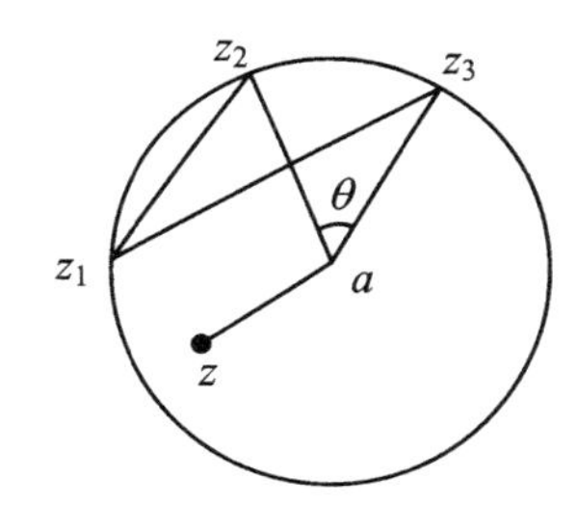

图 2.10

因而有

$$\frac{z_2-a}{z_3-a}=\mathrm{e}^{\mathrm{i}\theta}.$$

由于

$$\arg\left(\frac{z_3-z_1}{z_2-z_1}\right)=\arg(z_3-z_1)-\arg(z_2-z_1)=-\frac{\theta}{2},$$

若记

$$\left|\frac{z_3-z_1}{z_2-z_1}\right|=r,$$

则

$$\frac{z_3-z_1}{z_2-z_1}=r\mathrm{e}^{-\mathrm{i}\frac{\theta}{2}}.$$

于是

$$\begin{aligned}\operatorname{Im}(a,z_1,z_2,z_3)&=\operatorname{Im}\left(\frac{a-z_2}{a-z_3}\cdot\frac{z_1-z_3}{z_1-z_2}\right)\\&=\operatorname{Im}\left(\frac{z_2-a}{z_3-a}\cdot\frac{z_3-z_1}{z_2-z_1}\right)\end{aligned}$$

$$
\begin{aligned}
&= \mathrm{Im}(re^{\mathrm{i}\frac{\theta}{2}}) \\
&= r\sin\frac{\theta}{2} \\
&> 0.
\end{aligned}
$$

最后一个不等式成立是由于 $0<\theta<2\pi$ 之故. 同时

$$
\begin{aligned}
\mathrm{Im}(\infty, z_1, z_2, z_3) &= \mathrm{Im}\left(\frac{z_1 - z_3}{z_1 - z_2}\right) \\
&= \mathrm{Im}(re^{-\mathrm{i}\frac{\theta}{2}}) \\
&= -r\sin\frac{\theta}{2} \\
&< 0.
\end{aligned}
$$

这就是要证的(6)式.

现再设 γ 是一条直线, z_1, z_2, z_3 在 γ 上的位置如图 2.11 所示. 在 γ 关于走向 z_1, z_2, z_3 的右边任取点 z, 记 $\left|\frac{z_2 - z}{z_3 - z}\right| = r$. 由于

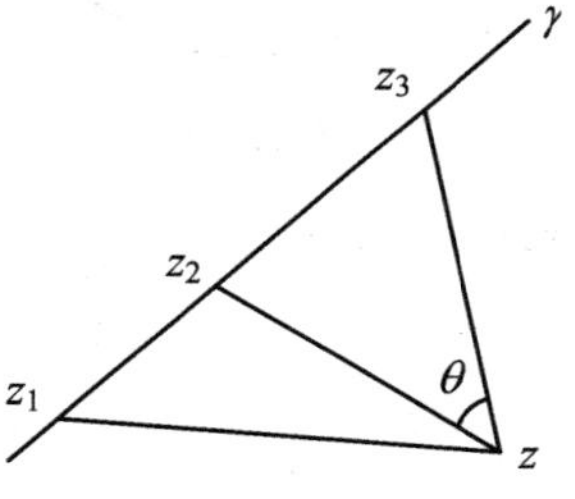

图 2.11

$$
\begin{aligned}
&\arg\frac{z_2 - z}{z_3 - z} \\
&= \arg(z_2 - z) - \arg(z_3 - z) \\
&= \theta,
\end{aligned}
$$

因而

$$
\frac{z_2 - z}{z_3 - z} = re^{\mathrm{i}\theta} \quad (0 < \theta < \pi).
$$

因为 z_1, z_2, z_3 共线, 故可记为

$$
z_3 - z_1 = \rho(z_2 - z_1) \ (\rho > 0).
$$

于是

$$
\begin{aligned}
\mathrm{Im}(z, z_1, z_2, z_3) &= \mathrm{Im}\left(\frac{z_2 - z}{z_3 - z} \cdot \frac{z_3 - z_1}{z_2 - z_1}\right) \\
&= \mathrm{Im}(\rho re^{\mathrm{i}\theta}) \\
&= \rho r\sin\theta
\end{aligned}
$$

$$> 0.$$

最后一个不等式成立是因为 $0<\theta<\pi$. 对 γ 关于走向 z_1,z_2,z_3 左边的点,可同法证之. □

现在可以证明我们的主要结果:

定理 2.5.10 设 γ_1 和 γ_2 是 $\boldsymbol{C}_\infty$ 中的两个圆周,z_1,z_2,z_3 是 γ_1 上有序的三个点. 如果分式线性变换 T 把 γ_1 映为 γ_2,那么它一定把 γ_1 关于走向 z_1,z_2,z_3 的右边和左边分别变为 γ_2 关于走向 $T(z_1),T(z_2),T(z_3)$ 的右边和左边.

证 记 γ_1 关于走向 z_1,z_2,z_3 的右边为 g_1,γ_2 关于走向 $T(z_1),T(z_2),T(z_3)$ 的右边为 g_2. 任取 $z\in g_1$,由命题 2.5.9 知,$\operatorname{Im}(z,z_1,z_2,z_3)>0$. 由交比在分式线性变换下的不变性,可得

$$\operatorname{Im}(T(z),T(z_1),T(z_2),T(z_3))=\operatorname{Im}(z,z_1,z_2,z_3)>0.$$

仍由命题 2.5.9 知道 $T(z)\in g_2$,因而 $T(g_1)\subset g_2$. 反之,任取 $w\in g_2$,则由命题 2.5.9 知

$$\operatorname{Im}(w,T(z_1),T(z_2),T(z_3))>0.$$

记 $T^{-1}(w)=z$,即 $w=T(z)$,于是

$$\operatorname{Im}(z,z_1,z_2,z_3)=\operatorname{Im}(T(z),T(z_1),T(z_2),T(z_3))>0.$$

即 $z\in g_1$,这就证明了 $g_2\subset T(g_1)$. 因而 $T(g_1)=g_2$.

关于左边的情形可同样证明. □

定理 2.5.10 解决了本节第一小段末尾提出的问题.

例 2.5.11 求一分式线性变换,把月牙形域 $D=\{z:|z|>1,|z-1|<2\}$ 变为带状域 $G=\{w:0<\operatorname{Re}w<1\}$ (见图 2.12).

解 先设法把月牙形域 D 边界的两个圆周变为两条平行直线,同时把单位圆周变成虚轴,只要让 $-1,\mathrm{i},1$ 分别变为 $\infty,\mathrm{i},0$,即能达到目的.

这个变换可以用等式(3)的办法来做,但下面的方法更简单. 因为 -1 变成 ∞,1 变成 0,所以变换一定是 $w=\lambda\dfrac{z-1}{z+1}$ 的形式,这里,λ 是待定的常数. 再用 i 变成 i 代进去,得 $\lambda=1$,故得 $w=\dfrac{z-1}{z+1}$.

令 $z=3$,得 $w=\frac{1}{2}$,所以它把圆周 $|z-1|=2$ 变为 $\mathrm{Re}w=\frac{1}{2}$. 又因为 1 变为 0,所以它把 $|z-1|<2$ 变为 $\mathrm{Re}w<\frac{1}{2}$. 因而,$w=\frac{z-1}{z+1}$把月牙形域 D 变为带状域 $0<\mathrm{Re}w<\frac{1}{2}$. 于是,变换 $w=2\,\frac{z-1}{z+1}$即把 D 映为 G. □

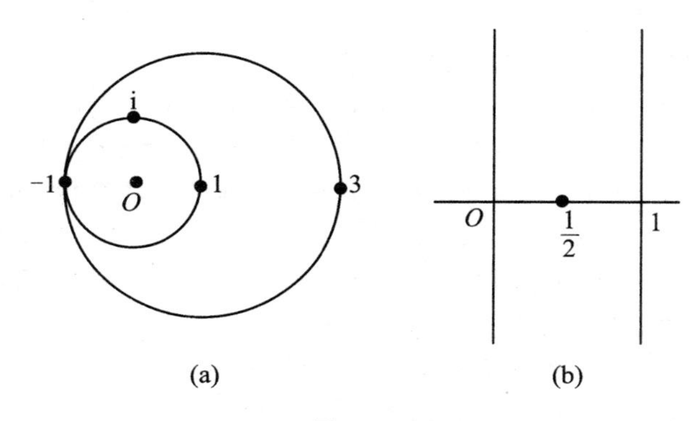

图 2.12

(3) 对称点及其在分式线性变换下的不变性.

先引进对称点的概念:

定义 2.5.12 设 γ 是以 a 为中心、以 R 为半径的圆周,如果点 z,z^* 在从 a 出发的射线上,且满足

$$|z-a||z^*-a|=R^2, \tag{7}$$

则称 z,z^* 关于 γ 是对称的. 如果 γ 是直线,则当 γ 是线段$[z,z^*]$的垂直平分线时,称 z,z^* 关于 γ 是对称的.

现设 z,z^* 关于圆周 γ 对称,因为它们位于从圆心 a 出发的射线上,所以

$$\arg(z-a)=\arg(z^*-a)=\theta,$$

因而

$$z^*-a=|z^*-a|\,\mathrm{e}^{\mathrm{i}\theta},$$
$$z-a=|z-a|\,\mathrm{e}^{\mathrm{i}\theta}.$$

于是由(7)式,有

$$
\begin{aligned}
z^* - a &= \frac{R^2}{|z-a|} e^{i\theta} \\
&= \frac{R^2}{|z-a| e^{-i\theta}} \\
&= \frac{R^2}{\overline{z-a}},
\end{aligned}
$$

故得

$$
z^* = a + \frac{R^2}{\bar{z} - \bar{a}}.
$$

由此可见,圆心和无穷远点是关于圆周的一对对称点.

若 γ 是过 a 且与实轴夹角为 θ 的直线,设 z 和 z^* 关于 γ 对称(图 2.13),则 $|z-a| = |z^* - a|$,所以

$$
\begin{aligned}
z^* - a &= | z^* - a | e^{i\alpha} \\
&= | z - a | e^{-i\beta} e^{i(\alpha+\beta)} \\
&= (\bar{z} - \bar{a}) e^{2i\theta}.
\end{aligned}
$$

因而有

$$
z^* = a + (\bar{z} - \bar{a}) e^{2i\theta}.
$$

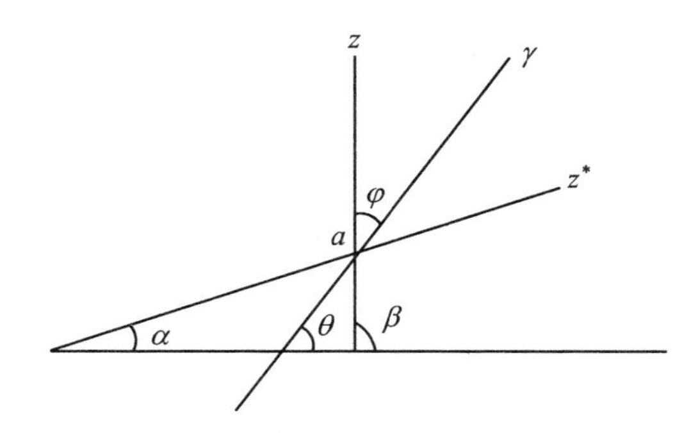

图 2.13

下面用交比给出两个点关于圆周对称的条件:

命题 2.5.13 设 γ 是 $\boldsymbol{C}_\infty$ 中的圆周,那么 z, z^* 关于 γ 对称的

充要条件是对 γ 上任意三点 z_1,z_2,z_3，有

$$(z^*,z_1,z_2,z_3)=\overline{(z,z_1,z_2,z_3)}. \tag{8}$$

证 设 γ 是以 a 为中心、以 R 为半径的圆周，如果 z,z^* 关于 γ 对称，那么由交比在分式线性变换下的不变性，得

$$\begin{aligned}(z^*,z_1,z_2,z_3)&=\left(a+\frac{R^2}{\bar{z}-\bar{a}},z_1,z_2,z_3\right)\\&=\left(\frac{R^2}{\bar{z}-\bar{a}},z_1-a,z_2-a,z_3-a\right)\\&=\left(\bar{z}-\bar{a},\frac{R^2}{z_1-a},\frac{R^2}{z_2-a},\frac{R^2}{z_3-a}\right)\\&=(\bar{z}-\bar{a},\bar{z}_1-\bar{a},\bar{z}_2-\bar{a},\bar{z}_3-\bar{a})\\&=(\bar{z},\bar{z}_1,\bar{z}_2,\bar{z}_3)\\&=\overline{(z,z_1,z_2,z_3)}.\end{aligned}$$

反之，如果(8)式成立，则可把上述推理过程倒推回去，即得

$$z^*=a+\frac{R^2}{\bar{z}-\bar{a}}.$$

这说明 z,z^* 关于 γ 是对称的.

对于直线的情形，可同法证之. □

在命题 2.5.13 的基础上，可得对称点在分式线性变换下的不变性：

定理 2.5.14 对称点在分式线性变换下不变. 这就是说，设分式线性变换 T 把圆周 γ 变为 Γ，如果 z,z^* 是关于 γ 的对称点，那么 $T(z),T(z^*)$ 是关于 Γ 的对称点.

证 在 Γ 上任取三点 w_1,w_2,w_3，若记 $z_j=T^{-1}(w_j)$，$j=1,2,3$，则 z_1,z_2,z_3 是 γ 上的三个点. 因 z,z^* 关于 γ 对称，由命题 2.5.13，得

$$(z^*,z_1,z_2,z_3)=\overline{(z,z_1,z_2,z_3)}.$$

再由交比在分式线性变换下的不变性，即得

$$(T(z^*),w_1,w_2,w_3)=\overline{(T(z),w_1,w_2,w_3)}.$$

最后由命题 2.5.13，即知 $T(z)$ 和 $T(z^*)$ 关于 Γ 对称. □

这一性质在作具体变换时非常有用.

例 2.5.15 求一分式线性变换,把上半平面变为单位圆的内部,但要求把上半平面中给定的点 a 变为圆心.

解 该线性变换一定把实轴变为单位圆周. 由于 a 和 $\bar{a}$ 关于实轴对称,由定理 2.5.14,这对点一定被变为一对关于单位圆周对称的点. 已知 a 变为 0,所以 $\bar{a}$ 变为∞. 于是,这个变换可写成

$$w=\lambda\frac{z-a}{z-\bar{a}}.$$

为了使它把实轴变为单位圆周,$z=0$ 应变为单位圆周上的点,即 $z=0$ 时应有 $|w|=1$,由此得 $\lambda=\mathrm{e}^{\mathrm{i}\theta}$. 故所求的变换为

$$w=\mathrm{e}^{\mathrm{i}\theta}\frac{z-a}{z-\bar{a}}. \qquad \square$$

例 2.5.16 求一分式线性变换,把单位圆的内部变成单位圆的内部,而且把圆内指定的点 a 变为圆心.

解 因为 a 关于单位圆的对称点是$\dfrac{1}{\bar{a}}$,所以这个变换把 a 和 $\dfrac{1}{\bar{a}}$分别变为 0 和∞,故这个变换可写成

$$\begin{aligned}w&=\lambda\frac{z-a}{z-\dfrac{1}{\bar{a}}}\\&=-\lambda\bar{a}\frac{z-a}{1-\bar{a}z}\\&=\mu\frac{z-a}{1-\bar{a}z}.\end{aligned}$$

为了把单位圆周变成单位圆周,即将满足 $|z|=1$ 的 z 变为满足 $|w|=1$ 的 w,μ 必须满足

$$\begin{aligned}1=|w|&=|\mu|\frac{|z-a|}{|1-\bar{a}z|}\\&=|\mu|\frac{|z-a|}{|z|\,|\bar{z}-\bar{a}|}\end{aligned}$$

$$=|\mu|,$$

即 $\mu=\mathrm{e}^{\mathrm{i}\theta}$. 故所求的变换为

$$w=\mathrm{e}^{\mathrm{i}\theta}\frac{z-a}{1-\bar{a}z}. \qquad \square$$

这个变换十分重要,它是把单位圆盘一一地变为自己的变换,称为单位圆盘的**全纯自同构**. 以后我们将证明(定理 4.5.5),把单位圆盘一一地变为自己的全纯映射只能是这种样子,再没有其他的变换.

例 2.5.17 求一分式线性变换,把偏心圆环 $\{z: |z-3|>9, |z-8|<16\}$ 变为同心圆环 $\{w: \frac{2}{3}<|w|<1\}$ (图 2.14).

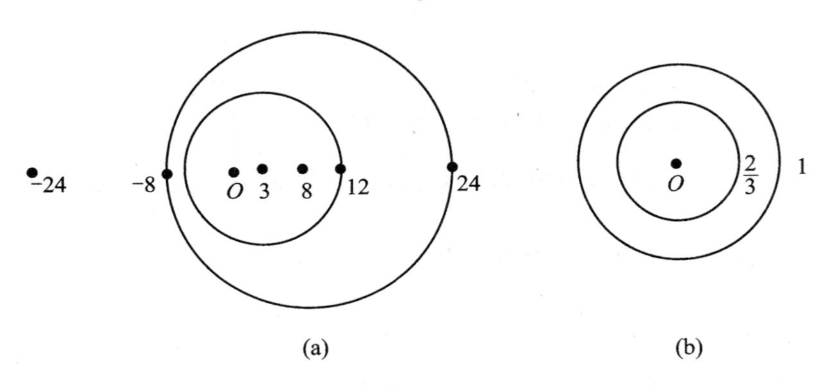

图 2.14

解 如果能找到这对偏心圆的一对公共的对称点,则把它们变为 0 和∞的分式线性变换一定把这对偏心圆变成一对以原点为中心的同心圆. 由于这两个偏心圆的连心线在实轴上,所以这对对称点也必在实轴上. 设它们为 x_1 和 x_2,按对称点的定义,有

$$\begin{cases}(x_1-3)(x_2-3)=81,\\(x_1-8)(x_2-8)=256.\end{cases}$$

解之,得 $x_1=0, x_2=-24$. 故可将变换写为

$$w=\lambda\frac{z}{z+24}.$$

让$|z-8|=16$变为$|w|=1$，取$z=24$，得$\lambda=2e^{i\theta}$. 可以验证

$$w=e^{i\theta}\frac{2z}{z+24}$$

即为所求的变换. □

习　题　2.5

1. 试求把上半平面映为上半平面的分式线性变换，使得∞，0，1分别映为0，1，∞.

2. 求出把上半平面映为单位圆盘的分式线性变换，使得-1，0，1分别映为1，i，-1.

3. 证明：分式线性变换$w=\dfrac{az+b}{cz+d}$把上半平面映为上半平面的充要条件是a,b,c,d都是实数，而且$ad-bc>0$.

4. 试求把单位圆盘的外部$\{z: |z|>1\}$映为右半平面$\{w: \mathrm{Re}w>0\}$的分式线性变换，使得

(i) 1，$-$i，-1分别变为i，0，$-$i；

(ii) $-$i，i，1分别变为i，0，$-$i.

5. 试求把上半平面映为自己的分式线性变换，使得实轴上的点x_1,x_2,x_3 $(x_1<x_2<x_3)$分别映为0，1，∞.

6. 证明：z_1,z_2关于圆周$\left|\dfrac{z-z_1}{z-z_2}\right|=\lambda$ $(\lambda>0)$对称.

（**提示：**利用习题1.2中第15题的结果.）

7. 设z_1,z_2是关于圆周$\gamma=\{z: |z-a|=R\}$的一对对称点，证明：γ可以写成

$$\left|\frac{z-z_1}{z-z_2}\right|=\lambda$$

这种形式，其中，$\lambda=\dfrac{R}{|z_2-a|}=\dfrac{|z_1-a|}{R}$.

8. 设$z_1\neq z_2$，分式线性变换$w=T(z)=\dfrac{az+b}{cz+d}$满足$T(z_j)\neq$

$\infty, j=1,2$. 证明：T 把圆周 $\left|\dfrac{z-z_1}{z-z_2}\right|=\lambda$ 映为圆周

$$\left|\frac{w-T(z_1)}{w-T(z_2)}\right|=\lambda\left|\frac{cz_2+d}{cz_1+d}\right|.$$

(**注意**：本题给出了圆周及其对称点在分式线性变换下的不变性的另一个证明.)

9. 证明：z_1, z_2 关于圆周

$$az\bar{z}+\bar{\beta}z+\beta\bar{z}+d=0$$

对称的充要条件是

$$az_1\bar{z}_2+\bar{\beta}z_1+\beta\bar{z}_2+d=0.$$

10. 设 $T(z)=\dfrac{az+b}{cz+d}$是一个分式线性变换，如果记

$$\begin{pmatrix} a & b \\ c & d \end{pmatrix}^{-1}=\begin{pmatrix} \alpha & \beta \\ \gamma & \delta \end{pmatrix},$$

那么

$$T^{-1}(z)=\frac{\alpha z+\beta}{\gamma z+\delta}.$$

11. 设 $T_1(z)=\dfrac{a_1z+b_1}{c_1z+d_1}, T_2(z)=\dfrac{a_2z+b_2}{c_2z+d_2}$是两个分式线性变换，如果记

$$\begin{pmatrix} a_1 & b_1 \\ c_1 & d_1 \end{pmatrix}\begin{pmatrix} a_2 & b_2 \\ c_2 & d_2 \end{pmatrix}=\begin{pmatrix} a & b \\ c & d \end{pmatrix},$$

那么

$$(T_1\circ T_2)(z)=\frac{az+b}{cz+d}.$$

12. 设 Γ 是过 -1 和 1 的圆周，z 和 w 都不在圆周上. 如果 $zw=1$，那么 z 和 w 必分别位于 Γ 的内部或外部.

13. 求一分式线性变换，把 $B(0,1)$ 映为 $B(0,1)$，且把 $\dfrac{1}{2}, 2, \dfrac{5}{4}+\dfrac{3}{4}\mathrm{i}$ 分别映为 $\dfrac{1}{2}, 2, \infty$.

14. 求一单叶全纯映射,把沿线段$[0,1]$有割缝的单位圆盘映为上半平面.

15. 求一单叶全纯映射,把除去线段$[0,1+\mathrm{i}]$的第一象限映为上半平面.

16. 求一单叶全纯映射,把半条形域

$$\left\{z:-\frac{\pi}{2}<\mathrm{Re}z<\frac{\pi}{2},\ \mathrm{Im}z>0\right\}$$

映为上半平面,且把$\frac{\pi}{2},-\frac{\pi}{2},0$分别映为$1,-1,0$.

17. 求一单叶全纯映射,把除去线段$[a,a+h\mathrm{i}]$的条形域$\{z:0<\mathrm{Im}z<1\}$映为条形域$\{w:0<\mathrm{Im}w<1\}$,其中,a是实数,$0<h<1$.

18. 求一单叶全纯映射,把图2.15所示的月牙形域映为$B(0,1)$.

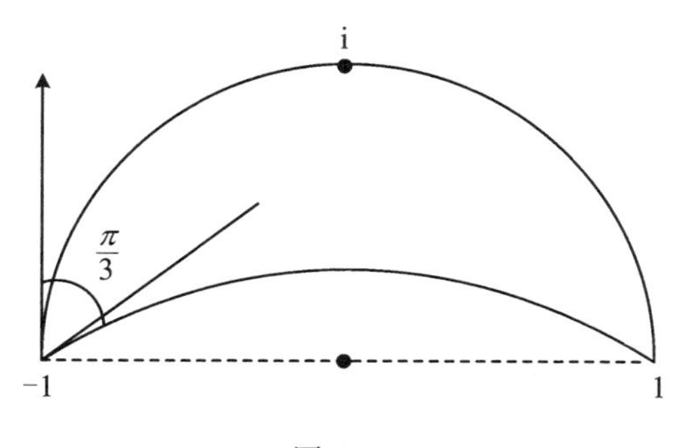

图 2.15

19. 求一单叶全纯映射,把除去线段$[1,2]$的单位圆盘的外部映为上半平面.

20. 求一单叶全纯映射,把$B\left(-\frac{1}{2},\frac{1}{2}\right)$和$B\left(\frac{1}{2},\frac{1}{2}\right)$的外部除去线段$[-2\mathrm{i},0]$所成的域(见图2.16)映为上半平面.

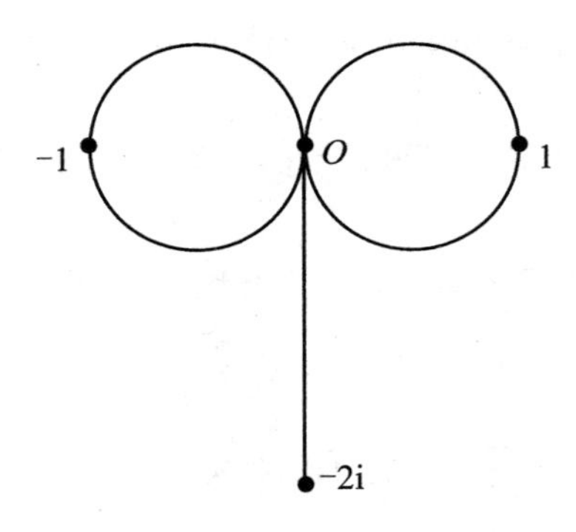

图 2.16

21. 设 $0<r<a$，求一单叶全纯映射，把域

$$\{z\in \boldsymbol{C}:\ \mathrm{Re}z>0,\ |z-a|>r\}$$

映为同心圆环

$$\{w\in \boldsymbol{C}:\ \rho<|w|<1\}.$$

第 3 章　全纯函数的积分表示

本章将要介绍的 Cauchy 积分定理和 Cauchy 积分公式是整个全纯函数理论的基础，由它们可以推出一系列重要的结论，例如全纯函数有任意阶导数，而且可以展开成幂级数等. 其中，Cauchy 积分定理又是最根本的.

3.1　复变函数的积分

设 $z=\gamma(t)$ $(a\leqslant t\leqslant b)$是一条可求长曲线，$f$ 是定义在 γ 上的函数，沿 γ 的正方向取分点$\gamma(a)=z_0, z_1, z_2, \cdots, z_n=\gamma(b)$，在 γ 中从 z_{k-1} 到 z_k 的弧段上任取点 ζ_k，$k=1,\cdots,n$（见图 3.1），作 Riemann和

$$\sum_{k=1}^{n} f(\zeta_k)(z_k-z_{k-1}). \tag{1}$$

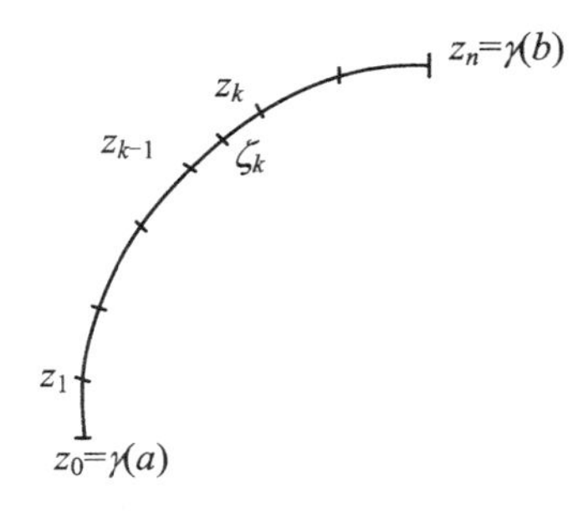

图 3.1

用 s_k 记弧段$\widehat{z_{k-1}z_k}$的长度，如果当 $\lambda=\max\{s_k: 1\leqslant k\leqslant n\}\to 0$ 时，不论 ζ_k 的取法如何，和式(1)总有一确定的极限，就称此极限为 f

沿 γ 的积分,记为 $\int_\gamma f(z)\mathrm{d}z$,即

$$\int_\gamma f(z)\mathrm{d}z = \lim_{\lambda\to 0}\sum_{k=1}^n f(\zeta_k)(z_k - z_{k-1}).$$

什么情况下上述极限存在呢?事实上,只要 f 在 γ 上连续,上述积分一定存在.为了证明这一点,记 $z_k = x_k + \mathrm{i}y_k$,$\zeta_k = \xi_k + \mathrm{i}\eta_k$,$f(\zeta_k) = u(\xi_k,\eta_k) + \mathrm{i}v(\xi_k,\eta_k)$,于是和式(1)便可写成

$$\sum_{k=1}^n \{u(\xi_k,\eta_k)\Delta x_k - v(\xi_k,\eta_k)\Delta y_k\}$$

$$+\mathrm{i}\sum_{k=1}^n \{v(\xi_k,\eta_k)\Delta x_k + u(x_k,y_k)\Delta y_k\},$$

这里,$\Delta x_k = x_k - x_{k-1}$,$\Delta y_k = y_k - y_{k-1}$.当 u,v 在 γ 上连续时,上述和式当 $\lambda\to 0$ 时趋于曲线积分

$$\int_\gamma u\mathrm{d}x - v\mathrm{d}y + \mathrm{i}\int_\gamma v\mathrm{d}x + u\mathrm{d}y.$$

这样,我们就证明了

命题 3.1.1 设 $f = u + \mathrm{i}v$ 在可求长曲线 γ 上连续,则有

$$\int_\gamma f(z)\mathrm{d}z = \int_\gamma u\mathrm{d}x - v\mathrm{d}y + \mathrm{i}\int_\gamma v\mathrm{d}x + u\mathrm{d}y. \tag{2}$$

这个公式通过下面的形式计算很容易记住:

$$\begin{aligned} f(z)\mathrm{d}z &= (u+\mathrm{i}v)(\mathrm{d}x + \mathrm{i}\mathrm{d}y) \\ &= (u\mathrm{d}x - v\mathrm{d}y) + \mathrm{i}(v\mathrm{d}x + u\mathrm{d}y). \end{aligned}$$

如果曲线是光滑的,还可以通过曲线的参数方程来计算积分.

命题 3.1.2 如果 $z=\gamma(t)$ $(a\leqslant t\leqslant b)$是光滑曲线,$f$ 在 γ 上连续,那么

$$\int_\gamma f(z)\mathrm{d}z = \int_a^b f(\gamma(t))\gamma'(t)\mathrm{d}t. \tag{3}$$

证 设 $z=\gamma(t)=x(t)+\mathrm{i}y(t)$,在所设的条件下,有

$$\int_\gamma u\mathrm{d}x - v\mathrm{d}y$$

$$=\int_a^b\{u(x(t),y(t))x'(t)-v(x(t),y(t))y'(t)\}\mathrm{d}t,$$

$$\int_\gamma v\mathrm{d}x+u\mathrm{d}y$$

$$=\int_a^b\{v(x(t),y(t))x'(t)+u(x(t),y(t))y'(t)\}\mathrm{d}t.$$

第二式乘 i 后与第一式相加，即得

$$\int_\gamma f(z)\mathrm{d}z$$

$$=\int_a^b\{[u(x(t),y(t))+\mathrm{i}v(x(t),y(t))](x'(t)+\mathrm{i}y'(t))\}\mathrm{d}t$$

$$=\int_a^b f(\gamma(t))\gamma'(t)\mathrm{d}t. \qquad \square$$

例 3.1.3 设可求长曲线 $z=\gamma(t)$ $(a\leqslant t\leqslant b)$的起点为 α，终点为 β，证明

$$\int_\gamma \mathrm{d}z=\beta-\alpha,$$

$$\int_\gamma z\,\mathrm{d}z=\frac{1}{2}(\beta^2-\alpha^2).$$

证 若 γ 是光滑曲线，由公式(3)，得

$$\begin{aligned}\int_\gamma \mathrm{d}z&=\int_a^b\gamma'(t)\mathrm{d}t\\&=\gamma(b)-\gamma(a)\\&=\beta-\alpha,\end{aligned}$$

$$\begin{aligned}\int_\gamma z\,\mathrm{d}z&=\int_a^b\gamma(t)\gamma'(t)\mathrm{d}t\\&=\frac{1}{2}\gamma^2(t)\Big|_a^b\\&=\frac{1}{2}(\gamma^2(b)-\gamma^2(a))\\&=\frac{1}{2}(\beta^2-\alpha^2).\end{aligned}$$

如果 γ 不是光滑曲线，可直接按积分的定义计算：

$$\int_\gamma dz = \lim_{\lambda\to 0}\sum_{k=1}^{n}(z_k - z_{k-1})$$
$$= z_n - z_0$$
$$= \beta - \alpha.$$

$$\int_\gamma z\,dz = \lim_{\lambda\to 0}\sum_{k=1}^{n} z_k(z_k - z_{k-1}),$$
$$\int_\gamma z\,dz = \lim_{\lambda\to 0}\sum_{k=1}^{n} z_{k-1}(z_k - z_{k-1}),$$

把两式加起来，得

$$\int_\gamma z\,dz = \frac{1}{2}\lim_{\lambda\to 0}\sum_{k=1}^{n}(z_k^2 - z_{k-1}^2)$$
$$= \frac{1}{2}(z_n^2 - z_0^2)$$
$$= \frac{1}{2}(\beta^2 - \alpha^2). \qquad \square$$

例 3.1.4 计算积分$\int_\gamma \frac{dz}{(z-a)^n}$，这里，$n$是任意整数，$\gamma$是以$a$为中心、以$r$为半径的圆周.

解 γ的参数方程为$z=a+re^{it}$，$0\leqslant t\leqslant 2\pi$. 由公式(3)，得

$$\int_\gamma \frac{dz}{(z-a)^n} = \int_0^{2\pi}\frac{rie^{it}}{r^n e^{int}}dt$$
$$= r^{1-n}i\int_0^{2\pi} e^{i(1-n)t}dt.$$

所以，上述积分当$n\neq 1$时为零，当$n=1$时为$2\pi i$，即

$$\int_\gamma \frac{dz}{(z-a)^n} = \begin{cases} 0, & n\neq 1; \\ 2\pi i, & n=1. \end{cases} \qquad \square$$

由积分的定义，可以马上得到

命题 3.1.5 如果f，g在可求长曲线γ上连续，那么

(i) $\int_{\gamma^-} f(z)dz = -\int_\gamma f(z)dz$，这里，$\gamma^-$是指与$\gamma$方向相反的

曲线；

(ii) $\int_\gamma (\alpha f(z)+\beta g(z))\mathrm{d}z=\alpha\int_\gamma f(z)\mathrm{d}z+\beta\int_\gamma g(z)\mathrm{d}z$，这里，$\alpha,\beta$ 是两个复常数；

(iii) $\int_\gamma f(z)\mathrm{d}z=\int_{\gamma_1} f(z)\mathrm{d}z+\int_{\gamma_2} f(z)\mathrm{d}z$，这里，$\gamma$ 是由 γ_1 和 γ_2 组成的曲线.

命题 3.1.6 如果 γ 的长度为 L，$M=\sup\limits_{z\in\gamma}|f(z)|$，那么

$$\left|\int_\gamma f(z)\mathrm{d}z\right|\leqslant ML. \tag{4}$$

证 f 在 γ 上的 Riemann 和有不等式

$$\begin{aligned}\left|\sum_{k=1}^n f(\zeta_k)(z_k-z_{k-1})\right| &\leqslant \sum_{k=1}^n |f(\zeta_k)||z_k-z_{k-1}|\\ &\leqslant M\sum_{k=1}^n |z_k-z_{k-1}|\\ &\leqslant ML,\end{aligned}$$

令 $\lambda=\max\limits_{1\leqslant k\leqslant n}s_k\to 0$，即得所要的不等式. □

这个不等式很简单，但很重要，是我们今后估计积分的主要工具，可简称为**长大不等式**.

习　题　3.1

1. 计算积分 $\int_\gamma \frac{2z-3}{z}\mathrm{d}z$，其中，$\gamma$ 为

(i) 沿圆周 $\{z:|z|=2\}$ 的上半圆，从 -2 到 2；

(ii) 沿圆周 $\{z:|z|=2\}$ 的下半圆，从 -2 到 2；

(iii) 沿圆周 $\{z:|z|=2\}$ 的正向.

2. 计算积分 $\int_{|z|=1}\frac{\mathrm{d}z}{z+2}$，并证明：

$$\int_0^\pi \frac{1+2\cos\theta}{5+4\cos\theta}\mathrm{d}\theta=0.$$

3. 计算积分 $\int\limits_{|z|=3}\frac{2z-1}{z(z-1)}\mathrm{d}z$.

4. 如果多项式 $Q(z)$ 比多项式 $P(z)$ 高两次,试证:

$$\lim_{R\to\infty}\int\limits_{|z|=R}\frac{P(z)}{Q(z)}\mathrm{d}z=0.$$

5. 计算积分 $\int\limits_{|z|=r}z^n\bar{z}^k\mathrm{d}z$,其中,$n,k$ 为整数.

6. 设 $f\in C^1(D)$,γ 是域 D 中分别以 a 和 b 为起点和终点的可求长曲线.证明:

$$\int\limits_{\gamma}\left\{\frac{\partial f(z)}{\partial z}\mathrm{d}z+\frac{\partial f(z)}{\partial\bar{z}}\mathrm{d}\bar{z}\right\}=f(b)-f(a).$$

7. 设 γ 是可求长曲线,φ 在 γ 上全纯,$\Gamma=\varphi(\gamma)$.证明:

(i) Γ 也是可求长曲线;

(ii) 如果 f 在 Γ 上连续,那么

$$\int\limits_{\Gamma}f(w)\mathrm{d}w=\int\limits_{\gamma}f(\varphi(z))\varphi'(z)\mathrm{d}z.$$

8. 设 γ 是域 D 中以 a 为起点、以 b 为终点的可求长曲线,f,$g\in H(D)\cap C^1(D)$.证明分部积分公式:

$$\int\limits_{\gamma}f(z)g'(z)\mathrm{d}z=f(z)g(z)\Big|_a^b-\int\limits_{\gamma}f'(z)g(z)\mathrm{d}z.$$

9. 设 γ 是正向可求长简单闭曲线,证明:γ 内部的面积为

$$\frac{1}{2\mathrm{i}}\int\limits_{\gamma}\bar{z}\,\mathrm{d}z.$$

10. 设单叶全纯映射 f 将可求长简单闭曲线 γ 映为正向简单闭曲线 Γ,证明:Γ 内部的面积为

$$\frac{1}{2\mathrm{i}}\int\limits_{\gamma}\overline{f(z)}f'(z)\mathrm{d}z.$$

11. 设 f 在 z_0 处连续,证明:

(i) $\lim\limits_{r\to0}\frac{1}{2\pi}\int_0^{2\pi}f(z_0+re^{\mathrm{i}\theta})\mathrm{d}\theta=f(z_0)$;

(ii) $\lim\limits_{r\to 0}\dfrac{1}{2\pi i}\displaystyle\int_{|z-z_0|=r}\dfrac{f(z)}{z-z_0}dz = f(z_0)$.

12. 设 $D=\{z\in \mathbf{C}: \theta_0<\arg(z-a)<\theta_0+\alpha\}$ $(0<\alpha\leqslant 2\pi)$，f 在 $\overline{D}\setminus\{a\}$上连续. 证明：

(i) 如果 $\lim\limits_{\substack{z\to a\\ z\in\overline{D}\setminus\{a\}}}(z-a)f(z)=A$，那么

$$\lim_{r\to 0}\int_{\substack{|z-a|=r\\ z\in\overline{D}}} f(z)dz = i\alpha A;$$

(ii) 如果 $\lim\limits_{\substack{z\to\infty\\ z\in\overline{D}\setminus\{a\}}}(z-a)f(z)=B$，那么

$$\lim_{R\to\infty}\int_{\substack{|z-a|=R\\ z\in\overline{D}}} f(z)dz = i\alpha B.$$

13. 设 D 是域，$f\in C^1(D)$. 证明：f 在 D 上全纯的充分必要条件是对任意 $a\in D$，均有

$$\lim_{r\to 0}\frac{1}{\pi r^2}\int_{|z-a|=r} f(z)dz = 0.$$

3.2 Cauchy 积分定理

设 D 是 $\mathbf{C}$ 中的单连通域，f 是 D 中的连续函数. 一般来说，对 D 中任意两条具有相同起点和终点的曲线，f 在其上的积分是不相等的，即 f 的积分与路径有关. 我们问，在什么条件下，f 的积分与路径无关？这等价于说，在什么条件下，f 沿任一闭曲线的积分为零？Cauchy 定理回答了这个问题.

定理 3.2.1(Cauchy) 设 D 是 $\mathbf{C}$ 中的单连通域，$f\in H(D)$，且 f'在 D 中连续，则对 D 中任意的可求长闭曲线 γ，均有

$$\int_\gamma f(z)dz = 0.$$

证 由 γ 围成的域记为 G，因为 f' 连续，即$\dfrac{\partial u}{\partial x}$，$\dfrac{\partial v}{\partial x}$，$\dfrac{\partial u}{\partial y}$，$\dfrac{\partial v}{\partial y}$连

续，故可用 Green 公式. 又因 f 在 D 中全纯，故 Cauchy-Riemann 方程成立. 于是

$$\int_\gamma u\mathrm{d}x - v\mathrm{d}y = \iint_G \left(-\frac{\partial v}{\partial x} - \frac{\partial u}{\partial y}\right)\mathrm{d}x\mathrm{d}y = 0,$$

$$\int_\gamma v\mathrm{d}x + u\mathrm{d}y = \iint_G \left(\frac{\partial u}{\partial x} - \frac{\partial v}{\partial y}\right)\mathrm{d}x\mathrm{d}y = 0.$$

由命题 3.1.1，即得

$$\int_\gamma f(z)\mathrm{d}z = 0. \qquad \square$$

Cauchy 于 1825 年得到的积分定理就是定理 3.2.1 这种形式，除了假定 f 全纯外，还要假定 f' 连续. 1900 年，Goursat 改进了上面的证明，发现不必假定 f' 连续，仍可得到同样的结论，但证明当然要困难得多.

为此，我们先证明下面的引理：

引理 3.2.2 设 f 是域 D 中的连续函数，γ 是 D 内的可求长曲线. 对于任给的 $\varepsilon>0$，一定存在一条 D 中的折线 P，使得

(i) P 和 γ 有相同的起点和终点，P 中其他的顶点都在 γ 上；

(ii) $\left|\int_\gamma f(z)\mathrm{d}z - \int_P f(z)\mathrm{d}z\right| < \varepsilon$.

证 因为 ∂D 是一个闭集，γ 是一个紧集，且两者不相交，根据定理 1.5.6，$d(\gamma,\partial D)=\rho>0$. 作域 G，使得 $\gamma\subset\overline{G}\subset D$. 因为 f 在 $\overline{G}$ 上连续，故必一致连续. 于是，对任意 $\varepsilon>0$，存在 $\delta>0$，当 $z',z''\in\overline{G}$，$|z'-z''|<\delta$ 时，$|f(z')-f(z'')|<\dfrac{\varepsilon}{2L}$，这里，$L$ 是 γ 的长度. 现取 $\eta=\min(\rho,\delta)$. 在 γ 上取分点 $z_0,z_1,\cdots,z_n$，使得每一个弧段 $\widehat{z_{k-1}z_k}$ 的长度都小于 η，这里，z_0，z_n 分别记为 γ 的起点和终点. 连接 z_{k-1} 和 z_k $(k=1,\cdots,n)$，就得到一条折线 P，它与 γ 有相同的起点和终点，且其他顶点都在 γ 上. 由于 $|z_{k-1}-z_k|<\eta\leqslant\rho$，所以线段 $\overline{z_{k-1}z_k}$ 都在 D 内，即折线 P 都在 D 内.

现在估计下面的积分差，记 $\gamma_k=\widehat{z_{k-1}z_k}$，$P_k=\overline{z_{k-1}z_k}$，则有

$$\begin{aligned}
&\left|\int_{\gamma_k}f(z)\mathrm{d}z-\int_{P_k}f(z)\mathrm{d}z\right| \\
&\quad\leqslant\left|\int_{\gamma_k}f(z)\mathrm{d}z-f(z_{k-1})(z_k-z_{k-1})\right| \\
&\qquad+\left|\int_{P_k}f(z)\mathrm{d}z-f(z_{k-1})(z_k-z_{k-1})\right| \\
&\quad=\left|\int_{\gamma_k}f(z)\mathrm{d}z-\int_{\gamma_k}f(z_{k-1})\mathrm{d}z\right|+\left|\int_{P_k}f(z)\mathrm{d}z-\int_{P_k}f(z_{k-1})\mathrm{d}z\right| \\
&\quad=\left|\int_{\gamma_k}(f(z)-f(z_{k-1}))\mathrm{d}z\right|+\left|\int_{P_k}(f(z)-f(z_{k-1}))\mathrm{d}z\right|.
\end{aligned}$$

当 $z\in\gamma_k$ 或 P_k 时，都有 $|z-z_{k-1}|<\eta\leqslant\delta$，因而 $|f(z)-f(z_{k-1})|<\frac{\varepsilon}{2L}$. 对上面两个积分用长大不等式，它们都不超过 $\frac{\varepsilon}{2L}|\gamma_k|$，因而

$$\begin{aligned}
\left|\int_{\gamma}f(z)\mathrm{d}z-\int_{P}f(z)\mathrm{d}z\right|&\leqslant\sum_{k=1}^{n}\left|\int_{\gamma_k}f(z)\mathrm{d}z-\int_{P_k}f(z)\mathrm{d}z\right| \\
&<\frac{\varepsilon}{L}\sum_{k=1}^{n}|\gamma_k| \\
&=\varepsilon.
\end{aligned}$$

故折线 P 完全符合定理的要求. □

现在可以证明

定理 3.2.3(Cauchy-Goursat) 设 D 是 $\mathbf{C}$ 中的单连通域，如果 $f\in H(D)$，那么对 D 中任意的可求长闭曲线 γ，均有

$$\int_{\gamma}f(z)\mathrm{d}z=0.$$

证 证明分为下面三步：

(1) 先假定 γ 是一个三角形的边界.

如果 $\left|\int_{\gamma}f(z)\mathrm{d}z\right|=M$，我们证明 $M=0$. 连接三角形三边的中

点，把三角形分成四个全等的小三角形(图 3.2)，这四个小三角形

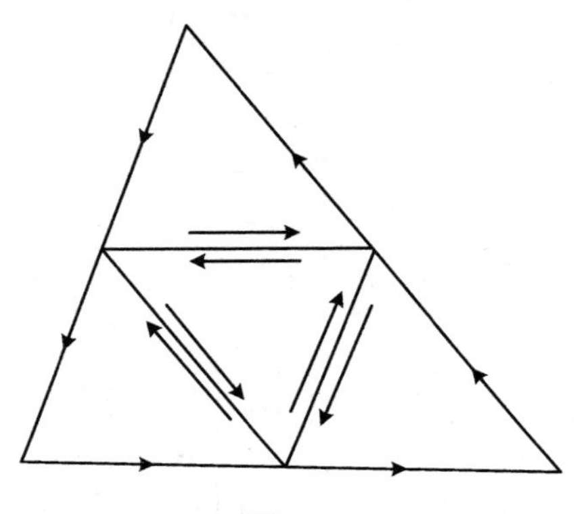

图 3.2

的边界分别记为 $\gamma^{(1)}$，$\gamma^{(2)}$，$\gamma^{(3)}$ 和 $\gamma^{(4)}$. 让 f 沿这四个小三角形的边界积分，从图中可以看出，中间那个小三角形的边界被来回走了两次，f 在其上的积分恰好抵消，剩下的积分的和正好等于大三角形边界上的积分，即

$$\int_{\gamma} f(z)\mathrm{d}z = \int_{\gamma^{(1)}} f(z)\mathrm{d}z + \int_{\gamma^{(2)}} f(z)\mathrm{d}z + \int_{\gamma^{(3)}} f(z)\mathrm{d}z + \int_{\gamma^{(4)}} f(z)\mathrm{d}z,$$

或者

$$\begin{aligned} M &= \left|\int_{\gamma} f(z)\mathrm{d}z\right| \\ &\leqslant \left|\int_{\gamma^{(1)}} f(z)\mathrm{d}z\right| + \left|\int_{\gamma^{(2)}} f(z)\mathrm{d}z\right| \\ &\quad + \left|\int_{\gamma^{(3)}} f(z)\mathrm{d}z\right| + \left|\int_{\gamma^{(4)}} f(z)\mathrm{d}z\right|. \end{aligned}$$

因此必有一个小三角形 Δ_1，它的边界记为 γ_1，f 在其上的积分满足 $\left|\int_{\gamma_1} f(z)\mathrm{d}z\right| \geqslant \frac{M}{4}$. 把 Δ_1 再分成四个全等的小三角形，按照同样的推理，其中又有一个小三角形 Δ_2，它的边界记为 γ_2，f 在其上的

积分满足$\left|\int_{\gamma_2} f(z)\mathrm{d}z\right| \geqslant \frac{M}{4^2}$. 这个过程可以一直进行下去,我们得到一串三角形$\Delta_n$,记它们的边界为$\gamma_n$,这串三角形具有下列性质:

(i) $\Delta \supset \Delta_1 \supset \cdots \supset \Delta_n \supset \cdots$;

(ii) $\mathrm{diam}\Delta_n \to 0\ (n\to\infty)$;

(iii) $|\gamma_n| = \frac{L}{2^n}, n=1,2,\cdots$,这里,$L$为$\gamma$的长度;

(iv) $\left|\int_{\gamma_n} f(z)\mathrm{d}z\right| \geqslant \frac{M}{4^n}, n=1,2,\cdots$.

由(i)和(ii),根据第1章1.5节中的Cantor定理(定理1.5.3),存在唯一的$z_0 \in \Delta_n\ (n=1,2,\cdots)$. 因为$D$是单连通的,所以$z_0 \in D$. 由于$f$在$z_0$处全纯,故对任意$\varepsilon>0$,存在$\delta>0$,当$0<|z-z_0|<\delta$时,成立

$$\left|\frac{f(z)-f(z_0)}{z-z_0} - f'(z_0)\right| < \varepsilon,$$

即

$$|f(z)-f(z_0)-f'(z_0)(z-z_0)| < \varepsilon|z-z_0|. \qquad (1)$$

取n充分大,使得$\Delta_n \subset B(z_0,\delta)$,故当$z\in\gamma_n$时,(1)式成立. 显然,$z\in\gamma_n$时,$|z-z_0|<|\gamma_n|=\frac{L}{2^n}$. 因而,当$z\in\gamma_n$时,有

$$|f(z)-f(z_0)-f'(z_0)(z-z_0)| < \frac{\varepsilon L}{2^n}. \qquad (2)$$

因为γ_n是闭曲线,由例3.1.3知道,有

$$\int_{\gamma_n} \mathrm{d}z = 0,$$

$$\int_{\gamma_n} z\,\mathrm{d}z = 0.$$

于是有

$$\int_{\gamma_n} [f(z)-f(z_0)-f'(z_0)(z-z_0)]\mathrm{d}z$$

$$= \int_{\gamma_n} f(z)\mathrm{d}z - f(z_0)\int_{\gamma_n}\mathrm{d}z - f'(z_0)\int_{\gamma_n} z\,\mathrm{d}z + z_0 f'(z_0)\int_{\gamma_n}\mathrm{d}z$$

$$= \int_{\gamma_n} f(z)\mathrm{d}z.$$

利用(2)式、(iii)和长大不等式，即得

$$\left|\int_{\gamma_n} f(z)\mathrm{d}z\right| \leqslant \frac{\varepsilon L}{2^n}\,|\,\gamma_n\,| = \varepsilon\left(\frac{L}{2^n}\right)^2.$$

再由(iv)，可得 $M \leqslant \varepsilon L^2$. 又因为 ε 是任意小的正数，所以 $M=0$.

(2) 假定 γ 是一个多边形的边界.

从图 3.3 可以看出，我们可以把多边形分解成若干个三角形. 与刚才的道理一样，f 沿 γ 的积分等于沿各个三角形边界积分的和，由(1)已知沿三角形边界的积分为零，因而

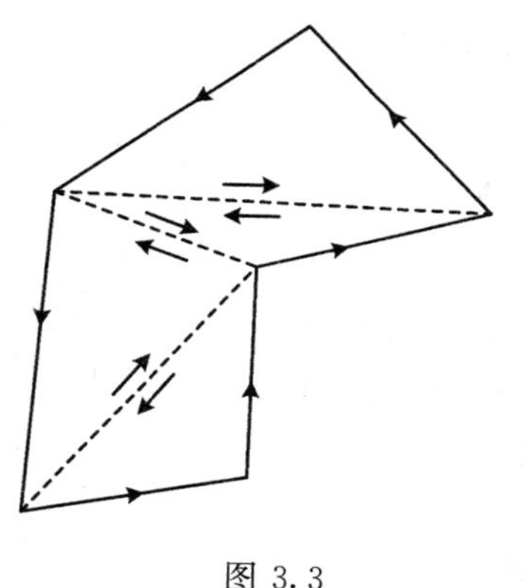

图 3.3

$$\int_\gamma f(z)\mathrm{d}z = 0.$$

(3) 假定 γ 是一般的可求长闭曲线.

根据引理 3.2.2，在 D 内存在闭折线 P，使得

$$\left|\int_\gamma f(z)\mathrm{d}z - \int_P f(z)\mathrm{d}z\right| < \varepsilon, \quad (3)$$

这里，ε 是任意事先给定的正数. 由(2)和(3)式即知

$$\int_\gamma f(z)\mathrm{d}z = 0. \qquad \square$$

注意，对于非单连通的域，定理不一定成立. 例如，D 是除去原点的单位圆盘，$f(z)=\dfrac{1}{z}$ 当然在 D 中全纯，若设 $\gamma=\{z:\ |z|=r$

$<1\}$，则由例 3.1.4 知，$\int_\gamma \frac{\mathrm{d}z}{z}=2\pi\mathrm{i}\neq 0$.

但是，定理 3.2.3 的条件可以有下列形式的减弱：

定理 3.2.4 设 D 是可求长简单闭曲线 γ 的内部，若 $f\in H(D)\cap C(\overline{D})$，则

$$\int_\gamma f(z)\mathrm{d}z=0.$$

证 这里已不再假定 f 在积分路径 γ 上全纯，而代之以在闭域 $\overline{D}$ 上连续，条件确实是减弱了. 一般地，证明这个定理还需要一些其他的知识，我们这里对 γ 附加两个条件：(i) γ 是逐段光滑的；(ii) 在 D 中存在点 z_0，使得从 z_0 出发的每条射线与 γ 只有一个交点. 例如，凸多边形和圆盘都满足这两个条件.

在所设的两个条件下，γ 的方程可以写成

$$z=z_0+\lambda(t),\ a\leqslant t\leqslant b.$$

记

$$p=\max\{|\lambda(t)|:a\leqslant t\leqslant b\},$$
$$q=\max\{|\lambda'(t)|:a\leqslant t\leqslant b\}.$$

由于 f 在 $\overline{D}$ 上连续，故必一致连续，故对任意的 $\varepsilon>0$，存在 $\delta>0$，当 $z_1,z_2\in\overline{D}$，且 $|z_1-z_2|<\delta$ 时，有 $|f(z_1)-f(z_2)|<\varepsilon$. 今取 $\delta_0<\min(\delta,p)$，于是 $\frac{\delta_0}{p}<1$. 取 ρ，使得 $1-\frac{\delta_0}{p}<\rho<1$. 记 γ_ρ 为曲线

$$z=z_0+\rho\lambda(t),\ a\leqslant t\leqslant b,$$

则显然有 $\gamma_\rho\subset D$. 由定理 3.2.3，成立

$$\int_{\gamma_\rho} f(z)\mathrm{d}z=\int_a^b f(z_0+\rho\lambda(t))\rho\lambda'(t)\mathrm{d}t=0,$$

即

$$\int_a^b f(z_0+\rho\lambda(t))\lambda'(t)\mathrm{d}t=0.$$

由于

$$
\begin{aligned}
|(z_0+\rho\lambda(t))-(z_0+\lambda(t))| &= (1-\rho)|\lambda(t)| \\
&\leqslant (1-\rho)p \\
&< \delta_0 < \delta,
\end{aligned}
$$

所以

$$
|f(z_0+\lambda(t))-f(z_0+\rho\lambda(t))| < \varepsilon.
$$

于是

$$
\begin{aligned}
\left|\int_\gamma f(z)\mathrm{d}z\right| &= \left|\int_a^b f(z_0+\lambda(t))\lambda'(t)\mathrm{d}t\right| \\
&= \left|\int_a^b [f(z_0+\lambda(t))-f(z_0+\rho\lambda(t))]\lambda'(t)\mathrm{d}t\right| \\
&\leqslant \int_a^b |f(z_0+\lambda(t))-f(z_0+\rho\lambda(t))||\lambda'(t)|\mathrm{d}t \\
&< \varepsilon q(b-a).
\end{aligned}
$$

由于 $\varepsilon>0$ 是任意的，所以

$$
\int_\gamma f(z)\mathrm{d}z = 0. \qquad \square
$$

在下面的意义下，Cauchy 积分定理在多连通域内也成立. 设 $\gamma_0,\gamma_1,\cdots,\gamma_n$ 是 $n+1$ 条可求长的简单闭曲线，如果 $\gamma_1,\cdots,\gamma_n$ 都在 γ_0 的内部，$\gamma_1,\cdots,\gamma_n$ 中的每一条都在其他 $n-1$ 条的外部，这样的 $n+1$条曲线就围成了一个 $n+1$ 连通域 D，这个域 D 的边界 γ 由 $\gamma_0,\gamma_1,\cdots,\gamma_n$ 共 $n+1$ 条曲线组成. γ 的正方向规定如下：当我们沿着 γ 的正方向运动时，D 总是在我们的左边. 这时，对 γ_0 来说是逆时针方向，而对 $\gamma_1,\cdots,\gamma_n$ 则是顺时针方向. 对于这样的域和边界，Cauchy 积分定理也成立.

定理 3.2.5 设 $\gamma_0,\gamma_1,\cdots,\gamma_n$ 是 $n+1$ 条可求长简单闭曲线，$\gamma_1,\cdots,\gamma_n$ 都在 γ_0 的内部，$\gamma_1,\cdots,\gamma_n$ 中的每一条都在其他 $n-1$ 条的外部，D 是由这 $n+1$ 条曲线围成的域，用 γ 记 D 的边界. 如果 $f\in H(D)\cap C(\overline{D})$，那么

$$\int_{\gamma} f(z)\mathrm{d}z = 0, \tag{4}$$

这里,积分沿 γ 的正方向进行.(4)式也可写为

$$\int_{\gamma_0} f(z)\mathrm{d}z = \int_{\gamma_1} f(z)\mathrm{d}z + \cdots + \int_{\gamma_n} f(z)\mathrm{d}z, \tag{5}$$

(5)式右端的积分分别沿 $\gamma_1,\cdots,\gamma_n$ 的逆时针方向进行.

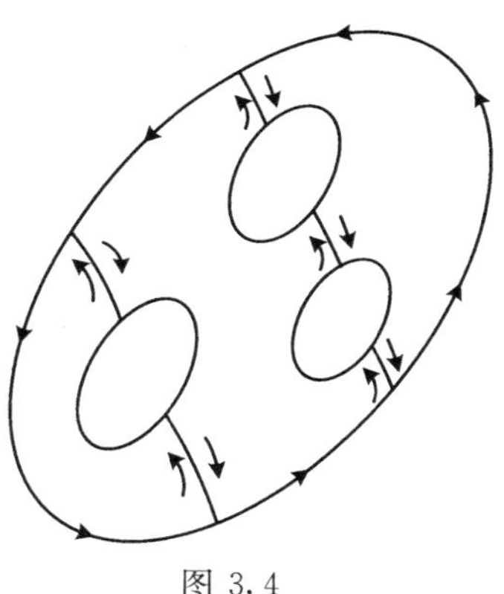

图 3.4

证 如图 3.4 所示,我们用一些辅助线把几个"洞"连接起来,这样,D 就被分成若干个单连通域.由定理 3.2.4,沿每个单连通域的边界的积分为零,若干个单连通域的边界积分之和仍为零.由于在辅助线上的积分来回各进行一次,正好抵消,所以总和恰好就是 γ 上的积分,因而(4)式成立.而

$$\int_{\gamma} f(z)\mathrm{d}z = \int_{\gamma_0} f(z)\mathrm{d}z + \int_{\gamma_1^-} f(z)\mathrm{d}z + \cdots + \int_{\gamma_n^-} f(z)\mathrm{d}z,$$

移项即得(5)式. □

当 $n=1$ 时,我们有下面的

推论 3.2.6 设 γ_0 和 γ_1 是两条可求长的简单闭曲线,γ_1 在 γ_0 的内部,D 是由 γ_0 和 γ_1 围成的域.如果 $f\in H(D)\cap C(\overline{D})$,那么

$$\int_{\gamma_0} f(z)\mathrm{d}z = \int_{\gamma_1} f(z)\mathrm{d}z.$$

这个推论在很多情况下都很有用.

例 3.2.7 设 γ 是一可求长简单闭曲线,$a\notin\gamma$,试计算积分

$$\int_{\gamma} \frac{dz}{z-a}.$$

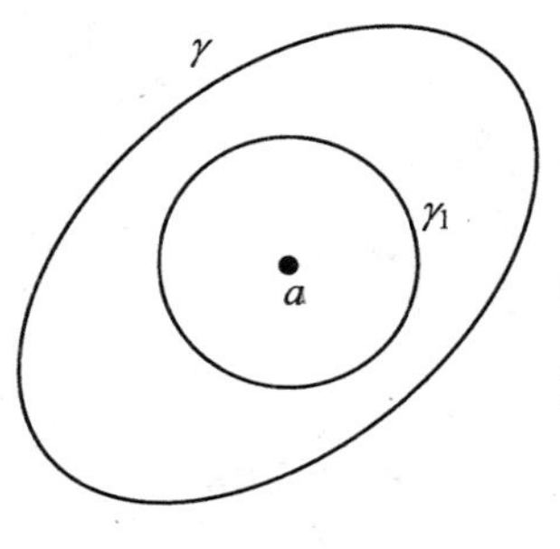

图 3.5

解 若 a 在 γ 的外部,则因 $\frac{1}{z-a}$ 在 γ 围成的闭域上全纯,所以由 Cauchy 积分定理, $\int_{\gamma} \frac{dz}{z-a} = 0$.

若 a 在 γ 的内部,则有充分小的 $r>0$,使得 $B(a,r)$ 落在 γ 的内部(图 3.5).记 $B(a,r)$ 的边界为 γ_1,由 γ 和 γ_1 围成的域记为 D,则 $\frac{1}{z-a}$ 在 $\overline{D}$ 上全纯,因而由推论 3.2.6,得

$$\int_{\gamma} \frac{dz}{z-a} = \int_{\gamma_1} \frac{dz}{z-a} = 2\pi i.$$

最后的等式利用了例 3.1.4 的结果. □

例 3.2.8 设 γ 是一可求长简单闭曲线,$a,b \notin \gamma$,试计算积分

$$I = \int_{\gamma} \frac{dz}{(z-a)(z-b)}.$$

解 上面的积分可写为

$$\begin{aligned} I &= \int_{\gamma} \frac{dz}{(z-a)(z-b)} \\ &= \frac{1}{a-b}\left(\int_{\gamma} \frac{dz}{z-a} - \int_{\gamma} \frac{dz}{z-b}\right). \end{aligned}$$

由例 3.2.7 即可得

$$I = \begin{cases} 0, & \text{若 } a,b \text{ 都在 } \gamma \text{ 的外部;} \\ \dfrac{2\pi i}{a-b}, & \text{若 } a \text{ 在 } \gamma \text{ 的内部}, b \text{ 在 } \gamma \text{ 的外部;} \\ -\dfrac{2\pi i}{a-b}, & \text{若 } a \text{ 在 } \gamma \text{ 的外部}, b \text{ 在 } \gamma \text{ 的内部;} \\ 0, & \text{若 } a,b \text{ 都在 } \gamma \text{ 的内部.} \end{cases}$$ □

习　题　3.2

1. 计算积分：

(i) $\int\limits_{|z|=r} \frac{|\mathrm{d}z|}{|z-a|^2}$，$|a|\neq r$；

(ii) $\int\limits_{|z|=2} \frac{2z-1}{z(z-1)}\mathrm{d}z$；

(iii) $\int\limits_{|z|=5} \frac{z\mathrm{d}z}{z^4-1}$；

(iv) $\int\limits_{|z|=2a} \frac{\mathrm{e}^z}{z^2+a^2}\mathrm{d}z$，$a>0$.

2. 设 f 在$\{z: r<|z|<\infty\}$中全纯，且$\lim\limits_{z\to\infty} zf(z)=A$. 证明：

$$\int\limits_{|z|=R} f(z)\mathrm{d}z = 2\pi \mathrm{i} A,$$

这里，$R>r$.

3. 设 n 为正整数，试通过计算积分

$$\int\limits_{|z|=1} \left(z+\frac{1}{z}\right)^{2n} \frac{\mathrm{d}z}{z}$$

证明

$$\int_0^{2\pi} \cos^{2n}\theta \mathrm{d}\theta = 2\pi \frac{(2n-1)!!}{(2n)!!}.$$

4. 设 $0<r<R$，f 在 $B(0,R)$ 中全纯. 证明：

(i) $f(0)=\frac{1}{2\pi}\int_0^{2\pi} f(r\mathrm{e}^{\mathrm{i}\theta})\mathrm{d}\theta$；

(ii) $f(0)=\frac{1}{\pi r^2}\int\limits_{|z|<r} f(z)\mathrm{d}x\mathrm{d}y$.

5. 设 u 是 $B(0,R)$ 中的调和函数，$0<r<R$. 证明：

$$u(0)=\frac{1}{2\pi}\int_0^{2\pi} u(r\mathrm{e}^{\mathrm{i}\theta})\mathrm{d}\theta.$$

6. 设 $0<r<1$. 证明：

$$\int_0^{\pi} \log(1 - 2r\cos\theta + r^2)\,\mathrm{d}\theta = 0.$$

3.3 全纯函数的原函数

与微积分中一样,我们可以引入一个函数的原函数的概念.

定义 3.3.1 设 $f: D \to \mathbf{C}$ 是定义在域 D 上的一个函数,如果存在 $F \in H(D)$,使得 $F'(z) = f(z)$ 在 D 上成立,就称 F 是 f 的一个**原函数**.

如果 $f \in H(D)$,是否一定存在原函数呢? 答案是否定的. 例如,若 D 是除去原点的单位圆盘,$f(z) = \frac{1}{z}$,f 当然是 D 上的全纯函数. 如果它在 D 上存在原函数 F,则有 $F'(z) = \frac{1}{z}$ 在 D 上成立,但这是不可能的. 因为若上式成立,在 D 中取光滑闭曲线 $\gamma: [a,b] \to D$,则有 $\gamma(a) = \gamma(b)$,于是

$$\begin{aligned}
\int_\gamma \frac{\mathrm{d}z}{z} &= \int_\gamma F'(z)\,\mathrm{d}z \\
&= \int_a^b F'(\gamma(t))\gamma'(t)\,\mathrm{d}t \\
&= F(\gamma(b)) - F(\gamma(a)) \\
&= 0.
\end{aligned}$$

但由例 3.1.4 知道 $\int_\gamma \frac{\mathrm{d}z}{z} = 2\pi\mathrm{i}$. 这一矛盾说明$\frac{1}{z}$在 D 上不存在原函数. 问题出在 D 不是单连通域. 对于单连通域上的全纯函数,一定存在原函数. 为此,先证明

定理 3.3.2 设 f 在域 D 中连续,且对 D 中任意可求长闭曲线 γ,均有 $\int_\gamma f(z)\,\mathrm{d}z = 0$,那么

$$F(z) = \int_{z_0}^{z} f(\zeta)\,\mathrm{d}\zeta$$

是 D 中的全纯函数，且在 D 中有 $F'(z)=f(z)$，这里，z_0 是 D 中一固定点.

证 由于 f 沿任意可求长闭曲线的积分为零，f 的积分与路径无关，因而 F 是一单值函数. 任取 $a\in D$，我们证明 $F'(a)=f(a)$. 因为 f 在 a 点连续，故对任意 $\varepsilon>0$，存在 $\delta>0$，当 $|z-a|<\delta$ 时，有 $|f(z)-f(a)|<\varepsilon$. 今取 $z\in B(a,\delta)$（图 3.6），显然

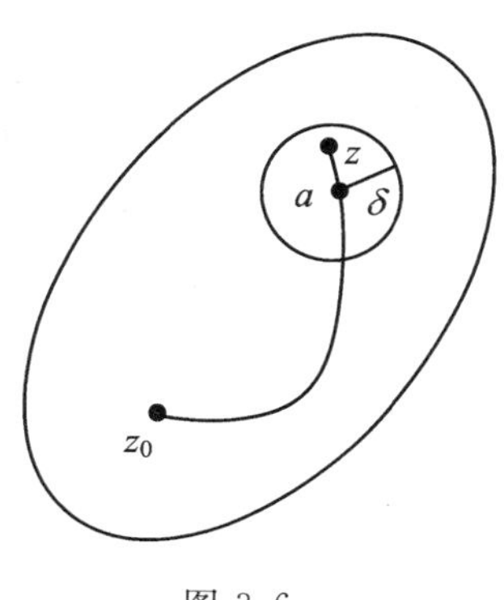

图 3.6

$$F(z)-F(a)=\int_{z_0}^{z} f(\zeta)\mathrm{d}\zeta-\int_{z_0}^{a} f(\zeta)\mathrm{d}\zeta=\int_{a}^{z} f(\zeta)\mathrm{d}\zeta.$$

这里，积分在线段 $[a,z]$ 上进行，于是

$$\begin{aligned}&\left|\frac{F(z)-F(a)}{z-a}-f(a)\right|\\&=\frac{1}{|z-a|}\,|F(z)-F(a)-f(a)(z-a)|\\&=\frac{1}{|z-a|}\left|\int_a^z f(\zeta)\mathrm{d}\zeta-\int_a^z f(a)\mathrm{d}\zeta\right|\\&=\frac{1}{|z-a|}\left|\int_a^z (f(\zeta)-f(a))\mathrm{d}\zeta\right|.\end{aligned}$$

由长大不等式，即知上式右端小于 ε，这就证明了 $F'(a)=f(a)$. □

作为定理 3.3.2 的一个简单的推论，我们有

定理 3.3.3 设 D 是 $\mathbf{C}$ 中的单连通域，$f\in H(D)$，那么 $F(z)=\int_{z_0}^{z} f(\zeta)\mathrm{d}\zeta$ 是 f 在 D 中的一个原函数.

证 在定理的假定下，由 Cauchy 积分定理知道，f 沿 D 中任意可求长闭曲线的积分为零，由定理 3.3.2 即得本定理. □

类似于微积分中的 Newton-Leibniz 公式，我们有

定理 3.3.4 设 D 是 $\mathbf{C}$ 中的单连通域，$f\in H(D)$，Φ 是 f 的

任一原函数，那么

$$\int_{z_0}^{z} f(\zeta)\mathrm{d}\zeta = \Phi(z) - \Phi(z_0).$$

证 证明方法也与微积分中一样. 由定理 3.3.3 知，由变上限积分确定的函数 F 是 f 的一个原函数，因而

$$(\Phi(z) - F(z))' = f(z) - f(z) = 0.$$

故由第 2 章习题 2.2 的第 1 题知道 $\Phi(z)-F(z)$ 是一个常数，因而

$$\begin{aligned}\int_{z_0}^{z} f(\zeta)\mathrm{d}\zeta &= F(z) - F(z_0) \\ &= \Phi(z) - \Phi(z_0). \qquad \square\end{aligned}$$

现在设 D 是多连通域，$f\in H(D)$，一般来说

$$F(z) = \int_{z_0}^{z} f(\zeta)\mathrm{d}\zeta$$

是一个多值函数，它在 z 点的值将随着连接 z_0 和 z 的曲线变化而变动. 下面看一个具体的例子：

设 $D=\mathbf{C}\setminus\{0\}$，则 D 是一个二连通域，$f(z)=\dfrac{1}{z}$ 是 D 中的全纯函数，我们来研究积分

$$\int_{1}^{z} \frac{1}{\zeta}\mathrm{d}\zeta.$$

如果连接 1 和 z 的曲线 γ 不围绕原点(图 3.7)，那么 $\dfrac{1}{\zeta}$ 沿 γ 的积分等于在实轴上从 1 到 $|z|$ 的积分与圆弧 γ' 上的积分之和，即

$$\begin{aligned}\int_{\gamma} \frac{\mathrm{d}\zeta}{\zeta} &= \int_{1}^{|z|} \frac{\mathrm{d}x}{x} + \int_{0}^{\arg z} \frac{\mathrm{i}\,|z|\,\mathrm{e}^{\mathrm{i}\theta}}{|z|\,\mathrm{e}^{\mathrm{i}\theta}}\mathrm{d}\theta \\ &= \log|z| + \mathrm{i}\arg z \\ &= \log z.\end{aligned}$$

如果连接 1 和 z 的曲线 γ 绕原点沿反时针方向转了 2 圈(图 3.8)，这时沿 γ 的积分可以分解为沿 $\widehat{1az}$，$\widehat{abea}$ 和 $\widehat{bcdb}$ 的积分，即

$$\int_{\gamma} \frac{\mathrm{d}\zeta}{\zeta} = \int_{\widehat{1az}} \frac{\mathrm{d}\zeta}{\zeta} + \int_{\widehat{abea}} \frac{\mathrm{d}\zeta}{\zeta} + \int_{\widehat{bcdb}} \frac{\mathrm{d}\zeta}{\zeta}. \tag{1}$$

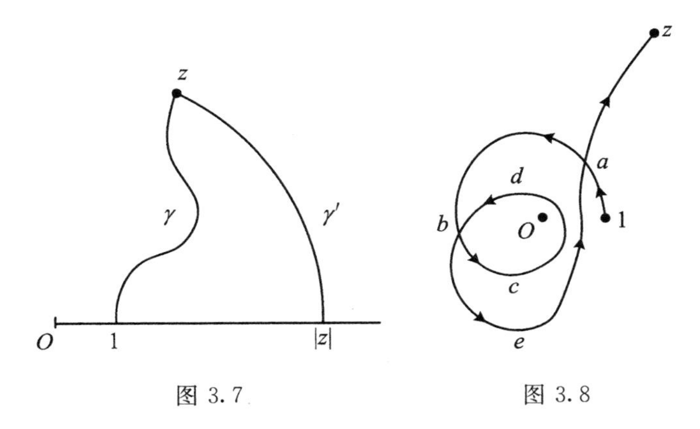

图 3.7　　　　图 3.8

由于$\widehat{abea}$和$\widehat{bcdb}$是两条围绕原点的简单闭曲线，故由 3.2 节的例 3.2.7，(1)式右端的后两个积分都等于 $2\pi i$. 根据上面的计算，(1)式右端的第一个积分为 $\log z$，因而得

$$\int_{\gamma} \frac{d\zeta}{\zeta} = \log z + 4\pi i.$$

由此可见，随着 γ 绕原点圈数的不同，一般可得

$$\int_{1}^{z} \frac{d\zeta}{\zeta} = \log z + 2k\pi i,\ k = 0, \pm 1, \cdots,$$

这恰好是对数函数 $\mathrm{Log}z$. 所以，对数函数也可用变上限的积分来定义.

习　题　3.3

1. 设 D 是域，$f, g \in H(D)$. 如果 fg' 在 D 上有原函数 φ. 证明：$f'g$ 在 D 上有原函数 $fg - \varphi$.

2. 设 D 是域，f 是 D 上的连续函数. 如果 f 在 D 上有原函数，则对 D 中任意可求长简单闭曲线 γ，均有 $\int_{\gamma} f(z)dz = 0$.

3. 设 $f \in C^n(\mathbf{C}) \cap H(\mathbf{C})$，并且 $f^{(n)}(z) \equiv 0$. 证明：f 必为次数

不大于n的多项式.

4. 设γ是从0到1且不经过$\pm i$的可求长曲线. 证明:

$$\int_\gamma \frac{dz}{1+z^2}=\frac{\pi}{4}+k\pi,\ k=0,\pm 1,\pm 2,\cdots.$$

5. 设f是凸域D上的全纯函数,如果对每点$z\in D$,有$\mathrm{Re}\{f'(z)\}>0$,那么f是D上的单叶函数.

3.4 Cauchy 积分公式

Cauchy 积分公式是 Cauchy 积分定理最重要的推论之一,它是全纯函数的一种积分表示,通过这种表示,我们可以证明全纯函数有任意阶导数,而且可以展开成幂级数. 从它还可以推出全纯函数的其他一系列重要性质.

定理 3.4.1 设D是由可求长简单闭曲线γ围成的域,如果$f\in H(D)\cap C(\overline{D})$,那么对任意$z\in D$,均有

$$f(z)=\frac{1}{2\pi i}\int_\gamma \frac{f(\zeta)}{\zeta-z}d\zeta. \tag{1}$$

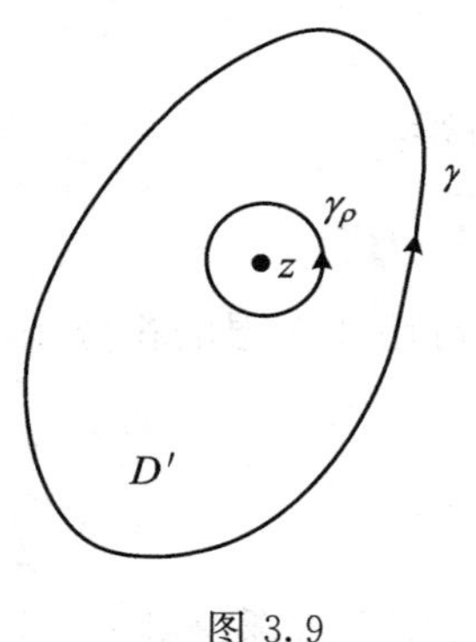

图 3.9

证 任取$z\in D$,因为f在z点连续,故对任意$\varepsilon>0$,存在$\delta>0$,使得当$|\zeta-z|<\delta$时,有$|f(\zeta)-f(z)|<\varepsilon$. 今取$\rho<\delta$,使得$B(z,\rho)\subset D$. 记$\gamma_\rho=\{\zeta: |\zeta-z|=\rho\}$,由$\gamma$和$\gamma_\rho$围成的二连通域记为$D'$(图 3.9),则$\dfrac{f(\zeta)}{\zeta-z}$在$D'$中全纯,在$\overline{D'}$上连续. 于是,由推论 3.2.6 得

$$\frac{1}{2\pi i}\int_\gamma \frac{f(\zeta)}{\zeta-z}d\zeta=\frac{1}{2\pi i}\int_{\gamma_\rho} \frac{f(\zeta)}{\zeta-z}d\zeta. \tag{2}$$

又因为$\dfrac{1}{2\pi i}\displaystyle\int_{\gamma_\rho} \frac{d\zeta}{\zeta-z}=1$,所以

$$f(z)=\frac{1}{2\pi i}\int_{\gamma_\rho}\frac{f(z)}{\zeta-z}d\zeta. \tag{3}$$

于是，由(2)式、(3)式及长大不等式即得

$$\begin{aligned}
&\left|f(z)-\frac{1}{2\pi i}\int_{\gamma}\frac{f(\zeta)}{\zeta-z}d\zeta\right| \\
&=\left|\frac{1}{2\pi i}\int_{\gamma_\rho}\frac{f(z)}{\zeta-z}d\zeta-\frac{1}{2\pi i}\int_{\gamma_\rho}\frac{f(\zeta)}{\zeta-z}d\zeta\right| \\
&=\frac{1}{2\pi}\left|\int_{\gamma_\rho}\frac{f(z)-f(\zeta)}{\zeta-z}d\zeta\right| \\
&\leqslant\frac{1}{2\pi}\cdot\frac{\varepsilon}{\rho}\cdot 2\pi\rho \\
&=\varepsilon.
\end{aligned}$$

让 $\varepsilon\to 0$，即得所要证的等式(1). □

等式(1)称为 Cauchy 积分公式，它表明全纯函数在域中的值由它在边界上的值所完全确定. (1)式是全纯函数的一种积分表示，通过这种表示，我们可以证明全纯函数有任意阶导数，这实际上是下面更一般的结果的一个特殊情形：

设 γ 是 $\mathbf{C}$ 中一条可求长曲线(不一定是闭的)，g 是 γ 上的连续函数，如果 $z\in\mathbf{C}\backslash\gamma$，那么积分

$$\frac{1}{2\pi i}\int_{\gamma}\frac{g(\zeta)}{\zeta-z}d\zeta$$

是存在的，它定义了 $\mathbf{C}\backslash\gamma$ 上的一个函数 $G(z)$，即

$$G(z)=\frac{1}{2\pi i}\int_{\gamma}\frac{g(\zeta)}{\zeta-z}d\zeta,$$

称它为 **Cauchy 型积分**. 由 Cauchy 型积分确定的函数有很好的性质.

定理 3.4.2 设 γ 是 $\mathbf{C}$ 中的可求长曲线，g 是 γ 上的连续函数，那么由 Cauchy 型积分确定的函数

$$G(z)=\frac{1}{2\pi i}\int_{\gamma}\frac{g(\zeta)}{\zeta-z}d\zeta$$

在 $\boldsymbol{C}\backslash\gamma$ 上有任意阶导数，而且

$$G^{(n)}(z)=\frac{n!}{2\pi\mathrm{i}}\int_{\gamma}\frac{g(\zeta)}{(\zeta-z)^{n+1}}\mathrm{d}\zeta,\ n=1,2,\cdots. \tag{4}$$

证 我们用数学归纳法来证明等式(4). 先设 $n=1$，我们要证明

$$G'(z)=\frac{1}{2\pi\mathrm{i}}\int_{\gamma}\frac{g(\zeta)}{(\zeta-z)^{2}}\mathrm{d}\zeta,\ z\in\boldsymbol{C}\backslash\gamma. \tag{5}$$

任意取定 $z_0\in\boldsymbol{C}\backslash\gamma$，记 $\rho=\inf\limits_{\zeta\in\gamma}|\zeta-z_0|>0$，$\delta=\min\left(1,\frac{\rho}{2}\right)$，则当 $\zeta\in\gamma$，$z\in B(z_0,\delta)$ 时，有 $\left|\frac{z-z_0}{\zeta-z_0}\right|<\frac{1}{2}$. 于是

$$\begin{aligned}\frac{1}{\zeta-z}&=\frac{1}{\zeta-z_0}\cdot\frac{1}{1-\dfrac{z-z_0}{\zeta-z_0}}\\&=\frac{1}{\zeta-z_0}\left(1+\frac{z-z_0}{\zeta-z_0}+h(z,\zeta)\right),\end{aligned} \tag{6}$$

其中

$$\begin{aligned}|h(z,\zeta)|&\leqslant\sum_{n=2}^{\infty}\left|\frac{z-z_0}{\zeta-z_0}\right|^{n}\\&=\left|\frac{z-z_0}{\zeta-z_0}\right|^{2}\sum_{n=0}^{\infty}\left|\frac{z-z_0}{\zeta-z_0}\right|^{n}\\&\leqslant\frac{2}{\rho^{2}}|z-z_0|^{2}.\end{aligned} \tag{7}$$

这样，由(6)式便得

$$\begin{aligned}G(z)&=\frac{1}{2\pi\mathrm{i}}\int_{\gamma}\frac{g(\zeta)}{\zeta-z}\mathrm{d}\zeta\\&=\frac{1}{2\pi\mathrm{i}}\int_{\gamma}\frac{g(\zeta)}{\zeta-z_0}\mathrm{d}\zeta+\frac{z-z_0}{2\pi\mathrm{i}}\int_{\gamma}\frac{g(\zeta)}{(\zeta-z_0)^{2}}\mathrm{d}\zeta\\&\quad+\frac{1}{2\pi\mathrm{i}}\int_{\gamma}\frac{g(\zeta)h(z,\zeta)}{\zeta-z_0}\mathrm{d}\zeta,\end{aligned}$$

因而有

$$\frac{G(z)-G(z_0)}{z-z_0}-\frac{1}{2\pi\mathrm{i}}\int_\gamma\frac{g(\zeta)}{(\zeta-z_0)^2}\mathrm{d}\zeta$$

$$=\frac{1}{2\pi\mathrm{i}(z-z_0)}\int_\gamma\frac{g(\zeta)h(z,\zeta)}{\zeta-z_0}\mathrm{d}\zeta. \tag{8}$$

若记 $M=\sup\limits_{\zeta\in\gamma}|g(\zeta)|$，由(7)式便知(8)式右端的绝对值不超过

$$\frac{M|\gamma|}{\pi\rho^3|z-z_0|}\cdot|z-z_0|^2=\frac{M|\gamma|}{\pi\rho^3}|z-z_0|.$$

在(8)式两端令 $z\to z_0$，即得

$$G'(z_0)=\frac{1}{2\pi\mathrm{i}}\int_\gamma\frac{g(\zeta)}{(\zeta-z_0)^2}\mathrm{d}\zeta.$$

现设 $n=k$ 时(4)式成立，即

$$G^{(k)}(z)=\frac{k!}{2\pi\mathrm{i}}\int_\gamma\frac{g(\zeta)}{(\zeta-z)^{k+1}}\mathrm{d}\zeta,$$

要证明

$$G^{(k+1)}(z)=\frac{(k+1)!}{2\pi\mathrm{i}}\int_\gamma\frac{g(\zeta)}{(\zeta-z)^{k+2}}\mathrm{d}\zeta.$$

由(6)式和二项式定理，可得

$$\frac{1}{(\zeta-z)^{k+1}}=\frac{1}{(\zeta-z_0)^{k+1}}\left(1+\frac{z-z_0}{\zeta-z_0}+h(z,\zeta)\right)^{k+1}$$

$$=\frac{1}{(\zeta-z_0)^{k+1}}\left(1+(k+1)\frac{z-z_0}{\zeta-z_0}+H(z,\zeta)\right),$$

由(7) 式便得

$$|H(z,\zeta)|\leqslant C|z-z_0|^2, \tag{9}$$

这里，C 是一个常数. 于是

$$G^{(k)}(z)=\frac{k!}{2\pi\mathrm{i}}\int_\gamma\frac{g(\zeta)}{(\zeta-z_0)^{k+1}}\mathrm{d}\zeta$$

$$+\frac{(k+1)!}{2\pi\mathrm{i}}(z-z_0)\int_\gamma\frac{g(\zeta)}{(\zeta-z_0)^{k+2}}\mathrm{d}\zeta$$

$$+\frac{k!}{2\pi\mathrm{i}}\int_\gamma\frac{g(\zeta)H(z,\zeta)}{(\zeta-z_0)^{k+1}}\mathrm{d}\zeta,$$

即

$$\frac{G^{(k)}(z)-G^{(k)}(z_0)}{z-z_0}-\frac{(k+1)!}{2\pi\mathrm{i}}\int_\gamma\frac{g(\zeta)}{(\zeta-z_0)^{k+2}}\mathrm{d}\zeta$$
$$=\frac{k!}{2\pi\mathrm{i}(z-z_0)}\int_\gamma\frac{g(\zeta)H(z,\zeta)}{(\zeta-z_0)^{k+1}}\mathrm{d}\zeta. \tag{10}$$

由(9)式便知(10)式右端的绝对值不超过 $K|z-z_0|$，这里，K 是一个常数. 在(10)式中令 $z\to z_0$，即得

$$G^{(k+1)}(z_0)=\frac{(k+1)!}{2\pi\mathrm{i}}\int_\gamma\frac{g(\zeta)}{(\zeta-z_0)^{k+2}}\mathrm{d}\zeta.$$

由于 z_0 是 D 中的任意点，归纳法证明完毕. □

这个定理实际上证明了在现在的情况下，微分运算和积分运算可以交换，公式很便于记忆. 从定理 3.4.1 和定理 3.4.2 立刻可得

定理 3.4.3 设 D 是由可求长简单闭曲线 γ 围成的域，如果 $f\in H(D)\cap C(\overline{D})$，那么 f 在 D 上有任意阶导数，而且对任意 $z\in D$，有

$$f^{(n)}(z)=\frac{n!}{2\pi\mathrm{i}}\int_\gamma\frac{f(\zeta)}{(\zeta-z)^{n+1}}\mathrm{d}\zeta,\ n=1,2,\cdots.$$

证 由定理 3.4.1，f 可写为 Cauchy 型积分

$$f(z)=\frac{1}{2\pi\mathrm{i}}\int_\gamma\frac{f(\zeta)}{\zeta-z}\mathrm{d}\zeta.$$

由于 f 在 γ 上连续，故由定理 3.4.2 即得所要证的结果. □

定理 3.4.4 如果 f 是域 D 上的全纯函数，那么 f 在 D 上有任意阶导数.

证 任取 $z_0\in D$，取充分小的 δ，使得 $\overline{B(z_0,\delta)}\subset D$. 由定理 3.4.3，$f$ 在 $B(z_0,\delta)$ 中有任意阶导数，又由于 z_0 是任意的，所以 f 在 D 中有任意阶导数. □

例 3.4.5 计算积分

$$\int_{|z|=2}\frac{\mathrm{d}z}{z^2(z^2+16)}.$$

解 令 $f(z)=\dfrac{1}{z^2+16}$，则 f 在 $\{z: |z|\leqslant 2\}$ 中全纯，根据定理

3.4.3，有

$$\int_{|z|=2}\frac{\mathrm{d}z}{z^2(z^2+16)}=2\pi\mathrm{i}\left(\frac{1}{z^2+16}\right)'\Big|_{z=0}$$
$$=0.$$

也可以这样计算：

$$\int_{|z|=2}\frac{\mathrm{d}z}{z^2(z^2+16)}=\frac{1}{16}\left\{\int_{|z|=2}\frac{\mathrm{d}z}{z^2}-\int_{|z|=2}\frac{\mathrm{d}z}{z^2+16}\right\}$$
$$=0.$$

这是因为，由例 3.1.4，第一个积分为零；由 Cauchy 积分定理，第二个积分为零. □

类似于 Cauchy 积分定理，也有下面的

定理 3.4.6 设 $\gamma_0,\gamma_1,\cdots,\gamma_k$ 是 $k+1$ 条可求长简单闭曲线，$\gamma_1,\cdots,\gamma_k$ 都在 γ_0 的内部，$\gamma_1,\cdots,\gamma_k$ 中的每一条都在其他 $k-1$ 条的外部，D 是由这 $k+1$ 条曲线围成的域，D 的边界 γ 由 $\gamma_0,\gamma_1,\cdots,\gamma_k$ 所组成. 如果 $f\in H(D)\cap C(\overline{D})$，则对任意 $z\in D$，有

$$f(z)=\frac{1}{2\pi\mathrm{i}}\int_{\gamma}\frac{f(\zeta)}{\zeta-z}\mathrm{d}\zeta.$$

f 在 D 内有任意阶导数，且

$$f^{(n)}(z)=\frac{n!}{2\pi\mathrm{i}}\int_{\gamma}\frac{f(\zeta)}{(\zeta-z)^{n+1}}\mathrm{d}\zeta,\ n=1,2,\cdots.$$

定理的证明和前面的一样，不再重复.

例 3.4.7 计算积分

$$\int_{|z|=2}\frac{\mathrm{d}z}{(z^3-1)(z+4)^2}.$$

解 作一个中心在原点、半径为 $R(R>4)$ 的大圆（图 3.10），则在闭圆环

$$\{z:\ 2\leqslant|z|\leqslant R\}$$

上，$f(z)=\dfrac{1}{z^3-1}$ 是全纯的. 于是，由定理 3.4.6 得

$$\int_{\gamma_1} \frac{dz}{(z^3-1)(z+4)^2} + \int_{\gamma_2^-} \frac{dz}{(z^3-1)(z+4)^2}$$

$$= 2\pi i\left(\frac{1}{z^3-1}\right)'\Big|_{z=-4}$$

$$= -\frac{32}{1323}\pi i,$$

所以

$$\int_{|z|=2} \frac{dz}{(z^3-1)(z+4)^2} = \frac{32\pi i}{1323} + \int_{|z|=R} \frac{dz}{(z^3-1)(z+4)^2}. \tag{11}$$

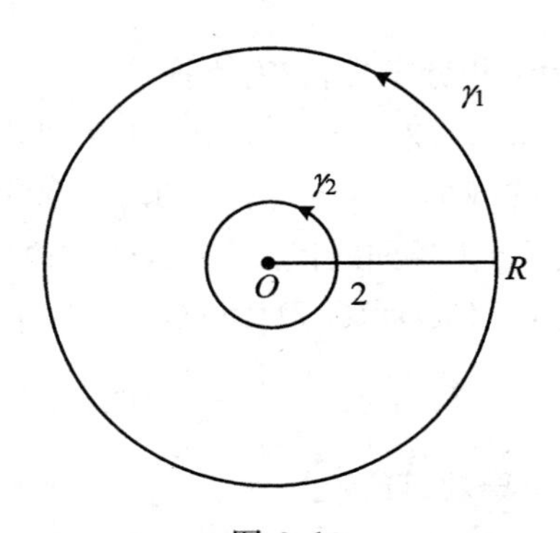

图 3.10

由于当$|z|=R$时，有

$$|(z^3-1)(z+4)^2| \geqslant (R^3-1)(R-4)^2,$$

所以由长大不等式得

$$\left|\int_{|z|=R} \frac{dz}{(z^3-1)(z+4)^2}\right| \leqslant \frac{2\pi R}{(R^3-1)(R-4)^2}$$

$$\to 0 \ (R\to\infty).$$

故在(11)式中令 $R\to\infty$，即得

$$\int_{|z|=2} \frac{dz}{(z^3-1)(z+4)^2} = \frac{32\pi i}{1323}. \qquad \square$$

习 题 3.4

1. 计算下列积分：

(i) $\displaystyle\int_{|z-1|=1}\frac{\sin z}{z^2-1}\mathrm{d}z$；

(ii) $\displaystyle\int_{|z|=2}\frac{\mathrm{d}z}{1+z^2}$；

(iii) $\displaystyle\int_{4x^2+y^2=2y}\frac{\mathrm{e}^{\pi z}}{(1+z^2)^2}\mathrm{d}z$；

(iv) $\displaystyle\int_{|z|=\frac{3}{2}}\frac{\mathrm{d}z}{(z^2+1)(z^2+4)}$；

(v) $\displaystyle\int_{|z|=2}\frac{\mathrm{d}z}{z^3(z-1)^3(z-3)^5}$；

(vi) $\displaystyle\int_{|z|=R}\frac{\mathrm{d}z}{(z-a)^n(z-b)}$，$n$ 为正整数，a,b 不在圆周 $|z|=R$ 上.

2. 设 γ 是可求长简单闭曲线，其内部为域 G_1，外部为域 G_2. 如果 $f\in H(G_2)\cap C(\overline{G}_2)$，而且

$$\lim_{z\to\infty}f(z)=A,$$

那么

$$\frac{1}{2\pi\mathrm{i}}\int_\gamma\frac{f(\zeta)}{\zeta-z}\mathrm{d}\zeta=\begin{cases}-f(z)+A, & z\in G_2;\\ A, & z\in G_1,\end{cases}$$

这里，γ 关于 G_1 取正向. 通常，称它为无界域的 Cauchy 积分公式.

3. 设 D 是由有限条可求长简单闭曲线围成的域，$z_1,\cdots,z_n$ 是 D 中 n 个彼此不同的点. 如果 $f\in H(D)\cap C(\overline{D})$，证明：

$$P(z)=\frac{1}{2\pi\mathrm{i}}\int_{\partial D}\frac{f(\zeta)}{\omega_n(\zeta)}\frac{\omega_n(\zeta)-\omega_n(z)}{\zeta-z}\mathrm{d}\zeta$$

是次数不超过 $n-1$ 的多项式，并且

$$P(z_k)=f(z_k),\ k=1,2,\cdots,n.$$

其中，$\omega_n(z)=(z-z_1)\cdots(z-z_n)$.

（**提示**：证明$\dfrac{\omega_n(\zeta)-\omega_n(z)}{\zeta-z}$是 z 的次数不超过 $n-1$ 的多项式.）

4. 称

$$P_n(z)=\frac{1}{2^n n!}\frac{\mathrm{d}^n}{\mathrm{d}z^n}(z^2-1)^n$$

是 Legendre 多项式. 证明：

(i) Legendre 多项式有如下的积分表示：

$$P_n(z)=\frac{1}{2\pi\mathrm{i}}\int_\gamma\frac{(\zeta^2-1)^n}{2^n(\zeta-z)^{n+1}}\mathrm{d}\zeta,$$

其中，γ 是任意内部包含 z 的可求长简单闭曲线；

(ii) 如果取

$$\gamma=\{\zeta\in\boldsymbol{C}:|\zeta-x|=\sqrt{x^2-1}\}\ (1<x<\infty),$$

那么有如下的 Laplace 公式：

$$P_n(x)=\frac{1}{\pi}\int_0^\pi(x+\sqrt{x^2-1}\cos\theta)^n\mathrm{d}\theta.$$

5. 设 $f\in H(B(0,1))\cap C(\overline{B(0,1)})$. 证明：

(i) $\displaystyle\frac{2}{\pi}\int_0^{2\pi}f(\mathrm{e}^{\mathrm{i}\theta})\cos^2\left(\frac{\theta}{2}\right)\mathrm{d}\theta=2f(0)+f'(0)$；

(ii) $\displaystyle\frac{2}{\pi}\int_0^{2\pi}f(\mathrm{e}^{\mathrm{i}\theta})\sin^2\left(\frac{\theta}{2}\right)\mathrm{d}\theta=2f(0)-f'(0)$.

（**提示**：分别计算积分

$$\frac{1}{2\pi\mathrm{i}}\int_{|\zeta|=1}\left(2+\zeta+\frac{1}{\zeta}\right)f(\zeta)\frac{\mathrm{d}\zeta}{\zeta}$$

和

$$\frac{1}{2\pi\mathrm{i}}\int_{|\zeta|=1}\left(2-\zeta-\frac{1}{\zeta}\right)f(\zeta)\frac{\mathrm{d}\zeta}{\zeta}$$

即可.）

6. 利用上题结果证明：设 $f\in H(B(0,1))\cap C(\overline{B(0,1)})$，且 $f(0)=1$，$\mathrm{Re}f(z)\geqslant0$，那么

$$-2 \leqslant \mathrm{Re} f'(0) \leqslant 2.$$

7. 设 f 在角状域 $G=\left\{z\in \boldsymbol{C}: 0<\arg z<\frac{\pi}{4}\right\}$ 中全纯，在 $\overline{G}$ 上连续. 如果 f 在正实轴的区间 $[a,b]$ 上等于零，证明：f 在 G 中恒等于零.

8. (Schwarz 积分公式)设 $f\in H(B(0,R))\cap C(\overline{B(0,R)})$，$f=u+\mathrm{i}v$. 证明：$f$ 可用实部表示为

$$f(z)=\frac{1}{2\pi}\int_0^{2\pi}\frac{R\mathrm{e}^{\mathrm{i}\theta}+z}{R\mathrm{e}^{\mathrm{i}\theta}-z}u(R\mathrm{e}^{\mathrm{i}\theta})\mathrm{d}\theta+\mathrm{i}v(0).$$

9. 设 $f\in H(B(0,R))\cap C(\overline{B(0,R)})$，$f=u+\mathrm{i}v$，则对任意 $0<r\leqslant R$，有

$$f'(0)=\frac{1}{\pi r}\int_0^{2\pi}u(r\mathrm{e}^{\mathrm{i}\theta})\mathrm{e}^{-\mathrm{i}\theta}\mathrm{d}\theta.$$

3.5 Cauchy 积分公式的一些重要推论

前面我们已经从 Cauchy 积分公式出发，证明了全纯函数有任意阶导数，并且得到了这些导数的积分表示，从这些表示又可得到全纯函数的另外一些重要性质.

定理 3.5.1(Cauchy 不等式) 设 f 在 $B(a,R)$ 中全纯，且对任意 $z\in B(a,R)$，有 $|f(z)|\leqslant M$，那么

$$|f^{(n)}(a)|\leqslant\frac{n!M}{R^n},\ n=1,2,\cdots. \tag{1}$$

证 取 $0<r<R$，则 f 在闭圆盘 $\overline{B(a,r)}$ 中全纯，由定理 3.4.3，得

$$f^{(n)}(a)=\frac{n!}{2\pi\mathrm{i}}\int_{|\zeta-a|=r}\frac{f(\zeta)}{(\zeta-a)^{n+1}}\mathrm{d}\zeta.$$

于是，由长大不等式得

$$|f^{(n)}(a)|\leqslant\frac{n!}{2\pi}\cdot\frac{M}{r^{n+1}}\cdot 2\pi r=\frac{n!M}{r^n}.$$

让 $r \to R$，即得所要证的不等式(1). □

这个不等式给出了圆盘上全纯函数的各阶导数在圆心处值的估计，利用这个估计可以证明下面的

定理 3.5.2(Liouville) 有界整函数必为常数.

证 设 f 为一有界整函数，其模的上界设为 M，即对任意 $z \in \mathbf{C}$，有 $|f(z)| \leqslant M$. 任取 $a \in \mathbf{C}$，以 a 为中心、R 为半径作圆，因为 f 为整函数，故由 Cauchy 不等式可得

$$|f'(a)| \leqslant \frac{M}{R}.$$

这个不等式对任意 $R>0$ 都成立，让 $R \to \infty$，即得 $f'(a)=0$. 因为 a 是任意的，所以在全平面上有 $f'(z) \equiv 0$，因而 f 是常数. □

从 Liouville 定理立刻可得

定理 3.5.3(代数学基本定理) 任意复系数多项式

$$P(z) = a_0 z^n + a_1 z^{n-1} + \cdots + a_n,\ a_0 \neq 0$$

在 $\mathbf{C}$ 中必有零点.

证 如果 $P(z)$ 在 $\mathbf{C}$ 中没有零点，那么 $f(z)=\dfrac{1}{P(z)}$ 是一个整函数. 由于 $\lim\limits_{z \to \infty} P(z)=\infty$，故当 $|z|>R$ 时，$|f(z)| \leqslant 1$；而当 $|z| \leqslant R$ 时，f 是有界的，因而 f 是一有界整函数. 由 Liouville 定理，f 应是一常数. 这个矛盾证明了 P 在 $\mathbf{C}$ 中必有零点. □

考虑到实系数多项式在实数域中未必有零点，这个定理给出了复数域的又一重要性质.

从定理 3.4.4 还可得到 Cauchy 定理的逆定理：

定理 3.5.4(Morera) 如果 f 是域 D 上的连续函数，且沿 D 内任一可求长闭曲线的积分为零，那么 f 在 D 上全纯.

证 由定理 3.3.2，存在 $F \in H(D)$，使得 $F'(z)=f(z)$ 在 D 中成立. 由定理 3.4.4，F' 是 D 中的全纯函数，所以 f 也是全纯函数. □

习　题　3.5

1. 设 f 是有界整函数，z_1，z_2 是 $B(0,r)$ 中任意两点. 证明：

$$\int_{|z|=r} \frac{f(z)}{(z-z_1)(z-z_2)} dz = 0.$$

并由此得出 Liouville 定理.

2. 设 f 是整函数，如果当 $z \to \infty$ 时，$f(z)=O(|z|^{\alpha})$，$\alpha \geqslant 0$，证明 f 是次数不超过$[\alpha]$的多项式.

3. 设 f 是域 D 上的连续函数，如果对于任意边界和内部都位于 D 中的三角形域 Δ，总有 $\int_{\partial\Delta} f(z)dz = 0$，那么 f 是 D 上的全纯函数.

4. 设 f 是整函数，如果

$$f(\mathbf{C}) \subset \{z \in \mathbf{C}: \operatorname{Im} z > 0\},$$

证明 f 是一个常值函数.

5. 设 f 是整函数，如果

$$f(\mathbf{C}) \subset \mathbf{C} \setminus [0,1],$$

证明 f 是一个常值函数.

6. 设 f 在域 D 上全纯，$z_0 \in D$，定义

$$F(z) = \begin{cases} \dfrac{f(z)-f(z_0)}{z-z_0}, & z \in D \setminus \{z_0\}; \\ f'(z_0), & z = z_0. \end{cases}$$

证明：$F \in H(D)$.

7. 设 γ 是可求长曲线，f 在域 D 上连续，在 $D \setminus \gamma$ 上全纯. 证明：f 在 D 上全纯.

8. 设 f 是域 D 上的连续函数，如果对于任意边界和内部都位于 D 中的弓形域 G，总有 $\int_{\partial G} f(z)dz = 0$，那么 f 是 D 上的全纯函数. 如果把弓形域换成圆盘，结论是否仍然成立？

3.6 非齐次 Cauchy 积分公式

设 $f=u+\mathrm{i}v$,如果 u,v 作为 x,y 的二元函数是可微的,而且 u,v 满足 Cauchy-Riemann 方程,那么 f 就是全纯函数. 我们已经看到,全纯函数有一系列良好的性质. 这一节中,我们只假定 u,v 具有一阶连续偏导数,但不一定满足 Cauchy-Riemann 方程,这就是第 2 章 2.2 节中提到的 C^1 函数类. 我们要把 Cauchy 积分公式推广到这一函数类,用到的工具主要是微积分中的 Green 公式,但要把它写成复变数的形式.

把 $z,\bar{z}$ 看成独立变量,定义微分 $\mathrm{d}z,\mathrm{d}\bar{z}$ 的外积为

$$\begin{aligned}&\mathrm{d}z\wedge\mathrm{d}z=0,\\&\mathrm{d}\bar{z}\wedge\mathrm{d}\bar{z}=0,\\&\mathrm{d}z\wedge\mathrm{d}\bar{z}=-\mathrm{d}\bar{z}\wedge\mathrm{d}z.\end{aligned}$$

由于 $\mathrm{d}z=\mathrm{d}x+\mathrm{i}\mathrm{d}y,\mathrm{d}\bar{z}=\mathrm{d}x-\mathrm{i}\mathrm{d}y$,所以

$$\begin{aligned}\mathrm{d}z\wedge\mathrm{d}\bar{z}&=(\mathrm{d}x+\mathrm{i}\mathrm{d}y)\wedge(\mathrm{d}x-\mathrm{i}\mathrm{d}y)\\&=\mathrm{i}\mathrm{d}y\wedge\mathrm{d}x-\mathrm{i}\mathrm{d}x\wedge\mathrm{d}y\\&=-2\mathrm{i}\mathrm{d}x\wedge\mathrm{d}y\\&=-2\mathrm{i}\mathrm{d}A.\end{aligned}$$

这里,$\mathrm{d}A$ 是面积元素;$\mathrm{d}x,\mathrm{d}y$ 的外积定义与 $\mathrm{d}z,\mathrm{d}\bar{z}$ 的外积定义一样,即 $\mathrm{d}x\wedge\mathrm{d}x=0,\mathrm{d}y\wedge\mathrm{d}y=0,\mathrm{d}x\wedge\mathrm{d}y=-\mathrm{d}y\wedge\mathrm{d}x$.

称 $z,\bar{z}$ 的函数 $f(z,\bar{z})$ 为零次微分形式,$f_1(z,\bar{z})\mathrm{d}z+f_2(z,\bar{z})\mathrm{d}\bar{z}$ 为一次微分形式,$f(z,\bar{z})\mathrm{d}z\wedge\mathrm{d}\bar{z}$ 为二次微分式. 定义算子∂,$\bar{\partial}$如下:

$$\partial f=\frac{\partial f}{\partial z}\mathrm{d}z,$$

$$\bar{\partial}f=\frac{\partial f}{\partial\bar{z}}\mathrm{d}\bar{z},$$

这里,$\frac{\partial}{\partial z},\frac{\partial}{\partial\bar{z}}$由第 2 章 2.2 节中的(3)式定义. 定义算子 $\mathrm{d}=\partial+\bar{\partial}$,即

$$
\begin{aligned}
\mathrm{d}f &= \partial f + \bar{\partial} f \\
&= \frac{\partial f}{\partial z}\mathrm{d}z + \frac{\partial f}{\partial \bar{z}}\mathrm{d}\bar{z}.
\end{aligned} \tag{1}
$$

算子$\partial,\bar{\partial}$对一次微分形式的作用定义为

$$
\begin{aligned}
\partial(f_1(z,\bar{z})\mathrm{d}z + f_2(z,\bar{z})\mathrm{d}\bar{z}) &= \frac{\partial f_1}{\partial z}\mathrm{d}z \wedge \mathrm{d}z + \frac{\partial f_2}{\partial z}\mathrm{d}z \wedge \mathrm{d}\bar{z} \\
&= \frac{\partial f_2}{\partial z}\mathrm{d}z \wedge \mathrm{d}\bar{z}, \\
\bar{\partial}(f_1(z,\bar{z})\mathrm{d}z + f_2(z,\bar{z})\mathrm{d}\bar{z}) &= \frac{\partial f_1}{\partial \bar{z}}\mathrm{d}\bar{z} \wedge \mathrm{d}z + \frac{\partial f_2}{\partial \bar{z}}\mathrm{d}\bar{z} \wedge \mathrm{d}\bar{z} \\
&= -\frac{\partial f_1}{\partial \bar{z}}\mathrm{d}z \wedge \mathrm{d}\bar{z},
\end{aligned}
$$

所以

$$
\mathrm{d}(f_1(z,\bar{z})\mathrm{d}z + f_2(z,\bar{z})\mathrm{d}\bar{z}) = \left(\frac{\partial f_2}{\partial z} - \frac{\partial f_1}{\partial \bar{z}}\right)\mathrm{d}z \wedge \mathrm{d}\bar{z}. \tag{2}
$$

$\partial,\bar{\partial}$作用在二次微分形式上的结果都是零：

$$
\begin{aligned}
\partial(f(z,\bar{z})\mathrm{d}z \wedge \mathrm{d}\bar{z}) &= \frac{\partial f}{\partial z}\mathrm{d}z \wedge \mathrm{d}z \wedge \mathrm{d}\bar{z} = 0, \\
\bar{\partial}(f(z,\bar{z})\mathrm{d}z \wedge \mathrm{d}\bar{z}) &= \frac{\partial f}{\partial \bar{z}}\mathrm{d}\bar{z} \wedge \mathrm{d}z \wedge \mathrm{d}\bar{z} = 0,
\end{aligned}
$$

因而

$$
\mathrm{d}(f(z,\bar{z})\mathrm{d}z \wedge \mathrm{d}\bar{z}) = 0. \tag{3}
$$

定义 $\mathrm{d}^2\omega=\mathrm{d}(\mathrm{d}\omega)$. 当 ω 是一C^2 函数时，由(1)式和(2)式，得

$$
\begin{aligned}
\mathrm{d}^2\omega &= \mathrm{d}(\mathrm{d}\omega) \\
&= \mathrm{d}\left(\frac{\partial\omega}{\partial z}\mathrm{d}z + \frac{\partial\omega}{\partial\bar{z}}\mathrm{d}\bar{z}\right) \\
&= \left(\frac{\partial^2\omega}{\partial\bar{z}\partial z} - \frac{\partial^2\omega}{\partial z\partial\bar{z}}\right)\mathrm{d}z \wedge \mathrm{d}\bar{z} \\
&= 0.
\end{aligned} \tag{4}
$$

当 ω 是一个一次微分形式时，由(2)式知 $\mathrm{d}\omega$ 是一个二次微分形式，由(3)式即知 $\mathrm{d}^2\omega=0$. 当 ω 是一个二次微分形式时，由(3)式知

$d^2\omega=0$. 总之,不论 ω 是零次、一次或二次微分形式,都有 $d^2\omega=0$,所以 $d^2=0$.

定义 $\partial^2\omega=\partial(\partial\omega)$, $\bar{\partial}^2\omega=\bar{\partial}(\bar{\partial}\omega)$, $\partial\bar{\partial}\omega=\partial(\bar{\partial}\omega)$, $\bar{\partial}\partial\omega=\bar{\partial}(\partial\omega)$. 同样可以证明

$$\begin{aligned} \partial^2 &= 0, \\ \bar{\partial}^2 &= 0, \\ \bar{\partial}\partial+\partial\bar{\partial} &= 0. \end{aligned} \tag{5}$$

现在证明复变数形式的 Green 公式:

定理 3.6.1 设 D 和 ∂D 如定理 3.2.5 中所述,如果 $\omega=f_1(z,\bar{z})dz+f_2(z,\bar{z})d\bar{z}$ 是域 D 上的一个一次微分形式,这里,f_1, $f_2\in C^1(\bar{D})$,那么

$$\int_{\partial D}\omega=\int_D d\omega. \tag{6}$$

证 记 $f_1=u_1+iv_1$, $f_2=u_2+iv_2$,这里,u_1, v_1, u_2, v_2 是 z, $\bar{z}$ 的实值函数,于是

$$\begin{aligned} \omega &= f_1dz+f_2d\bar{z} \\ &= (u_1+iv_1)(dx+idy)+(u_2+iv_2)(dx-idy) \\ &= \{(u_1+u_2)dx+(-v_1+v_2)dy\} \\ &\quad +i\{(v_1+v_2)dx+(u_1-u_2)dy\}. \end{aligned} \tag{7}$$

由(2) 式,得

$$\begin{aligned} d\omega &= \left(\frac{\partial f_2}{\partial z}-\frac{\partial f_1}{\partial \bar{z}}\right)dz\wedge d\bar{z} \\ &= -\left\{\frac{1}{2}\left(\frac{\partial}{\partial x}-i\frac{\partial}{\partial y}\right)(u_2+iv_2)\right. \\ &\quad \left.-\frac{1}{2}\left(\frac{\partial}{\partial x}+i\frac{\partial}{\partial y}\right)(u_1+iv_1)\right\}2idA \\ &= \left\{\left(\frac{\partial v_2}{\partial x}-\frac{\partial v_1}{\partial x}-\frac{\partial u_2}{\partial y}-\frac{\partial u_1}{\partial y}\right)\right. \\ &\quad \left.+i\left(\frac{\partial u_1}{\partial x}-\frac{\partial u_2}{\partial x}-\frac{\partial v_1}{\partial y}-\frac{\partial v_2}{\partial y}\right)\right\}dA. \end{aligned} \tag{8}$$

根据 Green 公式,我们有

$$\int_{\partial D}(u_1+u_2)\mathrm{d}x+(-v_1+v_2)\mathrm{d}y$$

$$=\iint_D\left\{\frac{\partial}{\partial x}(-v_1+v_2)-\frac{\partial}{\partial y}(u_1+u_2)\right\}\mathrm{d}A, \tag{9}$$

$$\int_{\partial D}(v_1+v_2)\mathrm{d}x+(u_1-u_2)\mathrm{d}y$$

$$=\iint_D\left\{\frac{\partial}{\partial x}(u_1-u_2)-\frac{\partial}{\partial y}(v_1+v_2)\right\}\mathrm{d}A. \tag{10}$$

由等式(7),(8),(9),(10)即得我们要证明的公式(6). □

公式(6)在高维空间中也成立,通常称为 Stokes 公式,这里只是它的一个特例. 下面,我们就用它来证明 C^1 函数的 Cauchy 积分公式:

定理 3.6.2 设 D 和∂D 如定理 3.2.5 中所述,如果 $f\in C^1(\overline{D})$,那么对任意 $z\in D$,有

$$f(z)=\frac{1}{2\pi\mathrm{i}}\int_{\partial D}\frac{f(\zeta)}{\zeta-z}\mathrm{d}\zeta+\frac{1}{2\pi\mathrm{i}}\iint_D\frac{\partial f(\zeta)}{\partial\overline{\zeta}}\frac{1}{\zeta-z}\mathrm{d}\zeta\wedge\mathrm{d}\overline{\zeta}. \tag{11}$$

证 不妨设 D 是图 3.11 所示的二连通域,D 的边界∂D 由 γ_0 和 γ_1 组成. 任取 $z\in D$,因为 f 在 z 点连续,故对任意 $\varepsilon>0$,存在 $\delta>0$,当$|\zeta-z|<\delta$ 时,$|f(\zeta)-f(z)|<\varepsilon$. 记 $\rho=\inf\limits_{\zeta\in\partial D}|\zeta-z|>0$,取 η,使得 $0<\eta<\min(\rho,\delta)$,于是$\overline{B(z,\eta)}\subset D$. 记 $B_\eta=B(z,\eta)$,令 $G_\eta=D\backslash\overline{B}_\eta$,则 G_η 的边界 ∂G_η 由 γ_0,γ_1 和∂B_η 三条曲线组成. 考虑一次形式

$$\omega=\frac{f(\zeta)}{\zeta-z}\mathrm{d}\zeta,$$

它在域 G_η 上满足定理 3.6.1 的条件,因而有

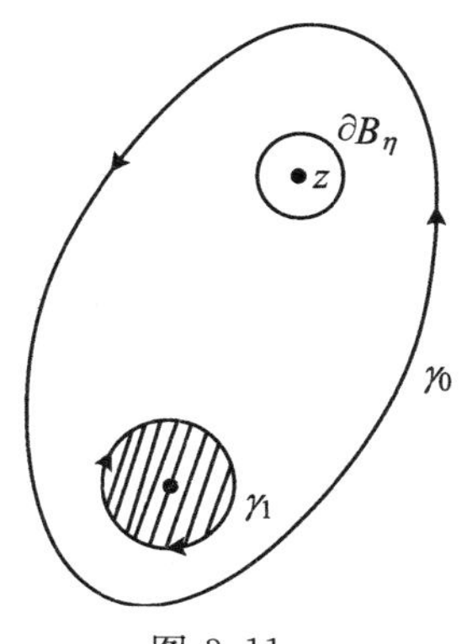

图 3.11

$$\int_{\partial G_\eta}\omega=\int_{G_\eta}\mathrm{d}\omega. \tag{12}$$

由于$\dfrac{1}{\zeta-z}$在G_η中全纯,所以

$$\begin{aligned}\bar{\partial}\omega&=\frac{\partial}{\partial\bar{\zeta}}\Big(\frac{f(\zeta)}{\zeta-z}\Big)\mathrm{d}\bar{\zeta}\wedge\mathrm{d}\zeta\\&=\Big\{f(\zeta)\frac{\partial}{\partial\bar{\zeta}}\Big(\frac{1}{\zeta-z}\Big)+\frac{\partial f(\zeta)}{\partial\bar{\zeta}}\frac{1}{\zeta-z}\Big\}\mathrm{d}\bar{\zeta}\wedge\mathrm{d}\zeta\\&=\frac{\partial f(\zeta)}{\partial\bar{\zeta}}\frac{1}{\zeta-z}\mathrm{d}\bar{\zeta}\wedge\mathrm{d}\zeta.\end{aligned}$$

易知

$$\partial\omega=\frac{\partial}{\partial\zeta}\Big(\frac{f(\zeta)}{\zeta-z}\Big)\mathrm{d}\zeta\wedge\mathrm{d}\zeta=0,$$

因而

$$\mathrm{d}\omega=\partial\omega+\bar{\partial}\omega=\frac{\partial f(\zeta)}{\partial\bar{\zeta}}\frac{1}{\zeta-z}\mathrm{d}\bar{\zeta}\wedge\mathrm{d}\zeta.$$

这样,(12)式可以写成

$$\int_{\partial D}\frac{f(\zeta)}{\zeta-z}\mathrm{d}\zeta-\int_{\partial B_\eta}\frac{f(\zeta)}{\zeta-z}\mathrm{d}\zeta=\int_{G_\eta}\frac{\partial f(\zeta)}{\partial\bar{\zeta}}\frac{1}{\zeta-z}\mathrm{d}\bar{\zeta}\wedge\mathrm{d}\zeta. \tag{13}$$

注意

$$\begin{aligned}\int_{\partial B_\eta}\frac{f(\zeta)}{\zeta-z}\mathrm{d}\zeta&=\int_{\partial B_\eta}\frac{f(\zeta)-f(z)}{\zeta-z}\mathrm{d}\zeta+f(z)\int_{\partial B_\eta}\frac{\mathrm{d}\zeta}{\zeta-z}\\&=\int_{\partial B_\eta}\frac{f(\zeta)-f(z)}{\zeta-z}\mathrm{d}\zeta+2\pi\mathrm{i}f(z),\end{aligned}$$

而

$$\begin{aligned}\Big|\int_{\partial B_\eta}\frac{f(\zeta)-f(z)}{\zeta-z}\mathrm{d}\zeta\Big|&\leqslant\int_{\partial B_\eta}\frac{|f(\zeta)-f(z)|}{|\zeta-z|}|\mathrm{d}\zeta|\\&\leqslant\frac{\varepsilon}{\eta}\cdot2\pi\eta\\&=2\pi\varepsilon,\end{aligned}$$

由此即得

$$\lim_{\eta\to 0}\int_{\partial B_\eta}\frac{f(\zeta)}{\zeta-z}d\zeta=2\pi i f(z). \tag{14}$$

另一方面，由于$\frac{\partial f}{\partial\bar{\zeta}}$在 $\bar{B}_\eta$ 上连续，故有常数 M，使得$\left|\frac{\partial f}{\partial\bar{\zeta}}\right|\leqslant M$ 在 $\bar{B}_\eta$ 上成立. 于是

$$\begin{aligned}\left|\int_{B_\eta}\frac{\partial f}{\partial\bar{\zeta}}\frac{1}{\zeta-z}d\bar{\zeta}\wedge d\zeta\right| &\leqslant 2\int_{B_\eta}\left|\frac{\partial f}{\partial\bar{\zeta}}\right|\frac{1}{|\zeta-z|}dA\\ &\leqslant 4M\pi\eta\\ &\to 0\ (\eta\to 0).\end{aligned}$$

因而

$$\begin{aligned}&\lim_{\eta\to 0}\int_{G_\eta}\frac{\partial f}{\partial\bar{\zeta}}\frac{1}{\zeta-z}d\bar{\zeta}\wedge d\zeta\\ &=\lim_{\eta\to 0}\left\{\int_D\frac{\partial f}{\partial\bar{\zeta}}\frac{1}{\zeta-z}d\bar{\zeta}\wedge d\zeta-\int_{B_\eta}\frac{\partial f}{\partial\bar{\zeta}}\frac{1}{\zeta-z}d\bar{\zeta}\wedge d\zeta\right\}\\ &=\int_D\frac{\partial f}{\partial\bar{\zeta}}\frac{1}{\zeta-z}d\bar{\zeta}\wedge d\zeta. \end{aligned}\tag{15}$$

在等式(13)两端令 $\eta\to 0$，并利用(14)式和(15)式，即得所要证明的公式(11). □

如果 $f\in H(D)$，那么由 Cauchy-Riemann 方程，$\frac{\partial f}{\partial\bar{\zeta}}=0$，这时公式(11)右端的第二项就消失了，公式(11)就是 Cauchy 积分公式. 所以，公式(11)是 Cauchy 积分公式在 C^1 函数类中的推广，有时也称为非齐次 Cauchy 积分公式.

公式(11)首先是由 Pompeiu 在 1912 年证明的(所以有时也称之为 Pompeiu 公式)，但长期以来似乎被人们遗忘了. 直到 1950 年，Grothendieck 和 Dolbeault 用它来解$\bar{\partial}$方程时，人们才发现它的意义所在. 这就是我们在下一节中要讨论的内容.

习 题 3.6

1. 设 D 是由有限条可求长简单闭曲线围成的域，$f\in C^1(\overline{D})$. 证明：

(i) $\displaystyle\iint_D \frac{\partial f(\zeta)}{\partial\overline{\zeta}}\mathrm{d}\overline{\zeta}\wedge\mathrm{d}\zeta=\int_{\partial D}f(\zeta)\mathrm{d}\zeta$;

(ii) $\displaystyle\iint_D \frac{\partial f(\zeta)}{\partial\zeta}\mathrm{d}\zeta\wedge\mathrm{d}\overline{\zeta}=\int_{\partial D}f(\zeta)\mathrm{d}\overline{\zeta}$.

2. 设 D 是由有限条可求长简单闭曲线围成的域，$f,g\in C^1(\overline{D})$. 证明(Green 公式)：

$$\iint_D\left(\frac{\partial g(\zeta)}{\partial\zeta}-\frac{\partial f(\zeta)}{\partial\overline{\zeta}}\right)\mathrm{d}\zeta\wedge\mathrm{d}\overline{\zeta}=\int_{\partial D}(f(\zeta)\mathrm{d}\zeta+g(\zeta)\mathrm{d}\overline{\zeta}).$$

3. 设 D 是由有限条光滑简单闭曲线围成的域，$\boldsymbol{n}$ 是 ∂D 的单位法向量场，指向 D 的外部，$u,v\in C^2(\overline{D})$. 证明：

(i) $$\iint_D u(z)\Delta v(z)\mathrm{d}x\mathrm{d}y+\iint_D\left(\frac{\partial u(z)}{\partial x}\frac{\partial v(z)}{\partial x}+\frac{\partial u(z)}{\partial y}\frac{\partial v(z)}{\partial y}\right)\mathrm{d}x\mathrm{d}y=\int_{\partial D}u(z)\frac{\partial v(z)}{\partial\boldsymbol{n}}\,|\,\mathrm{d}z\,|;$$

(ii) $$\iint_D(u(z)\Delta v(z)-v(z)\Delta u(z))\mathrm{d}x\mathrm{d}y=\iint_{\partial D}\left(u(z)\frac{\partial v(z)}{\partial\boldsymbol{n}}-v(z)\frac{\partial u(z)}{\partial\boldsymbol{n}}\right)|\,\mathrm{d}z\,|.$$

4. 设 D 是由有限条可求长简单闭曲线围成的域，f 在 $\overline{D}$ 上全纯，$z\in D$. 证明：

$$\iint_D\frac{f'(\zeta)}{\overline{\zeta}-\overline{z}}\mathrm{d}\zeta\wedge\mathrm{d}\overline{\zeta}=\int_{\partial D}\left(\frac{f(\zeta)}{\zeta-z}\mathrm{d}\zeta+\frac{f(\zeta)}{\overline{\zeta}-\overline{z}}\mathrm{d}\overline{\zeta}\right).$$

3.7 一维$\overline{\partial}$问题的解

所谓一维$\overline{\partial}$问题，是指在域 D 上给定一个函数 f，要求函数 u，使得在 D 上有

$$\frac{\partial u(z)}{\partial \bar{z}} = f(z),\ z \in D.$$

u 就称为$\overline{\partial}$问题的解. 3.6 节介绍的非齐次 Cauchy 积分公式可以用来构造$\overline{\partial}$问题的解. 为此需要一个引理，这个引理在讨论其他问题时也很有用.

定义 3.7.1 设 φ 是 $\boldsymbol{C}$ 上的函数，使 φ 不取零值的点集的闭包称为 φ 的**支集**，记为 $\operatorname{supp}\varphi$，即

$$\operatorname{supp}\varphi = \overline{\{z \in \boldsymbol{C}\colon \varphi(z) \neq 0\}}.$$

引理 3.7.2 设 a 是 $\boldsymbol{C}$ 中任意一点，$0<r<R$，则必存在 φ，满足下列条件：

(i) $\varphi \in C^{\infty}(\boldsymbol{C})$；

(ii) $\operatorname{supp}\varphi \subset B(a,R)$；

(iii) 当 $z \in \overline{B(a,r)}$ 时，$\varphi(z) \equiv 1$；

(iv) 对于任意 $z \in \boldsymbol{C}$，$0 \leqslant \varphi(z) \leqslant 1$.

证 令 $r<R_1<R$ 和

$$h_1(z) = \begin{cases} e^{\frac{1}{|z-a|^2 - R_1^2}}, & z \in B(a,R_1); \\ 0, & z \notin B(a,R_1), \end{cases}$$

$$h_2(z) = \begin{cases} 0, & z \in \overline{B(a,r)}; \\ e^{\frac{1}{r^2 - |z-a|^2}}, & z \notin \overline{B(a,r)}, \end{cases}$$

那么 $h_1, h_2 \in C^{\infty}(\boldsymbol{C})$. 又令

$$\varphi(z) = \frac{h_1(z)}{h_1(z) + h_2(z)},$$

则 $\varphi \in C^{\infty}(\boldsymbol{C})$. 而且当 $z \in \overline{B(a,r)}$ 时，$\varphi(z) \equiv 1$；当 $z \notin B(a,R_1)$ 时，

$\varphi(z)\equiv 0$,即 $\operatorname{supp}\varphi\subset B(a,R)$. 对于任意 $z\in\mathbf{C}$,$0\leqslant\varphi(z)\leqslant 1$ 显然成立. φ 即为所求的函数. □

现在可以证明

定理 3.7.3 设 D 是 $\mathbf{C}$ 中的域,$f\in C^1(D)$. 令

$$u(z)=\frac{1}{2\pi\mathrm{i}}\int_D\frac{f(\zeta)}{\zeta-z}\mathrm{d}\zeta\wedge\mathrm{d}\bar{\zeta},\ z\in D,\tag{1}$$

则 $u\in C^1(D)$,且对任意 $z\in D$,有 $\dfrac{\partial u(z)}{\partial\bar{z}}=f(z)$.

证 把 f 的定义扩充到整个复平面,对于 $z\notin D$,定义 $f(z)=0$. 这时,(1)式可写为

$$\begin{aligned}u(z)&=\frac{1}{2\pi\mathrm{i}}\int_{\mathbf{C}}\frac{f(\zeta)}{\zeta-z}\mathrm{d}\zeta\wedge\mathrm{d}\bar{\zeta}\\&=\frac{1}{2\pi\mathrm{i}}\int_{\mathbf{C}}f(\zeta+\eta)\frac{1}{\eta}\mathrm{d}\eta\wedge\mathrm{d}\bar{\eta}.\end{aligned}$$

由 $f\in C^1(D)$,可得 $u\in C^1(D)$.

现固定 $a\in D$,我们证明

$$\frac{\partial u(a)}{\partial\bar{z}}=f(a).$$

为此,取 $0<\varepsilon<r$,使得 $B(a,\varepsilon)\subset B(a,r)\subset D$. 根据引理 3.7.2,存在 $\varphi\in C^\infty(\mathbf{C})$,使得当 $z\in B(a,\varepsilon)$ 时,$\varphi(z)\equiv 1$;而当 $z\notin B(a,r)$ 时,$\varphi(z)\equiv 0$. 记

$$u_1(z)=\frac{1}{2\pi\mathrm{i}}\int_{\mathbf{C}}\frac{\varphi(\zeta)f(\zeta)}{\zeta-z}\mathrm{d}\zeta\wedge\mathrm{d}\bar{\zeta},$$

$$u_2(z)=\frac{1}{2\pi\mathrm{i}}\int_{\mathbf{C}}\frac{f(\zeta)-\varphi(\zeta)f(\zeta)}{\zeta-z}\mathrm{d}\zeta\wedge\mathrm{d}\bar{\zeta},$$

那么 $u=u_1+u_2$. 由于当 $\zeta\in B(a,\varepsilon)$ 时,$f(\zeta)-\varphi(\zeta)f(\zeta)\equiv 0$,所以

$$u_2(z)=\frac{1}{2\pi\mathrm{i}}\int_{\mathbf{C}\setminus B(a,\varepsilon)}\frac{(1-\varphi(\zeta))f(\zeta)}{\zeta-z}\mathrm{d}\zeta\wedge\mathrm{d}\bar{\zeta}.$$

因而,当 $z\in B(a,\varepsilon)$ 时,u_2 是全纯函数,所以 $\dfrac{\partial u_2}{\partial\bar{z}}=0$. 于是,在小圆

盘 $B(a,\varepsilon)$ 上就有

$$\begin{aligned}\frac{\partial u}{\partial \bar{z}}&=\frac{\partial u_1}{\partial \bar{z}}\\&=\frac{\partial}{\partial \bar{z}}\left\{\frac{1}{2\pi\mathrm{i}}\int_{C}\frac{\varphi(z+\eta)f(z+\eta)}{\eta}\mathrm{d}\eta\wedge\mathrm{d}\bar{\eta}\right\}\\&=\frac{1}{2\pi\mathrm{i}}\int_{C}\left\{\frac{\partial(\varphi f)}{\partial\zeta}\frac{\partial\zeta}{\partial\bar{z}}+\frac{\partial(\varphi f)}{\partial\bar{\zeta}}\frac{\partial\bar{\zeta}}{\partial\bar{z}}\right\}\frac{1}{\eta}\mathrm{d}\eta\wedge\mathrm{d}\bar{\eta}\\&=\frac{1}{2\pi\mathrm{i}}\int_{C}\frac{\partial(\varphi f)}{\partial\bar{\zeta}}\frac{1}{\eta}\mathrm{d}\eta\wedge\mathrm{d}\bar{\eta}\\&=\frac{1}{2\pi\mathrm{i}}\int_{C}\frac{\partial(\varphi f)}{\partial\bar{\zeta}}\frac{1}{\zeta-z}\mathrm{d}\zeta\wedge\mathrm{d}\bar{\zeta}\\&=\frac{1}{2\pi\mathrm{i}}\int_{B(a,r)}\frac{\partial(\varphi f)}{\partial\bar{\zeta}}\frac{1}{\zeta-z}\mathrm{d}\zeta\wedge\mathrm{d}\bar{\zeta}.\end{aligned}\tag{2}$$

最后一个等式成立是因为当 $\zeta\in\mathbf{C}\backslash B(a,r)$ 时 $\varphi(\zeta)\equiv0$. 又因为当 $\zeta\in\partial B(a,r)$ 时 $\varphi(\zeta)\equiv0$,所以根据非齐次 Cauchy 积分公式,有

$$\varphi(z)f(z)=\frac{1}{2\pi\mathrm{i}}\int_{B(a,r)}\frac{\partial(\varphi f)}{\partial\bar{\zeta}}\frac{1}{\zeta-z}\mathrm{d}\zeta\wedge\mathrm{d}\bar{\zeta}.$$

因为当 $z\in B(a,\varepsilon)$ 时 $\varphi(z)=1$,所以

$$f(z)=\frac{1}{2\pi\mathrm{i}}\int_{B(a,r)}\frac{\partial(\varphi f)}{\partial\bar{\zeta}}\frac{1}{\zeta-z}\mathrm{d}\zeta\wedge\mathrm{d}\bar{\zeta}.\tag{3}$$

比较(2)式和(3)式,即得

$$\frac{\partial u(z)}{\partial\bar{z}}=f(z).$$

特别地,取 $z=a$,即得

$$\frac{\partial u(a)}{\partial\bar{z}}=f(a).$$

由于 a 是 D 中的任意点,所以$\dfrac{\partial u(z)}{\partial\bar{z}}=f(z)$在 D 上成立. □

在上面的证明中,容易看出,如果 $f\in C^{\infty}(D)$,那么$\bar{\partial}$问题的解 $u\in C^{\infty}(D)$.

在多复变数函数论中,$\bar{\partial}$问题解的存在性以及解的可微性质是

一个十分重要的研究课题,它有许多重要的应用.这里讨论的一维$\bar{\partial}$问题的解在证明一般域上的 Mittag-Leffler 定理(定理 5.6.2)、Weierstrass 因子分解定理(定理 5.6.3)和插值定理(定理 5.6.4)时将要用到.

习 题 3.7

1. 设 D 是域,$K\subset D$ 是紧集.证明:存在开集 G 和函数 $\varphi\in C^\infty(D)$,满足:

(i) $K\subset G\subset\bar{G}\subset D$;

(ii) $0\leqslant\varphi(z)\leqslant 1$, $\forall z\in D$;

(iii) $\varphi(z)=1$, $\forall z\in G$;

(iv) $\mathrm{supp}\varphi\subset D$.

2. 设 D 是域,$f\in C^\infty(D)$.证明:若 $u_0\in C^\infty(D)$是非齐次$\bar{\partial}$方程的解,即$\dfrac{\partial u_0}{\partial\bar{z}}=f$,则该方程的解的全体为 $u_0+H(D)$.

3. 设 D 是域,$a\in D$,$B(a,R)\subset D$,f 在 $B(a,R)\setminus\{a\}$上全纯.证明:存在 $D\setminus\{a\}$上的全纯函数 F,使得$\lim\limits_{z\to a}[F(z)-f(z)]=0$,因此 $F-f\in H(B(a,R))$.

4. 举例说明,存在 $f\in C^\infty(\mathbf{C})$,$\mathrm{supp}f$ 是紧集,但非齐次$\bar{\partial}$方程$\dfrac{\partial u}{\partial\bar{z}}=f$ 的任意解 u 没有紧支集.

第 4 章　全纯函数的 Taylor 展开及其应用

在第 3 章中，我们已经得到了全纯函数的一种积分表示，即 Cauchy 积分公式，利用这种表示，我们证明了全纯函数的一系列重要性质. 在这一章及下一章中，我们要利用这种积分表示证明全纯函数也可以用级数来表示：圆盘中的全纯函数可以用 Taylor 级数来表示，圆环中的全纯函数可以用 Laurent 级数来表示，从这种级数表示又可得到全纯函数理论的一系列重要应用.

4.1　Weierstrass 定理

设 $z_1, z_2, \cdots$ 是 $\boldsymbol{C}$ 中的一列复数，称

$$\sum_{n=1}^{\infty} z_n = z_1 + z_2 + \cdots + z_n + \cdots \tag{1}$$

为一个复数项级数. 级数(1)称为是收敛的，如果它的部分和数列 $S_n = \sum_{k=1}^{n} z_k$ 收敛. 如果 $\{S_n\}$ 的极限为 S，就说级数(1)的和为 S，记为 $\sum_{n=1}^{\infty} z_n = S$.

从数列的 Cauchy 收敛准则马上可得级数的 Cauchy 收敛准则：

级数(1)收敛的充要条件是对任意 $\varepsilon > 0$，存在正整数 N，使得当 $n > N$ 时，不等式

$$|z_{n+1} + z_{n+2} + \cdots + z_{n+p}| < \varepsilon$$

对任意自然数 p 成立.

从收敛准则即得 $\sum_{n=1}^{\infty} z_n$ 收敛的必要条件是 $\lim_{n\to\infty} z_n = 0$.

如果级数$\sum_{n=1}^{\infty}|z_n|$收敛,就说级数$\sum_{n=1}^{\infty}z_n$绝对收敛. 从Cauchy收敛准则立刻知道,绝对收敛的级数一定收敛. 反过来当然不成立.

设E是$\mathbf{C}$中的一个点集,$f_n:E\to\mathbf{C}$是定义在E上的一个函数列,如果对于每一个$z\in E$,级数

$$\sum_{n=1}^{\infty}f_n(z)=f_1(z)+\cdots+f_n(z)+\cdots \tag{2}$$

收敛到$f(z)$,就说级数(2)在E上收敛,其和函数为f,记为$\sum_{n=1}^{\infty}f_n(z)=f(z)$.

下面引进级数一致收敛的概念:

定义 4.1.1 设$\sum_{n=1}^{\infty}f_n(z)$是定义在点集$E$上的级数,我们说$\sum_{n=1}^{\infty}f_n(z)$在$E$上一致收敛到$f(z)$,是指对任意$\varepsilon>0$,存在正整数$N$,当$n>N$时,不等式

$$|S_n(z)-f(z)|<\varepsilon$$

对所有$z\in E$成立,这里,$S_n(z)=\sum_{k=1}^{n}f_k(z)$是级数的部分和.

我们有下面的Cauchy收敛准则:

定理 4.1.2 级数$\sum_{n=1}^{\infty}f_n(z)$在$E$上一致收敛的充要条件是对任意$\varepsilon>0$,存在正整数$N$,当$n>N$时,不等式

$$|f_{n+1}(z)+\cdots+f_{n+p}(z)|<\varepsilon \tag{3}$$

对所有$z\in E$及任意自然数p成立.

证 设$\sum_{n=1}^{\infty}f_n(z)$在$E$上一致收敛到$f(z)$,那么按定义,对任意$\varepsilon>0$,存在$N$,使得当$n>N$时,不等式

$$|S_n(z)-f(z)|<\frac{\varepsilon}{2},$$

$$|S_{n+p}(z)-f(z)|<\frac{\varepsilon}{2}$$

在 E 上成立，这里，p 是任意自然数. 因而

$$\begin{aligned}|f_{n+1}(z)+\cdots+f_{n+p}(z)|&=|S_{n+p}(z)-S_n(z)|\\&\leqslant|S_{n+p}(z)-f(z)|\\&\quad+|S_n(z)-f(z)|\\&<\varepsilon\end{aligned}$$

在 E 上成立，这就是不等式(3).

反之，如果不等式(3)对任意自然数 p 在 E 上成立，那么 $\sum_{n=1}^{\infty}f_n(z)$ 在 E 上收敛，设其和为 $f(z)$. 在不等式

$$|S_{n+p}(z)-S_n(z)|<\varepsilon$$

中令 $p\to\infty$，即得

$$|f(z)-S_n(z)|\leqslant\varepsilon.$$

按定义，$\sum_{n=1}^{\infty}f_n(z)$ 在 E 上一致收敛到 $f(z)$. □

由此可得下面的 Weierstrass 一致收敛判别法：

定理 4.1.3 设 $f_n:E\to\mathbf{C}$ 是定义在 E 上的函数列，且在 E 上满足 $|f_n(z)|\leqslant a_n$，$n=1,2,\cdots$. 如果 $\sum_{n=1}^{\infty}a_n$ 收敛，那么 $\sum_{n=1}^{\infty}f_n(z)$ 在 E 上一致收敛.

证 因为 $\sum_{n=1}^{\infty}a_n$ 收敛，故对任意 $\varepsilon>0$，存在正整数 N，使得当 $n>N$ 时，不等式

$$a_{n+1}+\cdots+a_{n+p}<\varepsilon$$

对任意自然数 p 成立. 于是，当 $n>N$ 时，不等式

$$\begin{aligned}|f_{n+1}(z)+\cdots+f_{n+p}(z)|&\leqslant a_{n+1}+\cdots+a_{n+p}\\&<\varepsilon\end{aligned}$$

对任意 $z\in E$ 及任意自然数 p 成立. 故由定理 4.1.2 知道，级数

$\sum\limits_{n=1}^{\infty} f_n(z)$ 在 E 上一致收敛. □

一致收敛级数的和函数有一些良好的性质.

定理 4.1.4 设级数 $\sum\limits_{n=1}^{\infty} f_n(z)$ 在点集 E 上一致收敛到 $f(z)$，如果每个 f_n $(n=1,2,\cdots)$ 都是 E 上的连续函数，那么 f 也是 E 上的连续函数.

证 任取 $a \in E$，只要证明 f 在 a 处连续就可以了. 因为 $\sum\limits_{n=1}^{\infty} f_n(z)$ 在 E 上一致收敛到 $f(z)$，故对任意 $\varepsilon > 0$，存在正整数 N，当 $n>N$ 时，不等式

$$| f(z) - S_n(z) | < \frac{\varepsilon}{3}$$

对所有 $z \in E$ 成立. 取定 $n_0 > N$，则因 $S_{n_0}(z) = \sum\limits_{k=1}^{n_0} f_k(z)$ 在 a 点连续，故对任意 $\varepsilon>0$，存在 $\delta>0$，当 $z \in E \cap B(a,\delta)$ 时，有

$$| S_{n_0}(z) - S_{n_0}(a) | < \frac{\varepsilon}{3}.$$

于是，当 $z \in E \cap B(z_0,\delta)$ 时，有

$$\begin{aligned} | f(z) - f(a) | &\leqslant | f(z) - S_{n_0}(z) | + | S_{n_0}(z) - S_{n_0}(a) | \\ &\quad + | S_{n_0}(a) - f(a) | \\ &< \frac{\varepsilon}{3} + \frac{\varepsilon}{3} + \frac{\varepsilon}{3} \\ &= \varepsilon. \end{aligned}$$

这就证明了 f 在 a 处连续. □

定理 4.1.5 设级数 $\sum\limits_{n=1}^{\infty} f_n(z)$ 在可求长曲线 γ 上一致收敛到 $f(z)$，如果每个 f_n $(n=1,2,\cdots)$ 都在 γ 上连续，那么

$$\int_\gamma f(z)\mathrm{d}z = \sum_{n=1}^{\infty} \int_\gamma f(z)\mathrm{d}z. \tag{4}$$

证 由定理 4.1.4，f 在 γ 上连续. 因为 $\sum_{n=1}^{\infty} f_n(z)$ 在 γ 上一致收敛到 $f(z)$，所以对任意 $\varepsilon>0$，存在正整数 N，当 $n>N$ 时，不等式

$$\left|\sum_{k=1}^{n} f_k(z)-f(z)\right|<\varepsilon$$

对任意 $z\in\gamma$ 成立. 于是，当 $n>N$ 时，由长大不等式得

$$\left|\sum_{k=1}^{n}\int_{\gamma} f_k(z)\,\mathrm{d}z-\int_{\gamma} f(z)\,\mathrm{d}z\right|=\left|\int_{\gamma}\left(\sum_{k=1}^{n} f_k(z)-f(z)\right)\mathrm{d}z\right|$$
$$<\varepsilon\,|\gamma|.$$

因而等式(4)成立. □

注意，定理 4.1.5 实际上证明了在上述的条件下，级数 $\sum_{n=1}^{\infty} f_n(z)$ 可以沿 γ 逐项积分.

定理 4.1.4 和定理 4.1.5 是微积分中相应定理的平行推广，甚至连证明的方法都是一样的，原因是我们只涉及到复变数的连续函数. 一旦涉及到复变函数的导数，就会产生一些与实变函数在本质上不同的东西. 下面介绍的 Weierstrass 定理是讨论级数逐项求导的问题，得到的结果与微积分中的结果是根本不同的.

定义 4.1.6 如果级数 $\sum_{n=1}^{\infty} f_n(z)$ 在域 D 的任意紧子集上一致收敛，就称 $\sum_{n=1}^{\infty} f_n(z)$ 在 D 中**内闭一致收敛**.

显然，如果 $\sum_{n=1}^{\infty} f_n(z)$ 在域 D 上内闭一致收敛，那么它在 D 中的每一点都收敛，但不一定一致收敛. 例如，级数 $1+\sum_{k=1}^{\infty}(z^k-z^{k-1})$，它的部分和

$$S_{n+1}(z)=1+(z-1)+\cdots+(z^n-z^{n-1})=z^n,$$

显然它在单位圆盘中是内闭一致收敛的，但不一致收敛.

当然,如果 $\sum_{n=1}^{\infty} f_n(z)$ 在 D 中一致收敛,那么它一定内闭一致收敛.因此,内闭一致收敛比一致收敛要求低.

定义 4.1.7 如果 D 的子集 G 满足

(i) $\overline{G}\subset D$;

(ii) $\overline{G}$ 是紧的,

就说 **G 相对于 D 是紧的**,记为 $G\subset\subset D$.

引理 4.1.8 设 D 是 $\mathbf{C}$ 中的域,K 是 D 中的紧子集,且包含在相对于 D 是紧的开集 G 中,即 $K\subset G\subset\subset D$,那么对任意 $f\in H(D)$,均有

$$\sup\{|f^{(k)}(z)|: z\in K\}\leqslant C\sup\{|f(z)|: z\in G\}, \tag{5}$$

这里,k 是任意自然数,C 是与 k,K,G 有关的常数.

证 由定理 1.5.6,$\rho=d(K,\partial G)>0$. 所以,以 K 中任意点 a 为中心、ρ 为半径的圆盘都包含在 G 中. 对圆盘 $B(a,\rho)$ 用 Cauchy 不等式,得

$$\begin{aligned}|f^{(k)}(a)| &\leqslant \frac{k!}{\rho^k}\sup\{|f(z)|: z\in B(a,\rho)\}\\ &\leqslant \frac{k!}{\rho^k}\sup\{|f(z)|: z\in G\}.\end{aligned}$$

对 K 中的 a 取上确界,即得不等式(5). □

这个引理告诉我们,$f^{(k)}$(k 是任意自然数)在紧集 K 上的上确界可用 f 在 K 的邻域 G 上的上确界来控制.

定理 4.1.9(Weierstrass) 设 D 是 $\mathbf{C}$ 中的域,如果

(i) $f_n\in H(D), n=1,2,\cdots$;

(ii) $\sum_{n=1}^{\infty} f_n(z)$ 在 D 中内闭一致收敛到 $f(z)$,

那么

(i) $f\in H(D)$;

(ii) 对任意自然数 k, $\sum_{n=1}^{\infty} f_n^{(k)}(z)$ 在 D 中内闭一致收敛到

$f^{(k)}(z)$.

证 任取 $z_0 \in D$，只要证明 f 在 z_0 的一个邻域中全纯就行了. 选取 $r>0$，使得 $\overline{B(z_0,r)} \subset D$，由定理 4.1.4，$f$ 在 $B(z_0,r)$ 中连续. 在 $B(z_0,r)$ 中任取一可求长闭曲线 γ，由定理 4.1.5 和 Cauchy 积分定理，得

$$\int_\gamma f(z)\mathrm{d}z = \sum_{n=1}^{\infty}\int_\gamma f_n(z)\mathrm{d}z = 0.$$

由 Morera 定理，即知 f 在 $B(z_0,r)$ 中全纯，所以 f 在 D 中全纯.

为了证明第二个结论，任取 D 中的紧子集 K，记 $\rho = d(K, \partial D) > 0$. 令

$$G = \bigcup\left\{B\left(z, \frac{\rho}{2}\right): z \in K\right\},$$

则 $K \subset G \subset\subset D$. 由于 $\overline{G}$ 是紧集，所以 $\sum\limits_{n=1}^{\infty} f_n(z)$ 在 $\overline{G}$ 上一致收敛到 $f(z)$. 因而对任意 $\varepsilon > 0$，存在正整数 N，当 $n > N$ 时，不等式 $|S_n(z) - f(z)| < \varepsilon$ 对 $\overline{G}$ 上所有的 z 成立，这里，$S_n(z) = \sum\limits_{j=1}^{n} f_j(z)$. 于是由引理 4.1.8，对任意的自然数 k，有

$$\begin{aligned}
&\sup\{|S_n^{(k)}(z) - f^{(k)}(z)|: z \in K\} \\
&\quad \leqslant C\sup\{|S_n(z) - f(z)|: z \in G\} \\
&\quad \leqslant C\varepsilon,
\end{aligned}$$

这就证明了 $\sum\limits_{n=1}^{\infty} f_n^{(k)}(z)$ 在 K 上一致收敛到 $f^{(k)}(z)$. 由于 K 是 D 的任意紧子集，所以 $\sum\limits_{n=1}^{\infty} f_n^{(k)}(z)$ 在 D 上内闭一致收敛到 $f^{(k)}(z)$. □

从 Weierstrass 定理我们看到，由全纯函数构成的级数只要在域中内闭一致收敛，它的和函数就一定是域中的全纯函数，而且可以逐项求导任意次. 这样的结果在实变函数中当然不成立.

例 4.1.10 研究函数 $\zeta(z) = \sum\limits_{n=1}^{\infty} \dfrac{1}{n^z}$.

解　因为 $n^z = e^{z\log n}$，若记 $z = x + iy$，则

$$|n^z| = |e^{x\log n} \cdot e^{iy\log n}| = n^x.$$

当 $\mathrm{Re}z = x \geqslant x_0 > 1$ 时，$\left|\frac{1}{n^z}\right| \leqslant \frac{1}{n^{x_0}}$，故级数 $\sum_{n=1}^{\infty} \frac{1}{n^z}$ 在 $\mathrm{Re}z > 1$ 中内闭一致收敛. 由 Weierstrass 定理，ζ 是半平面 $\mathrm{Re}z > 1$ 上的全纯函数. □

习　题　4.1

1. 证明：复数项级数 $\sum_{n=1}^{\infty} z_n$ 收敛，当且仅当 $\sum_{n=1}^{\infty} \mathrm{Re}z_n$ 和 $\sum_{n=1}^{\infty} \mathrm{Im}z_n$ 同时收敛.

2. 证明：若 $\{a_n\}$ 和 $\{b_n\}$ 满足条件

(i) $\left\{\sum_{k=1}^{n} a_k\right\}$ 有界；

(ii) $\lim_{n\to\infty} b_n = 0$；

(iii) $\sum_{n=1}^{\infty} |b_n - b_{n+1}| < \infty$，

则级数 $\sum_{n=1}^{\infty} a_n b_n$ 收敛. 并验证这是 Dirichlet 判别法和 Abel 判别法的推广.

3. 设 $\sum_{n=1}^{\infty} f_n(z)$ 是非空点集 E 上的函数项级数. 证明：$\sum_{n=1}^{\infty} f_n(z)$ 在 E 上一致收敛，当且仅当 $\sum_{n=1}^{\infty} \mathrm{Re}f_n(z)$ 和 $\sum_{n=1}^{\infty} \mathrm{Im}f_n(z)$ 都在 E 上一致收敛.

4. 设 $0 < \alpha < \frac{\pi}{2}$，$-\alpha \leqslant \arg z_n \leqslant \alpha$，$\forall n \in \mathbf{N}$. 证明：级数 $\sum_{n=1}^{\infty} z_n$，$\sum_{n=1}^{\infty} \mathrm{Re}z_n$ 和 $\sum_{n=1}^{\infty} |z_n|$ 具有相同的敛散性.

5. 设 $\mathrm{Re}z_n \geqslant 0, \forall n \in \mathbf{N}$. 证明：若 $\sum_{n=1}^{\infty} z_n$ 和 $\sum_{n=1}^{\infty} z_n^2$ 都收敛，则 $\sum_{n=1}^{\infty} |z_n|^2$ 也收敛.

6. 设 $\sum_{n=1}^{\infty} z_n$ 是复数项级数，且 $\overline{\lim_{n\to\infty}} \sqrt[n]{|z_n|} = q$. 证明：

(i) 若 $q < 1$，则 $\sum_{n=1}^{\infty} z_n$ 绝对收敛；

(ii) 若 $q > 1$，则 $\sum_{n=1}^{\infty} z_n$ 发散.

7. 求下列函数项级数的收敛点集：

(i) $\sum_{n=1}^{\infty} \frac{\cos nz}{n^2}$；

(ii) $\sum_{n=1}^{\infty} \frac{z^n}{1-z^n}$.

8. 设 $z_n \in \mathbf{C}\backslash\{0\}, \forall n \in \mathbf{N}$，且 $\overline{\lim_{n\to\infty}} \left|\frac{z_{n+1}}{z_n}\right| = q$. 证明：

(i) 若 $q < 1$，则 $\sum_{n=1}^{\infty} z_n$ 绝对收敛；

(ii) 若 $q > 1$，则 $\sum_{n=1}^{\infty} z_n$ 可能收敛也可能发散.

9.（Raabe 判别法）设 $z_n \in \mathbf{C}\backslash\{0\}, \forall n \in \mathbf{N}$，且 $\lim_{n\to\infty} \left|\frac{z_{n+1}}{z_n}\right| = 1$. 证明：若 $\overline{\lim_{n\to\infty}} n\left(\left|\frac{z_{n+1}}{z_n}\right| - 1\right) < -1$，则 $\sum_{n=1}^{\infty} z_n$ 绝对收敛.

10. 判别下列级数的敛散性：

(i) $\sum_{n=1}^{\infty} \frac{e^{inz}}{n}$, $\mathrm{Im}z > 0$；

(ii) $\sum_{n=1}^{\infty} \frac{\alpha(\alpha+1)\cdots(\alpha+n-1)\beta(\beta+1)\cdots(\beta+n-1)}{n!\gamma(\gamma+1)\cdots(\gamma+n-1)}$,

$\mathrm{Re}(\alpha+\beta-\gamma) < 0$, $\gamma \neq 0, -1, -2, \cdots$.

11. 证明：$\sum_{n=1}^{\infty}(-1)^{n-1}\frac{1}{n-z}$ 在 $\boldsymbol{C}\backslash\boldsymbol{N}$ 上内闭一致收敛.

12. 设 $\sum_{n=1}^{\infty} f_n(z)$ 是域 D 上的全纯函数项级数. 证明：若 $\sum_{n=1}^{\infty}\mathrm{Re} f_n(z)$ 在 D 上内闭一致收敛，则 $\sum_{n=1}^{\infty}\mathrm{Im} f_n(z)$ 或者在 D 上内闭一致收敛，或者在 D 上处处发散.

13. 证明：若域 D 上的全纯函数列 $\{f_n(z)\}$ 在 D 上内闭一致收敛于 $f(z)$，则 $f(z)$ 在 D 上全纯，并且 $\{f_n^{(k)}(z)\}$ 在 D 上内闭一致收敛于 $f^{(k)}(z)$，$\forall k\in\boldsymbol{N}$.

14. 若 $\{\lambda_n\}$ 是严格单调增加，并且以 ∞ 为极限的正数列，则称 $\sum_{n=1}^{\infty} a_n \mathrm{e}^{-\lambda_n z}$ 为 Dirichlet 级数. 证明：

(i) 若该级数在 $z_0=x_0+\mathrm{i}y_0$ 处收敛，则它在半平面 $\{z\in\boldsymbol{C}:\mathrm{Re}z>x_0\}$ 上内闭一致收敛；

(ii) 若该级数在 $z_0=x_0+\mathrm{i}y_0$ 处绝对收敛，则它在闭半平面 $\{z\in\boldsymbol{C}:\mathrm{Re}z\geqslant x_0\}$ 上绝对一致收敛.

4.2 幂 级 数

全纯函数最重要的性质之一是可以展开成收敛的幂级数，收敛的幂级数在它的收敛圆内确定一个全纯函数. 由于幂级数的通项是幂函数，所以全纯函数的幂级数表示是全纯函数的一种最简明的分析表达式，它自然成为研究全纯函数性质的有力工具.

所谓幂级数，是指形如

$$\sum_{n=0}^{\infty} a_n(z-z_0)^n = a_0 + a_1(z-z_0)+\cdots + a_n(z-z_0)^n+\cdots \tag{1}$$

的级数，它的通项是幂函数，这里，$a_0,\cdots,a_n,\cdots$ 和 z_0 都是复常数.

为讨论简便起见,不妨假定 $z_0=0$,这时级数(1)成为

$$\sum_{n=0}^{\infty} a_n z^n = a_0 + a_1 z + \cdots + a_n z^n + \cdots. \tag{2}$$

通常,只要作变换 $w=z-z_0$,就能把级数(1)化为级数(2).

对于级数(2),我们首先需要知道的是它在哪些点收敛,在哪些点发散.

定义 4.2.1 如果存在常数 R,使得当 $|z|<R$ 时,级数(2)收敛;当 $|z|>R$ 时,级数(2)发散,就称 R 为级数(2)的**收敛半径**,$\{z:|z|<R\}$ 称为级数(2)的**收敛圆**.

级数(2)是否存在收敛半径呢?

定理 4.2.2 级数(2)存在收敛半径

$$R = \frac{1}{\overline{\lim\limits_{n\to\infty}} \sqrt[n]{|a_n|}}.$$

证 我们要证明下列三件事:

(i) 当 $R=0$ 时,$\sum\limits_{n=0}^{\infty} a_n z^n$ 只在 $z=0$ 处收敛;

(ii) 当 $R=\infty$ 时,$\sum\limits_{n=0}^{\infty} a_n z^n$ 在 $\mathbf{C}$ 中处处收敛;

(iii) 当 $0<R<\infty$ 时,$\sum\limits_{n=0}^{\infty} a_n z^n$ 在 $\{z:|z|<R\}$ 中收敛,在 $\{z:|z|>R\}$ 中发散.

先证(i). 级数 $\sum\limits_{n=0}^{\infty} a_n z^n$ 在 $z=0$ 处收敛是显然的. 现固定 $z\neq 0$,由于 $\overline{\lim\limits_{n\to\infty}} \sqrt[n]{|a_n|}=\infty$,故必有子列 n_k,使得 $\sqrt[n_k]{|a_{n_k}|} > \frac{1}{|z|}$,于是 $|a_{n_k} z^{n_k}|>1$. 所以,级数 $\sum\limits_{n=0}^{\infty} a_n z^n$ 发散.

再证(ii). 任取 $z\neq 0$,因为 $\overline{\lim\limits_{n\to\infty}} \sqrt[n]{|a_n|}=0$,对于 $\varepsilon=\frac{1}{2|z|}$,存在

正整数 N,当 $n>N$ 时,$\sqrt[n]{|a_n|}<\frac{1}{2|z|}$,于是 $|a_nz^n|<\frac{1}{2^n}$. 所以,级数 $\sum_{n=1}^{\infty}a_nz^n$ 收敛.

最后证(iii). 取定 $z\neq 0, z\in B(0,R)$. 选取 ρ,使得 $|z|<\rho<R$. 于是 $\overline{\lim_{n\to\infty}}\sqrt[n]{|a_n|}=\frac{1}{R}<\frac{1}{\rho}$,因而存在 N,当 $n>N$ 时,$\sqrt[n]{|a_n|}<\frac{1}{\rho}$,即 $|a_nz^n|<\left(\frac{|z|}{\rho}\right)^n$. 所以 $\sum_{n=0}^{\infty}|a_nz^n|<\infty$.

再设 $|z|>R$,选取 r,使得 $|z|>r>R$. 因而 $\overline{\lim_{n\to\infty}}\sqrt[n]{|a_n|}=\frac{1}{R}>\frac{1}{r}$,故有 $\{n_k\}$,使得 $\sqrt[n_k]{|a_{n_k}|}>\frac{1}{r}$,即 $|a_{n_k}z^{n_k}|>\left(\frac{|z|}{r}\right)^{n_k}>1$. 故级数 $\sum_{n=0}^{\infty}a_nz^n$ 发散. □

设 $\sum_{n=0}^{\infty}a_nz^n$ 的收敛半径为 R,那么它在收敛圆 $B(0,R)$ 中确定一个函数 $f(z)$,它是不是 $B(0,R)$ 中的全纯函数呢?

定理 4.2.3(Abel) 如果 $\sum_{n=0}^{\infty}a_nz^n$ 在 $z=z_0\neq 0$ 处收敛,则必在 $\{z: |z|<|z_0|\}$ 中内闭绝对一致收敛.

证 设 K 是 $\{z: |z|<|z_0|\}$ 中的一个紧集,选取 $r<|z_0|$,使得 $K\subset B(0,r)$. 于是,当 $z\in K$ 时,有 $|z|<r$. 因为 $\sum_{n=0}^{\infty}a_nz_0^n$ 收敛,所以 $|a_nz_0^n|<M$,这里,M 是一个常数. 于是,当 $z\in K$ 时,有

$$\begin{aligned}|a_nz^n| &= \left|a_nz_0^n\frac{z^n}{z_0^n}\right| \\ &\leqslant M\frac{|z|^n}{|z_0|^n} \\ &\leqslant M\left(\frac{r}{|z_0|}\right)^n.\end{aligned}$$

因为 $r<|z_0|$，所以由 Weierstrass 判别法，$\sum_{n=0}^{\infty}|a_n z^n|$ 在 K 中一致收敛. □

由定理 4.2.3 和 Weierstrass 定理即得

定理 4.2.4 幂级数在其收敛圆内确定一个全纯函数.

证 由定理 4.2.3 知道，幂级数在其收敛圆内是内闭一致收敛的. 根据 Weierstrass 定理，它的和函数是收敛圆内的全纯函数. □

幂级数在其收敛圆周上的收敛性如何呢？从下面这些例子可以看出，它在收敛圆周上的情况是不确定的.

例 4.2.5 级数 $\sum_{n=0}^{\infty} z^n$ 的收敛半径为 1，它在收敛圆周 $|z|=1$ 上处处发散.

例 4.2.6 级数 $\sum_{n=1}^{\infty} \frac{z^n}{n^2}$ 的收敛半径为 1，它在收敛圆周 $|z|=1$ 上处处收敛.

例 4.2.7 级数 $\sum_{n=1}^{\infty} \frac{z^n}{n}$ 的收敛半径为 1，它在 $z=1$ 处是发散的，但在收敛圆周的其他点 $z=e^{i\theta}$ $(0<\theta<2\pi)$ 处则是收敛的. 这是因为

$$\sum_{n=1}^{\infty} \frac{z^n}{n} = \sum_{n=1}^{\infty} \frac{e^{in\theta}}{n}$$

$$= \sum_{n=1}^{\infty} \frac{\cos n\theta}{n} + i\sum_{n=1}^{\infty} \frac{\sin n\theta}{n},$$

由 Dirichlet 判别法知道，实部和虚部的两个级数都是收敛的.

设 $\sum_{n=0}^{\infty} a_n (z-z_0)^n$ 的收敛半径为 R，由定理 4.2.4，和函数

$$f(z) = \sum_{n=0}^{\infty} a_n (z-z_0)^n$$

是圆盘 $B(z_0, R)$ 中的全纯函数. 再由 Weierstrass 定理，得

$$f'(z)=\sum_{n=1}^{\infty}na_n(z-z_0)^{n-1},$$

$\cdots,$

$$f^{(k)}(z)=\sum_{n=k}^{\infty}n(n-1)\cdots(n-k+1)a_n(z-z_0)^{n-k}.$$

现若 $\sum\limits_{n=0}^{\infty}a_n(z-z_0)^n$ 在收敛圆周 $|z-z_0|=R$ 上某点 ζ 处收敛，那么 $\sum\limits_{n=0}^{\infty}a_n(\zeta-z_0)^n$ 和 f 有什么关系呢？为了简化问题的讨论，作变换 $w=\dfrac{z-z_0}{\zeta-z_0}$，那么

$$\begin{aligned}\sum_{n=0}^{\infty}a_n(z-z_0)^n&=\sum_{n=0}^{\infty}a_n(\zeta-z_0)^n w^n\\&=\sum_{n=0}^{\infty}b_n w^n,\end{aligned}$$

这里，$b_n=a_n(\zeta-z_0)^n$. $\sum\limits_{n=0}^{\infty}b_n w^n$ 的收敛半径为

$$\begin{aligned}\frac{1}{\overline{\lim\limits_{n\to\infty}}\sqrt[n]{|b_n|}}&=\frac{1}{|\zeta-z_0|}\,\frac{1}{\overline{\lim\limits_{n\to\infty}}\sqrt[n]{|a_n|}}\\&=\frac{1}{R}\cdot R\\&=1,\end{aligned}$$

且在 $w=1$ 处收敛. 因此，不妨就收敛半径为 1，且在 $z=1$ 处收敛的幂级数 $\sum\limits_{n=0}^{\infty}a_n z^n$ 来讨论.

定义 4.2.8 设 g 是定义在单位圆中的函数，$e^{i\theta_0}$ 是单位圆周上一点，$S_\alpha(e^{i\theta_0})$ 如图 4.1 所示，其中 $\alpha<\dfrac{\pi}{2}$. 如果当 z 在 $S_\alpha(e^{i\theta_0})$ 中趋于 $e^{i\theta_0}$ 时，$g(z)$ 有极限 l，就称 g 在 $e^{i\theta_0}$ 处有**非切向极限** l，记为

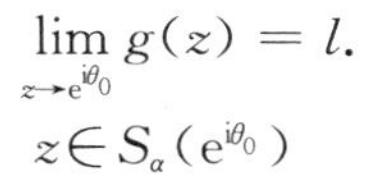

$$\lim_{\substack{z \to e^{i\theta_0} \\ z \in S_\alpha(e^{i\theta_0})}} g(z) = l.$$

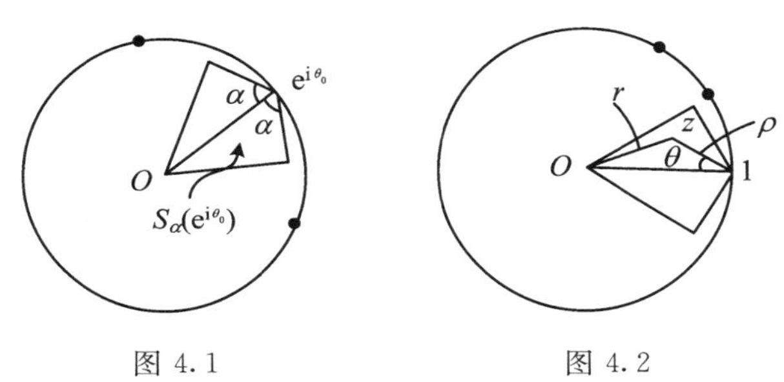

图 4.1　　　　图 4.2

定理 4.2.9(Abel 第二定理)　设 $f(z)=\sum_{n=0}^{\infty} a_n z^n$ 的收敛半径 $R=1$，且级数在 $z=1$ 处收敛于 S，那么 f 在 $z=1$ 处有非切向极限 S，即

$$\lim_{\substack{z\to 1 \\ z\in S_\alpha(1)}} f(z) = S. \tag{3}$$

证　如图 4.2 所示，只要能证明级数 $\sum_{n=0}^{\infty} a_n z^n$ 在 $S_\alpha(1) \cap B(1,\delta)$（这里，$\delta=\cos\alpha$）的闭包上一致收敛，那么 $f(z)$ 便在 $z=1$ 处连续，因而(3) 式成立.

记

$$\sigma_{n,p} = a_{n+1} + \cdots + a_{n+p}.$$

因为 $\sum_{n=0}^{\infty} a_n z^n$ 在 $z=1$ 处收敛，即 $\sum_{n=0}^{\infty} a_n$ 收敛，故对任给的 $\varepsilon>0$，存在正整数 N，当 $n>N$ 时，$|\sigma_{n,p}|<\varepsilon$ 对任意自然数 p 成立. 注意

$$\begin{aligned}
a_{n+1}z^{n+1}+\cdots+a_{n+p}z^{n+p} &= \sigma_{n,1}z^{n+1}+(\sigma_{n,2}-\sigma_{n,1})z^{n+2}+\cdots \\
&\quad +(\sigma_{n,p}-\sigma_{n,p-1})z^{n+p} \\
&= \sigma_{n,1}z^{n+1}(1-z)+\sigma_{n,2}z^{n+2}(1-z) \\
&\quad +\cdots+\sigma_{n,p-1}z^{n+p-1}(1-z) \\
&\quad +\sigma_{n,p}z^{n+p}
\end{aligned}$$

$$=z^{n+1}(1-z)(\sigma_{n,1}+\sigma_{n,2}z+\cdots$$
$$+\sigma_{n,p-1}z^{p-2})+\sigma_{n,p}z^{n+p},$$

因而当$|z|<1, p=1,2,\cdots,n>N$时,便有

$$|a_{n+1}z^{n+1}+\cdots+a_{n+p}z^{n+p}|<\varepsilon|1-z|(1+|z|+\cdots)+\varepsilon$$
$$=\varepsilon\left(\frac{|1-z|}{1-|z|}+1\right). \tag{4}$$

现在任取$z\in S_\alpha(1)\cap B(1,\delta)$,记$|z|=r, |1-z|=\rho$,那么

$$r^2=1+\rho^2-2\rho\cos\theta,$$

故有

$$\frac{|1-z|}{1-|z|}=\frac{\rho}{1-r}=\frac{\rho(1+r)}{1-r^2}$$
$$\leqslant\frac{2\rho}{2\rho\cos\theta-\rho^2}=\frac{2}{2\cos\theta-\rho}.$$

因为$z\in B(1,\delta)$,所以$\rho=|1-z|<\delta=\cos\alpha$. 又因$\theta<\alpha$,所以

$$\frac{|1-z|}{1-|z|}\leqslant\frac{2}{2\cos\alpha-\rho}<\frac{2}{\cos\alpha}.$$

由(4)式便可得

$$|a_{n+1}z^{n+1}+\cdots+a_{n+p}z^{n+p}|<\varepsilon\left(\frac{2}{\cos\alpha}+1\right).$$

又当$z=1$时,有

$$|a_{n+1}z^{n+1}+\cdots+a_{n+p}z^{n+p}|=|\sigma_{n,p}|<\varepsilon.$$

这样,我们就证明了级数$\sum\limits_{n=0}^{\infty}a_nz^n$在$S_\alpha(1)\cap B(1,\delta)$的闭包上一致收敛,因而(3)式成立. □

例 4.2.10 计算级数$\sum\limits_{n=1}^{\infty}\frac{z^n}{n}$的和.

解 容易知道该级数的收敛半径为1,所以它的和$f(z)$是单位圆盘中的全纯函数,因而有

$$f(z)=\sum_{n=1}^{\infty}\frac{z^n}{n},$$

$$f'(z)=\sum_{n=1}^{\infty}z^{n-1}=\frac{1}{1-z}.$$

由此得

$$f(z)=-\log(1-z),$$

即

$$\sum_{n=1}^{\infty}\frac{z^n}{n}=-\log(1-z),\ |z|<1. \qquad \square$$

这个级数在收敛圆周上除了点 $z=1$ 外都收敛，故由Abel第二定理，当 $z=\mathrm{e}^{\mathrm{i}\theta}$ $(0<\theta<2\pi)$时，有

$$\begin{aligned}\sum_{n=1}^{\infty}\frac{\mathrm{e}^{\mathrm{i}n\theta}}{n}&=-\log(1-\mathrm{e}^{\mathrm{i}\theta})\\&=-\log|1-\mathrm{e}^{\mathrm{i}\theta}|-\mathrm{i}\arg(1-\mathrm{e}^{\mathrm{i}\theta}).\end{aligned} \tag{5}$$

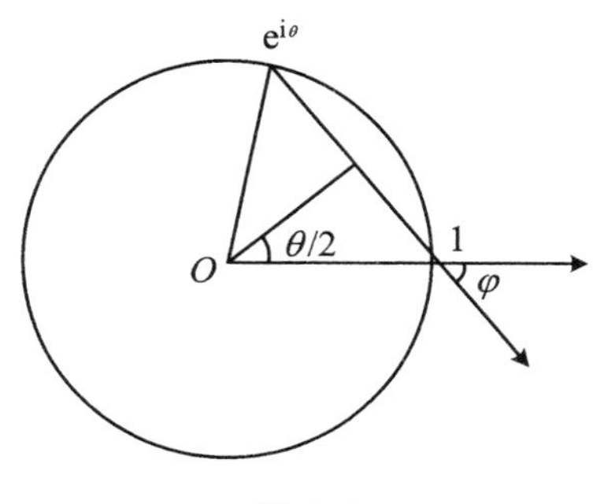

图 4.3

从图 4.3 容易看出

$$|1-\mathrm{e}^{\mathrm{i}\theta}|=2\sin\frac{\theta}{2},$$

$$\arg(1-\mathrm{e}^{\mathrm{i}\theta})=-\varphi,$$

但 $2\varphi=\pi-\theta$, $\varphi=\frac{\pi-\theta}{2}$. 这样，由(5)式便可得

$$\sum_{n=1}^{\infty}\frac{\cos n\theta}{n}=-\log\left(2\sin\frac{\theta}{2}\right),$$

$$\sum_{n=1}^{\infty} \frac{\sin n\theta}{n} = \frac{\pi - \theta}{2}.$$

上面两个等式都在 $0<\theta<2\pi$ 中成立. 特别地,当 $\theta=\pi$ 时,得

$$\sum_{n=1}^{\infty} \frac{(-1)^{n-1}}{n} = \log 2;$$

当 $\theta=\frac{\pi}{2}$ 时,由于

$$\sin\frac{n\pi}{2} = \begin{cases} 0, & n = 2k; \\ (-1)^k, & n = 2k+1, \end{cases}$$

所以得

$$\sum_{k=0}^{\infty} \frac{(-1)^k}{2k+1} = \frac{\pi}{4}.$$

习 题 4.2

1. 设 $\sum_{n=0}^{\infty} a_n z^n$ 和 $\sum_{n=0}^{\infty} b_n z^n$ 的收敛半径分别为 R_1 和 R_2. 证明:

(i) $\sum_{n=0}^{\infty} (a_n \pm b_n) z^n$ 的收敛半径 $R \geqslant \min(R_1, R_2)$;

(ii) $\sum_{n=0}^{\infty} a_n b_n z^n$ 的收敛半径 $R \geqslant R_1 R_2$;

(iii) $\sum_{n=0}^{\infty} \left(\sum_{k=0}^{\infty} a_k b_{n-k}\right) z^n$ 的收敛半径 $R \geqslant \min(R_1, R_2)$.

2. 求下列幂级数的收敛半径:

(i) $\sum_{n=0}^{\infty} z^{n!}$;

(ii) $\sum_{n=0}^{\infty} \frac{1}{2^{n^2}} z^n$;

(iii) $\sum_{n=0}^{\infty} [3 + (-1)^n]^n z^n$;

(iv) $\sum_{n=0}^{\infty} \frac{n^n}{n!} z^n$.

3. 证明：若 $\sum_{n=0}^{\infty} a_n z^n$ 在 $z_0 \neq 0$ 处绝对收敛，则它在 $\overline{B(0, |z_0|)}$ 上绝对一致收敛.

4. 设正数列 $\{a_n\}$ 单调收敛于零. 证明：

(i) $\sum_{n=0}^{\infty} a_n z^n$ 的收敛半径 $R \geqslant 1$；

(ii) $\sum_{n=0}^{\infty} a_n z^n$ 在 $\partial B(0,R) \setminus \{R\}$ 上处处收敛.

5. 证明（Abel 第二定理的又一说法）：若幂级数 $f(z) = \sum_{n=0}^{\infty} a_n (z - z_0)^n$ 在多角形域 G 的每个顶点处都收敛，则它必在 $\overline{G}$ 上一致收敛. 特别地，f 在 $\overline{G}$ 上连续.

6. 证明：$\sum_{n=1}^{\infty} \frac{(-1)^{[\sqrt{n}]}}{n} z^n$ 在其收敛圆周 $\partial B(0,1)$ 上处处收敛，但不绝对收敛.

7. 证明：若 $f(z) = \sum_{n=0}^{\infty} a_n z^n$ 是 $B(0,1)$ 上的有界全纯函数，则 $\sum_{n=0}^{\infty} |a_n|^2 < \infty$.

8. 设 $\sum_{n=0}^{\infty} a_n z^n$ 的收敛半径 $R > 0$. 证明：

(i) $\varphi(z) = \sum_{n=0}^{\infty} \frac{a_n}{n!} z^n$ 是整函数；

(ii) 存在正数 M，使得

$$|\varphi^{(n)}(z)| \leqslant \frac{M e^{\frac{|z|}{R}}}{R^n}, \quad z \in \mathbf{C}, n \in \mathbf{N}.$$

9. 举例说明 Abel 第二定理的逆不成立.

10. 设 $f(z) = \sum_{n=0}^{\infty} a_n z^n$ 将 $B(0,R)$ 一一地映为域 G. 证明：G 的面积为 $\pi \sum_{n=1}^{\infty} n |a_n|^2 R^{2n}$.

11. 证明：幂级数$\sum\limits_{n=0}^{\infty} a_n(z-z_0)^n$在域$D$上一致收敛，当且仅当它在$\overline{D}$上一致收敛.

12. 设幂级数$f(z)=\sum\limits_{n=0}^{\infty} a_n z^n$的收敛半径为1，$z_0\in\partial B(0,1)$. 证明：若$\lim\limits_{n\to\infty} na_n=0$，并且$\lim\limits_{r\to 1} f(rz_0)$存在，则$\sum\limits_{n=0}^{\infty} a_n z_0^n$收敛于$\lim\limits_{r\to 1} f(rz_0)$.

4.3 全纯函数的 Taylor 展开

前面已经证明，幂级数在它的收敛圆内表示一个全纯函数. 现在反过来问，在一个圆内全纯的函数是否一定可以展开成幂级数？答案是肯定的.

定理 4.3.1 若$f\in H(B(z_0,R))$，则f可以在$B(z_0,R)$中展开成幂级数：

$$f(z)=\sum_{n=0}^{\infty}\frac{f^{(n)}(z_0)}{n!}(z-z_0)^n,\ z\in B(z_0,R). \tag{1}$$

右端的级数称为f的 **Taylor 级数.**

证 任意取定$z\in B(z_0,R)$，再取$\rho<R$，使得$|z-z_0|<\rho$（见图 4.4）. 记$\gamma_\rho=\{\zeta:\ |\zeta-z_0|=\rho\}$，根据 Cauchy 积分公式，得

$$f(z)=\frac{1}{2\pi i}\int_{\gamma_\rho}\frac{f(\zeta)}{\zeta-z}d\zeta.$$

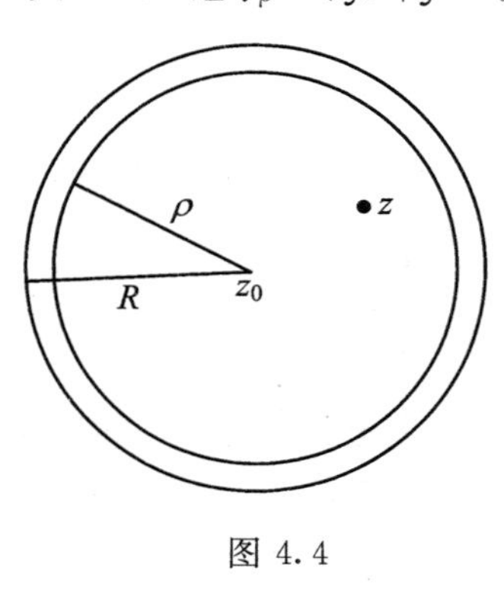

图 4.4

把$\dfrac{1}{\zeta-z}$展开成级数，为

$$\begin{aligned}\frac{1}{\zeta-z}&=\frac{1}{(\zeta-z_0)-(z-z_0)}\\&=\frac{1}{\zeta-z_0}\left(1-\frac{z-z_0}{\zeta-z_0}\right)^{-1}\\&=\frac{1}{\zeta-z_0}\sum_{n=0}^{\infty}\left(\frac{z-z_0}{\zeta-z_0}\right)^n,\end{aligned}$$

最后一个等式成立是因为 $\left|\frac{z-z_0}{\zeta-z_0}\right|=\frac{|z-z_0|}{\rho}<1$ 的缘故. 现在可得

$$\frac{f(\zeta)}{\zeta-z}=\sum_{n=0}^{\infty}f(\zeta)\frac{(z-z_0)^n}{(\zeta-z_0)^{n+1}}. \tag{2}$$

因为 f 在 γ_ρ 上连续,记 $M=\sup\{|f(\zeta)|:\zeta\in\gamma_\rho\}$,于是当 $\zeta\in\gamma_\rho$ 时,有

$$\left|\frac{f(\zeta)(z-z_0)^n}{(\zeta-z_0)^{n+1}}\right|\leqslant\frac{M}{\rho}\left(\frac{|z-z_0|}{\rho}\right)^n.$$

右端是一收敛级数,故由 Weierstrass 判别法,级数(2)在 γ_ρ 上一致收敛,故可逐项积分:

$$\begin{aligned}f(z)&=\frac{1}{2\pi i}\int_{\gamma_\rho}\sum_{n=0}^{\infty}f(\zeta)\frac{(z-z_0)^n}{(\zeta-z_0)^{n+1}}d\zeta\\&=\sum_{n=0}^{\infty}\left(\frac{1}{2\pi i}\int_{\gamma_\rho}\frac{f(\zeta)}{(\zeta-z_0)^{n+1}}d\zeta\right)(z-z_0)^n\\&=\sum_{n=0}^{\infty}\frac{f^{(n)}(z_0)}{n!}(z-z_0)^n.\end{aligned}$$

由于 z 是 $B(z_0,R)$ 中的任意点,所以上式在 $B(z_0,R)$ 中成立. □

f 的展开式(1)是唯一的. 因为若有展开式

$$f(z)=\sum_{n=0}^{\infty}a_n(z-z_0)^n,$$

那么

$$f^{(k)}(z)=\sum_{n=k}^{\infty}n(n-1)\cdots(n-k+1)a_n(z-z_0)^{n-k}.$$

在上式中令 $z=z_0$,即得 $f^{(k)}(z_0)=k!a_k$,或者 $a_k=\frac{f^{(k)}(z_0)}{k!}$,所以

$$f(z)=\sum_{n=0}^{\infty}\frac{f^{(n)}(z_0)}{n!}(z-z_0)^n,$$

这就是展开式(1).

综合定理 4.3.1 和定理 4.2.4，我们得到

定理 4.3.2 f 在点 z_0 处全纯的充分必要条件是 f 在 z_0 的邻域内可以展开成幂级数：

$$f(z)=\sum_{n=0}^{\infty}a_n(z-z_0)^n.$$

从全纯函数的 Taylor 展开又可得到全纯函数的另外一些重要性质.

定义 4.3.3 设 f 在 z_0 点全纯且不恒为零，如果

$$f(z_0)=0,\ f'(z_0)=0,\ \cdots,\ f^{(m-1)}(z_0)=0,\ f^{(m)}(z_0)\neq 0,$$

则称 z_0 是 f 的 **m 阶零点**.

命题 4.3.4 z_0 为 f 的 m 阶零点的充分必要条件是 f 在 z_0 的邻域内可以表示为

$$f(z)=(z-z_0)^m g(z), \tag{3}$$

这里，g 在 z_0 点全纯，且 $g(z_0)\neq 0$.

证 如果 z_0 是 f 的 m 阶零点，则从 f 的 Taylor 展开可得

$$\begin{aligned}f(z)&=\sum_{n=0}^{\infty}\frac{f^{(n)}(z_0)}{n!}(z-z_0)^n\\&=\sum_{n=m}^{\infty}\frac{f^{(n)}(z_0)}{n!}(z-z_0)^n\\&=(z-z_0)^m\left\{\frac{f^{(m)}(z_0)}{m!}+\frac{f^{(m+1)}(z_0)}{(m+1)!}(z-z_0)+\cdots\right\}\\&=(z-z_0)^m g(z).\end{aligned}$$

这里，$g(z)$就是花括弧中的幂级数，它当然在 z_0 处全纯，而且

$$g(z_0)=\frac{f^{(m)}(z_0)}{m!}\neq 0.$$

反之，如果(3)式成立，f 当然在 z_0 处全纯，通过直接计算即知 z_0 是 f 的 m 阶零点. □

命题 4.3.5 设 D 是 $\mathbf{C}$ 中的域，$f\in H(D)$，如果 f 在 D 中的小圆盘 $B(z_0,\varepsilon)$ 上恒等于零，那么 f 在 D 上恒等于零.

证 在 D 中任取一点 a，我们证明 $f(a)=0$. 用 D 中的曲线 γ 连接 z_0 和 a，由第 1 章 1.5 节的定理 1.5.6，$\rho=d(\gamma,\partial D)>0$. 在 γ 上依次取点 $z_0,z_1,z_2,\cdots,z_n=a$，使得 $z_1\in B(z_0,\varepsilon)$，其他各点之间的距离都小于 ρ，作圆盘 $B(z_j,\rho)$，$j=1,\cdots,n$（图 4.5）. 由于 f 在 $B(z_0,\varepsilon)$ 中恒为零，所以 $f^{(n)}(z_1)=0$，$n=0,1,\cdots$. 于是，f 在 $B(z_1,\rho)$ 中的 Taylor 展开式的系数全为零，所以 f 在 $B(z_1,\rho)$ 中恒为零. 由于 $z_2\in B(z_1,\rho)$，所以 $f^{(n)}(z_2)=0$，$n=0,1,\cdots$，用同样的方法推理，f 在 $B(z_2,\rho)$ 中恒为零. 再往下推，即知 f 在 $B(a,\rho)$ 中恒为零，所以 $f(a)=0$. □

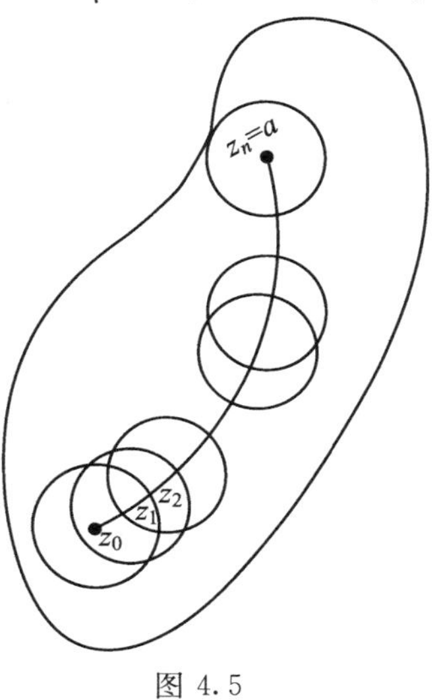

图 4.5

命题 4.3.6 设 D 是 $\mathbf{C}$ 中的域，$f\in H(D)$，$f(z)\not\equiv 0$，那么 f 在 D 中的零点是**孤立**的. 即若 z_0 为 f 的零点，则必存在 z_0 的邻域 $B(z_0,\varepsilon)$，使得 f 在 $B(z_0,\varepsilon)$ 中除了 z_0 外不再有其他的零点.

证 由命题 4.3.5 知，f 在 z_0 的邻域中不能恒等于零，故不妨设 z_0 为 f 的 m 阶零点. 由命题 4.3.4 知，f 在 z_0 的邻域中可表示为 $f(z)=(z-z_0)^m g(z)$，因 g 在 z_0 处连续，且 $g(z_0)\neq 0$，故存在 z_0 的邻域 $B(z_0,\varepsilon)$，使得 g 在 $B(z_0,\varepsilon)$ 中处处不为零，因而 f 在 $B(z_0,\varepsilon)$ 中除了 z_0 外不再有其他的零点. □

这一事实导致了一个重要的结果：

定理 4.3.7（唯一性定理） 设 D 是 $\mathbf{C}$ 中的域，$f_1,f_2\in H(D)$. 如果存在 D 中的点列 $\{z_n\}$，使得 $f_1(z_n)=f_2(z_n)$，$n=1,2,\cdots$，且 $\lim\limits_{n\to\infty}z_n=a\in D$，那么在 D 中有 $f_1(z)\equiv f_2(z)$.

证 令 $g(z)=f_1(z)-f_2(z)$，则 $g(z_n)=0$，$n=1,2,\cdots$. 由于

$g\in H(D)$,所以 $g(a)=\lim\limits_{n\to\infty}g(z_n)=0$,即 a 是 g 的一个零点. 由于 $\{z_n\}$ 也是 g 的零点,而且 $z_n\to a$,因而零点 a 不是孤立的. 由命题 4.3.5,得 $g(z)\equiv 0$,即 $f_1(z)\equiv f_2(z)$. □

这个定理说明,全纯函数由极限在域中的一列点上的值所完全确定,这是一个非常深刻的结果.

必须注意,$\lim\limits_{n\to\infty}z_n=a,a\in D$ 这个条件是不能去掉的,否则结果不成立. 例如,$f(z)=\sin\dfrac{1}{1-z}$ 在单位圆盘中全纯,令 $z_n=1-\dfrac{1}{n\pi}$,则 $f(z_n)=0,n=1,2,\cdots$,但 $f(z)\not\equiv 0$,原因是 $z_n\to 1$,而 1 不在单位圆盘中.

现在给出几个常用的初等函数的 Taylor 展开式.

先看指数函数 $f(z)=\mathrm{e}^z$,它是一个整函数,所以可以在圆盘 $B(0,R)$ 中展开成幂级数,其中,R 是任意正数. 由于 $f^{(n)}(z)=\mathrm{e}^z$,$f^{(n)}(0)=1$,所以

$$\mathrm{e}^z=\sum_{n=0}^{\infty}\frac{z^n}{n!},\ z\in\boldsymbol{C}. \tag{4}$$

公式(4)也可以由全纯函数的唯一性定理得到. 由直接计算知道,幂级数 $\sum\limits_{n=0}^{\infty}\dfrac{z^n}{n!}$ 的收敛半径 $R=\infty$,所以 $\varphi(z)=\sum\limits_{n=0}^{\infty}\dfrac{z^n}{n!}$ 是一个整函数. 已知 e^z 是一个整函数,这两个整函数在实轴上相等,即

$$\mathrm{e}^x=\sum_{n=0}^{\infty}\frac{x^n}{n!},\ x\in\boldsymbol{R},$$

故由唯一性定理知道这两个整函数在 $\boldsymbol{C}$ 上处处相等,这就是公式(4).

用同样的方法可得

$$\cos z=\sum_{n=0}^{\infty}(-1)^n\frac{z^{2n}}{(2n)!},$$

$$\sin z=\sum_{n=0}^{\infty}(-1)^n\frac{z^{2n+1}}{(2n+1)!},$$

对所有 $z\in\boldsymbol{C}$ 成立.

由例 4.2.10 我们已经得到

$$-\log(1-z)=\sum_{n=1}^{\infty}\frac{z^n}{n},\ |z|<1,$$

在上式中用 $-z$ 代替 z,立刻可得

$$\log(1+z)=\sum_{n=1}^{\infty}(-1)^{n-1}\frac{z^n}{n},\ |z|<1.$$

再看函数 $f(z)=(1+z)^{\alpha}$,α 不是整数,我们考虑它的主支 $f(z)=\mathrm{e}^{\alpha\log(1+z)}$ 在 $z=0$ 处的 Taylor 展开式. 这个分支在 $z=0$ 处的值为 1,它的各阶导数在 $z=0$ 处的值为

$$f^{(n)}(0)=\alpha(\alpha-1)\cdots(\alpha-n+1),\ n=1,2,\cdots.$$

如果记

$$\binom{\alpha}{n}=\frac{\alpha(\alpha-1)\cdots(\alpha-n+1)}{n!},\ n=1,2,\cdots,$$

$$\binom{\alpha}{0}=1,$$

那么

$$\mathrm{e}^{\alpha\log(1+z)}=\sum_{n=0}^{\infty}\binom{\alpha}{n}z^n,\ |z|<1.$$

也可通过直接计算得到右端级数的收敛半径为 1. 上式对整数 α 当然也成立,特别当 α 为正整数时,右端为一多项式.

习 题 4.3

1. 设 D 是域,$a\in D$,函数 f 在 $D\backslash\{a\}$ 上全纯. 证明:若 $\lim\limits_{z\to a}(z-a)f(z)=0$,则 f 在 D 上全纯.

2. 将 $\mathrm{e}^{\frac{z}{1-z}}$ 在 $z=0$ 处展开为幂级数.

3. 证明:

(i) $|\mathrm{e}^z-1|\leqslant \mathrm{e}^{|z|}-1\leqslant |z|\mathrm{e}^{|z|},\ \forall z\in\boldsymbol{C}$;

(ii) $(3-\mathrm{e})|z|<|\mathrm{e}^z-1|<(\mathrm{e}-1)|z|,\ 0<|z|<1$.

4. 设 $f\in H(B(0,R))\cap C(\overline{B(0,R)})$，$S_n(z)=\sum_{k=0}^{n}\frac{f^{(k)}(0)}{k!}z^k$.

证明：

(i) $S_n(z)=\frac{1}{2\pi i}\int_{|\zeta|=R}f(\zeta)\frac{\zeta^{n+1}-z^{n+1}}{(\zeta-z)\zeta^{n+1}}d\zeta$，$\forall z\in B(0,R)$；

(ii) $f(z)-S_n(z)=\frac{z^{n+1}}{2\pi i}\int_{|\zeta|=R}\frac{f(\zeta)}{\zeta^{n+1}(\zeta-z)}d\zeta$，$\forall z\in B(0,R)$.

5. 是否存在 $f\in H(B(0,1))$，使得下述条件之一成立：

(i) $f\left(\frac{1}{n}\right)=\frac{n}{n+1}$，$n=2,3,4,\cdots$；

(ii) $f\left(\frac{1}{2n}\right)=0,f\left(\frac{1}{2n-1}\right)=1$，$n=1,2,3,\cdots$；

(iii) $f\left(\frac{1}{n}\right)=f\left(-\frac{1}{n}\right)=\frac{1}{n^2}$，$n=2,3,4,\cdots$；

(iv) $f\left(\frac{1}{n}\right)=f\left(-\frac{1}{n}\right)=\frac{1}{n^3}$，$n=2,3,4,\cdots$.

6. 设 $f(z)=\sum_{n=0}^{\infty}a_nz^n$ 的收敛半径 $R>0$，$0<r<R$，$A(r)=\max_{|z|=r}\mathrm{Re}f(z)$. 证明：

(i) $a_nr^n=\frac{1}{\pi}\int_0^{2\pi}[\mathrm{Re}f(re^{i\theta})]e^{-in\theta}d\theta$，$\forall n\in\mathbf{N}$；

(ii) $|a_n|r^n\leqslant 2A(r)-2\mathrm{Re}f(0)$，$\forall n\in\mathbf{N}$.

7. 设 $f(z)=1+\sum_{n=1}^{\infty}a_nz^n$ 在 $B(0,1)$ 上全纯，并且 $\mathrm{Re}f(z)\geqslant 0$，$\forall z\in B(0,1)$. 证明：

(i) $|a_n|\leqslant 2$，$\forall n\in\mathbf{N}$；

(ii) $\frac{1-|z|}{1+|z|}\leqslant\mathrm{Re}f(z)\leqslant|f(z)|\leqslant\frac{1+|z|}{1-|z|}$，$\forall z\in B(0,1)$；

(iii) $|a_1^2-a_2|\leqslant 2$，$|2a_1a_2-a_1^3-a_3|\leqslant 2$.

8. 证明：所有实变量的三角恒等式在复变量时也成立.

9. 证明:所有实变量的初等函数的幂级数展开式在复变量时也成立.

10. 证明:若函数 $\frac{1}{\cos z}$ 在 $z=0$ 处的 Taylor 级数为 $\sum\limits_{n=0}^{\infty}(-1)^n\frac{E_{2n}}{(2n)!}z^{2n}$,则 Euler 数 E_{2n}满足关系式

$$E_0=1,$$

$$\sum_{k=0}^{n}\binom{2n}{2k}E_{2k}=0.$$

11. 证明:若 $\frac{z}{e^z-1}$ 在 $z=0$ 处的 Taylor 级数为 $\sum\limits_{n=0}^{\infty}\frac{B_n}{n!}z^n$,则 Bernoulli 数 B_n 满足关系式

$$B_0=1,$$

$$\sum_{k=0}^{n}\binom{n+1}{k}B_k=0.$$

特别地,$B_1=-\frac{1}{2}$, $B_{2n+1}=0$, $\forall n\in\mathbf{N}$.

12. 证明:若 $\frac{1}{1-z-z^2}$ 在 $z=0$ 处的 Taylor 级数为 $\sum\limits_{n=0}^{\infty}a_nz^n$,则 Fibonacci 数 a_n 满足关系式

$$a_0=a_1=1,$$

$$a_n=a_{n-1}+a_{n-2},\ \forall n\geqslant 2.$$

13. 设 D 是有界域,$f\in H(D)\cap C(\overline{D})$. 证明:若 f 在∂D 上不取零值,则 f 在 D 中只有有限个零点.

14. 设 D 是域,$a\in D$,$f\in H(D)$,并且$\sum\limits_{n=0}^{\infty}f^{(n)}(a)$ 收敛. 证明:

(i) f 是整函数;

(ii) $\sum\limits_{n=0}^{\infty}f^{(n)}(z)$ 在 $\mathbf{C}$ 上内闭一致收敛.

15. 设 $f(x)$是$(-R,R)$上的 C^∞ 实函数. 证明:$f(x)$能在

$(-R,R)$上展开为它在 $x=0$ 处的 Taylor 级数，当且仅当存在$[0,R)$上的正值函数 $M(r)$，使得当 $n\geqslant 0,|x|<r<R$ 时，成立不等式

$$|f^{(n)}(x)|\leqslant \frac{M(r)n!}{(r-|x|)^{n+1}}.$$

由此可见，实变量的函数能展开为 Taylor 级数的条件是多么苛刻.

4.4 辐角原理和 Rouché 定理

设 f 是域 D 中不恒为零的全纯函数，γ 是 D 中一条可求长的简单闭曲线，由唯一性定理知道，f 在 γ 内部只能有有限个零点. 如何计算 f 在 γ 中零点的个数呢？下面的定理提供了一个计算公式.

定理 4.4.1 设 $f\in H(D)$，γ 是 D 中一条可求长的简单闭曲线，γ 的内部位于 D 中. 如果 f 在 γ 上没有零点，在 γ 内部有零点

$$a_1,\ a_2,\ \cdots,\ a_n,$$

它们的阶数分别为

$$\alpha_1,\ \alpha_2,\ \cdots,\ \alpha_n,$$

那么

$$\frac{1}{2\pi \mathrm{i}}\int_\gamma \frac{f'(z)}{f(z)}\mathrm{d}z=\sum_{k=1}^n \alpha_k. \tag{1}$$

证 取充分小的 $\varepsilon>0$，作圆盘 $B(a_k,\varepsilon)$，$k=1,\cdots,n$，使得这 n 个圆盘都在 γ 内部，且两两不相交. 于是，$\dfrac{f'(z)}{f(z)}$ 在 $D\setminus\bigcup\limits_{k=1}^n B(a_k,\varepsilon)$ 中全纯. 应用多连通域的 Cauchy 积分定理（定理 3.2.5），得

$$\frac{1}{2\pi \mathrm{i}}\int_\gamma \frac{f'(z)}{f(z)}\mathrm{d}z=\frac{1}{2\pi \mathrm{i}}\int_{\gamma_1} \frac{f'(z)}{f(z)}\mathrm{d}z+\cdots+\frac{1}{2\pi \mathrm{i}}\int_{\gamma_n} \frac{f'(z)}{f(z)}\mathrm{d}z, \tag{2}$$

其中，$\gamma_k=\partial B(a_k,\varepsilon)$，$k=1,\cdots,n$.

因为 a_k 是 f 的 α_k 阶零点，由命题 4.3.4 知道，f 在 a_k 的邻域

中可以写成

$$f(z)=(z-a_k)^{\alpha_k}g_k(z),$$

这里，g_k 在 a_k 的邻域中全纯，且 $g_k(a_k)\neq 0$. 于是

$$f'(z)=\alpha_k(z-a_k)^{\alpha_k-1}g_k(z)+(z-a_k)^{\alpha_k}g_k{}'(z),$$

$$\frac{f'(z)}{f(z)}=\frac{\alpha_k}{z-a_k}+\frac{g_k{}'(z)}{g_k(z)}.$$

因为$\dfrac{g_k{}'}{g_k}$在$\overline{B(a_k,\varepsilon)}$中全纯，于是由 Cauchy 积分定理及例 3.1.4 得

$$\frac{1}{2\pi\mathrm{i}}\int_{\gamma_k}\frac{f'(z)}{f(z)}\mathrm{d}z=\alpha_k,\ k=1,\cdots,n.$$

把它代入(2)式，即得公式(1). □

公式(1)有明确的几何意义. 我们先作一个自然的约定：如果 a 是 f 的 m 阶零点，我们就把 a 看成是 f 的 m 个重合的 1 阶零点. 这样，公式(1)右边就表示 f 在 γ 内部的零点个数的总和，我们记之为 N. 于是，公式(1)可写为

$$\frac{1}{2\pi\mathrm{i}}\int_{\gamma}\frac{f'(z)}{f(z)}\mathrm{d}z=N. \tag{3}$$

现在来阐明(3)式左端积分的几何意义. 设 Γ 是 w 平面上一段不通过原点的连续曲线，它的方程记为 $w=\lambda(t)$，$a\leqslant t\leqslant b$. 对于每个 t，选取 $\lambda(t)$的一个辐角 $\theta(t)$，使得 $\theta(t)$是 t 的连续函数，我们称 $\theta(b)-\theta(a)$为 w 沿曲线 Γ 的辐角的变化，记为

$$\Delta_\Gamma \mathrm{Arg}w=\theta(b)-\theta(a).$$

今设 Γ 是一条不通过原点的可求长简单闭曲线，显然有

$$\frac{1}{2\pi}\Delta_\Gamma \mathrm{Arg}w=\begin{cases}1, & \text{如果原点在 }\Gamma\text{ 内部；}\\ 0, & \text{如果原点不在 }\Gamma\text{ 内部.}\end{cases}$$

另一方面，我们早就知道

$$\frac{1}{2\pi\mathrm{i}}\int_\Gamma\frac{1}{w}\mathrm{d}w=\begin{cases}1, & \text{如果原点在 }\Gamma\text{ 内部；}\\ 0, & \text{如果原点不在 }\Gamma\text{ 内部.}\end{cases}$$

于是得到

$$\frac{1}{2\pi \mathrm{i}}\int_{\Gamma} \frac{\mathrm{d}w}{w} = \frac{1}{2\pi}\Delta_{\Gamma}\mathrm{Arg}w. \tag{4}$$

一般来说，当 Γ 是一条不通过原点的任意可求长闭曲线时，$\frac{1}{2\pi \mathrm{i}}\int_{\Gamma} \frac{\mathrm{d}w}{w}$ 等于 Γ 绕原点的圈数，称为 Γ 关于原点的环绕指数，因而 (4) 式对于一般的不通过原点的可求长闭曲线都是成立的.

现在让 z 在 z 平面上沿曲线 γ 的正方向走一圈，相应的函数 $w=f(z)$ 的值在 w 平面上画出一条相应的闭曲线 Γ（见图 4.6）. 根据(4)式，我们有

$$\frac{1}{2\pi \mathrm{i}}\int_{\gamma} \frac{f'(z)}{f(z)}\mathrm{d}z = \frac{1}{2\pi}\Delta_{\gamma}\mathrm{Arg}f(z). \tag{5}$$

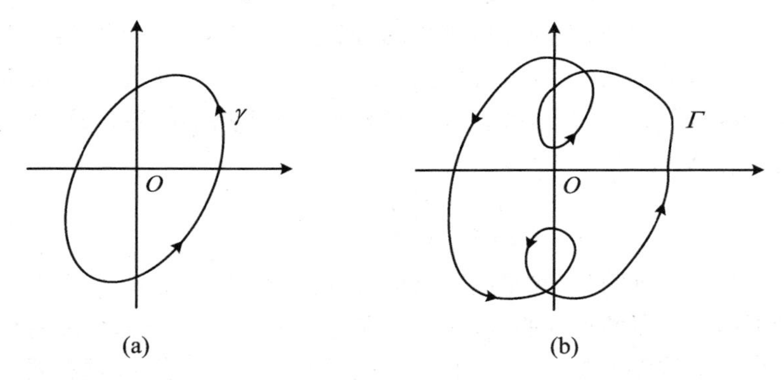

图 4.6

由此可知，积分 $\frac{1}{2\pi \mathrm{i}}\int_{\gamma} \frac{f'(z)}{f(z)}\mathrm{d}z$ 就表示当 z 沿着 γ 的正方向走一圈时，函数 $f(z)$ 在 Γ 上的辐角变化再除以 2π. 由(3)式和(5)式，我们得到

$$\frac{1}{2\pi}\Delta_{\gamma}\mathrm{Arg}f(z) = N. \tag{6}$$

由此即得下面的

定理 4.4.2（辐角原理） 设 $f\in H(D)$，γ 是 D 中的可求长简

单闭曲线，γ 的内部位于 D 中. 如果 f 在 γ 上没有零点，那么当 z 沿着 γ 的正方向转动一圈时，函数 $f(z)$ 在相应的曲线 Γ 上绕原点转动的总圈数恰好等于 f 在 γ 内部的零点的个数.

例如，设 $f(z)=(z^2+1)(z-1)^5$，则当 z 沿着圆周 $\{z: |z|=3\}$ 的正方向转动一圈时，$f(z)$ 在 w 平面上绕原点转动 7 圈. 这是因为 f 在 $B(0,3)$ 中共有 7 个零点，其中，$\pm i$ 是 1 阶零点，而 1 则是 5 阶零点.

从辐角原理可以导出下面的 Rouché 定理，它在研究全纯函数的零点分布时颇为有用.

定理 4.4.3(Rouché) 设 $f,g\in H(D)$，γ 是 D 中可求长的简单闭曲线，γ 的内部位于 D 中. 如果当 $z\in\gamma$ 时，有不等式

$$|f(z)-g(z)|<|f(z)|, \tag{7}$$

那么 f 和 g 在 γ 内部的零点个数相同.

证 由(7)式知道，f 和 g 在 γ 上都没有零点. 用 $|f(z)|$ 去除(7)式的两端，得

$$\left|1-\frac{g(z)}{f(z)}\right|<1.$$

若记 $w=\dfrac{g}{f}$，则有 $|w-1|<1$. 这说明当 z 在 γ 上变动时，w 落在以 1 为中心、半径为 1 的圆内，因而 $\Delta_\Gamma \operatorname{Arg} w=0$，即

$$\Delta_\gamma \operatorname{Arg} f(z)=\Delta_\gamma \operatorname{Arg} g(z).$$

由辐角原理即知 f 和 g 在 γ 内部的零点个数相同. □

Rouché 定理有一系列重要的应用.

定理 4.4.4 设 f 是域 D 中的全纯函数，$z_0\in D$，记 $w_0=f(z_0)$，如果 z_0 是 $f(z)-w_0$ 的 m 阶零点，那么对于充分小的 $\rho>0$，必存在 $\delta>0$，使得对于任意 $a\in B(w_0,\delta)$，$f(z)-a$ 在 $B(z_0,\rho)$ 中恰有 m 个零点.

证 根据全纯函数零点的孤立性，必存在充分小的 $\rho>0$，使得 $f(z)-w_0$ 在 $\overline{B(z_0,\rho)}$ 中除 z_0 外没有其他的零点. 记

$$\min\{|f(z)-w_0|:|z-z_0|=\rho\}=\delta>0,$$
于是当$|z-z_0|=\rho$时，$|f(z)-w_0|\geqslant\delta$. 今任取$a\in B(w_0,\delta)$，则当$z$在圆周$|z-z_0|=\rho$上时，有

$$|f(z)-w_0|\geqslant\delta>|w_0-a|. \tag{8}$$

若记$F(z)=f(z)-w_0$，$G(z)=f(z)-a$，则(8)式可写成

$$|F(z)|>|F(z)-G(z)|.$$

由 Rouché 定理，F和G在$B(z_0,\rho)$中的零点个数相同，因而$G(z)=f(z)-a$在$B(z_0,\rho)$中恰有m个零点. □

注意，这个定理实际上证明了

推论 4.4.5 设$f\in H(D)$，$z_0\in D$，$w_0=f(z_0)$，则对充分小的$\rho>0$，一定存在$\delta>0$，使得

$$f(B(z_0,\rho))\supset B(w_0,\delta).$$

定理 4.4.4 本身又有许多重要的应用.

如果f是域D上非常数的连续函数，那么$f(D)$未必是一个域. 例如，函数$f(z)=|z|$是单位圆盘上的连续函数，它把单位圆盘映为线段$[0,1)$. 域D上非常数的全纯函数则一定把域映为域.

定理 4.4.6 设f是域D上非常数的全纯函数，那么$f(D)$也是$\mathbf{C}$中的域.

证 我们证明$f(D)$是$\mathbf{C}$中的连通开集. 先证$f(D)$是开集. 任取$w_0\in f(D)$，由推论 4.4.5 知，存在$\delta>0$，使得$B(w_0,\delta)\subset f(D)$，这说明$w_0$是$f(D)$的内点，所以$f(D)$是开集.

再证$f(D)$是连通的. 任取$w_1,w_2\in f(D)$，则存在$z_1,z_2\in D$，使得$f(z_1)=w_1$，$f(z_2)=w_2$. 因为D是连通的，故在D中存在连续曲线$z=\gamma(t)$ $(\alpha\leqslant t\leqslant\beta)$连接$z_1$和$z_2$，于是$w=f(\gamma(t))$ $(\alpha\leqslant t\leqslant\beta)$是$f(D)$中连接$w_1,w_2$的曲线，因而$f(D)$是连通的. □

这个定理说明非常数的全纯函数把开集映为开集，因此称为**开映射定理**.

在定义 2.4.1 中定义过单叶函数的概念，我们说$f:D\to\mathbf{C}$在D中是单叶的，是指对D中任意两点$z_1\neq z_2$，有$f(z_1)\neq f(z_2)$. 单

叶的全纯函数有下面的重要性质：

定理 4.4.7 如果 f 是域 D 中单叶的全纯函数，那么对于 D 内每一点 z，有 $f'(z)\neq 0$.

证 用反证法. 如果存在 $z_0\in D$，使得 $f'(z_0)=0$，那么 z_0 是 $f(z)-f(z_0)$ 的 m 级零点，这里，$m\geqslant 2$. 取 ρ 充分小，使得 $f'(z)$ 在 $B(z_0,\rho)$ 中除了 z_0 外不再有其他的零点. 由定理 4.4.4，对于 $0<\eta<\rho$，存在 $\delta>0$，使得对任意 $a\in B(f(z_0),\delta)$，$f(z)-a$ 在 $B(z_0,\eta)$ 中至少有两个零点，设为 z_1,z_2. 由于 $f'(z_1)\neq 0$，$f'(z_2)\neq 0$，故 z_1，z_2 都是 $f(z)-a$ 的 1 阶零点. 这就是说，存在 $z_1\neq z_2$，使得 $f(z_1)=f(z_2)=a$，这与 f 的单叶性相矛盾. □

这个定理的逆定理是不成立的，即若 f' 在 D 中处处不为零，f 未必是 D 中的单叶函数. $f(z)=\mathrm{e}^z$ 就是最简单的例子. 但是，我们有下面的

定理 4.4.8 设 f 是域 D 中的全纯函数，如果对于 $z_0\in D$，$f'(z_0)\neq 0$，那么 f 在 z_0 的邻域中是单叶的.

证 因为 $f'(z_0)\neq 0$，所以 z_0 是 $f(z)-f(z_0)$ 的 1 阶零点. 由定理 4.4.4，存在 $\rho>0$ 和 $\delta>0$，使得对于任意的 $a\in B(f(z_0),\delta)$，$f(z)-a$ 在 $B(z_0,\rho)$ 中只有一个零点. 由 f 的连续性，可取 $\rho_1<\rho$，使得

$$f(B(z_0,\rho_1))\subset B(f(z_0),\delta),$$

因而 f 在 $B(z_0,\rho_1)$ 中是单叶的. □

如果 f 是域 D 上的单叶全纯函数，记 $f(D)=G$，那么 f 把 D 一一地映为 G，因而 f^{-1} 也把 G 一一地映为 D. 问题是 f^{-1} 在 G 上是不是全纯的呢？对此，我们有

定理 4.4.9 设 f 是域 D 上的单叶全纯函数，那么它的反函数 f^{-1} 是 $G=f(D)$ 上的全纯函数，而且

$$(f^{-1})'(w)=\frac{1}{f'(z)},\ w\in G,$$

其中，$w=f(z)$.

证 先证明 f^{-1}在 G 上连续. 任取 $w_0\in G$,则存在 $z_0\in D$,使得 $f(z_0)=w_0$. 由定理 4.4.4,对于充分小的 $\rho>0$,存在 $\delta>0$,使得当$|w-w_0|<\delta$ 时,相应的 z 满足 $|z-z_0|<\rho$, 即 $|f^{-1}(w)-f^{-1}(w_0)|<\rho$,这说明 f^{-1}在 w_0 处是连续的. 现在

$$\lim_{w\to w_0}\frac{f^{-1}(w)-f^{-1}(w_0)}{w-w_0}=\lim_{z\to z_0}\frac{z-z_0}{f(z)-f(z_0)}$$

$$=\frac{1}{f'(z_0)},$$

即

$$(f^{-1})'(w_0)=\frac{1}{f'(z_0)}.$$

这里,我们已经利用了定理 4.4.7 的结果. □

因此,单叶全纯函数也称为**双全纯函数**或**双全纯映射**.

利用 Rouché 定理,还可以证明下面的

定理 4.4.10(Hurwitz) 设$\{f_n\}$是域 D 中的一列全纯函数,它在 D 中内闭一致收敛到不恒为零的函数 f. 设 γ 是 D 中一条可求长简单闭曲线,它的内部属于 D,且不经过 f 的零点. 那么必存在正整数 N,当 $n\geqslant N$ 时,f_n 与 f 在 γ 内部的零点个数相同.

证 由 Weierstrass 定理,f 在 D 中是全纯的. 因为 f 在 γ 上没有零点,所以

$$\min\{|f(z)|: z\in\gamma\}=\varepsilon>0.$$

另一方面,对于上面的 $\varepsilon>0$,存在正整数 N,当 $n\geqslant N$ 时,$|f_n(z)-f(z)|<\varepsilon$ 在 γ 上成立. 于是,当 $n\geqslant N$ 时,在 γ 上有不等式

$$|f(z)|\geqslant\varepsilon>|f_n(z)-f(z)|.$$

根据 Rouché 定理,f 和 f_n 在 γ 内有相同个数的零点. □

作为 Hurwitz 定理的应用,我们有

定理 4.4.11 设$\{f_n\}$是域 D 上一列单叶的全纯函数,它在 D 上内闭一致收敛到 f,如果 f 不是常数,那么 f 在 D 中也是单叶的全纯函数.

证 由 Weierstrass 定理，f 是 D 上的全纯函数. 如果 f 在 D 上不是单叶的，那么一定存在 $z_1, z_2, z_1 \neq z_2$，使得 $f(z_1) = f(z_2)$. 令

$$F(z) = f(z) - f(z_1),$$

那么 F 在 D 中有两个零点 z_1 和 z_2. 因为 $F \not\equiv 0$，故 z_1 和 z_2 是孤立的. 选取充分小的 $\varepsilon > 0$，使得 $B(z_1, \varepsilon) \cap B(z_2, \varepsilon) = \varnothing$，且 F 在 $B(z_1, \varepsilon)$ 和 $B(z_2, \varepsilon)$ 中除去 z_1 和 z_2 外不再有其他的零点. 令

$$F_n(z) = f_n(z) - f(z_1),$$

则 F_n 在 D 中内闭一致收敛到 F. 由 Hurwitz 定理，存在正整数 N，当 $n > N$ 时，F_n 在 $B(z_1, \varepsilon)$ 和 $B(z_2, \varepsilon)$ 中各有一个零点，设为 z_1' 和 z_2'. 显然 $z_1' \neq z_2'$，由此即得

$$f_n(z_1') = f_n(z_2') = f(z_1).$$

这与 f_n 在 D 内的单叶性相矛盾. □

这个定理在证明 Riemann 映射定理时将要用到.

Rouché 定理的另一方面应用是可以确定某些函数在一定范围内的零点的个数，下面通过例子来说明.

例 4.4.12 求方程 $z^8 - 4z^5 + z^2 - 1 = 0$ 在单位圆内的零点个数.

解 令

$$f(z) = -4z^5,$$
$$g(z) = z^8 - 4z^5 + z^2 - 1.$$

在单位圆周上，$|f(z)| = 4$，于是

$$\begin{aligned} |f(z) - g(z)| &= |z^8 + z^2 - 1| \\ &\leqslant |z|^8 + |z|^2 + 1 \\ &= 3 \\ &< |f(z)|. \end{aligned}$$

根据 Rouché 定理，g 和 f 在 $|z| < 1$ 中的零点个数相同. 而 f 在 $z = 0$ 处有 1 个 5 阶零点，因而原方程在 $|z| < 1$ 中有 5 个零点. □

例 4.4.13 试求方程 $z^4 - 6z + 3 = 0$ 在圆环 $\{z: 1 < |z| < 2\}$

中根的个数.

解 我们只需分别算出它在圆盘$|z|\leqslant 1$和$|z|<2$中根的个数,二者之差即为在圆环$1<|z|<2$中根的个数.

利用例 4.4.12 中的方法,容易知道原方程在$|z|<1$中只有 1 个根.而在圆周$|z|=1$上,由于

$$|z^4-6z+3|\geqslant 6-|z^4+3|\geqslant 2,$$

故在圆周$|z|=1$上不可能有零点.所以,在$|z|\leqslant 1$中只有 1 个根.

为了计算$|z|<2$中根的个数,令$f(z)=z^4$,$g(z)=z^4-6z+3$,于是在圆周$|z|=2$上,有

$$|f(z)-g(z)|\leqslant|6z|+3=15<16=|f(z)|.$$

故由 Rouché 定理,$g(z)=z^4-6z+3$和$f(z)=z^4$在$|z|<2$中的零点个数相同,因而原方程在$|z|<2$中有 4 个根.由此即知原方程在圆环$1<|z|<2$中有 3 个根. □

例 4.4.14 证明:方程$z^4+2z^3-2z+10=0$在每个象限内各有一个根.

证 记

$$P(z)=z^4+2z^3-2z+10,$$

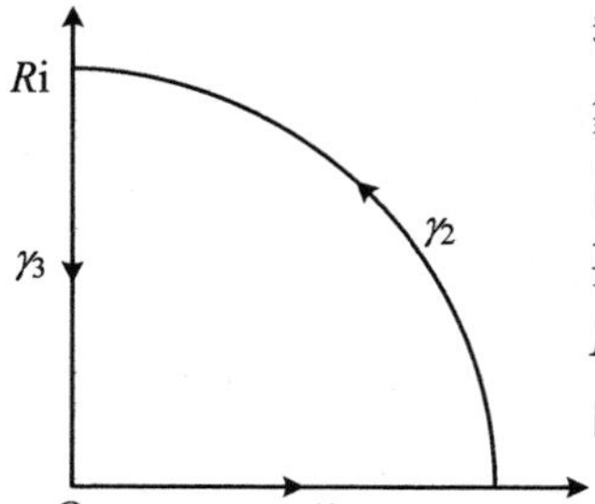

我们直接用辐角原理来证明它在第一象限内只有一个零点.为此,取围道如图 4.7 所示,为了应用辐角原理,我们要证明P在$\gamma_1,\gamma_2,\gamma_3$上都没有零点.当$R$充分大时,$P$在$\gamma_2$上没有零点是显然的.当$z\in\gamma_1$时,$z=x>0$,于是

$$\begin{aligned}P(z)&=P(x)\\&=x^4+2x^3-2x+10\\&=(x^2-1)(x+1)^2+11.\end{aligned}$$

图 4.7

故当$x>1$时,$P(x)>11$;当$0\leqslant x\leqslant 1$时,$P(x)\geqslant -2+11=9$.因此,P在γ_1上取正值.当$z\in\gamma_3$时,$z=\mathrm{i}y$,$y>0$,显然

$$\begin{aligned}P(\mathrm{i}y) &= y^4 + 10 - 2\mathrm{i}y(y^2+1)\\ &\neq 0.\end{aligned}$$

现在来计算 P 在 $\gamma=\gamma_1\cup\gamma_2\cup\gamma_3$ 上辐角的变化. 由于 P 在 γ_1 上取正值,所以

$$\Delta_{\gamma_1}\operatorname{Arg}P(z) = 0. \tag{9}$$

当 $z\in\gamma_2$ 时,有

$$P(z) = z^4\left(1+\frac{2z^3-2z+10}{z^4}\right) = z^4 Q(z),$$

这里,$Q(z)=1+\dfrac{2z^3-2z+10}{z^4}$. 当 $|z|$ 充分大时,有

$$|Q(z)-1| = \left|\frac{2z^3-2z+10}{z^4}\right| < 1,$$

即 $Q(z)$ 落在以 1 为中心、半径为 1 的圆内,所以 $\Delta_{\gamma_2}\operatorname{Arg}Q(z)=0$, 于是

$$\begin{aligned}\Delta_{\gamma_2}\operatorname{Arg}P(z) &= 4\Delta_{\gamma_2}\operatorname{Arg}z + \Delta_{\gamma_2}\operatorname{Arg}Q(z)\\ &= 2\pi.\end{aligned} \tag{10}$$

当 $z\in\gamma_3$ 时,有

$$\begin{aligned}\Delta_{\gamma_3}\operatorname{Arg}P(z) &= \operatorname{Arg}P(0) - \operatorname{Arg}P(\mathrm{i}R)\\ &= -\operatorname{Arg}\{R^4+10-2\mathrm{i}R(R^2+1)\}\\ &= -\operatorname{Arg}(R^4+10)\left(1-\frac{2\mathrm{i}R(R^2+1)}{R^4+10}\right)\\ &= -\operatorname{Arg}\left(1-\frac{2\mathrm{i}R(R^2+1)}{R^4+10}\right)\\ &= 0\ (R\text{ 充分大时}).\end{aligned} \tag{11}$$

由(9),(10)和(11)式即得

$$\frac{1}{2\pi}\Delta_{\gamma}\operatorname{Arg}P(z) = \frac{1}{2\pi}\Delta_{\gamma_2}\operatorname{Arg}P(z) = 1.$$

根据辐角原理,P 在第一象限内只有一个零点.

由于 P 是实系数多项式,它的零点是共轭出现的,故在第四象限内也有一个零点.

用与前面相同的方法，可以证明 P 在负实轴上没有零点，因此剩下的两个零点当然就在第二、第三象限中了. □

习 题 4.4

1. 设 D 是由有限条可求长简单闭曲线围成的域. 证明：若 $f, g\in H(\overline{D})$，f 在 ∂D 上没有零点，f 在 D 中的全部彼此不同的零点为 $z_1, z_2, \cdots, z_n$，其相应的阶数分别为 $k_1, k_2, \cdots, k_n$，则

$$\frac{1}{2\pi i}\int_{\partial D} g(z)\frac{f'(z)}{f(z)}dz = \sum_{j=1}^{n} k_j g(z_j).$$

（**说明**：这是 Cauchy 积分公式和辐角原理的推广.）

2. 利用辐角原理证明代数学的基本定理.

3. 设 $\lambda>1$. 证明：方程 $z=\lambda-e^{-z}$ 在右半平面 $\{z\in\mathbf{C}: \operatorname{Re}z>0\}$ 中恰有一个根，并且是正实根.

4. 设 $0<a_0<a_1<\cdots<a_n$. 证明：三角多项式

$$a_0+a_1\cos\theta+a_2\cos 2\theta+\cdots+a_n\cos n\theta$$

在 $(0, 2\pi)$ 中有 $2n$ 个不同的零点.

（**提示**：首先证明 $P_n(z)=\sum_{k=0}^{n} a_k z^k$ 在 $B(0,1)$ 中有 n 个根.）

5. 利用 Rouché 定理证明代数学的基本定理.

6. 设 $0<r<1$. 证明：当 n 充分大时，多项式

$$1+2z+3z^2+\cdots+nz^{n-1}$$

在 $B(0,r)$ 中没有根.

7. 设 $r>0$. 证明：当 n 充分大时，多项式

$$1+z+\frac{1}{2!}z^2+\cdots+\frac{1}{n!}z^n$$

在 $B(0,r)$ 中没有根.

8. 设 $f(z)$ 在 $\overline{B(0,1)}$ 上全纯，并且 $f'(z)$ 在 $\partial B(0,1)$ 上无零点. 证明：当 n 充分大时，$F_n(z)=n\left[f\left(z+\frac{1}{n}\right)-f(z)\right]$ 与 $f'(z)$

在 $B(0,1)$ 中的零点个数相等.

9. 设 D 是域, $f_n: D \to \mathbf{C}\setminus\{0\}$ 是全纯映射, $\forall n \in \mathbf{N}$. 证明:若 $\{f_n\}$ 在 D 上内闭一致收敛于 f,则或者 $f(D)=\{0\}$,或者 $f(D)\subset \mathbf{C}\setminus\{0\}$.

10. 利用上题的结论证明:若域 D 上的单叶全纯函数列 $\{f_n\}$ 在 D 上内闭一致收敛于 f,则或者 f 是常数,或者 f 也是 D 上的单叶全纯函数.

11. 求下列全纯函数在 $B(0,1)$ 中的零点个数:

(i) $z^9-2z^6+z^2-8z-2$;

(ii) $2z^5-z^3+3z^2-z+8$;

(iii) $z^7-5z^4+z^2-2$;

(iv) e^z-4z^n+1.

12. 证明:若 $f\in H(B(0,1))\cap C(\overline{B(0,1)})$, $f(\overline{B(0,1)})\subset B(0,1)$,则 $f(z)$ 在 $B(0,1)$ 中有唯一的不动点.

13. 设 $a_1,a_2,\cdots,a_n\in B(0,1)$, $f(z)=\prod\limits_{k=1}^{n}\dfrac{a_k-z}{1-\bar{a}_k z}$. 证明:

(i) 若 $b\in B(0,1)$,则 $f(z)=b$ 在 $B(0,1)$ 中恰有 n 个根;

(ii) 若 $b\in B(\infty,1)$,则 $f(z)=b$ 在 $B(\infty,1)$ 中恰有 n 个根.

14. 设 $f\in H(\overline{B(0,R)})$, f 在 $\partial B(0,R)$ 上没有零点,在 $B(0,R)$ 中的零点个数为 N. 证明:

$$\max_{|z|=R}\mathrm{Re}\left(z\frac{f'(z)}{f(z)}\right)\geqslant N.$$

15. 设 f 是域 D 上非常数的全纯函数. 证明:存在在 D 中无极限点的点列 $\{z_n\}$,使得对每个 $z\in D\setminus\{z_n\}$,有 $f'(z)\neq 0$.

16. 设 D 是由可求长简单闭曲线围成的单连通域, $f\in H(D)\cap C(\overline{D})$. 证明:若 f 在 ∂D 上取实值,则 f 为常值函数. 举例说明,对于一般的单连通域 D,结论不再成立.

17. (边界对应原理的特例)设 D 是由可求长简单闭曲线 γ 围成的单连通域, $f\in H(D)\cap C(\overline{D})$. 证明:若 f 将 γ 一一地映为简单闭曲线Γ,则 f 将D 双全纯地映为由Γ 围成的单连通域G.

18.（辐角原理）设 D 是由有限条可求长简单闭曲线围成的域,$f\in H(D)\cap C(\overline{D})$. 证明:若 f 在∂D 上不取零值,则 f 在 D 中的零点个数为

$$\frac{1}{2\pi}\Delta_{\partial D}\mathrm{Arg}f(z),$$

其中,n 阶零点视为 n 个零点.

4.5 最大模原理和 Schwarz 引理

本节介绍的最大模原理是全纯函数的重要性质之一.

定理 4.5.1 设 f 是域D 中非常数的全纯函数,那么$|f(z)|$不可能在 D 中取到最大值.

证 因为 f 是 D 上非常数的全纯函数,由定理 4.4.6,$G=f(D)$是一个域. 如果$|f(z)|$在 D 中某点 z_0 处取到最大值,记 $w_0=f(z_0)$,则 w_0 是G 的一个内点,即有 $\varepsilon>0$,使得 $B(w_0,\varepsilon)\subset G$. 故必有 $w_1\in G$,使得$|w_1|>|w_0|$. 于是存在 $z_1\in D$,使得$|f(z_1)|=|w_1|>|w_0|=|f(z_0)|$. 这与$|f(z_0)|$是$|f(z)|$在 D 中的最大值相矛盾. □

从定理 4.5.1 马上可以得到下面的

定理 4.5.2 设 D 是$\mathbf{C}$ 中的有界域,如果非常数的函数 f 在$\overline{D}$ 上连续,在 D 内全纯,那么 f 的最大模在D 的边界上而且只在D 的边界上达到.

证 因为$\overline{D}$ 是紧集,其上的连续函数$|f|$一定有最大值,即存在 $z_0\in\overline{D}$,使得$|f(z_0)|$是$|f(z)|$在 $\overline{D}$ 上的最大值. 由定理 4.5.1 知道,z_0 不能属于 D,因此只能有 $z_0\in\partial D$. □

注意,定理 4.5.2 中 D 的有界性条件不能去掉,否则定理可能不成立. 例如,设

$$D=\left\{z:\ |\,\mathrm{Im}z\,|<\frac{\pi}{2}\right\},$$

$$f(z)=e^{e^z}.$$

当然 f 在 D 中全纯，在 $\overline{D}$ 上连续，但它的最大模并不能在 ∂D 上达到. 事实上，当 $z\in\partial D$ 时，$z=x\pm\frac{\pi}{2}i$，这时，$e^z=e^x e^{\pm\frac{\pi}{2}i}=\pm ie^x$，所以 $|e^{e^z}|=|e^{\pm ie^x}|=1$. 而当 $z\in D$ 时，取 $z=x$，即有 $e^{e^x}\to\infty$ $(x\to\infty)$. 故定理 4.5.2 不成立.

最大模原理的一个重要应用是可以用它来证明下面的 **Schwarz 引理.**

定理 4.5.3 设 f 是单位圆盘 $B(0,1)$ 中的全纯函数，且满足条件

(i) 当 $z\in B(0,1)$ 时，$|f(z)|\leqslant 1$；

(ii) $f(0)=0$，

那么下列结论成立：

(i) 对于任意 $z\in B(0,1)$，均有 $|f(z)|\leqslant|z|$；

(ii) $|f'(0)|\leqslant 1$；

(iii) 如果存在某点 $z_0\in B(0,1)$，$z_0\neq 0$，使得 $|f(z_0)|=|z_0|$，或者 $|f'(0)|=1$ 成立，那么存在实数 θ，使得对 $B(0,1)$ 中所有的 z，都有 $f(z)=e^{i\theta}z$.

证 因为 $f\in H(B(0,1))$，且 $f(0)=0$，故 f 在 $B(0,1)$ 中可展开为

$$\begin{aligned}f(z)&=a_1z+a_2z^2+\cdots\\&=z(a_1+a_2z+\cdots)\\&=zg(z),\end{aligned}$$

这里，$g(0)=a_1=f'(0)$. 取 $0<r<1$，当 $|z|=r$ 时，有

$$|g(z)|=\frac{|f(z)|}{|z|}\leqslant\frac{1}{r},$$

故由最大模原理，在圆盘 $B(0,r)$ 中也有

$$|g(z)|\leqslant\frac{1}{r}\ (\text{当 } |z|<r \text{ 时}).$$

让 $r\to 1$，即得 $|g(z)|\leqslant 1$ $(z\in B(0,1))$，即 $|f(z)|\leqslant|z|$，结论(i)

成立.

从$|g(0)|\leqslant 1$即得$|f'(0)|\leqslant 1$,结论(ii)成立.

现若有$z_0\in B(0,1)$,$z_0\neq 0$,使得$|f(z_0)|=|z_0|$,即$|g(z_0)|=1$.这说明全纯函数g在内点z_0处取到了最大模1,根据最大模原理,g必须是常数.设$g(z)\equiv c$,由$|g(z_0)|=1$,得$|c|=1$,所以$c=e^{i\theta}$,因而$f(z)=e^{i\theta}z$.如果$|f'(0)|=1$,即$|g(0)|=1$,与上面一样讨论,即得$f(z)=e^{i\theta}z$.结论(iii)成立. □

定义 4.5.4 设D是$\boldsymbol{C}$中的域,如果f是D上的单叶全纯函数,且$f(D)=D$,就称f是D上的一个**全纯自同构**. D上全纯自同构的全体记为$\mathrm{Aut}(D)$.

设$f,g\in \mathrm{Aut}(D)$,那么$f\circ g\in \mathrm{Aut}(D)$,且复合运算满足结合律.对于每个$f\in \mathrm{Aut}(D)$,由定理4.4.9,$f^{-1}\in \mathrm{Aut}(D)$. $f(z)=z$在复合运算下起着单位元素的作用.因而$\mathrm{Aut}(D)$在复合运算下构成一个群,称为D的**全纯自同构群**.

对于一般的域D,要确定$\mathrm{Aut}(D)$是很困难的.但对于单位圆盘$B(0,1)$,应用Schwarz引理不难定出其上的全纯自同构群.

对于$|a|<1$,记

$$\varphi_a(z)=\frac{a-z}{1-\bar{a}z},$$

由例2.5.16知道,它把$B(0,1)$一一地映为$B(0,1)$,因而$\varphi_a\in \mathrm{Aut}(B(0,1))$.如果记$\rho_\theta(z)=e^{i\theta}z$,它是一个旋转变换,当然有$\rho_\theta\in \mathrm{Aut}(B(0,1))$.下面我们将证明,$\mathrm{Aut}(B(0,1))$中除了$\varphi_a$,$\rho_\theta$以及它们的复合外,不再有其他的变换.

定理 4.5.5 设$f\in \mathrm{Aut}(B(0,1))$,且$f^{-1}(0)=a$,则必存在$\theta\in R$,使得

$$f(z)=e^{i\theta}\frac{a-z}{1-\bar{a}z}.$$

证 记$w=\varphi_a(z)$,直接计算可得

$$z=\varphi_a^{-1}(w)=\frac{a-w}{1-\bar{a}w}=\varphi_a(w).$$

令 $g(w)=f\circ\varphi_a(w)$，则 $g\in \mathrm{Aut}(B(0,1))$，而且

$$g(0)=f(\varphi_a(0))=f(a)=0,$$

故由 Schwarz 引理得

$$|g'(0)|\leqslant 1. \tag{1}$$

由于 $g^{-1}\in \mathrm{Aut}(B(0,1))$，且 $g^{-1}(0)=0$，故对 g^{-1} 用 Schwarz 引理，得 $|(g^{-1})'(0)|\leqslant 1$. 但由定理 4.4.9，有

$$|(g^{-1})'(0)|=\frac{1}{|g'(0)|},$$

由此即得

$$|g'(0)|\geqslant 1.$$

与(1)式比较，即得 $|g'(0)|=1$. 根据 Schwarz 引理的结论(iii)，存在实数 θ，使得 $g(w)=\mathrm{e}^{\mathrm{i}\theta}w$，即 $f\circ\varphi_a(w)=\mathrm{e}^{\mathrm{i}\theta}w$. 令 $w=\varphi_a(z)$，即得

$$f(z)=\mathrm{e}^{\mathrm{i}\theta}\frac{a-z}{1-\bar{a}z}. \qquad \square$$

Schwarz 引理还可推广为下面的

定理 4.5.6(Schwarz-Pick) 设 $f:B(0,1)\to B(0,1)$ 是全纯函数，对于 $a\in B(0,1)$，$f(a)=b$. 那么

(i) 对任意 $z\in B(0,1)$，有 $|\varphi_b(f(z))|\leqslant|\varphi_a(z)|$；

(ii) $|f'(a)|\leqslant\dfrac{1-|b|^2}{1-|a|^2}$；

(iii) 如果存在某点 $z_0\in B(0,1)$，$z_0\neq a$，使得 $|\varphi_b(f(z_0))|=|\varphi_a(z_0)|$，或者 $|f'(a)|=\dfrac{1-|b|^2}{1-|a|^2}$ 成立，那么 $f\in \mathrm{Aut}(B(0,1))$.

证 令 $g=\varphi_b\circ f\circ\varphi_a$，则 $g\in H(B(0,1))$，且 $g(B(0,1))\subset B(0,1)$，$g(0)=\varphi_b\circ f\circ\varphi_a(0)=0$. 对 g 用 Schwarz 引理，有

$$|\varphi_b\circ f\circ\varphi_a(\zeta)|\leqslant|\zeta|,\ \zeta\in B(0,1) \tag{2}$$

和

$$|(\varphi_b\circ f\circ\varphi_a)'(0)|\leqslant 1. \tag{3}$$

令 $z=\varphi_a(\zeta)$，则 $\zeta=\varphi_a(z)$，于是(2)式变成

$$|\varphi_b(f(z))|\leqslant|\varphi_a(z)|. \tag{4}$$

这就是(i).

由于

$$\varphi_a'(0)=-(1-|a|^2),$$

$$\varphi_b'(b)=-\frac{1}{1-|b|^2},$$

由(3)式即得

$$|f'(a)|\leqslant\frac{1-|b|^2}{1-|a|^2}. \tag{5}$$

这就是(ii).

如果存在 $z_0\in B(0,1)$,$z_0\neq a$,使得(4)式中的等号成立,令 $\zeta_0=\varphi_a(z_0)$,则 $\zeta_0\neq0$,且 ζ_0 使(2)式中的等号成立. 于是由 Schwarz 引理,$g(z)=\mathrm{e}^{\mathrm{i}\theta}z$,即 $g\in\mathrm{Aut}(B(0,1))$,于是 $f=\varphi_b\circ g\circ\varphi_a\in\mathrm{Aut}(B(0,1))$. 用同样的方法可以证明,(5)式中的等号成立时也有 $f\in\mathrm{Aut}(B(0,1))$. □

习　题　4.5

1. 设 D 是域, $f_n\in H(D)\cap C(\overline{D})$, $\forall n\in\mathbf{N}$. 证明:若 $\sum\limits_{n=1}^{\infty}f_n(z)$ 在 ∂D 上一致收敛,则必在 $\overline{D}$ 上一致收敛.

2. 设 $f\in H(B(0,R))\cap C(\overline{B(0,R)})$,$M=\max\limits_{|z|=R}|f(z)|$. 证明:若 $z_0\in B(0,R)\setminus\{0\}$ 是 $f(z)$的零点,则

$$R|f(0)|\leqslant(M+|f(0)|)|z_0|.$$

3. 设 $z_1,z_2,\cdots,z_n\in B(\infty,1)$. 证明:存在 $z_0\in\partial B(0,1)$,使得 $\prod\limits_{k=1}^{n}|z_0-z_k|>1$.

4. 设 $f\in H(B(0,R))$. 证明:$M(r)=\max\limits_{|z|=r}|f(z)|$ 是$[0,R)$上的增函数.

5. 利用最大模原理证明代数学的基本定理.

6. 设 $f\in H(B(\infty,R))\cap C(\overline{B(\infty,R)})$,并且$\lim\limits_{z\to\infty}f(z)$存在. 证

明：若 f 非常数，则 $M(r)=\max\limits_{|z|=r}|f(z)|$ 是 $[R,\infty)$ 上的严格减函数.

7. 设 f 是域 D 上非常数的全纯函数. 证明：若 f 在 D 中没有零点，则 $|f(z)|$ 在 D 内不能取得最小值.

8. 设 $f\in H(B(0,1))$，$f(0)=0$. 证明：$\sum\limits_{n=1}^{\infty}f(z^n)$ 在 $B(0,1)$ 上绝对且内闭一致收敛.

9. (全纯函数的 Hadamard 三圆定理)设 $0<r_1<r_2<\infty$，$D=\{z\in\boldsymbol{C}: r_1<|z|<r_2\}$，$f\in H(D)\cap C(\overline{D})$，$M(r)=\max\limits_{|z|=r}|f(z)|$ $(r_1\leqslant r\leqslant r_2)$. 证明：$\log M(r)$ 在 $[r_1,r_2]$ 上是 $\log r$ 的凸函数，即

$$\log M(r)\leqslant\frac{\log r_2-\log r}{\log r_2-\log r_1}\log M(r_1)+\frac{\log r-\log r_1}{\log r_2-\log r_1}\log M(r_2).$$

10. 设 $f\in H(B(0,R))$，$f(B(0,R))\subset B(0,M)$，$f(0)=0$. 证明：

(i) $|f(z)|\leqslant\dfrac{M}{R}|z|$，$|f'(0)|\leqslant\dfrac{M}{R}$，$\forall z\in B(0,R)\backslash\{0\}$；

(ii) 等号成立当且仅当 $f(z)=\dfrac{M}{R}\mathrm{e}^{i\theta}z$ $(\theta\in\boldsymbol{R})$.

11. 设 $f\in H(B(0,1))$，$f(0)=0$，并且存在 $A>0$，使得 $\mathrm{Re}f(z)\leqslant A$，$\forall z\in B(0,1)$. 证明：

$$|f(z)|\leqslant\frac{2A|z|}{1-|z|},\quad\forall z\in B(0,1).$$

12. (Carathéodory 不等式)设 $f\in H(B(0,R))\cap C(\overline{B(0,R)})$，$M(r)=\max\limits_{|z|=r}|f(z)|$，$A(r)=\max\limits_{|z|=r}\mathrm{Re}f(z)$ $(0\leqslant r\leqslant R)$. 证明：

$$M(r)\leqslant\frac{2r}{R-r}A(R)+\frac{R+r}{R-r}|f(0)|,\quad\forall r\in[0,R).$$

13. 设 $f\in H(B(0,1))$，$f(0)=1$，并且 $\mathrm{Re}f(z)\geqslant0$，$\forall z\in$

$B(0,1)$. 利用 Schwarz 引理证明：

(i) $\dfrac{1-|z|}{1+|z|}\leqslant \mathrm{Re} f(z)\leqslant |f(z)|\leqslant \dfrac{1+|z|}{1-|z|}$, $\forall z\in B(0,1)$;

(ii) 等号在 z 异于零时成立，当且仅当

$$f(z)=\frac{1+\mathrm{e}^{\mathrm{i}\theta}z}{1-\mathrm{e}^{\mathrm{i}\theta}z}\quad(\theta\in\boldsymbol{R}).$$

14. 设 $f\in H(B(0,1))$. 证明：存在 $z_0\in\partial B(0,1)$ 和收敛于 z_0 的点列 $\{z_n\}$，使得 $\lim\limits_{n\to\infty}f(z_n)$ 存在.

15. 求出所有满足条件"$|f(z)|=1$, $\forall z\in\partial B(0,1)$"的整函数.

16. 设 $P_n(z)$ 是 n 次多项式，$P_n^*(z)=z^nP_n\left(\dfrac{1}{\bar{z}}\right)$. 证明：若 $P_n(z)$ 的所有零点都在 $B(\infty,1)$ 中，则 $P_n(z)+\mathrm{e}^{\mathrm{i}\theta}P_n^*(z)$ $(\theta\in\boldsymbol{R})$ 的零点都在 $\partial B(0,1)$ 上.

17. 设 $f\in H(B(0,1))$, $f(B(0,1))\subset B(0,1)$. 证明：若 z_1, z_2, …, z_n 是 f 在 $B(0,1)$ 中的所有彼此不同的零点，其阶数分别为 k_1, k_2, …, k_n，则

$$|f(z)|\leqslant\prod_{j=1}^{n}\left|\frac{z_j-z}{1-\bar{z}_jz}\right|^{k_j},\ \forall z\in B(0,1).$$

特别地，有

$$|f(0)|\leqslant\prod_{j=1}^{n}|z_j|^{k_j}.$$

18. 设 $f\in H(B(0,1))$, $f(B(0,1))\subset B(0,1)$. 证明：

$$\frac{||f(0)|-|z||}{1-|f(0)||z|}\leqslant|f(z)|\leqslant\frac{|f(0)|+|z|}{1+|f(0)||z|}.$$

19. 设 $f\in H(B(0,1))$, $f(B(0,1))\subset B(0,M)$. 证明：

$$M|f'(0)|\leqslant M^2-|f(0)|^2.$$

20. 设 $f\in H(B(0,1))$, $f(0)=0$, $f(B(0,1))\subset B(0,1)$. 证明：若存在 $z_1, z_2\in B(0,1)$，使得 $z_1\neq z_2$, $|z_1|=|z_2|$, $f(z_1)=f(z_2)$，则

$$|f(z_1)|=|f(z_2)|\leqslant|z_1|^2=|z_2|^2.$$

(**提示：** 考虑$\left(\dfrac{f(z_1)-f(z)}{1-\overline{f(z_1)}f(z)}\right)\left(\dfrac{1-\bar{z}_1 z}{z_1-z}\right)\left(\dfrac{1-\bar{z}_2 z}{z_2-z}\right)$.)

21. 设$f\in H(B(0,1))$，$f(0)=0$，$f(B(0,1))\subset B(0,1)$. 证明：

$$|z|\frac{||f'(0)|-|z||}{1-|f'(0)||z|}\leqslant|f(z)|\leqslant|z|\frac{|f'(0)|+|z|}{1+|f'(0)||z|}.$$

22. 设$f\in H(B(0,1))$，$f(B(0,1))\subset B(0,1)$. 证明：

$$\left|f(z)-\frac{f(0)(1-|z|^2)}{1-|f(0)|^2|z|^2}\right|\leqslant\frac{|z|(1-|f(0)|^2)}{1-|f(0)|^2|z|^2}.$$

23. 设$\varphi\in\mathrm{Aut}(\boldsymbol{C}_\infty)$，并且将$\boldsymbol{C}_\infty$中的圆周$\gamma$仍映为圆周. 证明：$\varphi$是分式线性变换.

24. 求出上半平面$\boldsymbol{C}^+=\{z\in\boldsymbol{C}:\ \mathrm{Im}z>0\}$的全纯自同构群$\mathrm{Aut}(\boldsymbol{C}^+)$.

25. 设φ将$B(0,1)$双全纯地映为域D，ψ将$B(0,1)$双全纯地映为域G. 证明：若$f:D\to G$是全纯映射，$f(\varphi(0))=\psi(0)$，则$f[\varphi(B(0,r))]\subset\psi(B(0,r))$ $(0<r<1)$.

26. 设$f\in H(B(0,1))$，$f(B(0,1))\subset B(0,1)$. 证明：

$$|f(z)-f(0)|\leqslant|z|\frac{1-|f(0)|^2}{1-|f(0)||z|}.$$

27. 设D是以原点O为中心、以z_1,z_2,z_3,z_4为顶点的正方形域，$f\in H(D)\cap C(\overline{D})$，$M$是$|f(z)|$在$\overline{D}$上的最大值，$m$是$|f(z)|$在线段$[z_1,z_2]$上的最大值. 证明：

(i) $|f(0)|\leqslant m^{\frac{1}{4}}M^{\frac{3}{4}}$；

(ii) 在闭三角形$\triangle Oz_1z_2$上也有$|f(z)|\leqslant m^{\frac{1}{4}}M^{\frac{3}{4}}$.

28. 设D是下面所述的域，$f\in H(D)\cap C(\overline{D})$，并且在$\overline{D}$上有界. 证明：

(i) 若$D=\{z\in\boldsymbol{C}:\ 0<\mathrm{Im}z<1\}$，$\lim\limits_{\substack{\mathrm{Re}z\to\infty\\ \mathrm{Im}z=0}}f(z)=A$，则$\lim\limits_{\substack{\mathrm{Re}z\to\infty\\ 0\leqslant\mathrm{Im}z\leqslant r}}f(z)=A$ $(0<r<1)$；

(ii) 若 $D=\{z\in \boldsymbol{C}:\ \theta_1<\arg z<\theta_2\}$ $(-\pi<\theta_1<\theta_2<\pi)$，$\lim\limits_{\substack{|z|\to\infty\\ \arg z=\theta_1}} f(z)=A$，则 $\lim\limits_{\substack{|z|\to\infty\\ \theta_1\leqslant\arg z\leqslant\theta}} f(z)=A$ $(\theta_1<\theta<\theta_2)$；

(iii) 若 $D=\{z\in \boldsymbol{C}:\ \theta_1<\arg z<\theta_2\}$ $(-\pi<\theta_1<\theta_2<\pi)$，$\lim\limits_{\substack{|z|\to 0\\ \arg z=\theta_1}} f(z)=A$，则 $\lim\limits_{\substack{|z|\to 0\\ \theta_1\leqslant\arg z\leqslant\theta}} f(z)=A$ $(\theta_1<\theta<\theta_2)$.

29. 设 D 是有界域，$f\in H(D)$，$z_0\in D$. 证明：若 $f(z_0)=z_0$，$f(D)\subset D$，$f'(z_0)=1$，则 $f(z)\equiv z$.

30. 设 $f\in H(B(0,1))$，$f(0)=0$，并且 $|\mathrm{Re} f(z)|<1$，$\forall z\in B(0,1)$. 证明：

(i) $|\mathrm{Re} f(z)|\leqslant\dfrac{4}{\pi}\operatorname{arctg}|z|$，$\forall z\in B(0,1)$；

(ii) $|\mathrm{Im} f(z)|\leqslant\dfrac{2}{\pi}\log\left(\dfrac{1+|z|}{1-|z|}\right)$，$\forall z\in B(0,1)$.

31. 设 f 在 $B(0,1)\cup\{1\}$ 上全纯，$f(0)=0$，$f(1)=1$，$f(B(0,1))\subset B(0,1)$. 证明：$f'(1)\geqslant 1$.

32. 设 P 是一个 k 次多项式，在单位圆周上满足 $|P(\mathrm{e}^{i\theta})|\leqslant 1$. 证明：对任意单位圆盘外的 z，有

$$|P(z)|\leqslant|z|^k.$$

第 5 章　全纯函数的 Laurent 展开及其应用

前面已经证明,圆盘中的全纯函数一定可在该圆盘中展开成幂级数.现在问,圆环中的全纯函数是否也可以展开成幂级数?答案当然是否定的,因为幂级数是它的收敛圆中的全纯函数.本章中将证明,圆环中的全纯函数一定可以展开成 Laurent 级数,并由此得到一系列的新结果.

5.1　全纯函数的 Laurent 展开

称级数

$$\sum_{n=-\infty}^{\infty} a_n(z-z_0)^n = \sum_{n=0}^{\infty} a_n(z-z_0)^n + \sum_{n=1}^{\infty} a_{-n}(z-z_0)^{-n} \tag{1}$$

为 **Laurent 级数**,它由两部分组成,第一部分就是幂级数,第二部分是负幂项的级数.如果这两个级数都收敛,就称级数(1)收敛.

我们首先关心的是级数(1)的收敛域的形状.

设第一个级数的收敛半径为 R.对第二个级数作变换 $\zeta = \dfrac{1}{z-z_0}$,它对 ζ 而言就是幂级数:

$$\sum_{n=1}^{\infty} a_{-n}(z-z_0)^{-n} = \sum_{n=1}^{\infty} a_{-n}\zeta^n.$$

设其收敛半径为 ρ,则当 $|\zeta|<\rho$,或者 $|z-z_0|>\dfrac{1}{\rho}$ 时,上述级数收敛.记 $r=\dfrac{1}{\rho}$,则当 $r<|z-z_0|<\infty$ 时,级数(1)中的负幂项级数收

敛. 现在看在什么条件下级数(1)中的两个级数都能收敛.

如果 $R\leqslant r$,则当 $|z-z_0|<R$ 时,必有 $|z-z_0|<r$,这时级数(1)的第一个级数是收敛的,但第二个级数却发散了. 当 $|z-z_0|>r$ 时,必有 $|z-z_0|>R$,这时级数(1)的第二个级数收敛而第一个级数发散. 所以,两者不能同时收敛.

如果 $r<R$,则当 $r<|z-z_0|<R$ 时,级数(1)的两个级数都收敛,而且在这个圆环中内闭一致收敛,即级数(1)在上述圆环中内闭一致收敛,根据 Weierstrass 定理,它的和是圆环中的全纯函数. 这样,我们证明了下面的

定理 5.1.1 如果 Laurent 级数

$$\sum_{n=-\infty}^{\infty} a_n(z-z_0)^n = \sum_{n=0}^{\infty} a_n(z-z_0)^n + \sum_{n=1}^{\infty} a_{-n}(z-z_0)^{-n}$$

的收敛域为圆环 $D=\{z: r<|z-z_0|<R\}$,那么它在 D 中绝对收敛且内闭一致收敛,它的和函数在 D 中全纯.

上述级数的幂级数部分称为该级数的**全纯部分**,负幂项级数部分称为该级数的**主要部分**. 下面我们将看到,Laurent 级数的一些重要性质取决于它的主要部分.

定理 5.1.1 的逆定理也成立.

定理 5.1.2 设 $D=\{z: r<|z-z_0|<R\}$,如果 $f\in H(D)$,那么 f 在 D 上可以展开为 Laurent 级数:

$$f(z) = \sum_{n=-\infty}^{\infty} a_n(z-z_0)^n,\ z\in D, \tag{2}$$

其中,$a_n = \dfrac{1}{2\pi \mathrm{i}}\displaystyle\int_{\gamma_\rho} \dfrac{f(\zeta)}{(\zeta-z_0)^{n+1}}\mathrm{d}\zeta$,而 $\gamma_\rho = \{\zeta: |\zeta-z_0| = \rho\}$ $(r<\rho<R)$, 并且展开式(2) 是唯一的.

证 如图 5.1 所示,任意取定 $z\in D$,取 r_1, r_2,使得

$$r<r_1<|z-z_0|<r_2<R.$$

记 $\gamma_j=\{\zeta: |\zeta-z_0|=r_j\}$, $j=1,2$. 由第 3 章 3.4 节的定理 3.4.6,得

$$f(z) = \frac{1}{2\pi \mathrm{i}}\int_{\gamma_2} \frac{f(\zeta)}{\zeta-z}\mathrm{d}\zeta - \frac{1}{2\pi \mathrm{i}}\int_{\gamma_1} \frac{f(\zeta)}{\zeta-z}\mathrm{d}\zeta. \tag{3}$$

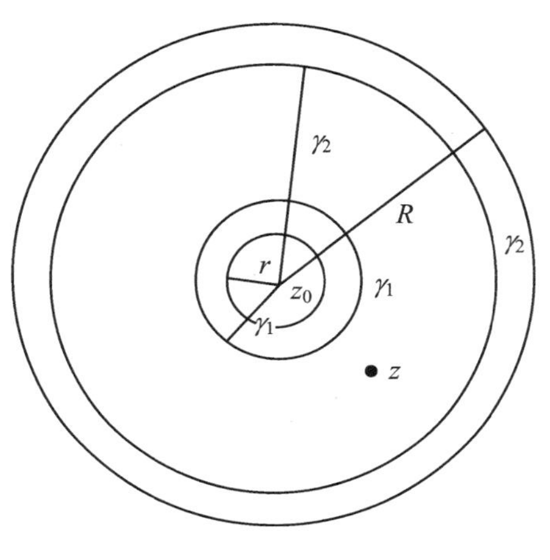

图 5.1

记 $M_j=\sup\{|f(\zeta)|: \zeta\in\gamma_j\}, j=1,2$. 当 $\zeta\in\gamma_1$ 时，$\left|\frac{\zeta-z_0}{z-z_0}\right|=\frac{r_1}{|z-z_0|}<1$,所以有

$$\frac{1}{\zeta-z}=-\frac{1}{z-z_0}\left(1-\frac{\zeta-z_0}{z-z_0}\right)^{-1}$$
$$=-\sum_{n=0}^{\infty}\frac{(\zeta-z_0)^n}{(z-z_0)^{n+1}}$$
$$=-\sum_{n=1}^{\infty}\frac{(\zeta-z_0)^{n-1}}{(z-z_0)^n},$$

于是

$$\frac{f(\zeta)}{\zeta-z}=-\sum_{n=1}^{\infty}f(\zeta)\frac{(\zeta-z_0)^{n-1}}{(z-z_0)^n},\ \zeta\in\gamma_1. \tag{4}$$

由于

$$\left|\frac{f(\zeta)(\zeta-z_0)^{n-1}}{(z-z_0)^n}\right|\leqslant\frac{M_1}{|z-z_0|}\left(\frac{r_1}{|z-z_0|}\right)^{n-1},$$

并且右端是一收敛级数,故知级数(4)在 γ_1 上一致收敛,因而可逐项积分：

$$\frac{1}{2\pi i}\int_{\gamma_1}\frac{f(\zeta)}{\zeta-z}d\zeta=-\sum_{n=1}^{\infty}\left(\frac{1}{2\pi i}\int_{\gamma_1}\frac{f(\zeta)d\zeta}{(\zeta-z_0)^{-n+1}}\right)(z-z_0)^{-n}. \tag{5}$$

当 $\zeta\in\gamma_2$ 时，$\left|\frac{z-z_0}{\zeta-z_0}\right|=\frac{|z-z_0|}{r_2}<1$，所以有

$$\frac{1}{\zeta-z}=\frac{1}{\zeta-z_0}\left(1-\frac{z-z_0}{\zeta-z_0}\right)^{-1}$$

$$=\sum_{n=0}^{\infty}\frac{(z-z_0)^n}{(\zeta-z_0)^{n+1}},$$

于是

$$\frac{f(\zeta)}{\zeta-z}=\sum_{n=0}^{\infty}f(\zeta)\frac{(z-z_0)^n}{(\zeta-z_0)^{n+1}},\ \zeta\in\gamma_2. \tag{6}$$

与上面的讨论一样，级数(6)在 γ_2 上一致收敛，所以

$$\frac{1}{2\pi i}\int_{\gamma_2}\frac{f(\zeta)}{\zeta-z}d\zeta=\sum_{n=0}^{\infty}\left(\frac{1}{2\pi i}\int_{\gamma_2}\frac{f(\zeta)}{(\zeta-z_0)^{n+1}}d\zeta\right)(z-z_0)^n. \tag{7}$$

由多连通域的 Cauchy 积分定理，得

$$\frac{1}{2\pi i}\int_{\gamma_1}\frac{f(\zeta)}{(\zeta-z_0)^{-n+1}}d\zeta=\frac{1}{2\pi i}\int_{\gamma_\rho}\frac{f(\zeta)}{(\zeta-z_0)^{-n+1}}d\zeta=a_{-n},$$

$$\frac{1}{2\pi i}\int_{\gamma_2}\frac{f(\zeta)}{(\zeta-z_0)^{n+1}}d\zeta=\frac{1}{2\pi i}\int_{\gamma_\rho}\frac{f(\zeta)}{(\zeta-z_0)^{n+1}}d\zeta=a_n.$$

把它们分别代入(5)式和(7)式，得

$$\frac{1}{2\pi i}\int_{\gamma_1}\frac{f(\zeta)}{\zeta-z}d\zeta=-\sum_{n=1}^{\infty}a_{-n}(z-z_0)^{-n},$$

$$\frac{1}{2\pi i}\int_{\gamma_2}\frac{f(\zeta)}{\zeta-z}d\zeta=\sum_{n=0}^{\infty}a_n(z-z_0)^n.$$

再把它们代入(3)式，即得展开式(2).

现在证明展开式(2)是唯一的. 如果另有展开式

$$f(z)=\sum_{n=-\infty}^{\infty}a_n{}'(z-z_0)^n,$$

因为级数在 γ_ρ 上一致收敛，逐项积分得

$$\frac{1}{2\pi i}\int_{\gamma_\rho}\frac{f(\zeta)}{(\zeta-z_0)^{m+1}}d\zeta=\sum_{n=-\infty}^{\infty}a_n'\frac{1}{2\pi i}\int_{\gamma_\rho}(\zeta-z_0)^{n-m-1}d\zeta$$

$$=a_m',$$

所以这个展开式就是(2)式. □

例 5.1.3 设 $f(z)=\dfrac{1}{(z-1)(z-2)}$,试分别给出这个函数在 $D_1=\{z:1<|z|<2\}$ 和 $D_2=\{z:2<|z|<\infty\}$ 上的 Laurent 展开式.

解 当 $z\in D_1$ 时,由于 $1<|z|<2$,所以

$$\begin{aligned}\frac{1}{(z-1)(z-2)}&=\frac{1}{z-2}-\frac{1}{z-1}\\&=-\frac{1}{2}\frac{1}{1-\frac{z}{2}}-\frac{1}{z}\frac{1}{1-\frac{1}{z}}\\&=-\sum_{n=0}^{\infty}\frac{1}{2^{n+1}}z^n-\sum_{n=1}^{\infty}\frac{1}{z^n}.\end{aligned}$$

当 $z\in D_2$ 时,由于 $2<|z|<\infty$,所以

$$\begin{aligned}\frac{1}{(z-1)(z-2)}&=\frac{1}{z-2}-\frac{1}{z-1}\\&=\frac{1}{z}\frac{1}{1-\frac{2}{z}}-\frac{1}{z}\frac{1}{1-\frac{1}{z}}\\&=\sum_{n=0}^{\infty}\frac{2^n}{z^{n+1}}-\sum_{n=0}^{\infty}\frac{1}{z^{n+1}}\\&=\sum_{n=0}^{\infty}\frac{2^n-1}{z^{n+1}}.\end{aligned}$$ □

习 题 5.1

1. 下列初等函数能否在指定的域 D 上展开为 Laurent 级数?

(i) $\cos\dfrac{1}{z}$, $D=B(0,\infty)\setminus\{0\}$;

(ii) $\operatorname{tg}z$, $D=B(\infty,R)$, $R>0$;

(iii) $\operatorname{Log}\dfrac{z-1}{z-2}$, $D=B(\infty,2)$；

(iv) $\dfrac{z^2}{\sin\dfrac{1}{z}}$, $D=B(0,r)\setminus\{0\}, r>0$；

(v) $\operatorname{Log}\dfrac{1}{z-1}$, $D=B(1,\infty)\setminus\{1\}$；

(vi) $\sqrt[3]{(z-1)(z-2)(z-3)}$, $D=B(\infty,3)$；

(vii) $\sqrt{\dfrac{z}{(z-1)(z-2)}}$, $D=B(0,2)\setminus\overline{B(0,1)}$；

(viii) $\operatorname{Log}\dfrac{(z-1)(z-2)}{(z-3)(z-5)}$, $D=B(0,3)\setminus\overline{B(0,2)}$.

2. 将下列初等函数在指定的域 D 上展开为 Laurent 级数：

(i) $\dfrac{1}{z^2(z-1)}$, $D=B(1,1)\setminus\{1\}$；

(ii) $\dfrac{1}{(z-1)(z-2)}$, $D=B(0,2)\setminus\overline{B(0,1)}$；

(iii) $\operatorname{Log}\left(\dfrac{z-1}{z-2}\right)$, $D=B(\infty,2)$；

(iv) $\sqrt{(z-1)(z-2)}$, $D=B(\infty,2)$；

(v) $\dfrac{1}{(z-5)^n}$, $n\in\mathbf{N}$, $D=B(\infty,5)$；

(vi) $\sin\dfrac{z}{1-z}$, $D=B(1,\infty)\setminus\{1\}$；

(vii) $\sqrt{\dfrac{z}{(z-1)(z-2)}}$, $D=B(0,2)\setminus\overline{B(0,1)}$；

(viii) $e^{\frac{1}{1-z}}$, $D=B(\infty,1)$.

3. 将 $e^{\frac{z}{2}\left(\zeta-\frac{1}{\zeta}\right)}$ 作为 ζ 的函数在 $B(0,\infty)\setminus\{0\}$ 上展开为 Laurent 级数

$$\sum_{n=-\infty}^{\infty} J_n(z)\zeta^n,$$

称 $J_n(z)$ $(n\geqslant 0)$ 为 Bessel 函数. 证明:

$$J_n(z)=\frac{1}{\pi}\int_0^{\pi}\cos(n\theta-z\sin\theta)\mathrm{d}\theta$$

$$=\sum_{k=0}^{\infty}\frac{(-1)^k}{k!(n+k)!}\left(\frac{z}{2}\right)^{n+2k},\ n\geqslant 0.$$

4. 设 $0<r<R<\infty$, $D=B(0,R)\setminus\overline{B(0,r)}$. 证明:若 $f(z)=\sum_{n=-\infty}^{\infty}a_nz^n$ 双全纯地将 D 映为域 G, 则 G 的面积为

$$\pi\sum_{n=-\infty}^{\infty}n\mid a_n\mid^2(R^{2n}-r^{2n}).$$

5. 证明(面积原理):若 $f(z)=\frac{1}{z}+\sum_{n=1}^{\infty}a_nz^n$ 是 $B(0,1)\setminus\{0\}$ 上的双全纯映射,则

$$\sum_{n=1}^{\infty}n\mid a_n\mid^2\leqslant 1.$$

6. 证明:若 $f(z)=z+\sum_{n=2}^{\infty}a_nz^n$ 是 $B(0,1)$ 上的双全纯映射,则 $|a_2|\leqslant 2$, 并且 $|a_2|=2$ 当且仅当 $f(z)=\frac{z}{(1-\mathrm{e}^{\mathrm{i}\theta}z)^2}$, $\theta\in\boldsymbol{R}$.

(**提示:** 考虑 $z\sqrt{\frac{f(z^2)}{z^2}}$ 的一个双全纯分支.)

7. 证明:若 $f(z)=z+\sum_{n=2}^{\infty}a_nz^n$ 是 $B(0,1)$ 上的双全纯映射,则

(i) $\frac{1-|z|}{(1+|z|)^3}\leqslant|f'(z)|\leqslant\frac{1+|z|}{(1-|z|)^3}$, $\forall z\in B(0,1)$;

(ii) $\frac{|z|}{(1+|z|)^2}\leqslant|f(z)|\leqslant\frac{|z|}{(1-|z|)^2}$, $\forall z\in B(0,1)$, 特别地, $f(B(0,1))\supset\frac{1}{4}B(0,1)$;

(iii) 上述不等式在异于零处成立,当且仅当 $f(z)=$

$\dfrac{z}{(1-e^{i\theta}z)^2}$，$\theta\in\boldsymbol{R}$.

（**说明**：不等式(i)称为偏差定理；不等式(ii)称为增长定理和$\dfrac{1}{4}$掩盖定理.）

（**提示**：利用第 6 题的结论.）

8. 证明：若 $w=\varphi(z)$ 双全纯地将 $D=\{z\in\boldsymbol{C}: r_1<|z|<r_2\}$ 映为 $G=\{w\in\boldsymbol{C}: R_1<|w|<R_2\}$，其中，$0<r_1<r_2<\infty$，$0<R_1<R_2<\infty$，则 $\dfrac{r_1}{r_2}=\dfrac{R_1}{R_2}$，并且 $\varphi(z)=e^{i\theta}\dfrac{R_1 z}{r_1}$ 或 $\varphi(z)=e^{i\theta}\dfrac{R_2 r_1}{z}$，$\theta\in\boldsymbol{R}$.

（**提示**：利用第 4 题的结论.）

5.2 孤立奇点

Laurent 级数是研究全纯函数在孤立奇点附近性质的有力工具.

如果 f 在无心圆盘（即除去圆心后的圆盘）$\{z: 0<|z-z_0|<R\}$ 中全纯，就称 z_0 是 f 的**孤立奇点**.

f 在孤立奇点 z_0 附近可能有三种情形：

(i) $\lim\limits_{z\to z_0}f(z)=a$，$a$ 是一有限数，这时称 z_0 是 f 的**可去奇点**；

(ii) $\lim\limits_{z\to z_0}f(z)=\infty$，这时称 z_0 是 f 的**极点**；

(iii) $\lim\limits_{z\to z_0}f(z)$ 不存在，这时称 z_0 是 f 的**本性奇点**.

现在我们分别讨论在上述三种情形下 f 在 z_0 点附近的性质.先证明

定理 5.2.1（Riemann） z_0 是 f 的可去奇点的充分必要条件是 f 在 z_0 附近有界.

证 必要性是显然的，因为如果 z_0 是 f 的可去奇点，那么 $\lim\limits_{z\to z_0}f(z)=a$，$f$ 在 z_0 附近当然有界.现在设 f 在 z_0 附近有界，即存在 $\varepsilon>0$，使得当 z 满足 $0<|z-z_0|<\varepsilon$ 时，$|f(z)|<M$.因为 f

在无心圆盘 $D=\{z: 0<|z-z_0|<R\}$ 中全纯，根据定理 5.1.2，f 在 D 中有 Laurent 展开式：

$$f(z)=\sum_{n=-\infty}^{\infty} a_n(z-z_0)^n,\ z\in D, \tag{1}$$

其中，$a_n=\dfrac{1}{2\pi \mathrm{i}}\displaystyle\int_{\gamma_\rho}\dfrac{f(\zeta)}{(\zeta-z_0)^{n+1}}\mathrm{d}\zeta$，$0<\rho<R$，$\gamma_\rho=\{\zeta: |\zeta-z_0|=\rho\}$. 今取 $0<\rho<\varepsilon$，故当 $\zeta\in\gamma_\rho$ 时，$|f(\zeta)|<M$. 于是，由长大不等式得

$$\begin{aligned}|a_{-n}|&=\left|\frac{1}{2\pi \mathrm{i}}\int_{\gamma_\rho}\frac{f(\zeta)}{(\zeta-z_0)^{-n+1}}\mathrm{d}\zeta\right|\\&\leqslant\frac{M}{2\pi\rho^{-n+1}}\cdot 2\pi\rho\\&=M\rho^n,\end{aligned}$$

让 $\rho\to 0$，即得 $a_{-n}=0, n=1,2,\cdots$. 这说明在 f 的 Laurent 展开式(1)中，所有负次幂的系数都是零，因而展开式(1)是一个幂级数. 所以 $\lim\limits_{z\to z_0}f(z)=a_0$，即 z_0 是一个可去奇点. □

从上面的证明可以看出，在 z_0 是 f 的可去奇点的情形下，f 在 $\{z: 0<|z-z_0|<R\}$ 中的展开式为

$$f(z)=\sum_{n=0}^{\infty} a_n(z-z_0)^n,$$

只要令 $f(z_0)=a_0$，上式便在圆盘 $B(z_0,R)$ 中成立了，因而 f 在 z_0 处全纯. 换句话说，在这种情形下，只要适当定义 f 在 z_0 处的值，便能使 f 在 z_0 处全纯. 这就是称 z_0 为 f 的可去奇点的原因.

再看极点的情形，先证明

命题 5.2.2 z_0 是 f 的极点的充分必要条件是 z_0 为 $\dfrac{1}{f}$ 的零点.

证 如果 z_0 是 f 的极点，即 $\lim\limits_{z\to z_0}f(z)=\infty$，那么存在 $\varepsilon>0$，使得当 $0<|z-z_0|<\varepsilon$ 时，$f(z)$ 不等于零. 故 $\varphi(z)=\dfrac{1}{f(z)}$ 在上述无

心圆盘中全纯，且$\lim\limits_{z\to z_0}\varphi(z)=0$，即 z_0 是 φ 的可去奇点，且 $\varphi(z_0)=0$. 反之，如果 z_0 是 $\varphi(z)=\dfrac{1}{f(z)}$的零点，则

$$\lim_{z\to z_0} f(z) = \lim_{z\to z_0}\frac{1}{\varphi(z)} = \infty,$$

即 z_0 是 f 的极点. □

定义 5.2.3 如果 z_0 是$\dfrac{1}{f(z)}$的 m 阶零点，就称 z_0 是 f 的 m 阶极点.

现在可以证明

定理 5.2.4 z_0 是 f 的 m 阶极点的充分必要条件是 f 在 z_0 附近的 Laurent 展开式为

$$f(z) = \frac{a_{-m}}{(z-z_0)^m} + \cdots + \frac{a_{-1}}{z-z_0} + a_0 + a_1(z-z_0) + \cdots, \tag{2}$$

其中，$a_{-m}\neq 0$.

证 如果 z_0 是 f 的 m 阶极点，根据定义，它是$\dfrac{1}{f}$的 m 阶零点. 由第 4 章的命题 4.3.4，它在 z_0 的邻域中可以表示为$\dfrac{1}{f(z)}=(z-z_0)^m g(z)$，这里，$g$ 在 z_0 处全纯，且 $g(z_0)\neq 0$，因而$\dfrac{1}{g}$也在 z_0 处全纯. 设$\dfrac{1}{g}$在 z_0 处的 Taylor 展开为

$$\frac{1}{g(z)} = \sum_{n=0}^{\infty} c_n (z-z_0)^n,$$

这里，$c_0\neq 0$，于是

$$f(z) = \frac{1}{(z-z_0)^m}\frac{1}{g(z)} = \sum_{n=0}^{\infty} c_n (z-z_0)^{n-m}$$

$$= \frac{c_0}{(z-z_0)^m} + \cdots + \frac{c_{m-1}}{z-z_0} + c_m + c_{m+1}(z-z_0) + \cdots.$$

记 $a_n = c_{n+m}, n = -m, \cdots, -1, 0, 1, \cdots$,即得展开式(2).

反之,如果 f 在 z_0 附近的 Laurent 展开式为(2)式,那么

$$(z-z_0)^m f(z) = a_{-m} + a_{-(m-1)}(z-z_0) + \cdots + a_0(z-z_0)^m + \cdots.$$

若记上式右端的幂级数为 $\varphi(z)$,则 φ 在 z_0 处全纯,且 $\varphi(z_0) = a_{-m} \neq 0$. 因而 $\frac{1}{\varphi}$ 也在 z_0 处全纯,于是

$$\frac{1}{f(z)} = (z-z_0)^m \frac{1}{\varphi(z)}$$

在 z_0 附近成立. 由第 4 章的命题 4.3.4,z_0 是 $\frac{1}{f}$ 的 m 阶零点,所以是 f 的 m 阶极点. □

最后来看 f 在本性奇点附近的性质. 前面已经证明,f 在可去奇点处的特征是 Laurent 展开式没有主要部分,只有全纯部分;在极点处的特征是 Laurent 展开式的主要部分只有有限项. 因此,在本性奇点处的特征是 Laurent 展开式的主要部分有无穷多项. 按定义,z_0 是 f 的本性奇点是指 $\lim\limits_{z \to z_0} f(z)$ 不存在,实际上,我们可以证明一个更深刻的结果.

定理 5.2.5(Weierstrass) 设 z_0 是 f 的本性奇点,那么对任意 $A \in \mathbf{C}_\infty$,必存在趋于 z_0 的点列 $\{z_n\}$,使得 $\lim\limits_{n \to \infty} f(z_n) = A$.

证 先设 $A = \infty$. 因为 z_0 是 f 的本性奇点,故 f 在 z_0 附近无界. 于是对任意自然数 n,总能找到 z_n,使得 $|z_n - z_0| < \frac{1}{n}$,但 $|f(z_n)| > n$,这说明 $\lim\limits_{n \to \infty} f(z_n) = \infty$.

再设 A 是一个有限数. 令 $\varphi(z) = \frac{1}{f(z) - A}$,我们证明 φ 在 z_0 的邻域中无界. 不然的话,z_0 是 φ 的可去奇点,适当选择 $\varphi(z_0)$ 的

值,可使 φ 在 z_0 处全纯. 如果 $\varphi(z_0)\neq 0$,则因 $f(z)=\dfrac{1}{\varphi(z)}+A$,$f$ 也在 z_0 处全纯,这不可能. 故必有 $\varphi(z_0)=0$,这说明 z_0 是 f 的极点,也不可能. 所以,φ 在 z_0 的邻域中无界. 于是,对任意自然数 n,存在 z_n,使得 $|z_n-z_0|<\dfrac{1}{n}$,但 $\dfrac{1}{|f(z)-A|}>n$,即 $|f(z)-A|<\dfrac{1}{n}$. 这就证明了 $\lim\limits_{n\to\infty}f(z_n)=A$. □

后来,Picard 又证明了比 Weierstrass 定理更进一步的结果:

定理 5.2.6(Picard) 全纯函数在本性奇点的邻域内无穷多次地取到每个有穷复值,最多只有一个例外.

例如,考虑函数 $f(z)=e^{\frac{1}{z}}$,它在 $z=0$ 附近是全纯的. 若让 z 沿着 x 轴分别从 0 的左边和右边趋于 0,可得

$$\lim_{z=x\to 0^-} e^{\frac{1}{z}} = \lim_{x\to 0^-} e^{\frac{1}{x}} = 0,$$

$$\lim_{z=x\to 0^+} e^{\frac{1}{z}} = \lim_{x\to 0^+} e^{\frac{1}{x}} = \infty.$$

这说明 $\lim\limits_{z\to 0}e^{\frac{1}{z}}$ 不存在,所以 $z=0$ 是 $e^{\frac{1}{z}}$ 的本性奇点. 对于任意复数 $a\neq 0$,若取 $z_n=(\log a+2n\pi i)^{-1}$,则 $f(z_n)=e^{\log a+2n\pi i}=a$. 由于 $z_n\to 0$,这说明 $e^{\frac{1}{z}}$ 在 $z=0$ 的邻域中可以无穷多次地取到非零值 a,但 0 是它的唯一的例外值.

这个定理的证明超出本书的范围,因此从略.

上面讨论的是孤立奇点为有限点的情形,现在讨论无穷远点为孤立奇点的情形.

如果 f 在无穷远点的邻域(不包括无穷远点)$\{z: 0\leqslant R<|z|<\infty\}$ 中全纯,就称 ∞ 是 f 的孤立奇点.

在这种情形下,作变换 $z=\dfrac{1}{\zeta}$,记

$$g(\zeta)=f\left(\frac{1}{\zeta}\right),$$

则 g 在 $0<|\zeta|<\dfrac{1}{R}$ 中全纯，即 $\zeta=0$ 是 g 的孤立奇点. 很自然地，我们有下面的

定义 5.2.7 如果 $\zeta=0$ 是 g 的可去奇点、m 阶极点或本性奇点，那么我们相应地称 $z=\infty$ 是 f 的可去奇点、m 阶极点或本性奇点.

因为 g 在原点的邻域中有 Laurent 展开：

$$g(\zeta)=\sum_{n=-\infty}^{\infty}a_n\zeta^n,\ 0<|\zeta|<\frac{1}{R},$$

所以 f 在 $R<|z|<\infty$ 中有下面的 Laurent 展开：

$$f(z)=\sum_{n=-\infty}^{\infty}b_n z^n,$$

其中，$b_n=a_{-n}$，$n=0,\pm1,\cdots$.

特别地，如果 $z=\infty$ 是 f 的可去奇点，即 $\zeta=0$ 是 g 的可去奇点，因而 $a_n=0$ $(n=-1,-2,\cdots)$，所以 f 的 Laurent 展开为

$$f(z)=\sum_{n=0}^{\infty}b_{-n}z^{-n}. \tag{3}$$

同样道理，如果 $z=\infty$ 分别是 f 的 m 阶极点或本性奇点，那么 f 在 $R<|z|<\infty$ 中分别有下面的 Laurent 展开式：

$$f(z)=b_m z^m+\cdots+b_1 z+b_0+b_{-1}z^{-1}+\cdots, \tag{4}$$

或

$$f(z)=\cdots+b_m z^m+\cdots+b_1 z+b_0+b_{-1}z^{-1}+\cdots. \tag{5}$$

这时，我们称 $\sum\limits_{n=1}^{\infty}b_n z^n$ 为 f 的主要部分，$\sum\limits_{n=0}^{\infty}b_{-n}z^{-n}$ 为 f 的全纯部分.

习 题 5.2

1. 是否存在 $\overline{B(0,1)}\setminus\{0\}$ 上的无界全纯函数 f，使得 $\lim\limits_{z\to0}zf(z)=0$?

2. 下列初等全纯函数有哪些奇点？指出其类别：

(i) $\dfrac{1}{\sin z-\cos z}$;　　(ii) $\dfrac{e^{\frac{1}{1-z}}}{e^z-1}$;

(iii) $\sin\dfrac{1}{1-z}$;　　(iv) $\operatorname{tg} z$;

(v) $\dfrac{e^z}{z(1-e^z)}$;　　(vi) $e^{\operatorname{ctg}\frac{1}{z}}$;

(vii) $\sin\left(\dfrac{1}{\cos\dfrac{1}{z}}\right)$;　　(viii) $e^{\operatorname{tg} z}$.

3. 证明:若 z_0 是全纯函数 $f:B(z_0,r)\setminus\{z_0\}\to\boldsymbol{C}\setminus\{0\}$ 的本性奇点,则 z_0 也是 $\dfrac{1}{f(z)}$ 的本性奇点.

4. 设 $R(z)$ 是有理函数,$z_1,z_2,\cdots,z_n$ 是 $R(z)$ 在 $\boldsymbol{C}_\infty$ 上的全部不同的极点. 证明:若 z_0 是全纯函数 $f:B(z_0,r)\setminus\{z_0\}\to\boldsymbol{C}_\infty\setminus\{z_1,z_2,\cdots,z_n\}$ 的本性奇点,则 z_0 也是 $R(f(z))$ 的本性奇点.

5. 设 $P_n(z)$ 和 $Q_m(z)$ 分别是 n 次和 m 次多项式,指出 ∞ 是下列有理函数的什么奇点:

(i) $P_n(z)+Q_m(z)$;

(ii) $\dfrac{P_n(z)}{Q_m(z)}$;

(iii) $P_n(z)Q_m(z)$.

6. 设 f 是 $B(z_0,R)\setminus\{z_0\}$ 上非常数的全纯函数. 证明:若 z_0 是 f 的零点集的极限点,则 z_0 是 f 的本性奇点.

7. 若 f 在域 D 上除了极点外,在其他点处都全纯,则称 f 是 D 上的**亚纯函数**. 证明:若 f 是 $B(z_0,R)\setminus\{z_0\}$ 上的亚纯函数,并且 z_0 是 f 的极点集的极限点,则对任意 $A\in\boldsymbol{C}_\infty$,存在收敛于 z_0 的点列 $\{z_n\}\subset B(z_0,R)\setminus\{z_0\}$,使得 $\lim\limits_{n\to\infty}f(z_n)=A$.

8. 设 f 在 $B(0,R)\setminus\{0\}$ 上全纯. 证明:若 $\operatorname{Re}f(z)>0$, $\forall z\in B(0,R)\setminus\{0\}$,则 0 是 f 的可去奇点.

9. 设 f 是域 D 上的亚纯函数. 证明:对于任意 $A\in\boldsymbol{C}$, $\dfrac{f'(z)}{f(z)-A}$

也是 D 上的亚纯函数，并且其极点都是 1 阶的（f 为常值函数的情形除外）.

10. 证明：若 f 是域 D 上的亚纯函数，但不全纯，则存在 $R>0$，使得 $B(\infty,R)\subset f(D)$.

11. 设 f 在 $\boldsymbol{C}\setminus\{0\}$ 上全纯，并且 0 和 ∞ 都是 f 的本性奇点. 证明：若令 $A(r)=\max\limits_{|z|=r}\mathrm{Re}f(z)$，$0<r<\infty$，则

$$\lim_{r\to\infty}\frac{\log A(r)}{\log r}=\infty,$$

$$\lim_{r\to 0}\frac{\log A(r)}{\log\dfrac{1}{r}}=\infty.$$

5.3 整函数与亚纯函数

前面已经讲过，如果 f 在整个复平面 $\boldsymbol{C}$ 上全纯，就称 f 为整函数，f 在 $\boldsymbol{C}$ 上有 Taylor 展开式

$$f(z)=\sum_{n=0}^{\infty}a_n z^n. \tag{1}$$

它当然在 $R<|z|<\infty$ 中也成立，因此也可把它看成是无穷远点邻域中的 Laurent 展开式.

如果整函数 f 在 ∞ 处全纯，那么根据 5.2 节中的展开式(3)，它在 ∞ 处邻域中的 Laurent 展开式除去常数项外只有负次幂的项，因此在展开式(1)中必须有

$$a_1=a_2=\cdots=0,$$

所以 f 是一常数. 这样，我们就得到了

定理 5.3.1 在无穷远处全纯的整函数一定是常数.

如果无穷远点是整函数 f 的一个 m 阶极点，那么根据 5.2 节中的展开式(4)，它在无穷远点邻域中的 Laurent 展开式除去一个 m 次多项式外只有负次幂的项，因此在展开式(1)中必须有

$$a_{m+1}=a_{m+2}=\cdots=0,$$

所以 f 是一个 m 次多项式. 我们已经证明了下面的

定理 5.3.2 如果无穷远点是整函数 f 的一个 m 阶极点，那么 f 是一个 m 次多项式.

不是常数和多项式的整函数称为超越整函数. 无穷远点一定是超越整函数的本性奇点. 如 e^z，$\sin z$，$\cos z$ 等，都是超越整函数.

如果 f 在整个复平面 $\mathbf{C}$ 上除去极点外没有其他的奇点，就称 f 是一个**亚纯函数**. 整函数当然是亚纯函数. 此外，有理函数

$$f(z) = \frac{P_n(z)}{Q_m(z)}$$

也是亚纯函数，这里，P_n 和 Q_m 是两个既约的多项式. 现在来看有理函数在无穷远点的情况. 若记

$$P_n(z) = a_0 + a_1 z + \cdots + a_n z^n,\ a_n \neq 0,$$
$$Q_m(z) = b_0 + b_1 z + \cdots + b_m z^m,\ b_m \neq 0,$$

那么

$$f(z) = \frac{P_n(z)}{Q_m(z)} = \frac{1}{z^{m-n}} \frac{a_n + a_{n-1}\dfrac{1}{z} + \cdots + a_0\dfrac{1}{z^n}}{b_m + b_{m-1}\dfrac{1}{z} + \cdots + b_0\dfrac{1}{z^m}},$$

所以

$$\lim_{z\to\infty} f(z) = \begin{cases} \dfrac{a_n}{b_m}, & n = m; \\ \infty, & n > m; \\ 0, & n < m. \end{cases}$$

这说明 $z=\infty$ 或是 f 的可去奇点，或是 f 的极点. 下面我们将证明，这一事实的逆也成立.

定理 5.3.3 若 $z=\infty$ 是亚纯函数 f 的可去奇点或极点，则 f 一定是有理函数.

证 因 $z=\infty$ 是 f 的可去奇点或极点，故必存在 $R>0$，使得 f 在 $R<|z|<\infty$ 中全纯. 在 $|z|\leqslant R$ 中，f 最多只能有有限个极点. 因若有无穷多个极点 z_j，$j=1,2,\cdots$，则 $\{z_j\}$ 必有收敛的子列 $\{z_{k_j}\}$，

设其极限为 a，则 $|a|\leqslant R$，显然 a 不是孤立奇点，这不可能. 今设 $z_1,\cdots,z_n$ 为 f 在 $|z|\leqslant R$ 中的有限个极点，它们的阶分别为 $m_1,\cdots,m_n$. f 在 z_j $(j=1,\cdots,n)$附近的 Laurent 展开的主要部分为

$$h_j(z)=\frac{c_{-1}^{(j)}}{z-z_j}+\frac{c_{-2}^{(j)}}{(z-z_j)^2}+\cdots+\frac{c_{-m_j}^{(j)}}{(z-z_j)^{m_j}}.$$

设 f 在∞的邻域内的 Laurent 展开的主要部分为 g，当 $z=\infty$是 f 的极点时，g 是一个多项式；当 $z=\infty$是 f 的可去奇点时，$g\equiv 0$. 令

$$F(z)=f(z)-h_1(z)-\cdots-h_n(z)-g(z),$$

显然，F 在 $\boldsymbol{C}_\infty$ 中除 $z_1,\cdots,z_n$ 和∞外是全纯的，而在 $z_1,\cdots,z_n$ 和∞这些点上，f 的主要部分都已经被消去，因而也是全纯的. 所以，F 是 $\boldsymbol{C}_\infty$ 上的全纯函数，因而由定理 5.3.1，F 是一个常数 c. 于是

$$f(z)=c+g(z)+\sum_{j=1}^{n}h_j(z),$$

所以 f 是有理函数. □

这里，我们顺便得到了这样一个结论：任何有理函数一定能分解成部分分式之和，而且这种分解是唯一的. 这个结论在计算有理函数的不定积分时已经被多次用过.

作为上面三个定理的应用，我们可以定出 $\boldsymbol{C}$ 的全纯自同构群和 $\boldsymbol{C}_\infty$ 的亚纯自同构群.

定理 5.3.4 Aut($\boldsymbol{C}$)由所有的一次多项式组成.

证 设 $f(z)=az+b,a\neq 0$，则显然 $f\in\text{Aut}(\boldsymbol{C})$. 反之，对于任意的 $f\in\text{Aut}(\boldsymbol{C})$，因为 f 是整函数，如果∞是它的可去奇点，则由定理 5.3.1，f 是一个常数，这不可能. 如果∞是 f 的本性奇点，则由定理 5.2.5，对于任意 $A\in\boldsymbol{C}$，必有 $z_n\to\infty$，使得$\lim\limits_{n\to\infty}f(z_n)=A$. 现在记 $f(z_n)=w_n$，则 $z_n=f^{-1}(w_n)$，两端令 $n\to\infty$，即得 $f^{-1}(A)=\infty$. 这说明 A 是 f^{-1}的一个极点，与 f^{-1}是整函数相矛盾. 由此可知∞必为 f 的极点，由定理 5.3.2 知道，f 是一个多项式. 又因为 f 在 $\boldsymbol{C}$ 上是单叶的，所以 f 只能是一次多项式. □

定理 5.3.5 Aut($\boldsymbol{C}_\infty$)由所有的分式线性变换组成.

证 因为是在 $\boldsymbol{C}_\infty$ 上讨论，$\mathrm{Aut}(\boldsymbol{C}_\infty)$ 中的元素不再是全纯函数，而是亚纯函数. 由第 2 章 2.5 节的讨论知道，任何分式线性变换都是 $\mathrm{Aut}(\boldsymbol{C}_\infty)$ 中的元素. 现设 $f\in\mathrm{Aut}(\boldsymbol{C}_\infty)$，则 f 必为亚纯函数，而且 ∞ 必是 f 的可去奇点或极点. 由定理 5.3.3，f 必为有理函数，再由它的单叶性，它只能是分式线性变换. □

习 题 5.3

1. 求出所有 $\boldsymbol{C}$ 上的亚纯函数 f，使得 $|f(z)|=1$，$\forall z\in\partial B(0,1)$.

2. 证明：整函数 $f(z)$ 无零点，当且仅当存在另一个整函数 $g(z)$，使得 $f(z)=\mathrm{e}^{g(z)}$.

3. 设 $P_n(z)$ 是 n 次多项式，$n\in\boldsymbol{N}$. 证明：$\mathrm{e}^z-P_n(z)$ 有无数个零点.

4. 设 $\mathrm{SL}(2,\boldsymbol{C})=\left\{\begin{pmatrix}a & b\\ c & d\end{pmatrix}: ad-cb=1\right\}$，$I=\begin{pmatrix}1 & 0\\ 0 & 1\end{pmatrix}$. 证明：

(i) $\mathrm{SL}(2,\boldsymbol{C})$ 按矩阵乘法构成一个群，$\{I,-I\}$ 是其正规子群；

(ii) $\begin{pmatrix}a & b\\ c & d\end{pmatrix}\longmapsto\dfrac{az+b}{cz+d}$ 是商群 $\dfrac{\mathrm{SL}(2,\boldsymbol{C})}{\{I,-I\}}$ 与 $\boldsymbol{C}_\infty$ 的自同构群 $\mathrm{Aut}(\boldsymbol{C}_\infty)$ 之间的同构.

5. 设 $f(z)$ 是整函数. 证明：

(i) 若 $f(\boldsymbol{R})\subset\boldsymbol{R}$，$f(\mathrm{i}\boldsymbol{R})\subset\mathrm{i}\boldsymbol{R}$，则 $f(z)$ 是奇函数；

(ii) 若 $f(\boldsymbol{R})\subset\boldsymbol{R}$，$f(\mathrm{i}\boldsymbol{R})\subset\boldsymbol{R}$，则 $f(z)$ 是偶函数.

6. 设 f 在 $\boldsymbol{C}_\infty$ 上亚纯，其极点只有 $z=1$，$z=2$ 和 $z=\infty$. 若 f 在这 3 个极点处的 Laurent 展开式的主要部分分别为 $\dfrac{1}{z-1}$，$\dfrac{1}{z-2}+\dfrac{1}{(z-2)^2}$ 和 $z+z^2$，并且 $f(0)=0$，求 $f(z)$.

5.4 残数定理

设 f 在 a 点全纯，那么对于 a 点邻域中的任意可求长闭曲线

γ，都有 $\int_\gamma f(z)\mathrm{d}z=0$. 如果 a 是 f 的孤立奇点，那么上述积分不一定总等于零，且积分值只与 f 和 a 有关，而与 γ 无关. 现在来计算这个积分. 设 f 在 a 点邻域中的 Laurent 展开式为

$$f(z)=\sum_{n=-\infty}^{\infty}c_n(z-a)^n,$$

这里

$$c_n=\frac{1}{2\pi \mathrm{i}}\int_\gamma \frac{f(\zeta)}{(\zeta-a)^{n+1}}\mathrm{d}\zeta,\ n=0,\pm 1,\cdots.$$

特别地，当 $n=-1$ 时，我们有

$$c_{-1}=\frac{1}{2\pi \mathrm{i}}\int_\gamma f(\zeta)\mathrm{d}\zeta. \tag{1}$$

原来所讨论的积分值就是 c_{-1} 的 $2\pi\mathrm{i}$ 倍，因此 c_{-1} 这个系数有它特殊的含义. 我们给出下面的

定义 5.4.1 设 a 是 f 的一个孤立奇点，f 在 a 点的邻域 $B(a,r)$ 中的 Laurent 展开为 $f(z)=\sum\limits_{n=-\infty}^{\infty}c_n(z-a)^n$，称 c_{-1} 为 f 在 a 点的**残数**，记为

$$\mathrm{Res}(f,a)=c_{-1}$$

或

$$\operatorname*{Res}_{z=a}f=c_{-1}.$$

根据(1)式，我们有

$$\int_\gamma f(z)\mathrm{d}z=2\pi\mathrm{i}\,\mathrm{Res}(f,a). \tag{2}$$

这里，$\gamma=\{z:\ |z-a|=\rho\}$，$0<\rho<r$.

若 $z=\infty$ 是 f 的孤立奇点，即 f 在 $R<|z|<\infty$ 中全纯，我们定义 f 在 $z=\infty$ 处的残数为

$$\mathrm{Res}(f,\infty)=-\frac{1}{2\pi \mathrm{i}}\int_\gamma f(z)\mathrm{d}z, \tag{3}$$

这里，$\gamma=\{z:\ |z|=\rho\}$，$R<\rho<\infty$.

在很多情况下，函数在孤立奇点处的 Laurent 展开式是不易得到的，因此有必要讨论在不知道 Laurent 展开式的情况下计算残数的方法.

命题 5.4.2 若 a 是 f 的 m 阶极点，则

$$\operatorname{Res}(f,a)=\frac{1}{(m-1)!}\lim_{z\to a}\frac{\mathrm{d}^{m-1}}{\mathrm{d}z^{m-1}}\{(z-a)^m f(z)\}.$$

证 因为 a 是 f 的 m 阶极点，故在 a 点的邻域中有

$$f(z)=\frac{1}{(z-a)^m}g(z), \tag{4}$$

这里，g 在 a 点全纯，且 $g(a)\neq 0$. 于是

$$\begin{aligned}f(z)&=\frac{1}{(z-a)^m}\sum_{n=0}^{\infty}\frac{g^{(n)}(a)}{n!}(z-a)^n\\&=\sum_{n=0}^{\infty}\frac{g^{(n)}(a)}{n!}(z-a)^{n-m}.\end{aligned}$$

这是一个 Laurent 展开式，$(z-a)^{-1}$ 的系数为 $\frac{g^{(m-1)}(a)}{(m-1)!}$. 由(4)式知 $g(z)=(z-a)^m f(z)$，因而得

$$\begin{aligned}\operatorname{Res}(f,a)&=\frac{g^{(m-1)}(a)}{(m-1)!}\\&=\frac{1}{(m-1)!}\lim_{z\to a}\frac{\mathrm{d}^{m-1}}{\mathrm{d}z^{m-1}}\{(z-a)^m f(z)\}.\end{aligned}$$ □

特别地，当 $m=1$ 时，我们有下面的

命题 5.4.3 若 a 是 f 的 1 阶极点，则

$$\operatorname{Res}(f,a)=\lim_{z\to a}(z-a)f(z).$$

例 5.4.4 若 $f(z)=\frac{1}{1+z^2}$，$z=\pm\mathrm{i}$ 都是 f 的 1 阶极点，由命题 5.4.3 即得

$$\operatorname{Res}(f,\mathrm{i})=\lim_{z\to\mathrm{i}}(z-\mathrm{i})\frac{1}{1+z^2}=\frac{1}{2\mathrm{i}},$$

$$\operatorname{Res}(f,-\mathrm{i})=\lim_{z\to-\mathrm{i}}(z+\mathrm{i})\frac{1}{1+z^2}=-\frac{1}{2\mathrm{i}}.$$ □

在某些情况下，下面的命题用起来更方便.

命题 5.4.5 设 $f=\frac{g}{h}$，g 和 h 都在 a 处全纯，且 $g(a)\neq 0$，$h(a)=0$，$h'(a)\neq 0$，那么

$$\operatorname{Res}(f,a)=\frac{g(a)}{h'(a)}.$$

证 在所设的条件下，a 是 f 的 1 阶极点，故由命题 5.4.3 即得

$$\begin{aligned}\operatorname{Res}(f,a)&=\lim_{z\to a}(z-a)\frac{g(z)}{h(z)}\\&=\lim_{z\to a}\frac{g(z)}{\dfrac{h(z)-h(a)}{z-a}}\\&=\frac{g(a)}{h'(a)}.\qquad\square\end{aligned}$$

例 5.4.6 计算 $f(z)=\frac{e^z}{\sin z}$ 在 $z=0$ 处的残数.

解 这时 $g(z)=e^z$，$h(z)=\sin z$. 于是 $g(0)=1$，$h(0)=0$，$h'(0)=1$，因而由命题 5.4.5 得

$$\operatorname{Res}(f,0)=1.\qquad\square$$

例 5.4.7 计算函数 $f(z)=\frac{e^{iz}}{z(z^2+1)^2}$ 在 $z=-i$ 处的残数.

解 显然，$z=-i$ 是 f 的一个 2 阶极点，利用命题 5.4.2，得

$$\begin{aligned}\operatorname{Res}(f,-i)&=\lim_{z\to -i}\frac{d}{dz}\left(\frac{e^{iz}}{z(z-i)^2}\right)\\&=\frac{e}{4}.\qquad\square\end{aligned}$$

如果 a 是 f 的本性奇点，就没有像上面那种简单的计算残数的公式了，这时只能通过 f 的 Laurent 展开来得到 f 在 a 点的残数.

例 5.4.8 计算 $f(z)=e^{z+\frac{1}{z}}$ 在 $z=0$ 处的残数.

解 因为

$$f(z)=\mathrm{e}^z\cdot\mathrm{e}^{\frac{1}{z}}$$
$$=\left(1+z+\frac{z^2}{2!}+\cdots\right)\left(1+\frac{1}{z}+\frac{1}{2!z^2}+\cdots\right),$$

在这个乘积中，$\frac{1}{z}$的系数为

$$1+\frac{1}{2!}+\frac{1}{2!3!}+\frac{1}{3!4!}+\cdots,$$

这就是要找的残数，即

$$\mathrm{Res}(f,0)=\sum_{n=0}^{\infty}\frac{1}{n!(n+1)!}. \qquad \square$$

残数理论的基本定理是下面的

定理 5.4.9 设 D 是复平面上的一个有界区域，它的边界 γ 由一条或若干条简单闭曲线组成. 如果 f 在 D 中除去孤立奇点 $z_1,\cdots,z_n$ 外是全纯的，在闭域 $\overline{D}$ 上除去 $z_1,\cdots,z_n$ 外是连续的，那么

$$\int_\gamma f(z)\mathrm{d}z=2\pi\mathrm{i}\sum_{k=1}^{n}\mathrm{Res}(f,z_k). \tag{5}$$

证 在 D 内以 z_k $(k=1,2,\cdots,n)$为中心作一小圆周 γ_k，使得所有 γ_k 都在D 的内部，且每一个 γ_k 都在其余小圆周的外部. 于是由定理 3.2.5，得

$$\int_\gamma f(z)\mathrm{d}z=\sum_{k=1}^{n}\int_{\gamma_k}f(z)\mathrm{d}z.$$

再由公式(2)，即得所要证的公式(5). $\square$

这个定理称为**残数定理**，它的主要贡献是把积分计算归结为残数的计算. 而从命题 5.4.2 知道，计算残数是一个微分运算. 因此，从实质上来说，残数定理把积分运算变成了微分运算，从而带来了方便.

例 5.4.10 计算积分

$$\int_\gamma\frac{z}{(z^2-1)^2(z^2+1)}\mathrm{d}z,$$

这里，$\gamma=\{z: |z-1|=\sqrt{3}\}$.

解 被积函数

$$f(z)=\frac{z}{(z^2-1)^2(z^2+1)}$$

有两个1阶极点 $z_1=\mathrm{i}, z_2=-\mathrm{i}$，以及两个2阶极点 $z_3=1, z_4=-1$. 容易看出，z_1, z_2, z_3 都在 γ 的内部，z_4 在 γ 的外部. 由残数定理得

$$\int_\gamma f(z)\mathrm{d}z=2\pi\mathrm{i}\sum_{k=1}^{3}\mathrm{Res}(f,z_k).$$

由命题5.4.3和命题5.4.2，得

$$\begin{aligned}\mathrm{Res}(f,\mathrm{i})&=\lim_{z\to\mathrm{i}}(z-\mathrm{i})f(z)\\&=\lim_{z\to\mathrm{i}}\frac{z}{(z^2-1)^2(z+\mathrm{i})}\\&=\frac{1}{8},\end{aligned}$$

$$\begin{aligned}\mathrm{Res}(f,-\mathrm{i})&=\lim_{z\to-\mathrm{i}}(z+\mathrm{i})f(z)\\&=\lim_{z\to-\mathrm{i}}\frac{z}{(z^2-1)^2(z-\mathrm{i})}\\&=\frac{1}{8},\end{aligned}$$

$$\begin{aligned}\mathrm{Res}(f,1)&=\lim_{z\to1}\frac{\mathrm{d}}{\mathrm{d}z}\{(z-1)^2f(z)\}\\&=\lim_{z\to1}\frac{\mathrm{d}}{\mathrm{d}z}\left\{\frac{z}{(z+1)^2(z^2+1)}\right\}\\&=\lim_{z\to1}\frac{-3z^3-z^2-z+1}{(z+1)^3(z^2+1)^2}\\&=-\frac{1}{8}.\end{aligned}$$

因而有

$$\int_\gamma f(z)\mathrm{d}z=2\pi\mathrm{i}\left(\frac{1}{8}+\frac{1}{8}-\frac{1}{8}\right)$$

$$= \frac{\pi i}{4}. \qquad \square$$

例 5.4.11 计算积分

$$\int_{|z|=1} \frac{z^2 \sin^2 z}{(1-e^z)^5} dz.$$

解 容易看出,被积函数

$$f(z) = \frac{z^2 \sin^2 z}{(1-e^z)^5}$$

在 $|z|=1$ 内只有一个极点 $z=0$. 对于这种类型的函数,直接从 Laurent展开来求残数更方便些:

$$\frac{z^2 \sin^2 z}{(1-e^z)^5} = \frac{z^2\left(z - \frac{z^3}{3!} + \cdots\right)^2}{\left(-z - \frac{z^2}{2!} - \cdots\right)^5}$$

$$= -\frac{z^4\left(1 - \frac{z^2}{3!} + \cdots\right)^2}{z^5\left(1 + \frac{z}{2!} + \cdots\right)^5}.$$

因为 $\dfrac{\left(1-\frac{z^2}{3!}+\cdots\right)^2}{\left(1+\frac{z}{2!}+\cdots\right)^5}$ 在 $z=0$ 处全纯,且在 $z=0$ 处等于 1,故其 Taylor展开可写为 $1+c_1 z+\cdots$,于是得

$$\frac{z^2 \sin^2 z}{(1-e^z)^5} = -\frac{1}{z}(1 + c_1 z + \cdots),$$

因而 $\mathrm{Res}(f,0)=-1$. 由残数定理即得

$$\int_{|z|=1} \frac{z^2 \sin^2 z}{(1-e^z)^5} dz = -2\pi i. \qquad \square$$

残数定理也可写成下面的形式:

定理 5.4.12 若 f 在 $\mathbf{C}$ 中除去 $z_1, \cdots, z_n$ 外是全纯的,则 f 在 $z_1, \cdots, z_n$ 及 $z=\infty$处的残数之和为零.

证 取 R 充分大,使得 $z_1, \cdots, z_n$ 都在 $B(0,R)$中. 于是,由残

数定理得

$$\int_{|z|=R} f(z)\mathrm{d}z = 2\pi\mathrm{i}\sum_{k=1}^{n}\mathrm{Res}(f,z_k). \tag{6}$$

但由(3)式得

$$-\int_{|z|=R} f(z)\mathrm{d}z = 2\pi\mathrm{i}\mathrm{Res}(f,\infty). \tag{7}$$

由(6)式和(7)式即得所要证之结论. □

习 题 5.4

1. 证明:残数定理与 Cauchy 积分公式等价.

2. 若 a 是 $B(a,R)\setminus\{a\}$ 上全纯函数 f 的可去奇点,其中 $a\neq\infty$,则显然 $\mathrm{Res}(f,a)=0$. 举例说明,若∞是 $B(\infty,R)$ 上全纯函数 f 的可去奇点,则 $\mathrm{Res}(f,\infty)$ 可能不等于零.

3. 设 $f\in H(B(\infty,R))$. 证明:

(i) 若∞是 f 的可去奇点,则

$$\mathrm{Res}(f,\infty)=\lim_{z\to\infty}z^2 f'(z);$$

(ii) 若∞是 f 的 m 阶极点,则

$$\mathrm{Res}(f,\infty)=\frac{(-1)^m}{(m+1)!}\lim_{z\to\infty}z^{m+2}f^{(m+1)}(z).$$

4. 设 $f,g\in H(B(a,r))$, $f(a)\neq 0$, a 是 g 的 2 阶零点,计算 $\mathrm{Res}\left(\dfrac{f}{g},a\right)$.

5. 设 f 在 $\boldsymbol{C}$ 上除去孤立奇点外,在其他点处都全纯. 证明:

(i) 若 f 是偶函数,则 $\mathrm{Res}(f,-a)=-\mathrm{Res}(f,a)$;

(ii) 若 f 是奇函数,则 $\mathrm{Res}(f,-a)=\mathrm{Res}(f,a)$.

6. 设 D 是由有限条可求长简单闭曲线围成的域,$g\in H(D)\cap C(\overline{D})$. 证明:若

(i) f 在 D 上亚纯,在 D 中的全部彼此不同的极点为 $w_1,w_2,\cdots,w_m$,其相应的阶数分别为 $q_1,q_2,\cdots,q_m$;

(ii) f 在 $\overline{D}\setminus\{w_1, w_2, \cdots, w_m\}$ 上全纯，在 ∂D 上没有零点；

(iii) f 在 D 中的全部彼此不同的零点为 $z_1, z_2, \cdots, z_n$，其相应的阶数分别为 $p_1, p_2, \cdots, p_n$，则

$$\frac{1}{2\pi \mathrm{i}}\int_{\partial D} g(z)\frac{f'(z)}{f(z)}\mathrm{d}z = \sum_{j=1}^{n} p_j g(z_j) - \sum_{j=1}^{n} q_j g(w_j).$$

并说明这是 Cauchy 积分公式和辐角原理的推广.

7. 求下列初等函数在指定点的残数：

(i) $\operatorname{Res}\left(\dfrac{\sin\alpha z}{z^3\sin\beta z}, 0\right)$ $(\alpha\neq\beta,\ \beta\neq 0)$；

(ii) $\operatorname{Res}\left(\dfrac{1}{(1+z^2)^{n+1}}, \mathrm{i}\right)$ $(n\in\boldsymbol{N})$；

(iii) $\operatorname{Res}\left(\operatorname{Log}\dfrac{z-a}{z-b}, \infty\right)$ $(a\neq b)$；

(iv) $\operatorname{Res}\left(\dfrac{1}{z^2}\mathrm{e}^{\frac{1}{z}}\operatorname{Log}\dfrac{1-\alpha z}{1-\beta z}, 0\right)$ $(\alpha\neq\beta)$；

(v) $\operatorname{Res}\left(z^3\cos\dfrac{1}{z-2}, 2\right)$；

(vi) $\operatorname{Res}(\operatorname{ctg}^3 z, 0)$；

(vii) $\operatorname{Res}\left(\dfrac{1}{(z-a)^n(z-b)^m}, a\right)$ $(a\neq b,\ m, n\in\boldsymbol{N})$；

(viii) $\operatorname{Res}\left(\dfrac{z^{2n}}{(1+z)^n}, \infty\right)$ $(n\in\boldsymbol{N})$.

8. 指出下列初等函数在 $\boldsymbol{C}_\infty$ 中的全部孤立奇点，并求出这些初等函数在它们各自孤立奇点处的残数：

(i) $\dfrac{1}{z^3-z^5}$；

(ii) $\dfrac{z^3+z^2+2}{z(z^2-1)^2}$；

(iii) $\dfrac{z^2+z-1}{z^2(z-1)}$；

(iv) $\dfrac{z^{n-1}}{z^n+a^n}$ $(a\neq 0,\ n\in\boldsymbol{N})$；

(v) $\dfrac{1}{\sin z}$；

(vi) $\sin\dfrac{z}{z+1}$；

(vii) $\dfrac{\mathrm{e}^z}{z(z-1)}$；

(viii) $\dfrac{\mathrm{e}^{\pi z}}{z^2+1}$.

9. 设 $f,g\in H(B(0,R))\cap C(\overline{B(0,R)})$，$g$ 在 $\partial B(0,R)$ 上无零点，g 在 $B(0,R)$ 中的全部零点 $z_1,z_2,\cdots,z_n$ 都是 1 阶零点，求

$$\frac{1}{2\pi \mathrm{i}}\int_{|z|=R}\frac{f(z)}{zg(z)}\mathrm{d}z.$$

10. 求积分：

(i) $\displaystyle\int_{|z|=2}\frac{1}{z^3(z^{10}-2)}\mathrm{d}z$；

(ii) $\displaystyle\int_{|z|=1}\frac{1}{(z-a)^n(z-b)^n}\mathrm{d}z\ (|a|<1<|b|,\ n\in\mathbf{N})$；

(iii) $\displaystyle\int_0^{2\pi}\mathrm{e}^{\cos\theta}[\cos(n\theta-\sin\theta)+\mathrm{i}\sin(n\theta-\sin\theta)]\mathrm{d}\theta\ (n\in\mathbf{Z})$；

(iv) $\displaystyle\int_{|z|=R}\frac{z^2\mathrm{d}z}{\mathrm{e}^{2\pi \mathrm{i}z^3}-1}\ (n<R^3<n+1,\ n\in\mathbf{N})$.

11. 计算积分：

(i) $\displaystyle\int_{|z|=R}\sqrt{(z-a)(z-b)}\mathrm{d}z\ \Big(a\neq b,\ R>\max(|a|,|b|),$

$\displaystyle\lim_{z\to\infty}\frac{\sqrt{(z-a)(z-b)}}{z}=1\Big)$；

(ii) $\displaystyle\int_{|z|=R}z^n\log\frac{z-a}{z-b}\mathrm{d}z\ (a\neq b,\ R>\max(|a|,|b|))$.

12. 设 D 是由有限条可求长简单闭曲线围成的域，$f(z)$ 在 D 上亚纯，在 D 中的全部彼此不同的极点为 $w_1,w_2,\cdots,w_m$，其相应的 Laurent 展开式的主要部分为 $f_1(z),f_2(z),\cdots,f_m(z)$，并且在 $\overline{D}\setminus\{w_1,w_2,\cdots,w_m\}$ 上连续. 证明：对于任意 $z\in D$，有

$$\frac{1}{2\pi \mathrm{i}}\int_{\partial D}\frac{f(\zeta)}{\zeta-z}\mathrm{d}\zeta=f(z)-\sum_{j=1}^{m}f_j(z).$$

5.5 利用残数定理计算定积分

残数定理的重要应用之一是计算各种定积分. 在微积分的课

程中我们已经知道，大部分函数的原函数不能用初等函数来表达，因此，通过求原函数来计算定积分只对一部分函数有效，很多定积分的计算要想其他的办法来解决，利用残数定理就是重要的方法之一. 它的基本思想是这样的：为了求实函数 $f(x)$ 在实轴上或实轴上某一区间 I 上的积分，我们在 I 上适当地加一辅助曲线 l，使其与 I 构成一简单闭曲线 γ，其内部记为 D. 同时适当选取复变函数 $F(z)$（当然是根据 $f(x)$ 来选取），然后在 $\overline{D}$ 上对 $F(z)$ 应用残数定理，这样就把要求的积分转化为计算 $F(z)$ 在 D 内奇点处的残数和 l 上的积分了. 当然，l 和 $F(z)$ 的选取是富于技巧的.

我们分几种类型来讨论：

1. $\int_{-\infty}^{\infty} f(x)\mathrm{d}x$ 型积分

先证明下面的

定理 5.5.1 设 f 在上半平面 $\{z: \mathrm{Im}z>0\}$ 中除去 $a_1,\cdots,a_n$ 外是全纯的，在 $\{z: \mathrm{Im}z\geqslant 0\}$ 中除去 $a_1,\cdots,a_n$ 外是连续的. 如果 $\lim\limits_{z\to\infty} zf(z)=0$，那么

$$\int_{-\infty}^{\infty} f(x)\mathrm{d}x = 2\pi\mathrm{i}\sum_{k=1}^{n}\mathrm{Res}(f,a_k). \tag{1}$$

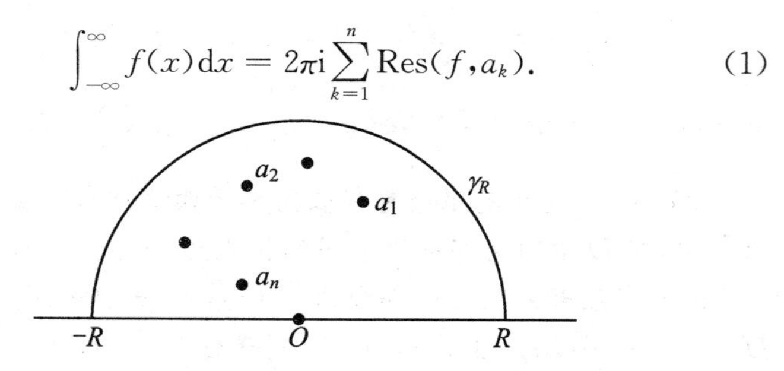

图 5.2

证 如图 5.2 所示，取充分大的 R，使得 $a_1,\cdots,a_n$ 包含在半圆盘 $\{z: |z|<R, \mathrm{Im}z>0\}$ 中，记 $\gamma_R=\{z: z=R\mathrm{e}^{\mathrm{i}\theta}, 0\leqslant\theta\leqslant\pi\}$，由残数定理得

$$\int_{-R}^{R} f(x)\mathrm{d}x + \int_{\gamma_R} f(z)\mathrm{d}z = 2\pi\mathrm{i}\sum_{k=1}^{n}\mathrm{Res}(f,a_k). \tag{2}$$

记 $M(R)=\max\{|f(z)|: z\in\gamma_R\}$，由假定，$\lim\limits_{R\to\infty}RM(R)=0$，因而

$$\left|\int_{\gamma_R} f(z)\mathrm{d}z\right| = \left|\int_0^{\pi} f(R\mathrm{e}^{\mathrm{i}\theta})R\mathrm{i}\mathrm{e}^{\mathrm{i}\theta}\mathrm{d}\theta\right|$$

$$\leqslant \pi RM(R)$$

$$\to 0\ (R\to\infty).$$

在(2)式中令 $R\to\infty$，即得公式(1). □

推论 5.5.2 设 P 和 Q 是两个既约多项式，Q 没有实的零点，且 $\deg Q-\deg P\geqslant 2$，那么

$$\int_{-\infty}^{\infty}\frac{P(x)}{Q(x)}\mathrm{d}x = 2\pi\mathrm{i}\sum_{k=1}^{n}\mathrm{Res}\left(\frac{P(z)}{Q(z)},a_k\right),$$

这里，$a_k\ (k=1,\cdots,n)$ 为 Q 在上半平面中的全部零点，$\deg P$，$\deg Q$ 分别为 P 和 Q 的次数.

证 令 $f(z)=\dfrac{P(z)}{Q(z)}$，则 f 满足定理 5.5.1 的条件，由定理 5.5.1 即得本推论. □

例 5.5.3 计算积分

$$\int_{-\infty}^{\infty}\frac{x^2-x+2}{x^4+10x^2+9}\mathrm{d}x.$$

解 令 $f(z)=\dfrac{z^2-z+2}{z^4+10z^2+9}$，它满足推论 5.5.2 的条件. 容易看出，分母 $Q(z)=z^4+10z^2+9$ 有 4 个零点 $\pm\mathrm{i}$ 和 $\pm 3\mathrm{i}$，但在上半平面中的零点只有 $a_1=\mathrm{i}$ 和 $a_2=3\mathrm{i}$ 两个. 容易算得

$$\mathrm{Res}(f,\mathrm{i}) = \frac{-1-\mathrm{i}}{16},$$

$$\mathrm{Res}(f,3\mathrm{i}) = \frac{3-7\mathrm{i}}{48},$$

故得

$$\int_{-\infty}^{\infty}\frac{x^2-x+2}{x^4+10x^2+9}\mathrm{d}x = \frac{5}{12}\pi. \qquad \square$$

例 5.5.4 计算积分

$$\int_{-\infty}^{\infty}\frac{\mathrm{d}x}{(1+x^2)^{n+1}}.$$

解 令 $f(z)=\dfrac{1}{(1+z^2)^{n+1}}$，它显然满足推论 5.5.2 的条件，且在上半平面中只有一个 $n+1$ 阶极点 $z=\mathrm{i}$. 应用命题 5.4.2，通过直接计算得

$$\mathrm{Res}(f,\mathrm{i})=\frac{1}{2\mathrm{i}}\frac{(2n)!}{2^{2n}(n!)^2},$$

于是得

$$\int_{-\infty}^{\infty}\frac{\mathrm{d}x}{(1+x^2)^{n+1}}=\frac{(2n)!\pi}{2^{2n}(n!)^2}. \qquad \square$$

在计算 $\int_{-\infty}^{\infty}\mathrm{e}^{\mathrm{i}\alpha x}f(x)\mathrm{d}x$ 这种类型的积分时，需要应用下面的 Jordan 引理：

引理 5.5.5(Jordan) 设 f 在 $\{z: R_0\leqslant|z|<\infty, \mathrm{Im}z\geqslant 0\}$ 上连续，且 $\lim\limits_{\substack{z\to\infty\\ \mathrm{Im}z\geqslant 0}}f(z)=0$，则对任意 $\alpha>0$，有

$$\lim_{R\to\infty}\int_{\gamma_R}\mathrm{e}^{\mathrm{i}\alpha z}f(z)\mathrm{d}z=0,$$

这里，$\gamma_R=\{z: z=R\mathrm{e}^{\mathrm{i}\theta}, 0\leqslant\theta\leqslant\pi, R\geqslant R_0\}$.

证 记 $M(R)=\max\{|f(z)|: z\in\gamma_R\}$，则由假定，$M(R)\to 0$ $(R\to\infty)$. 因为

$$\int_{\gamma_R}\mathrm{e}^{\mathrm{i}\alpha z}f(z)\mathrm{d}z=\int_0^{\pi}\mathrm{e}^{\mathrm{i}\alpha R\cos\theta}\mathrm{e}^{-\alpha R\sin\theta}f(R\mathrm{e}^{\mathrm{i}\theta})R\mathrm{i}\mathrm{e}^{\mathrm{i}\theta}\mathrm{d}\theta,$$

所以

$$\begin{aligned}\left|\int_{\gamma_R}\mathrm{e}^{\mathrm{i}\alpha z}f(z)\mathrm{d}z\right| &\leqslant RM(R)\int_0^{\pi}\mathrm{e}^{-\alpha R\sin\theta}\mathrm{d}\theta\\ &=2RM(R)\int_0^{\frac{\pi}{2}}\mathrm{e}^{-\alpha R\sin\theta}\mathrm{d}\theta\\ &\leqslant 2RM(R)\int_0^{\frac{\pi}{2}}\mathrm{e}^{-\frac{2}{\pi}\alpha R\theta}\mathrm{d}\theta\end{aligned}$$

$$= \frac{\pi}{2}M(R)(1-e^{-\alpha R})$$

$$\to 0\ (R\to\infty).$$

这里,我们已经利用了不等式

$$\sin\theta \geqslant \frac{2}{\pi}\theta\ \left(0\leqslant\theta\leqslant\frac{\pi}{2}\right). \qquad \square$$

现在可以证明下面的

定理 5.5.6 设 f 在上半平面$\{z: \text{Im}z>0\}$中除去 $a_1,\cdots,a_n$ 外是全纯的,在$\{z: \text{Im}z\geqslant 0\}$中除去 $a_1,\cdots,a_n$ 外是连续的. 如果 $\lim\limits_{z\to\infty}f(z)=0$,那么对任意 $\alpha>0$,有

$$\int_{-\infty}^{\infty} e^{i\alpha x}f(x)dx = 2\pi i\sum_{k=1}^{n}\text{Res}(e^{i\alpha z}f(z),a_k). \tag{3}$$

证 取充分大的 R,使得 $a_1,\cdots,a_n$ 都包含在半圆盘$\{z: |z|<R, \text{Im}z>0\}$中. 对函数

$$F(z) = e^{i\alpha z}f(z)$$

用残数定理,得

$$\int_{-R}^{R} e^{i\alpha x}f(x)dx + \int_{\gamma_R} e^{i\alpha z}f(z)dz = 2\pi i\sum_{k=1}^{n}\text{Res}(e^{i\alpha z}f(z),a_k). \tag{4}$$

根据 Jordan 引理,有

$$\lim_{R\to\infty}\int_{\gamma_R} e^{i\alpha z}f(z)dz = 0.$$

在(4)式的两端让 $R\to\infty$,即得公式(3). $\square$

注意到

$$e^{i\alpha x} = \cos\alpha x + i\sin\alpha x,$$

在公式(3)的两端分别取实部和虚部,即得

推论 5.5.7 在定理 5.5.6 的条件下,我们有

$$\int_{-\infty}^{\infty} f(x)\cos\alpha x\,dx = \text{Re}\left\{2\pi i\sum_{k=1}^{n}\text{Res}(e^{i\alpha z}f(z),a_k)\right\},$$

$$\int_{-\infty}^{\infty} f(x)\sin\alpha x\,dx = \text{Im}\left\{2\pi i\sum_{k=1}^{n}\text{Res}(e^{i\alpha z}f(z),a_k)\right\}.$$

例 5.5.8 计算积分

$$\int_{-\infty}^{\infty}\frac{\cos ax}{b^2+x^2}\mathrm{d}x \quad (a>0,\ b>0).$$

解 令 $f(z)=\dfrac{1}{b^2+z^2}$,它满足定理 5.5.6 的条件. 因为$\dfrac{\mathrm{e}^{\mathrm{i}az}}{b^2+z^2}$在上半平面中只有一个 1 阶极点 $z=b\mathrm{i}$,且

$$\operatorname{Res}\left(\frac{\mathrm{e}^{\mathrm{i}az}}{b^2+z^2},b\mathrm{i}\right)=\frac{\mathrm{e}^{-ab}}{2b\mathrm{i}},$$

根据推论 5.5.7,即得

$$\int_{-\infty}^{\infty}\frac{\cos ax}{b^2+x^2}\mathrm{d}x=\frac{\pi}{b}\mathrm{e}^{-ab}. \qquad \square$$

遇到 f 在实轴上有奇点的情况时,常要使用下面的引理:

引理 5.5.9 设 f 在扇状域

$$G=\{z=a+\rho\mathrm{e}^{\mathrm{i}\theta}:\ 0<\rho\leqslant\rho_0,\ \theta_0\leqslant\theta\leqslant\theta_0+\alpha\}$$

上连续,如果$\lim\limits_{z\to a}(z-a)f(z)=A$,那么

$$\lim_{\rho\to 0}\int_{\gamma_\rho}f(z)\mathrm{d}z=\mathrm{i}A\alpha, \tag{5}$$

这里,$\gamma_\rho=\{z=a+\rho\mathrm{e}^{\mathrm{i}\theta}:\ \theta_0\leqslant\theta\leqslant\theta_0+\alpha\}$,它的方向是沿着辐角增加的方向.

证 令 $g(z)=(z-a)f(z)-A$,则$\lim\limits_{z\to a}g(z)=0$. 若记 $M_\rho=\sup\{|g(z)|:\ z=a+\rho\mathrm{e}^{\mathrm{i}\theta},\theta_0\leqslant\theta\leqslant\theta_0+\alpha\}$,则$\lim\limits_{\rho\to 0}M_\rho=0$. 于是

$$\begin{aligned}\left|\int_{\gamma_\rho}\frac{g(z)}{z-a}\mathrm{d}z\right| &= \left|\int_{\theta_0}^{\theta_0+\alpha}\frac{g(a+\rho\mathrm{e}^{\mathrm{i}\theta})}{\rho\mathrm{e}^{\mathrm{i}\theta}}\rho\mathrm{i}\mathrm{e}^{\mathrm{i}\theta}\mathrm{d}\theta\right| \\ &\leqslant M_\rho\alpha \\ &\to 0\ (\rho\to 0).\end{aligned}$$

由此即得

$$\begin{aligned}\int_{\gamma_\rho}f(z)\mathrm{d}z &= \mathrm{i}A\alpha+\int_{\gamma_\rho}\frac{g(z)}{z-a}\mathrm{d}z \\ &\to \mathrm{i}A\alpha\ (\rho\to 0). \qquad \square\end{aligned}$$

现在可以计算下面的积分：

例 5.5.10 计算积分

$$\int_0^{\infty} \frac{\sin x}{x} \mathrm{d}x.$$

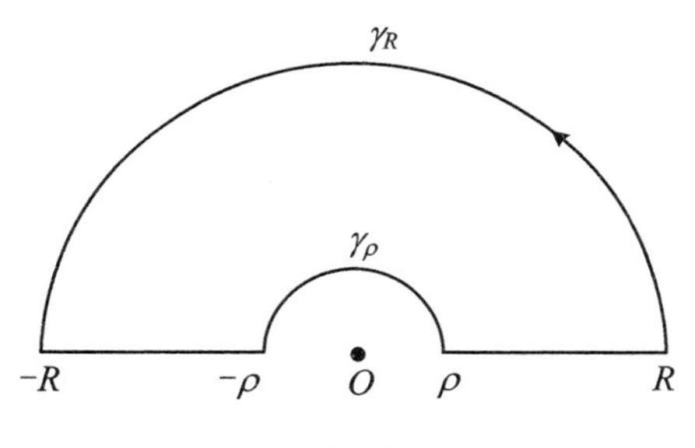

图 5.3

解 取函数 $f(z)=\frac{\mathrm{e}^{\mathrm{i}z}}{z}$，取围道如图 5.3 所示，它由线段$[-R, -\rho]$，$[\rho, R]$和半圆周 γ_ρ，γ_R 组成. 在此围道围成的域中，f 是全纯的，因而由 Cauchy 积分定理得

$$\int_{-R}^{-\rho} \frac{\mathrm{e}^{\mathrm{i}x}}{x} \mathrm{d}x + \int_{\gamma_\rho^-} \frac{\mathrm{e}^{\mathrm{i}z}}{z} \mathrm{d}z + \int_\rho^R \frac{\mathrm{e}^{\mathrm{i}x}}{x} \mathrm{d}x + \int_{\gamma_R} \frac{\mathrm{e}^{\mathrm{i}z}}{z} \mathrm{d}z = 0. \tag{6}$$

由 Jordan 引理知道

$$\lim_{R\to\infty} \int_{\gamma_R} \frac{\mathrm{e}^{\mathrm{i}z}}{z} \mathrm{d}z = 0.$$

由引理 5.5.9 得

$$\lim_{\rho\to 0} \int_{\gamma_\rho^-} \frac{\mathrm{e}^{\mathrm{i}z}}{z} \mathrm{d}z = -\mathrm{i}\pi.$$

在(6)式中令 $\rho\to 0$，$R\to\infty$，于是得

$$\int_{-\infty}^{0} \frac{\mathrm{e}^{\mathrm{i}x}}{x} \mathrm{d}x + \int_0^{\infty} \frac{\mathrm{e}^{\mathrm{i}x}}{x} \mathrm{d}x = \mathrm{i}\pi,$$

即

$$\int_{-\infty}^{\infty} \frac{\mathrm{e}^{\mathrm{i}x}}{x} \mathrm{d}x = \mathrm{i}\pi.$$

两边取虚部,得

$$\int_{-\infty}^{\infty} \frac{\sin x}{x} \mathrm{d}x = \pi,$$

因而

$$\int_{0}^{\infty} \frac{\sin x}{x} \mathrm{d}x = \frac{1}{2}\int_{-\infty}^{\infty} \frac{\sin x}{x} \mathrm{d}x = \frac{\pi}{2}. \qquad \square$$

注意,如果 f 是偶函数,$\int_{0}^{\infty} f(x)\mathrm{d}x$ 的值可以通过等式

$$\int_{0}^{\infty} f(x)\mathrm{d}x = \frac{1}{2}\int_{-\infty}^{\infty} f(x)\mathrm{d}x$$

从 $\int_{-\infty}^{\infty} f(x)\mathrm{d}x$ 的值得到,就像上面的例子那样. 如果 f 不是偶函数,这个方法就不行了. 下面就来讨论计算$\int_{0}^{\infty} f(x)\mathrm{d}x$ 的方法.

2. $\int_{0}^{\infty} f(x)\mathrm{d}x$ 型积分

用残数定理计算$\int_{0}^{\infty} f(x)\mathrm{d}x$ 这种类型的积分,往往要借助于对数函数,不像计算$\int_{-\infty}^{\infty} f(x)\mathrm{d}x$ 型积分直接. 我们通过下面两个例子来说明这种方法.

例 5.5.11 计算积分

$$\int_{0}^{\infty} \frac{x^{p-1}}{(1+x)^{m}} \mathrm{d}x,$$

这里,m 是正整数,p 不是整数,$0<p<m$.

解 取 $f(z)=\dfrac{z^{p-1}}{(1+z)^{m}}$,因为 p 不是整数,所以

$$z^{p-1} = \mathrm{e}^{(p-1)\mathrm{Log}z}$$

是一个多值函数. 在复平面上,取正实轴作割线得一域,z^{p-1} 在这个域中能分出单值的全纯分支. 今取定在正实轴上沿取实值的那

个全纯分支,即主支:$z^{p-1}=\mathrm{e}^{(p-1)\log z}$. 让 $f(z)=\dfrac{\mathrm{e}^{(p-1)\log z}}{(1+z)^m}$沿如下的闭曲线$\Gamma$积分:先沿正实轴的上沿从$\rho$到$R$ $(0<\rho<1<R<\infty)$,再按反时针方向,沿以原点为中心、R为半径的圆周γ_R回到出发

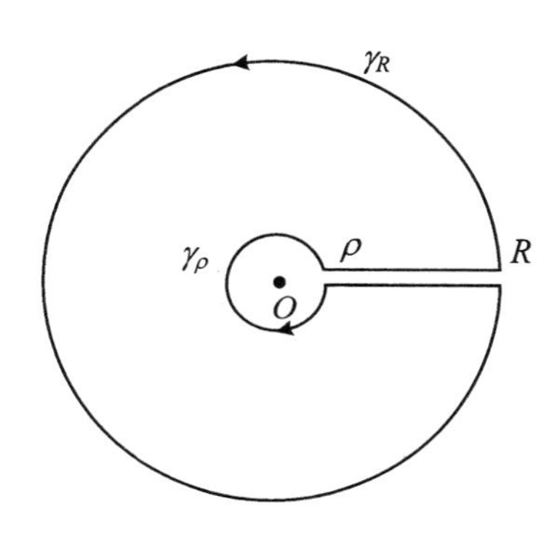

图 5.4

处,再沿正实轴的下沿从R到ρ,最后按顺时针方向沿以原点为中心、ρ为半径的圆周γ_ρ回到原来的出发处(图 5.4). 在正实轴上沿,有

$$f(z)=\frac{\mathrm{e}^{(p-1)\log x}}{(1+x)^m}=\frac{x^{p-1}}{(1+x)^m};$$

在正实轴下沿,由于

$$\log z=\log|z|+2\pi\mathrm{i},$$

所以

$$\begin{aligned}\mathrm{e}^{(p-1)\log z}&=\mathrm{e}^{(p-1)(\log x+2\pi\mathrm{i})}\\&=x^{p-1}\mathrm{e}^{(p-1)2\pi\mathrm{i}}\\&=\mathrm{e}^{2p\pi\mathrm{i}}x^{p-1},\end{aligned}$$

因而

$$f(z)=\mathrm{e}^{2p\pi\mathrm{i}}\frac{x^{p-1}}{(1+x)^m}.$$

显然,f在由Γ围成的域中只有一个m阶极点$z=-1$. 由残数定理,有

$$\int_{\rho}^{R}\frac{x^{p}}{(1+x)^{m}}\mathrm{d}x+\int_{\gamma_R}\frac{z^{p-1}}{(1+z)^{m}}\mathrm{d}z+\mathrm{e}^{2p\pi\mathrm{i}}\int_{R}^{\rho}\frac{x^{p-1}}{(1+x)^{m}}\mathrm{d}x$$

$$+\int_{\gamma_\rho^-}\frac{z^{p-1}}{(1+z)^{m}}\mathrm{d}z=2\pi\mathrm{i}\mathrm{Res}\left(\frac{z^{p-1}}{(1+z)^{m}},-1\right). \qquad (7)$$

当 $z\in\gamma_R$ 时，$z=R\mathrm{e}^{\mathrm{i}\theta}$，$\log z=\log R+\mathrm{i}\theta$，所以

$$\frac{|z^{p-1}|}{|1+z|^{m}}=\frac{|\mathrm{e}^{(p-1)\log z}|}{|1+z|^{m}}\leqslant\frac{R^{p-1}}{(R-1)^{m}}.$$

同样道理，当 $z\in\gamma_\rho$ 时，有

$$\frac{|z^{p-1}|}{|1+z|^{m}}\leqslant\frac{\rho^{p-1}}{(1-\rho)^{m}}.$$

于是

$$\begin{aligned}\left|\int_{\gamma_R}\frac{z^{p-1}}{(1+z)^{m}}\mathrm{d}z\right|&\leqslant\frac{R^{p-1}}{(R-1)^{m}}2\pi R\\&=2\pi\frac{R^{p}}{(R-1)^{m}}\\&\to 0\ (R\to\infty),\end{aligned}$$

$$\begin{aligned}\left|\int_{\gamma_\rho}\frac{z^{p-1}}{(1+z)^{m}}\mathrm{d}z\right|&\leqslant\frac{\rho^{p-1}}{(1-\rho)^{m}}2\pi\rho\\&=2\pi\frac{\rho^{p}}{(1-\rho)^{m}}\\&\to 0\ (\rho\to 0).\end{aligned}$$

在(7)式中令 $\rho\to 0$，$R\to\infty$，即得

$$(1-\mathrm{e}^{2p\pi\mathrm{i}})\int_{0}^{\infty}\frac{x^{p-1}}{(1+x)^{m}}\mathrm{d}x=2\pi\mathrm{i}\mathrm{Res}\left(\frac{z^{p-1}}{(1+z)^{m}},-1\right).$$

容易算出，当 $m=1$ 时

$$\mathrm{Res}\left(\frac{z^{p-1}}{1+z},-1\right)=\mathrm{e}^{(p-1)\pi\mathrm{i}}=-\mathrm{e}^{p\pi\mathrm{i}};$$

当 $m>1$ 时

$$\mathrm{Res}\left(\frac{z^{p-1}}{(1+z)^{m}},-1\right)=-\frac{1}{(m-1)!}(1-p)(2-p)$$

$$\cdot \cdots \cdot (m-1-p)\mathrm{e}^{p\pi\mathrm{i}}.$$

由此即得

$$\int_0^{\infty} \frac{x^{p-1}}{1+x}\mathrm{d}x = \frac{\pi}{\sin p\pi}\ (0<p<1),$$

$$\int_0^{\infty} \frac{x^{p-1}}{(1+x)^m}\mathrm{d}x = \frac{\pi}{\sin p\pi}\frac{1}{(m-1)!}(1-p)(2-p)$$

$$\cdot \cdots \cdot (m-1-p). \qquad \square$$

上面的方法可用来计算一般的积分

$$\int_0^{\infty} f(x)x^{p-1}\mathrm{d}x\ (0<p<1).$$

例 5.5.12 计算积分

$$\int_0^{\infty} \frac{\log x}{(1+x^2)^2}\mathrm{d}x.$$

解 取函数 $f(z)=\dfrac{\log^2 z}{(1+z^2)^2}$，取围道如图 5.4 所示. 在正实轴的上沿，有

$$f(z) = \frac{\log^2 x}{(1+x^2)^2};$$

在正实轴的下沿，由于 $\log z=\log x+2\pi\mathrm{i}$，所以

$$\begin{aligned}\log^2 z &= (\log x + 2\pi\mathrm{i})^2 \\ &= \log^2 x + 4\pi\mathrm{i}\log x - 4\pi^2,\end{aligned}$$

因而

$$f(z) = \frac{\log^2 x}{(1+x^2)^2} + 4\pi\mathrm{i}\frac{\log x}{(1+x^2)^2} - 4\pi^2\frac{1}{(1+x^2)^2}.$$

f 在 Γ 所围成的域中有两个 2 阶极点 $z=\pm\mathrm{i}$. 对 f 用残数定理，得

$$\begin{aligned}&\int_\rho^R \frac{\log^2 x}{(1+x^2)^2}\mathrm{d}x + \int_{\gamma_R}\frac{\log^2 z}{(1+z^2)^2}\mathrm{d}x + \int_R^\rho \frac{\log^2 x}{(1+x^2)^2}\mathrm{d}x \\ &\quad + 4\pi\mathrm{i}\int_R^\rho \frac{\log x}{(1+x^2)^2}\mathrm{d}x - 4\pi^2\int_R^\rho \frac{\mathrm{d}x}{(1+x^2)^2} + \int_{\gamma_\rho^-}\frac{\log^2 z}{(1+z^2)^2}\mathrm{d}z \\ &= 2\pi\mathrm{i}\left[\mathrm{Res}\left(\frac{\log^2 z}{(1+z^2)^2},\mathrm{i}\right) + \mathrm{Res}\left(\frac{\log^2 z}{(1+z^2)^2},-\mathrm{i}\right)\right]. \qquad (8)\end{aligned}$$

(8)式左端的第一个和第三个积分互相抵消了. γ_R 和 γ_ρ 上两个积分的估计与例 5.5.11 一样:

$$\left|\int_{\gamma_R}\frac{\log^2 z}{(1+z^2)^2}\mathrm{d}z\right|=\left|\int_0^{2\pi}\frac{(\log R+\mathrm{i}\theta)^2}{(1+R^2\mathrm{e}^{2\mathrm{i}\theta})^2}R\mathrm{i}\mathrm{e}^{\mathrm{i}\theta}\mathrm{d}\theta\right|$$

$$\leqslant 2\pi R\frac{(\log R+2\pi)^2}{(R^2-1)^2}$$

$$\to 0\ (R\to\infty),$$

$$\left|\int_{\gamma_\rho}\frac{\log^2 z}{(1+z^2)^2}\mathrm{d}z\right|=\left|\int_0^{2\pi}\frac{(\log\rho+\mathrm{i}\theta)^2}{(1+\rho^2\mathrm{e}^{2\mathrm{i}\theta})^2}\rho\mathrm{i}\mathrm{e}^{\mathrm{i}\theta}\mathrm{d}\theta\right|$$

$$\leqslant 2\pi\rho\frac{(\log\rho+2\pi)^2}{(1-\rho^2)^2}$$

$$\to 0\ (\rho\to 0).$$

直接计算残数,得

$$\mathrm{Res}\left(\frac{\log^2 z}{(1+z^2)^2},\mathrm{i}\right)=\frac{-4\pi+\pi^2\mathrm{i}}{16},$$

$$\mathrm{Res}\left(\frac{\log^2 z}{(1+z^2)^2},-\mathrm{i}\right)=\frac{12\pi-9\pi^2\mathrm{i}}{16}.$$

在(8)式中令 $\rho\to 0, R\to\infty$,并取两端的虚部,即得

$$\int_0^\infty\frac{\log x}{(1+x^2)^2}\mathrm{d}x=-\frac{\pi}{4}.$$

在计算过程中我们发现,如果取 $f(z)=\dfrac{\log z}{(1+z^2)^2}$,则所需计算的积分将被抵消掉,这是取 $f(z)=\dfrac{\log^2 z}{(1+z^2)^2}$ 的原因. 但若改变围道如图 5.5 所示,那么取 $f(z)=\dfrac{\log z}{(1+z^2)^2}$ 也是可以的. 这时, f 在 Γ 围成的域中只有一个 2 阶极点 $z=\mathrm{i}$. 当 $z\in[-R,-\rho]$ 时, $\log z=\log|x|+\mathrm{i}\pi$. 对 f 在 Γ 上应用残数定理,可得

$$\int_{-R}^{-\rho}\frac{\log|x|}{(1+x^2)^2}\mathrm{d}x+\mathrm{i}\pi\int_{-R}^{-\rho}\frac{\mathrm{d}x}{(1+x^2)^2}+\int_{\gamma_\rho}\frac{\log z}{(1+z^2)^2}\mathrm{d}z$$

$$
+\int_{\rho}^{R}\frac{\log x}{(1+x^{2})^{2}}\mathrm{d}x+\int_{\gamma_R}\frac{\log z}{(1+z^{2})^{2}}\mathrm{d}z
$$

$$
=2\pi\mathrm{i}\operatorname{Res}\left(\frac{\log z}{(1+z^{2})^{2}},\mathrm{i}\right). \tag{9}
$$

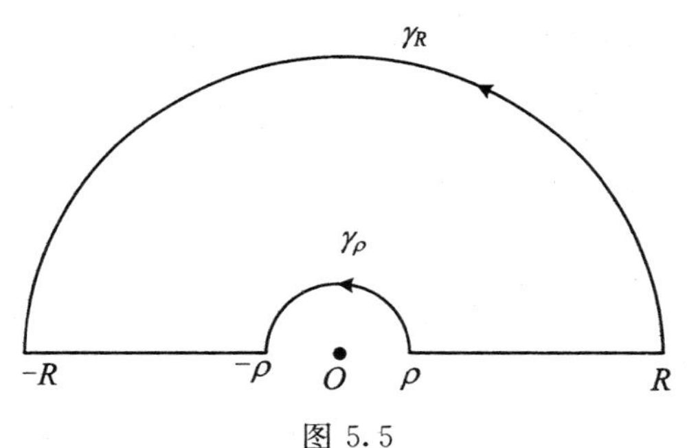

图 5.5

与上面的做法一样，可证

$$
\lim_{R\to\infty}\int_{\gamma_R}\frac{\log z}{(1+z^{2})^{2}}\mathrm{d}z=0,
$$

$$
\lim_{\rho\to 0}\int_{\gamma_\rho}\frac{\log z}{(1+z^{2})^{2}}\mathrm{d}z=0,
$$

而

$$
\operatorname{Res}\left(\frac{\log z}{(1+z^{2})^{2}},\mathrm{i}\right)=\frac{\pi}{8}+\frac{\mathrm{i}}{4}.
$$

在(9)式两端令 $\rho\to 0, R\to\infty$，得

$$
2\int_{0}^{\infty}\frac{\log x}{(1+x^{2})^{2}}\mathrm{d}x-\mathrm{i}\pi\int_{0}^{\infty}\frac{\mathrm{d}x}{(1+x^{2})^{2}}=2\pi\mathrm{i}\left(\frac{\pi}{8}+\frac{\mathrm{i}}{4}\right),
$$

两边取实部，即得

$$
\int_{0}^{\infty}\frac{\log x}{(1+x^{2})^{2}}\mathrm{d}x=-\frac{\pi}{4}.
$$

与第一种方法所得的结果一样. □

3. $\int_a^b f(x)\mathrm{d}x$ 型积分

我们讨论两种重要类型的有穷限积分. 一种是

$$\int_0^{2\pi} R(\sin\theta,\cos\theta)\mathrm{d}\theta$$

类型的积分，其中，$R(X,Y)$是两个变量 X,Y 的有理函数. 这种类型的积分可以化为$\int_{-\infty}^{\infty} f(x)\mathrm{d}x$ 型积分来讨论. 事实上，因为被积函数是周期为 2π 的函数，所以

$$\int_0^{2\pi} R(\sin\theta,\cos\theta)\mathrm{d}\theta=\int_{-\pi}^{\pi} R(\sin\theta,\cos\theta)\mathrm{d}\theta.$$

作变换 $t=\mathrm{tg}\,\dfrac{\theta}{2}$，那么

$$\sin\theta=\frac{2t}{1+t^2},$$

$$\cos\theta=\frac{1-t^2}{1+t^2},$$

$$\mathrm{d}\theta=\frac{2\mathrm{d}t}{1+t^2},$$

于是

$$\int_0^{2\pi} R(\sin\theta,\cos\theta)\mathrm{d}\theta=2\int_{-\infty}^{\infty} R\left(\frac{2t}{1+t^2},\frac{1-t^2}{1+t^2}\right)\frac{1}{1+t^2}\mathrm{d}t.$$

右端积分中的被积函数是 t 的有理函数，这是刚讨论过的积分.

计算这种积分的另外一种方法是把它化为单位圆周上的积分. 设 $z=\mathrm{e}^{\mathrm{i}\theta}$，那么

$$\cos\theta=\frac{1}{2}(\mathrm{e}^{\mathrm{i}\theta}+\mathrm{e}^{-\mathrm{i}\theta})=\frac{1}{2}\left(z+\frac{1}{z}\right),$$

$$\sin\theta=\frac{1}{2\mathrm{i}}(\mathrm{e}^{\mathrm{i}\theta}-\mathrm{e}^{-\mathrm{i}\theta})=\frac{1}{2\mathrm{i}}\left(z-\frac{1}{z}\right),$$

$$\mathrm{d}\theta=\frac{1}{\mathrm{i}z}\mathrm{d}z,$$

于是

$$\int_0^{2\pi} R(\sin\theta,\cos\theta)\mathrm{d}\theta = \int_{|z|=1} R\left(\frac{1}{2\mathrm{i}}\left(z-\frac{1}{z}\right),\frac{1}{2}\left(z+\frac{1}{z}\right)\right)\frac{1}{\mathrm{i}z}\mathrm{d}z.$$

右端积分中的被积函数是 z 的有理函数,积分在单位圆周上进行,因而可用残数定理来计算.

例 5.5.13 计算积分

$$\int_0^{2\pi} \frac{\mathrm{d}\theta}{3+\cos\theta+2\sin\theta}.$$

解 令 $z=\mathrm{e}^{\mathrm{i}\theta}$,则

$$\int_0^{2\pi} \frac{\mathrm{d}\theta}{3+\cos\theta+2\sin\theta} = 2\int_{|z|=1} \frac{\mathrm{d}z}{(\mathrm{i}+2)z^2+6\mathrm{i}z+\mathrm{i}-2}.$$

右端积分中的被积函数有两个 1 阶极点

$$a_1 = -\frac{1+2\mathrm{i}}{5}, \quad a_2 = -1-2\mathrm{i},$$

但只有 a_1 在单位圆内,被积函数在 a_1 处的残数为$\frac{1}{4\mathrm{i}}$,因而

$$\begin{aligned}\int_0^{2\pi} \frac{\mathrm{d}\theta}{3+\cos\theta+2\sin\theta} &= 4\pi\mathrm{i}\cdot\frac{1}{4\mathrm{i}} \\ &= \pi. \qquad \square\end{aligned}$$

用类似的方法可以计算积分

$$\int_0^{2\pi} R(\sin n\theta,\cos n\theta)\mathrm{d}\theta,$$

这是因为

$$\int_0^{2\pi} R(\sin n\theta,\cos n\theta)\mathrm{d}\theta = \int_{|z|=1} R\left(\frac{1}{2\mathrm{i}}\left(z^n-\frac{1}{z^n}\right),\frac{1}{2}\left(z^n+\frac{1}{z^n}\right)\right)\frac{1}{\mathrm{i}z}\mathrm{d}z,$$

这里,n 是整数.

如果要计算积分

$$\int_0^{2\pi} R(\sin\theta,\cos\theta)\cos n\theta\,\mathrm{d}\theta$$

或

$$\int_0^{2\pi} R(\sin\theta,\cos\theta)\sin n\theta\,\mathrm{d}\theta,$$

则先利用公式

$$\int_0^{2\pi} R(\sin\theta,\cos\theta)\mathrm{e}^{\mathrm{i}n\theta}\,\mathrm{d}\theta = \int_{|z|=1} R\left(\frac{1}{2\mathrm{i}}\left(z-\frac{1}{z}\right),\frac{1}{2}\left(z+\frac{1}{z}\right)\right)\frac{z^{n-1}}{\mathrm{i}}\,\mathrm{d}z \tag{10}$$

算出左端的积分,然后取实部或虚部,即得上述两个积分.

另一种重要类型的有穷限积分是

$$\int_a^b (x-a)^r(b-x)^s f(x)\,\mathrm{d}x,$$

这里,$-1<r,s<1$,且 $r+s=-1,0$ 或 1. 对于这种积分,有下面的计算公式:

定理 5.5.14 设 f 在 $\boldsymbol{C}$ 中除去 $a_1,\cdots,a_n$ 外是全纯的,$a_1,\cdots,a_n$ 都不在区间 $[a,b]$ 上;设 $-1<r,s<1$,$s\neq 0$,且 $r+s$ 是整数. 如果

$$\lim_{z\to\infty} z^{r+s+1}f(z) = A \neq \infty,$$

那么

$$\int_a^b (x-a)^r(b-x)^s f(x)\,\mathrm{d}x$$

$$=-\frac{A\pi}{\sin s\pi}+\frac{\pi}{\mathrm{e}^{-s\pi\mathrm{i}}\sin s\pi}\sum_{k=1}^n \mathrm{Res}(F,a_k), \tag{11}$$

这里,$F(z)=(z-a)^r(b-z)^s f(z)$.

证明这个定理还需要一个与引理 5.5.9 类似的引理:

引理 5.5.15 设 f 在

$$G=\{z=\rho\mathrm{e}^{\mathrm{i}\theta}:\rho\geqslant R_0,\theta_0\leqslant\theta\leqslant\theta_0+\alpha\}$$

中连续,如果 $\lim\limits_{z\to\infty} zf(z)=A$,那么

$$\lim_{\rho\to\infty}\int_{\gamma_\rho} f(z)\,\mathrm{d}z = \mathrm{i}A\alpha,$$

这里,$\gamma_\rho=\{z=\rho\mathrm{e}^{\mathrm{i}\theta}:\theta_0\leqslant\theta\leqslant\theta_0+\alpha\}$,它的方向是沿着辐角增加的方向.

证明的方法与引理 5.5.9 完全一样,留给读者做练习.

定理 5.5.14 的证明 联接 a 和 b，我们证明在线段 $[a,b]$ 外部，$F(z)=(z-a)^r(b-z)^s f(z)$ 能分出单值全纯的分支.

事实上，记 $z-a=\rho_1 e^{i\theta_1}$，$z-b=\rho_2 e^{i\theta_2}$，当 z 沿线段 $[a,b]$ 外部的任意简单闭曲线转一圈时，$z-a$ 和 $z-b$ 的辐角都要增加 2π，$(z-a)^r(z-b)^s$ 的值将由原来的 $\rho_1^r\rho_2^s e^{i(r\theta_1+s\theta_2)}$ 变为

$$\rho_1^r\rho_2^s e^{i(r\theta_1+s\theta_2)+2\pi(r+s)i}=\rho_1^r\rho_2^s e^{i(r\theta_1+s\theta_2)},$$

等式成立是因为 $r+s$ 是整数，这就是说 $F(z)$ 的值不变.

现取定在 $[a,b]$ 上岸

$$\arg(z-a)=0,\ \arg(b-z)=0$$

的一支来讨论. 取 R 充分大，ε 充分小，使得由圆周 $\Gamma=\{z: |z|=R\}$ 的内部以及圆周 $\gamma_1=\{z: |z-a|=\varepsilon\}$ 和圆周 $\gamma_2=\{z: |z-b|=\varepsilon\}$ 的外部所构成的域 D 包含 f 的全部奇点 $a_1,\cdots,a_n$（见图 5.6）. 在域 D 上对函数 F 用残数定理，得

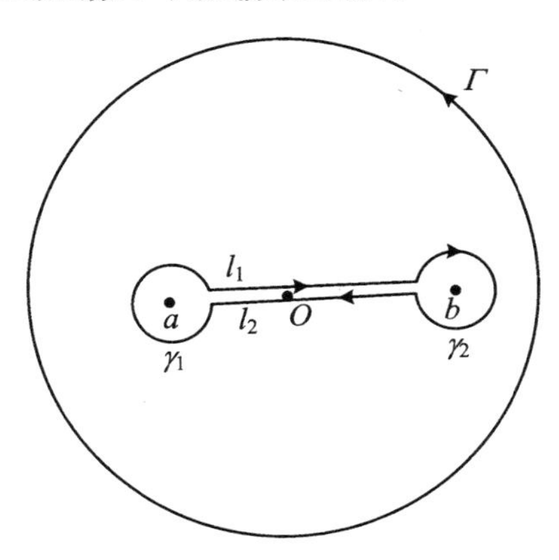

图 5.6

$$\int_\Gamma F(z)dz+\int_{\gamma_1}F(z)dz+\int_{l_1}F(z)dz+\int_{\gamma_2}F(z)dz+\int_{l_2}F(z)dz$$

$$=2\pi i\sum_{k=1}^{n}\operatorname{Res}(F,a_k),\tag{12}$$

这里，l_1,l_2 分别是 $[a,b]$ 上、下岸上的一段. 当 $z\in l_1$ 时，$\arg(z-a)$

$=0,\arg(b-z)=0$,所以

$$(z-a)^r=e^{r\log(z-a)}=e^{r\log|z-a|}$$
$$=e^{r\log(x-a)}=(x-a)^r,$$
$$(b-z)^s=e^{s\log(b-z)}=e^{s\log|b-z|}$$
$$=e^{s\log(b-x)}=(b-x)^s.$$

当 $z\in l_2$ 时,$\arg(z-a)=0,\arg(b-z)=-2\pi$,所以,

$$(z-a)^r=(x-a)^r,$$
$$(b-z)^s=e^{s(\log(b-x)+i\arg(b-z))}$$
$$=e^{-2s\pi i}(b-x)^s.$$

于是,(12)式可写为

$$\int_\Gamma F(z)dz+\int_{\gamma_1}F(z)dz+\int_{\gamma_2}F(z)dz$$
$$+(1-e^{-2s\pi i})\int_{a+\varepsilon}^{b-\varepsilon}(x-a)^r(b-x)^s f(x)dx$$
$$=2\pi i\sum_{k=1}^{n}\mathrm{Res}(F,a_k). \tag{13}$$

因为-1的辐角取$-\pi$,所以

$$\lim_{z\to\infty}zF(z)=\lim_{z\to\infty}z(z-a)^r(b-z)^s f(z)$$
$$=e^{-s\pi i}\lim_{z\to\infty}z^{r+s+1}f(z)$$
$$=e^{-s\pi i}A,$$

故由引理 5.5.15 得

$$\lim_{R\to\infty}\int_\Gamma F(z)dz=2\pi ie^{-s\pi i}A.$$

由于 $r+1>0,s+1>0$,所以

$$\lim_{z\to a}(z-a)F(z)=\lim_{z\to a}(z-a)^{r+1}(b-z)^s f(z)$$
$$=0,$$
$$\lim_{z\to b}(b-z)F(z)=\lim_{z\to b}(z-a)^r(b-z)^{s+1}f(z)$$
$$=0,$$

故由引理 5.5.9 得

$$\lim_{\varepsilon\to 0}\int_{\gamma_1} F(z)\mathrm{d}z = 0,$$

$$\lim_{\varepsilon\to 0}\int_{\gamma_2} F(z)\mathrm{d}z = 0.$$

在(13)式中令 $R\to\infty$,$\varepsilon\to 0$,即得

$$\begin{aligned}&\int_a^b (x-a)^r(b-x)^s f(x)\mathrm{d}x\\&=-\frac{2\pi\mathrm{i}\mathrm{e}^{-s\pi\mathrm{i}}A}{1-\mathrm{e}^{-2s\pi\mathrm{i}}}+\frac{2\pi\mathrm{i}}{1-\mathrm{e}^{-2s\pi\mathrm{i}}}\sum_{k=1}^{n}\mathrm{Res}(F,a_k)\\&=-\frac{\pi A}{\sin s\pi}+\frac{\pi}{\mathrm{e}^{-s\pi\mathrm{i}}\sin s\pi}\sum_{k=1}^{n}\mathrm{Res}(F,a_k).\end{aligned}$$

这就是要证明的公式(11). □

例 5.5.16 计算积分

$$\int_{-1}^{1}\frac{\mathrm{d}x}{\sqrt[3]{(1+x)^2(1-x)}}.$$

解 题中,$r=-\dfrac{2}{3}$,$s=-\dfrac{1}{3}$,$r+s=-1$,是一个整数,$f(z)\equiv 1$,所以

$$\lim_{z\to\infty} z^{r+s+1}f(z) = 1.$$

由公式(11)即得

$$\int_{-1}^{1}\frac{\mathrm{d}x}{\sqrt[3]{(1+x)^2(1-x)}}=\frac{2}{\sqrt{3}}\pi. \qquad □$$

例 5.5.17 计算积分

$$\int_0^1\frac{\sqrt[3]{x^2(1-x)}}{(1+x)^3}\mathrm{d}x.$$

解 题中,$r=\dfrac{2}{3}$,$s=\dfrac{1}{3}$,$r+s=1$,$f(z)=\dfrac{1}{(1+z)^3}$,因而

$$\lim_{z\to\infty} z^{r+s+1}f(z)=\lim_{z\to\infty}\frac{z^2}{(1+z)^3}=0.$$

f 在全平面上只有一个 3 阶极点 $z=-1$，于是由公式(11)即得

$$\int_0^1 \frac{\sqrt[3]{x^2(1-x)}}{(1+x)^3}\mathrm{d}x = \frac{\pi}{\sin\frac{\pi}{3}}\mathrm{e}^{\frac{\pi}{3}\mathrm{i}}\operatorname{Res}\left(\frac{z^{\frac{2}{3}}(1-z)^{\frac{1}{3}}}{(1+z)^3}, -1\right). \quad (14)$$

根据命题 5.4.2，有

$$\operatorname{Res}\left(\frac{z^{\frac{2}{3}}(1-z)^{\frac{1}{3}}}{(1+z)^3}, -1\right) = \frac{1}{2}\lim_{z\to -1}\frac{\mathrm{d}^2}{\mathrm{d}z^2}\{z^{\frac{2}{3}}(1-z)^{\frac{1}{3}}\}. \quad (15)$$

易知

$$\frac{\mathrm{d}^2}{\mathrm{d}z^2}\{z^{\frac{2}{3}}(1-z)^{\frac{1}{3}}\} = -\frac{2}{9}z^{-\frac{4}{3}}(1-z)^{\frac{1}{3}} - \frac{4}{9}z^{-\frac{1}{3}}(1-z)^{-\frac{2}{3}} - \frac{2}{9}(1-z)^{-\frac{5}{3}}z^{\frac{2}{3}},$$

为了计算它在 $z=-1$ 处的值，注意当 $z=-1$ 时，$\arg z=\pi$，$\arg(1-z)=0$，于是

$$\lim_{z\to -1}\frac{\mathrm{d}^2}{\mathrm{d}z^2}\{z^{\frac{2}{3}}(1-z)^{\frac{1}{3}}\} = -\frac{2}{9}\mathrm{e}^{-\frac{4}{3}\pi\mathrm{i}}\sqrt[3]{2} - \frac{4}{9}\mathrm{e}^{-\frac{\pi}{3}\mathrm{i}}\frac{1}{\sqrt[3]{4}} - \frac{2}{9}\mathrm{e}^{\frac{2\pi}{3}\mathrm{i}}2^{-\frac{5}{3}}.$$

代入(15)式后再代入(14)式，即得

$$\int_0^1 \frac{\sqrt[3]{x^2(1-x)}}{(1+x)^3}\mathrm{d}x = \frac{\sqrt[3]{2}\pi}{18\sqrt{3}}. \qquad \square$$

4. 两个特殊的积分

上面只是大致归纳了一下用残数定理计算积分的类型，但它适用的范围还是相当有限的. 这里介绍的两个积分便不能用第 2 小节中的方法来计算.

(1) Fresnel 积分 $\int_0^\infty \cos x^2\,\mathrm{d}x$ 和 $\int_0^\infty \sin x^2\,\mathrm{d}x$

取函数 $f(z)=\mathrm{e}^{\mathrm{i}z^2}$，取围道如图 5.7 所示. 因为 f 是整函数，由 Cauchy 积分定理，有

$$\int_0^R \mathrm{e}^{\mathrm{i}x^2}\mathrm{d}x + \int_{\gamma_R}\mathrm{e}^{\mathrm{i}z^2}\mathrm{d}z + \int_{\gamma_2}\mathrm{e}^{\mathrm{i}z^2}\mathrm{d}z = 0. \quad (16)$$

当 $z\in\gamma_R$ 时，$z=Re^{i\theta}$，$0\leqslant\theta\leqslant\frac{\pi}{4}$，所以

$$|e^{iz^2}|=e^{-R^2\sin 2\theta}\leqslant e^{-\frac{4}{\pi}R^2\theta},\ 0\leqslant\theta\leqslant\frac{\pi}{4}.$$

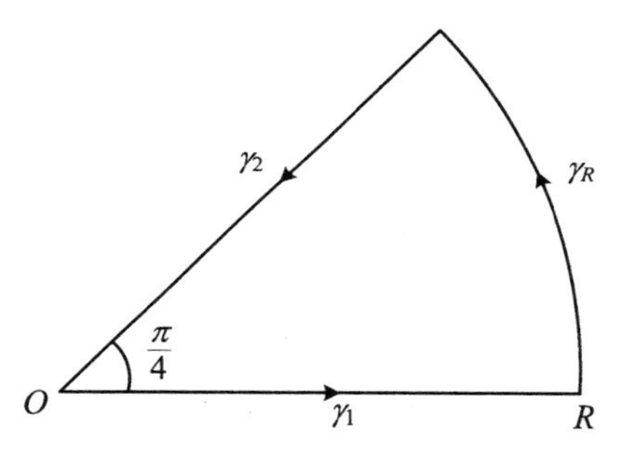

图 5.7

于是，当 $R\to\infty$时，有

$$\left|\int_{\gamma_R}e^{iz^2}\,dz\right|\leqslant\int_0^{\frac{\pi}{4}}e^{-\frac{4}{\pi}R^2\theta}R\,d\theta$$

$$=\frac{\pi}{4R}(1-e^{-R^2})$$

$$\to 0.$$

当 $z\in\gamma_2$ 时，$z=re^{i\frac{\pi}{4}}$，$0\leqslant r\leqslant R$，所以

$$\int_{\gamma_2}e^{iz^2}\,dz=-e^{i\frac{\pi}{4}}\int_0^R e^{-r^2}\,dr.$$

在(16)式中令 $R\to\infty$，即得

$$\int_0^{\infty}e^{ix^2}\,dx=e^{i\frac{\pi}{4}}\int_0^{\infty}e^{-r^2}\,dr$$

$$=\frac{\sqrt{\pi}}{2}e^{i\frac{\pi}{4}}.\tag{17}$$

这里，我们已经利用了已知的概率积分

$$\int_0^{\infty}e^{-r^2}\,dr=\frac{\sqrt{\pi}}{2}.$$

在(17)式两边分别取实部和虚部，即得

$$\int_0^{\infty} \cos x^2 \mathrm{d}x = \int_0^{\infty} \sin x^2 \mathrm{d}x = \frac{1}{2}\sqrt{\frac{\pi}{2}}.$$

大家不难利用计算这两个积分的方法算出

$$\int_0^{\infty} \cos x^n \mathrm{d}x \ (n > 1),$$

和

$$\int_0^{\infty} \sin x^n \mathrm{d}x \ (n > 1).$$

(2) Poisson 积分 $\int_0^{\infty} \mathrm{e}^{-ax^2} \cos bx \mathrm{d}x \ (a > 0)$

取函数 $f(z)=\mathrm{e}^{-az^2}$，取围道如图 5.8 所示. 因为 f 是整函数，由 Cauchy 积分定理，有

$$\int_{-R}^{R} \mathrm{e}^{-ax^2} \mathrm{d}x + \int_{\gamma_1} \mathrm{e}^{-az^2} \mathrm{d}z + \int_{\gamma_2} \mathrm{e}^{-az^2} \mathrm{d}z + \int_{\gamma_3} \mathrm{e}^{-az^2} \mathrm{d}z = 0. \tag{18}$$

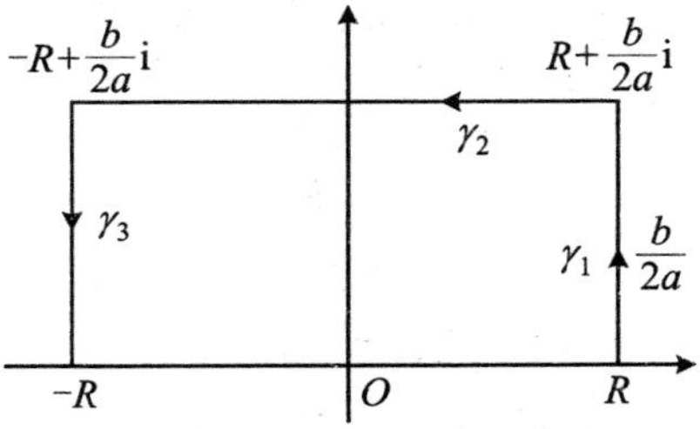

图 5.8

当 $z \in \gamma_1$ 时，$z = R + \mathrm{i}y, 0 \leqslant y \leqslant \frac{b}{2a}$，所以

$$\left| \int_{\gamma_1} \mathrm{e}^{-az^2} \mathrm{d}z \right| \leqslant \int_0^{\frac{b}{2a}} \mathrm{e}^{-a(R^2 - y^2)} \mathrm{d}y$$

$$\leqslant \mathrm{e}^{-aR^2} \cdot \mathrm{e}^{a\left(\frac{b}{2a}\right)^2} \cdot \frac{b}{2a}$$

$$\to 0 \ (R \to \infty).$$

同样道理，有

$$\int_{\gamma_3} e^{-az^2}\,dz \to 0\ (R\to\infty).$$

当 $z\in\gamma_2$ 时，$z=x+\dfrac{b}{2a}\mathrm{i},\ -R\leqslant x\leqslant R$，所以

$$\begin{aligned}\int_{\gamma_2} e^{-az^2}\,dz &= -\int_{-R}^{R} e^{-a\left(x^2-\frac{b^2}{4a^2}+\frac{b}{a}x\mathrm{i}\right)}\,dx\\ &= -e^{\frac{b^2}{4a}}\int_{-R}^{R} e^{-ax^2}e^{-bx\mathrm{i}}\,dx\\ &= -e^{\frac{b^2}{4a}}\int_{-R}^{R} e^{-ax^2}\cos bx\,dx.\end{aligned}$$

在(18)式中令 $R\to\infty$，即得

$$\int_{-\infty}^{\infty} e^{-ax^2}\,dx - e^{\frac{b^2}{4a}}\int_{-\infty}^{\infty} e^{-ax^2}\cos bx\,dx = 0.$$

由概率积分可得

$$\int_{-\infty}^{\infty} e^{-ax^2}\,dx = \sqrt{\frac{\pi}{a}},$$

所以

$$\int_0^{\infty} e^{-ax^2}\cos bx\,dx = \frac{1}{2}\sqrt{\frac{\pi}{a}}\,e^{-\frac{b^2}{4a}}.$$

习　题　5.5

1. 利用残数定理和 Cauchy 积分定理计算下列积分(后面的括号中为正确答案)：

(1) $\displaystyle\int_0^{\infty}\frac{x^2+1}{x^4+1}dx$；　　$\left(\dfrac{\sqrt{2}}{2}\pi\right)$

(2) $\displaystyle\int_{-\infty}^{\infty}\frac{x^2-x+2}{x^4+10x^2+9}dx$；　　$\left(\dfrac{5}{12}\pi\right)$

(3) $\displaystyle\int_0^{\infty}\frac{x^2}{x^4+6x^2+13}dx$；　　$\left[\dfrac{\pi}{4}\sqrt{\dfrac{\sqrt{13}-3}{2}}\right]$

(4) $\displaystyle\int_0^{2\pi}\frac{1}{a+b\cos\theta}d\theta\ (0<b<a)$；　　$\left(\dfrac{2\pi}{\sqrt{a^2-b^2}}\right)$

(5) $\int_0^{\frac{\pi}{2}} \frac{1}{a+\sin^2\theta}\mathrm{d}\theta\ (a>0)$； $\left(\frac{\pi}{2}\frac{1}{\sqrt{a(a+1)}}\right)$

(6) $\int_{-\infty}^{\infty} \frac{x\cos x}{x^2-2x+10}\mathrm{d}x$； $\left(\frac{\cos 1-3\sin 1}{3\mathrm{e}^3}\pi\right)$

(7) $\int_0^{\infty} \frac{x\sin ax}{x^2+b^2}\mathrm{d}x\ (a,b>0)$； $\left(\frac{\pi}{2}\mathrm{e}^{-ab}\right)$

(8) $\int_0^{\infty} \frac{\cos x}{(1+x^2)^3}\mathrm{d}x$； $\left(\frac{7}{16}\pi\mathrm{e}^{-1}\right)$

(9) $\int_0^{\infty} \left(\frac{\sin x}{x}\right)^2\mathrm{d}x$； $\left(\frac{\pi}{2}\right)$

(**提示**：考虑$\frac{\mathrm{e}^{2\mathrm{i}z}-1}{z^2}$沿图 5.9 所示的曲线上的积分.)

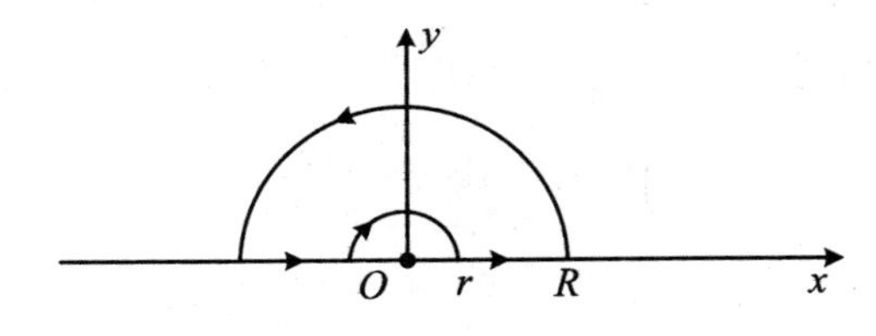

图 5.9

(10) $\int_0^{\infty} \left(\frac{\sin x}{x}\right)^3\mathrm{d}x$； $\left(\frac{3}{8}\pi\right)$

(**提示**：考虑$\frac{\mathrm{e}^{3\mathrm{i}z}-3\mathrm{e}^{\mathrm{i}z}+2}{z^3}$沿图 5.9 所示的曲线上的积分.)

(11) $\int_0^{\infty} \frac{x^p}{1+x^2}\mathrm{d}x\ (-1<p<1)$； $\left(\frac{\pi}{2\cos\frac{p\pi}{2}}\right)$

(12) $\int_0^{\infty} \frac{x^p}{x^2+2x\cos\lambda+1}\mathrm{d}x\ (-1<p<1,-\pi<\lambda<\pi)$；

$\left(\frac{\pi}{\sin p\pi}\frac{\sin p\lambda}{\sin\lambda}\right)$

(13) $\int_0^{\infty} \frac{1}{1+x^p}\mathrm{d}x\ (p>1)$； $\left(\frac{\pi}{p\sin\frac{\pi}{p}}\right)$

(14) $\int_{-\infty}^{\infty} \frac{e^{px}}{1+e^x}dx \ (0<p<1)$；　　$\left(\frac{\pi}{\sin p\pi}\right)$

(15) $\int_0^1 \frac{x^{1-p}(1-x)^p}{1+x^2}dx \ (-1<p<2)$；

$$\left(\frac{\pi}{\sin p\pi}\left(2^{\frac{p}{2}}\cos\frac{p\pi}{4}-1\right)\right)$$

（提示：考虑$\frac{z^{1-p}(1-z)^p}{1+z^2}$**沿图 5.10 所示的曲线上的积分.）**

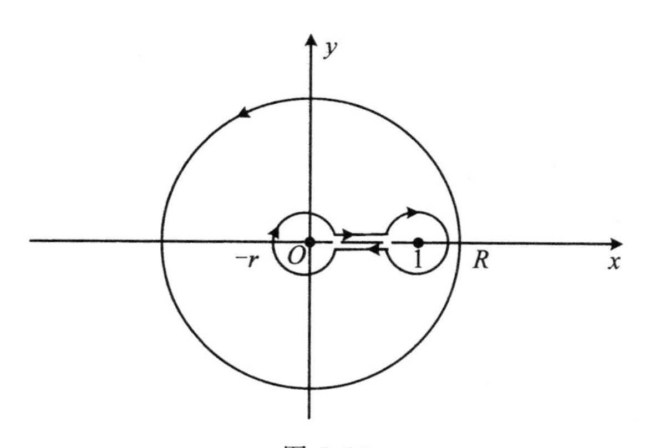

图 5.10

(16) $\int_0^1 \frac{1}{(1+x)^2}\sqrt{\frac{(1-x)^3}{x}}dx$；　　$\left(\left(1-\frac{\sqrt{2}}{2}\right)\pi\right)$

(17) $\int_{-1}^1 \frac{\sqrt[4]{(1-x)^3(1+x)}}{1+x^2}dx$；　　$\left(\left(\sqrt{2+\sqrt{2}}-\sqrt{2}\right)\pi\right)$

(18) $\int_0^{\infty} \frac{\log x}{x^2+2x+2}dx$；　　$\left(\frac{\pi}{8}\log 2\right)$

(19) $\int_0^{\infty} \frac{\log^2 x}{x^2+a^2}dx \ (a>0)$；　　$\left(\frac{\pi}{8a}(\pi^2+4\log^2 a)\right)$

(20) $\int_0^{\infty} \frac{\sqrt{x}\log x}{x^2+1}dx$；　　$\left(\frac{\sqrt{2}}{4}\pi^2\right)$

(21) $\int_0^{\infty} \frac{\log x}{x^2-1}dx$；　　$\left(\frac{\pi^2}{4}\right)$

(提示：考虑$\dfrac{\log z}{z^2-1}$沿图 5.11 所示的曲线上的积分.)

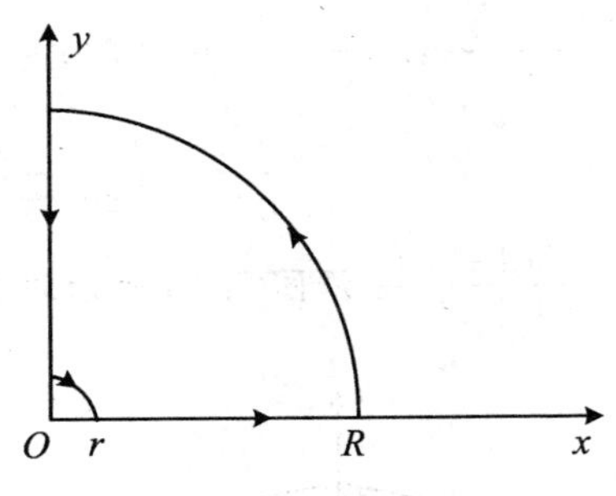

图 5.11

(22) $\displaystyle\int_0^1 \frac{1}{x+1}\log\left(\frac{1-x}{x}\right)\mathrm{d}x$；　　$\left(\dfrac{1}{2}\log^2 2\right)$

(23) $\displaystyle\int_0^\infty \log\left(\frac{\mathrm{e}^x+1}{\mathrm{e}^x-1}\right)\mathrm{d}x$；　　$\left(\dfrac{\pi^2}{4}\right)$

(24) $\displaystyle\int_0^\infty \frac{\sin x}{\mathrm{e}^x-1}\mathrm{d}x$；　　$\left(\dfrac{\pi}{2}\left(\dfrac{\mathrm{e}^{2\pi}+1}{\mathrm{e}^{2\pi}-1}\right)-\dfrac{1}{2}\right)$

(提示：考虑$\dfrac{\mathrm{e}^{\mathrm{i}z}}{\mathrm{e}^z-1}$沿图 5.12 所示的曲线上的积分.)

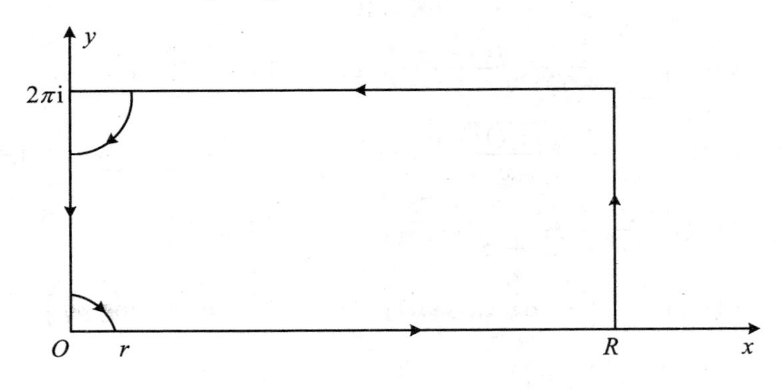

图 5.12

(25) $\displaystyle\int_0^\infty \frac{x}{\mathrm{e}^x+1}\mathrm{d}x$；　　$\left(\dfrac{\pi^2}{12}\right)$

（提示：考虑$\dfrac{z^2}{e^z+1}$沿图 5.13 所示的曲线上的积分.）

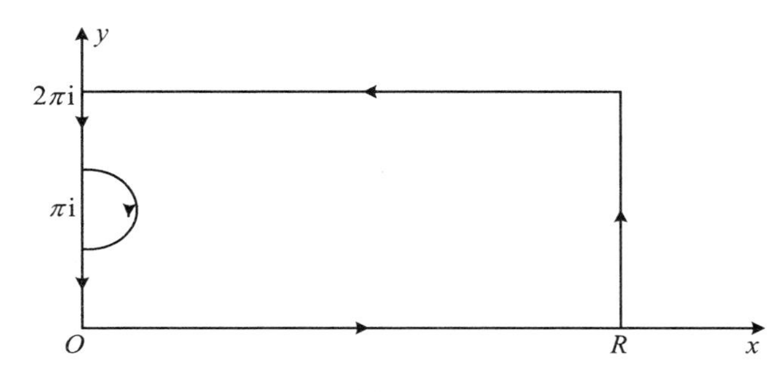

图 5.13

(26) $\int_0^{\infty} x^n e^{-x^{\frac{1}{4}}} \sin x^{\frac{1}{4}} dx \ (n=0,1,2,\cdots)$；　(0)

（提示：考虑 $z^{4n+3}e^{-z+iz}$ 沿图 5.14 所示的曲线上的积分.）

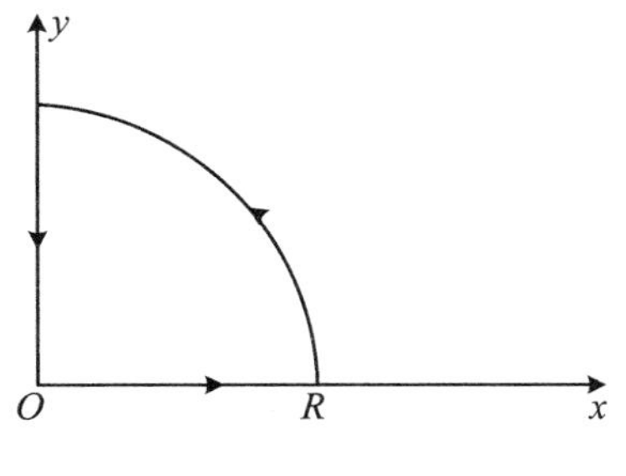

图 5.14

(27) $\int_{-\infty}^{\infty} e^{-(x+ia)^2} dx \ (a \in \boldsymbol{R})$；　$(\sqrt{\pi})$

(28) $\int_0^{\infty} e^{-ax^2} \cos bx^2 dx \ (a>0)$；　$\left(\dfrac{\sqrt{2\pi}}{4}\sqrt{\dfrac{\sqrt{a^2+b^2}+a}{a^2+b^2}}\right)$

（提示：考虑 $e^{z^2(-a+ib)}$ 沿图 5.15 所示的曲线上的积分，其中 φ 待定.）

(29) $\int_0^{\frac{\pi}{2}} \log\sin\theta d\theta$；　$(-\pi\log 2)$

（**提示**：先求出广义积分$\int_0^{\frac{\pi}{2}}\log|\mathrm{e}^{\mathrm{i}\theta}-1|\mathrm{d}\theta$.）

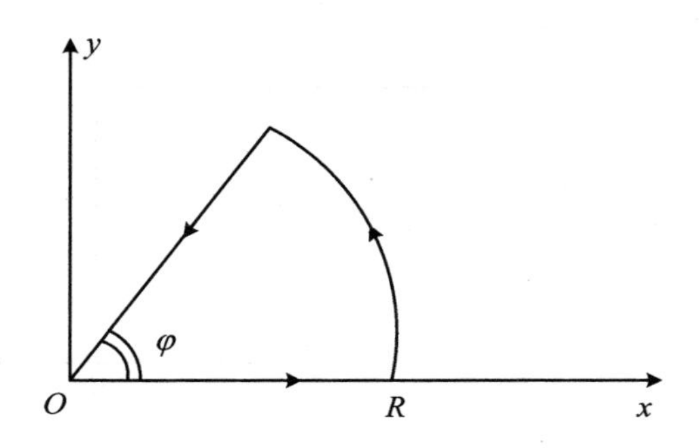

图 5.15

(30) $\int_0^{\pi}\frac{x\sin x}{1-2a\cos x+a^2}\mathrm{d}x\ (a>0)$；

$$\left(\begin{cases}\dfrac{\pi}{a}\log(1+a), & 0<a\leqslant 1;\\ \dfrac{\pi}{a}\log\left(1+\dfrac{1}{a}\right), & a>1\end{cases}\right)$$

（**提示**：考虑$\dfrac{z}{a-\mathrm{e}^{-\mathrm{i}z}}$沿图 5.16 所示的曲线上的积分.）

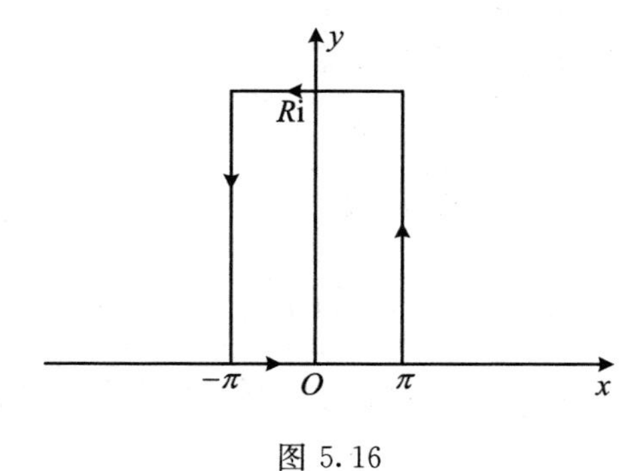

图 5.16

(31) $\int_0^{\infty} \frac{\log(1+x^2)}{1+x^2}\mathrm{d}x.$ $(\pi\log 2)$

2. 设 $f(z)$ 是有理函数，在 $[0,\infty)$ 上无极点，并且 ∞ 是 $f(z)$ 的零点. 证明：

$$\int_0^{\infty} \frac{f(x)}{(\log x)^2+\pi^2}\mathrm{d}x = \sum_{k=1}^{n} \mathrm{Res}\left(\frac{f(z)}{\mathrm{Log}z-\pi\mathrm{i}}, a_k\right),$$

其中，$a_1=-1, a_2, a_3, \cdots, a_n$ 是 $f(z)$ 在 $\boldsymbol{C}$ 中的全部彼此不同的极点，$\mathrm{Log}z=\log|z|+\mathrm{i}\mathrm{Arg}z, 0<\mathrm{Arg}z<2\pi, z\in\boldsymbol{C}\setminus[0,\infty)$.

5.6 一般域上的 Mittag-Leffler 定理、Weierstrass 因子分解定理和插值定理

定义 5.6.1 设 D 是域，f 在 D 上除了极点外，在其他点处都全纯，则称 f 是 D 上的**亚纯函数**.

这里定义的亚纯函数是 5.3 节中所定义的亚纯函数的推广，或者说 5.3 节中所定义的亚纯函数是指 $\boldsymbol{C}$ 上的亚纯函数.

现在，我们要问：

(i) 若 $\{a_n\}$ 是域 D 中的一列互不相同并且在 D 内部无极限点的点列，$\psi_n(z)=\sum_{j=1}^{k_n}\frac{c_{n,j}}{(z-a_n)^j}$ $(n=1,2,\cdots)$ 是给定的一列有理函数，是否存在 D 上的亚纯函数 f，使得 f 恰以 $\{a_n\}$ 为其极点集，并且在每个 a_n 处的 Laurent 展开式的主要部分恰为 $\psi_n(z)$？

(ii) 若 $\{a_n\}$ 是单连通域 D 中的一列互不相同并且在 D 内部无极限点的点列，$\{k_n\}$ 是一列自然数，是否存在 D 上的全纯函数 f，使得 f 恰以 $\{a_n\}$ 为其零点集，并且在每个 a_n 处的零点阶数恰为 k_n？

(iii) 若 $\{a_n\}$ 是单连通域 D 中的一列互不相同并且在 D 内部无极限点的点列，$P_n(z)=\sum_{j=0}^{k_n}b_{n,j}(z-a_n)^j$ $(n=1,2,\cdots)$ 是给定

的一列多项式，是否存在 D 上的全纯函数 f，使得 f 在每个 a_n 处的 Taylor 级数的前 k_n+1 项部分和恰为 $P_n(z)$？

当 $\{a_n\}=\{a_1,a_2,\cdots,a_N\}$ 为有限个点时，问题(i) 和(ii) 的答案显然是肯定的. 因为在(i) 的情形下，只须令 $f(z)=\sum_{n=1}^{N}\psi_n(z)$ 即可；在(ii) 的情形下，只须令 $f(z)=\prod_{n=1}^{N}(z-a_n)^{k_n}$ 即可.

至于(iii)的情形，即使 $\{a_n\}=\{a_1,a_2\}$，只有两个点，也不易知道答案是否肯定，更不用说具体写出一个满足条件的 f 来了.

下面我们将证明问题(i)，(ii)和(iii)的答案都是肯定的.

定理 5.6.2(Mittag-Leffler 定理) 设 D 是 $\mathbf{C}$ 中的域，$\{a_n\}$是 D 中的一列互不相同并且在 D 内部无极限点的点列，且

$$\psi_n(z)=\sum_{j=1}^{k_n}\frac{c_{n,j}}{(z-a_n)^j}\ (n=1,2,\cdots) \tag{1}$$

是给定的一列有理函数，则必存在 D 上的亚纯函数 f，使得 f 恰以$\{a_n\}$为其极点集，并且在每个 a_n 处的 Laurent 展开式的主要部分恰为 $\psi_n(z)$.

证 对每个 a_n，存在圆盘 $B(a_n,3\varepsilon_n)\subset D$，使得$\{B(a_n,3\varepsilon_n)\}$互不相交. 由引理 3.7.2，存在 $\varphi_n\in C^\infty(\mathbf{C})$，使得 $\varphi_n(z)$在 $B(a_n,\varepsilon_n)$上恒等于 1，并且 $\operatorname{supp}\varphi_n\subset B(a_n,2\varepsilon_n)$. 令

$$u(z)=\sum_{n=1}^{\infty}\varphi_n(z)\psi_n(z), \tag{2}$$

则 $u\in C^\infty(D\backslash\{a_n: n\in\mathbf{N}\})$，并且当 $z\in B(a_n,\varepsilon_n)\backslash\{a_n\}$时，有 $u(z)=\varphi_n(z)\psi_n(z)=\psi_n(z)$. 再令

$$h(z)=\begin{cases}\dfrac{\partial u(z)}{\partial\bar z}, & z\in D\backslash\{a_n: n\in\mathbf{N}\};\\[2mm] 0, & z\in\{a_n: n\in\mathbf{N}\},\end{cases} \tag{3}$$

注意到当 $z\in B(a_n,\varepsilon_n)\backslash\{a_n\}$时，$h(z)=\dfrac{\partial u(z)}{\partial\bar z}=\dfrac{\partial\psi_n(z)}{\partial\bar z}=0$，由(3)式便知 $h\in C^\infty(D)$. 根据定理 3.7.3，下面的$\bar\partial$问题

$$\frac{\partial v}{\partial \bar{z}} = h$$

有解 $v \in C^\infty(D)$. 令 $f = u - v$,则 f 在 $D \setminus \{a_n: n \in \boldsymbol{N}\}$ 上全纯,这是因为 $\frac{\partial f}{\partial \bar{z}} = \frac{\partial u}{\partial \bar{z}} - \frac{\partial v}{\partial \bar{z}} = h - h = 0$ 的缘故. 由(2)式及 $v \in C^\infty(D)$,即知 f 在每个 a_n 处的 Laurent 展开式的主要部分为 $\psi_n(z)$. □

从定理 5.6.2 可以推出下面的

定理 5.6.3(Weierstrass 因子分解定理) 设 D 是 $\boldsymbol{C}$ 中的单连通域,$\{a_n\}$ 是 D 中的一列互不相同并且在 D 内部无极限点的点列,$\{k_n\}$ 是一列自然数,则必存在 D 上的全纯函数 f,使得 f 恰以 $\{a_n\}$ 为其零点集,并且 f 在每个 a_n 处的零点阶数恰为 k_n.

证 由定理 5.6.2,存在 D 上的亚纯函数 g,使得 g 恰以 $\{a_n\}$ 为其极点集,并且 g 在每个 a_n 处的 Laurent 展开式的主要部分恰为 $\frac{k_n}{z - a_n}$. 于是,在 a_n 附近有

$$g(z) = \frac{k_n}{z - a_n} + g_n(z), \tag{4}$$

这里,$g_n(z)$ 在 a_n 附近全纯. 固定 $a_0 \in D \setminus \{a_n: n \in \boldsymbol{N}\}$,令

$$F(z) = \int_{a_0}^{z} g(\zeta) \mathrm{d}\zeta,\ z \in D \setminus \{a_n: n \in \boldsymbol{N}\}. \tag{5}$$

则对于固定的 z,由于 $D \setminus \{a_n: n \in \boldsymbol{N}\}$ 中连接 a_0 和 z 的曲线的不同,所得的积分值也不同. 但从(4)式可看出,两个不同的积分值之差是 $2\pi\mathrm{i}$ 的整数倍. 因此,$F(z)$ 是 $D \setminus \{a_n: n \in \boldsymbol{N}\}$ 上的多值全纯函数,但 $F(z)$ 在同一点处的任意两个函数值之差是 $2\pi\mathrm{i}$ 的整数倍. 于是,$f(z) = \mathrm{e}^{F(z)}$ 便是 $D \setminus \{a_n: n \in \boldsymbol{N}\}$ 上的单值全纯函数. 我们可验证 f 就是要求的 D 上的全纯函数. 事实上,由(4)式和(5)式可知,在 a_n 附近有

$$F(z) = k_n \mathrm{Log}(z - a_n) + h_n(z),$$

这里,$h_n(z)$ 在 a_n 附近全纯,于是

$$f(z) = (z - a_n)^{k_n} \mathrm{e}^{h_n(z)}.$$

所以 f 是 D 上的全纯函数,恰以 $\{a_n: n\in \mathbf{N}\}$ 为其零点集,并且在每个 a_n 处的零点阶数为 k_n. □

从定理 5.6.3 和$\bar{\partial}$问题的可解性能得出下面的

定理 5.6.4(插值定理) 设 $\{a_n\}$ 是单连通域 D 中的一列互不相同并且在 D 内部无极限点的点列,且

$$P_n(z) = \sum_{j=0}^{k_n} b_{n,j}(z-a_n)^j \quad (n=1,2,\cdots) \tag{6}$$

是给定的一列多项式,则必存在 D 上的全纯函数 f,使得 f 在每个 a_n 处的 Taylor 级数的前 k_n+1 项部分和恰为 $P_n(z)$.

证 由定理 5.6.3,可取 $g\in H(D)$,使得 g 恰以 $\{a_n\}$ 为其零点集,g 在每个 a_n 处的零点阶数恰为 k_n+1. 对每个 a_n,存在圆盘 $B(a_n,3\varepsilon_n)\subset D$,使得 $\{B(a_n,3\varepsilon_n)\}$ 互不相交. 由引理 3.7.2,存在 $\varphi_n\in C^\infty(\mathbf{C})$,使得 $\varphi_n(z)$ 在 $B(a_n,\varepsilon_n)$ 上恒等于 1,并且 $\operatorname{supp}\varphi_n\subset B(a_n,2\varepsilon_n)$. 令

$$u(z)=\begin{cases}\varphi_n(z)\dfrac{P_n(z)}{g(z)}, & z\in B(a_n,3\varepsilon_n)\backslash\{a_n\}, n\in \mathbf{N};\\ 0, & z\in D\backslash \bigcup\limits_{n=1}^{\infty}(B(a_n,3\varepsilon_n)\backslash\{a_n\}),\end{cases} \tag{7}$$

则 $u\in C^\infty(D\backslash\{a_n: n\in\mathbf{N}\})$,并且当 $z\in B(a_n,\varepsilon_n)\backslash\{a_n\}$ 时,有 $u(z)=\varphi_n(z)\dfrac{P_n(z)}{g(z)}=\dfrac{P_n(z)}{g(z)}$. 再令

$$h(z)=\begin{cases}\dfrac{\partial u(z)}{\partial \bar{z}}, & z\in D\backslash\{a_n: n\in\mathbf{N}\};\\ 0, & z\in\{a_n: n\in\mathbf{N}\},\end{cases} \tag{8}$$

注意到当 $z\in B(a_n,\varepsilon_n)\backslash\{a_n\}$ 时,$h(z)=\dfrac{\partial u(z)}{\partial\bar{z}}=\dfrac{\partial}{\partial\bar{z}}\left(\dfrac{P_n(z)}{g(z)}\right)=0$,由(8)式便知 $h\in C^\infty(D)$. 根据定理 3.7.3,下面的$\bar{\partial}$问题

$$\frac{\partial v}{\partial\bar{z}}=h$$

有解 $v\in C^\infty(D)$. 令

$$f(z) = g(z)u(z) - g(z)v(z),$$

则 f 在 $D\setminus\{a_n: n\in \mathbf{N}\}$ 上全纯，这是因为 $\dfrac{\partial f}{\partial \bar{z}} = g\left(\dfrac{\partial u}{\partial \bar{z}} - \dfrac{\partial v}{\partial \bar{z}}\right) = g(h-h)=0$ 的缘故. 由(7)式和 $v\in C^{\infty}(D)$ 可知 $f\in H(D)$，并且在每个 a_n 附近有

$$f(z) = P_n(z) - g(z)v(z).$$

若注意到 a_n 是 $g(z)v(z)$ 的至少 k_n+1 阶零点，则知 f 在 a_n 处的 Taylor 级数的前 k_n+1 项部分和便是 $P_n(z)$. □

习　题　5.6

1. 设 f 和 g 都是域 D 上的亚纯函数，它们的零点集和极点集相同，并且相应的零点阶数和极点阶数也相同. 证明：必存在 $h\in H(D)$，使得 $\dfrac{f(z)}{g(z)} = e^{h(z)}$，$\forall z\in D$.

2. 设 $\{a_n\}$ 是域 D 中互不相同并且在 D 内部无极限点的点列，Laurent 级数

$$\psi_n(z) = \sum_{j=1}^{\infty} \frac{c_{n,j}}{(z-a_n)^j}\ (n=1,2,\cdots)$$

在 D 上除了 a_n 外的其他点处都全纯. 证明：存在 $f\in H(D\setminus\{a_n: n\in \mathbf{N}\})$，使得 f 在每个 a_n 处的 Laurent 展开式的主要部分恰为 $\psi_n(z)$.

3. 证明：f 是域 D 上的亚纯函数，当且仅当存在 $g,h\in H(D)$，$h\not\equiv 0$，使得 $f(z)=\dfrac{g(z)}{h(z)}$，$\forall z\in D$.

4. (插值定理的推广)设 $\{a_n\}$ 是域 D 中互不相同并且在 D 内部无极限点的点列，Laurent 级数

$$\varphi_n(z) = \sum_{j=-\infty}^{\infty} b_{n,j}(z-a_n)^j\quad (n=1,2,\cdots)$$

在 D 上除了 a_n 外的其他点处都全纯. 证明：对于任意整数列 $\{k_n\}$，必存在 $D\setminus\{a_n: n\in \mathbf{N}\}$ 上的全纯函数 f，使得 f 在每个 a_n 处的

Laurent 展开式恰为

$$\sum_{j=-\infty}^{k_n} b_{n,j}(z-a_n)^j + \sum_{j=k_n+1}^{\infty} c_{n,j}(z-a_n)^j.$$

5. 设 a_1, a_2 是域 D 中的两个不同点,Laurent 级数

$$\varphi_n(z) = \sum_{j=-\infty}^{\infty} b_{n,j}(z-a_n)^j \quad (n=1,2)$$

在 D 上除了 a_n 外的其他点处都全纯. 举例说明,通常不存在 $D\backslash\{a_1, a_2\}$上的全纯函数 f,使得 f 在 a_1 和 a_2 处的 Laurent 展开式分别为 $\varphi_1(z)$和 $\varphi_2(z)$.

6. 证明:Weierstrass 因子分解定理对于一般的域成立.

7. 证明:插值定理对于一般的域成立.

5.7 特殊域上的 Mittag-Leffler 定理、Weierstrass 因子分解定理和 Blaschke 乘积

为了叙述方便起见,我们给出下面的

定义 5.7.1 设$\{\gamma_n\}$是一列可求长的简单闭曲线,$l_n = \int_{\gamma_n} |\mathrm{d}z|$ 是 γ_n 的长度,$d_n = d(0, \gamma_n) = \inf\limits_{z\in\gamma_n} |z|$是 γ_n 与原点 O之间的距离. 若

(i) γ_n 总是位于γ_{n+1}的内部,原点 O 位于 γ_1 的内部;

(ii) $d_n \to \infty$ $(n\to\infty)$;

(iii) $\left\{\dfrac{l_n}{d_n}\right\}$有界,

则称$\{\gamma_n\}$是**正则曲线列**.

定理 5.7.2 设$\{\gamma_n\}$是正则曲线列,f 是 $\boldsymbol{C}$ 上的亚纯函数. 若

(i) f 的全部互不相同的极点$\{a_n\}$都是 f 的 1 阶极点,记 $c_n = \mathrm{Res}(f, a_n)$;

(ii) 原点 O 不是 f 的极点;

(iii) f 在 $\bigcup\limits_{n=1}^{\infty}\gamma_n$ 上有界,

则

$$f(z)=f(0)+\sum_{n=1}^{\infty}c_n\left(\frac{1}{z-a_n}+\frac{1}{a_n}\right), \tag{1}$$

其中,(1)式右端在 $\mathbf{C}\setminus\{a_n: n\in\mathbf{N}\}$ 上内闭一致收敛.

证 对每个 γ_n,令 D_n 是由 γ_n 所围成的单连通域. 设 $z\in(B(0,R)\setminus\{0\})\setminus\{a_n: n\in\mathbf{N}\}$,取 m,使得 $B(0,R)\subset D_m$. 考虑积分

$$I_m=\frac{1}{2\pi\mathrm{i}}\int_{\gamma_m}\frac{f(\zeta)}{\zeta(\zeta-z)}\mathrm{d}\zeta,$$

显然,$g(\zeta)=\dfrac{f(\zeta)}{\zeta(\zeta-z)}$ 在 D_m 中的全部极点为

$$0,\ z,\ a_n\in D_m,$$

g 在这些极点处的残数分别为

$$-\frac{f(0)}{z},\ \frac{f(z)}{z},\ \frac{c_n}{a_n(a_n-z)}.$$

由残数定理便知,当 $z\in(B(0,R)\setminus\{0\})\setminus\{a_n: n\in\mathbf{N}\}$ 时,有

$$I_m=-\frac{f(0)}{z}+\frac{f(z)}{z}+\sum_{a_n\in D_m}\frac{c_n}{a_n(a_n-z)},$$

或

$$f(z)=f(0)+\sum_{a_n\in D_m}c_n\left(\frac{1}{z-a_n}+\frac{1}{a_n}\right)+zI_m,$$
$$z\in B(0,R)\setminus\{a_n: n\in\mathbf{N}\}.$$

注意到

$$\begin{aligned}|zI_m|&\leqslant R\frac{1}{2\pi}\int_{\gamma_m}\frac{|f(\zeta)|}{|\zeta|||\zeta|-|z||}|\mathrm{d}\zeta|\\&\leqslant\frac{R}{2\pi}\frac{Ml_m}{d_m(d_m-R)}\\&\to 0\ (m\to\infty),\end{aligned}$$

其中，$M=\sup\limits_{\zeta\in\bigcup\limits_{n=1}^{\infty}\gamma_n}|f(\zeta)|<\infty$，便知

$$f(0)+\sum_{n=1}^{\infty}c_n\left(\frac{1}{z-a_n}+\frac{1}{a_n}\right)$$

在 $\boldsymbol{C}\backslash\{a_n: n\in\boldsymbol{N}\}$ 上内闭一致收敛于 $f(z)$. □

定理 5.7.3 设$\{\gamma_n\}$是正则曲线列，f 是整函数. 若

(i) f 的全部互不相同的零点集为$\{a_n\}$，在每个 a_n 处的零点阶数为 k_n；

(ii) $f(0)\neq 0$；

(iii) $\dfrac{f'(z)}{f(z)}$在$\bigcup\limits_{n=1}^{\infty}\gamma_n$ 上有界，

则

$$f(z)=f(0)\mathrm{e}^{\frac{f'(0)}{f(0)}z}\prod_{n=1}^{\infty}\left(1-\frac{z}{a_n}\right)^{k_n}\mathrm{e}^{\frac{k_n}{a_n}z}, \tag{2}$$

其中，(2)式右端在 $\boldsymbol{C}\backslash\{a_n: n\in\boldsymbol{N}\}$ 上内闭一致收敛.

证 对 $\boldsymbol{C}$ 上的亚纯函数$\dfrac{f'(z)}{f(z)}$应用定理 5.7.2，并注意到

$$\operatorname{Res}\left(\frac{f'(z)}{f(z)},a_n\right)=k_n,$$

便知

$$\frac{f'(0)}{f(0)}+\sum_{n=1}^{\infty}\left(\frac{k_n}{z-a_n}+\frac{k_n}{a_n}\right)$$

在 $\boldsymbol{C}\backslash\{a_n: n\in\boldsymbol{N}\}$ 上内闭一致收敛于$\dfrac{f'(z)}{f(z)}$. 于是

$$\begin{aligned}\operatorname{Log}\frac{f(z)}{f(0)}&=\int_0^z\frac{f'(\zeta)}{f(\zeta)}\mathrm{d}\zeta\\&=\frac{f'(0)}{f(0)}z+\sum_{n=1}^{\infty}\int_0^z\left(\frac{k_n}{\zeta-a_n}+\frac{k_n}{a_n}\right)\mathrm{d}\zeta,\end{aligned} \tag{3}$$

其中，积分是沿 $\boldsymbol{C}\backslash\{a_n: n\in\boldsymbol{N}\}$ 中连接 O 和 z 的任意可求长曲线进行的，并且(3)式右端在 $\boldsymbol{C}\backslash\{a_n: n\in\boldsymbol{N}\}$ 上内闭一致收敛. 因此

$$f(z) = f(0)\mathrm{e}^{\frac{f'(0)}{f(0)}z}\prod_{n=1}^{\infty}\mathrm{e}^{\int_0^z\left(\frac{k_n}{\zeta-a_n}+\frac{k_n}{a_n}\right)\mathrm{d}\zeta}$$
$$= f(0)\mathrm{e}^{\frac{f'(0)}{f(0)}z}\prod_{n=1}^{\infty}\left(1-\frac{z}{a_n}\right)^{k_n}\mathrm{e}^{\frac{k_n}{a_n}z}. \qquad \square$$

定理 5.7.4(Blaschke 定理) 设$\{a_n\}$是 $B(0,R)\setminus\{0\}$中互不相同的点列,$\{k_n\}$是一列自然数.若

$$\sum_{n=1}^{\infty}k_n(R-|a_n|)<\infty,$$

则

$$\left\{\prod_{j=1}^{n}\left(\frac{R(a_j-z)}{R^2-\bar{a}_jz}\right)^{k_j}\left(\frac{|a_j|}{a_j}\right)^{k_j}\right\} \tag{4}$$

必在 $B(0,R)$上内闭一致收敛于一个全纯映射 $f:B(0,R)\to B(0,1)$,使得 f 恰以$\{a_n\}$为其零点集,且 f 在每个 a_n 处的零点阶数恰为 k_n.

证 由所给条件知$\{a_n\}$在 $B(0,R)$中无极限点,因而 $B(0,R)\setminus\{a_n: n\in\mathbf{N}\}$是域,并且

$$\sum_{n=1}^{\infty}\frac{k_n(R^2-|a_n|^2)}{(R^2-\bar{a}_nz)(z-a_n)}$$

在 $B(0,R)\setminus\{a_n: n\in\mathbf{N}\}$上内闭一致收敛于 $g\in H(B(0,R)\setminus\{a_n: n\in\mathbf{N}\})$.显然,$g$ 是 $B(0,R)$上的亚纯函数,恰以$\{a_n\}$为其极点集,且在每个 a_n 处的残数为 k_n.令

$$\begin{aligned}F(z)&=\int_0^z g(\zeta)\mathrm{d}\zeta\\&=\sum_{n=1}^{\infty}\int_0^z\frac{k_n(R^2-|a_n|^2)}{(R^2-\bar{a}_n\zeta)(\zeta-a_n)}\mathrm{d}\zeta\\&=\sum_{n=1}^{\infty}k_n\int_0^z\left(\frac{1}{\zeta-a_n}+\frac{\bar{a}_n}{R^2-\bar{a}_n\zeta}\right)\mathrm{d}\zeta,\end{aligned} \tag{5}$$

其中,积分是沿 $B(0,R)\setminus\{a_n: n\in\mathbf{N}\}$中连接 O 和 z 的可求长曲线进行的,并且(5)式右端在 $B(0,R)\setminus\{a_n: n\in\mathbf{N}\}$上内闭一致收敛.显然,$F(z)$是 $B(0,R)\setminus\{a_n: n\in\mathbf{N}\}$上的多值全纯函数,但在同一

点处的任意两个函数值之差为 $2\pi\mathrm{i}$ 的整数倍,故

$$
\begin{aligned}
h(z) &= \mathrm{e}^{F(z)} \\
&= \prod_{n=1}^{\infty} \mathrm{e}^{k_n\int_0^z\left(\frac{1}{\zeta-a_n}+\frac{\bar{a}_n}{R^2-\bar{a}_n\zeta}\right)\mathrm{d}\zeta} \\
&= \prod_{n=1}^{\infty}\left(\frac{R(a_n-z)}{R^2-\bar{a}_n z}\right)^{k_n}\left(\frac{R}{a_n}\right)^{k_n}
\end{aligned}
$$

是 $B(0,R)$上的全纯函数,h 恰以$\{a_n\}$为其零点集,且在每个 a_n 处的零点阶数恰为 k_n. 再注意到 $\prod\limits_{n=1}^{\infty}\left(\frac{|a_n|}{R}\right)^{k_n}$ 是一个正数,便知(4)式在 $B(0,R)$ 上内闭一致收敛于 $h(z)\prod\limits_{n=1}^{\infty}\left(\frac{|a_n|}{R}\right)^{k_n}$. 最后,由于对任意 $z\in B(0,R)$, $\left|\frac{R(a_n-z)}{R^2-\bar{a}_n z}\right|<1$, 故若令

$$
\begin{aligned}
f(z) &= h(z)\prod_{n=1}^{\infty}\left(\frac{|a_n|}{R}\right)^{k_n} \\
&= \prod_{n=1}^{\infty}\left(\frac{R(a_n-z)}{R^2-\bar{a}_n z}\right)^{k_n}\left(\frac{|a_n|}{a_n}\right)^{k_n},
\end{aligned}
$$

则

$$f(B(0,R))\subset B(0,1). \qquad \square$$

例 5.7.5 用极点处 Laurent 级数的主要部分表示 $\operatorname{ctg} z-\frac{1}{z}$.

解 $f(z)=\operatorname{ctg} z-\frac{1}{z}$的全部极点$\pm n\pi$ $(n\in\mathbf{N})$都是1阶的,且 $\operatorname{Res}(f,\pm n\pi)=1$, $f(0)=0$.

令 γ_n 为以 O 为中心,以$(2n-1)\pi$ 为边长,并且平行于坐标轴的正方形折线,则$\{\gamma_n\}$是正则曲线列. 注意到

$$
\begin{aligned}
\left|\operatorname{ctg}\left(\pm\left(n-\frac{1}{2}\right)\pi+\mathrm{i}y\right)\right| &= \left|\frac{\mathrm{e}^{\pm(2n-1)\pi\mathrm{i}}\mathrm{e}^{-2y}+1}{\mathrm{e}^{\pm(2n-1)\pi\mathrm{i}}\mathrm{e}^{-2y}-1}\right| \\
&= \frac{\mathrm{e}^{2|y|}-1}{\mathrm{e}^{2|y|}+1}
\end{aligned}
$$

$$\leqslant 1,$$

$$\left|\operatorname{ctg}\left(x \pm \mathrm{i}\left(n-\frac{1}{2}\right)\pi\right)\right| = \left|\frac{1+\mathrm{e}^{-\mathrm{i}2x}\mathrm{e}^{\pm(2n-1)\pi}}{1-\mathrm{e}^{-\mathrm{i}2x}\mathrm{e}^{\pm(2n-1)\pi}}\right|$$

$$\leqslant \frac{\mathrm{e}^{(2n-1)\pi}+1}{\mathrm{e}^{(2n-1)\pi}-1}$$

$$\leqslant \frac{\mathrm{e}^{\pi}+1}{\mathrm{e}^{\pi}-1},$$

因而 $\operatorname{ctg} z-\frac{1}{z}$ 在 $\bigcup_{n=1}^{\infty}\gamma_n$ 上有界. 故由定理 5.7.2 得

$$\operatorname{ctg} z-\frac{1}{z} = \sum_{n=1}^{\infty}\left[\left(\frac{1}{z-n\pi}+\frac{1}{n\pi}\right)+\left(\frac{1}{z+n\pi}-\frac{1}{n\pi}\right)\right]$$

$$= \sum_{n=1}^{\infty}\frac{2z}{z^2-n^2\pi^2},$$

或者

$$\operatorname{ctg} z = \frac{1}{z}+\sum_{n=1}^{\infty}\frac{2z}{z^2-n^2\pi^2}. \qquad \square$$

例 5.7.6 求 $\sin z$ 的因子分解.

解 整函数 $f(z)=\frac{\sin z}{z}$ 的全部零点 $\pm n\pi$ ($n\in\mathbf{N}$) 都是 1 阶的, 且 $f(0)=1$. 设 $\{\gamma_n\}$ 是例 5.7.5 中给出的正则曲线列, 则

$$\frac{f'(z)}{f(z)} = \operatorname{ctg} z-\frac{1}{z}$$

在 $\bigcup_{n=1}^{\infty}\gamma_n$ 上有界. 故由定理 5.7.3 得

$$\frac{\sin z}{z} = \prod_{n=1}^{\infty}\left[\left(1-\frac{z}{n\pi}\right)\mathrm{e}^{\frac{z}{n\pi}}\right]\left[\left(1+\frac{z}{n\pi}\right)\mathrm{e}^{-\frac{z}{n\pi}}\right]$$

$$= \prod_{n=1}^{\infty}\left(1-\frac{z^2}{n^2\pi^2}\right),$$

或者

$$\sin z = z\prod_{n=1}^{\infty}\left(1-\frac{z^2}{n^2\pi^2}\right). \qquad \square$$

习 题 5.7

1. 用极点处 Laurent 级数的主要部分表示下列 $\boldsymbol{C}$ 上的亚纯函数:

(i) $\dfrac{1}{e^z-1}$; (ii) $\dfrac{1}{\cos z}$;

(iii) $\operatorname{tg} z$; (iv) $\dfrac{1}{\sin z}-\dfrac{1}{z}$.

2. 将下列整函数进行因子分解:

(i) e^z-1; (ii) $e^{az}-e^{bz}$;

(iii) $\cos z$; (iv) $\cos z-\sin z$.

3. 设$\{a_n\}$是 $B(0,R)\setminus\{0\}$ 中互不相同的点列,$\{b_n\}$是点列$\{a_n\}$关于圆周$\partial B(0,R)$的对称点列,$\{k_n\}$是自然数列. 证明:若 $\sum\limits_{n=1}^{\infty}k_n(R-|a_n|)<\infty$, 则

$$\left\{\prod_{j=1}^{n}\left(\frac{z-a_j}{z-b_j}\right)^{k_j}\right\}$$

在 $B(0,R)$上内闭一致收敛于一个全纯映射 $f:B(0,R)\to B(0,1)$,使得 f 恰以$\{a_n\}$为其零点集,且 f 在每个 a_n 处的零点阶数恰为 k_n.

4. 设$\{a_n\}$ 是 $\boldsymbol{C}\setminus\{0\}$ 中互不相同的点列,$\{k_n\}$ 是自然数列. 证明:若$\sum\limits_{n=1}^{\infty}\dfrac{k_n}{|a_n|}$ 收敛, 则

$$\left\{\prod_{j=1}^{n}\left(1-\frac{z}{a_j}\right)^{k_j}\right\}$$

在 $\boldsymbol{C}$ 上内闭一致收敛于一个整函数 f,使得 f 恰以$\{a_n\}$为其零点集,且 f 在每个 a_n 处的零点阶数恰为 k_n.

(**提示:** $\sum\limits_{n=1}^{\infty}\dfrac{k_n}{z-a_n}$ 在 $\boldsymbol{C}\setminus\{a_n: n\in\boldsymbol{N}\}$ 上内闭一致收敛.)

5. 设$\{a_n\}$ 是 $\boldsymbol{C}\setminus\{0\}$ 中互不相同的点列,$\{k_n\}$ 是自然数列. 证明:若存在自然数 m,使得$\sum\limits_{n=1}^{\infty}\dfrac{k_n}{|a_n|^{m+1}}$ 收敛, 则

$$\left\{\prod_{j=1}^{n}\left[\left(1-\frac{z}{a_j}\right)e^{\frac{z}{a_j}+\frac{1}{2}\left(\frac{z}{a_j}\right)^2+\cdots+\frac{1}{m}\left(\frac{z}{a_j}\right)^m}\right]^{k_j}\right\}$$

在 $\boldsymbol{C}$ 上内闭一致收敛于一个整函数 f，使得 f 恰以 $\{a_n\}$ 为其零点集，且 f 在每个 a_n 处的零点阶数恰为 k_n.

（**提 示**：$\sum_{n=1}^{\infty}k_n\left(\frac{1}{z-a_n}+\frac{1}{a_n}+\frac{z}{a_n^2}+\cdots+\frac{z^{m-1}}{a_n^m}\right)$ 在 $\boldsymbol{C}\setminus\{a_n: n\in\boldsymbol{N}\}$ 上内闭一致收敛.）

6. 设 $\{a_n\}$ 是 $\boldsymbol{C}\setminus\{0\}$ 中互不相同的点列，$\{k_n\}$ 是自然数列. 证明：若存在自然数列 $\{p_n\}$，使得全纯函数项级数

$$\sum_{m=1}^{\infty}k_n\left(\frac{z}{a_n}\right)^{p_n+1}$$

在 $\boldsymbol{C}$ 上绝对收敛，则

$$\left\{\prod_{j=1}^{n}\left[\left(1-\frac{z}{a_j}\right)e^{\frac{z}{a_j}+\frac{1}{2}\left(\frac{z}{a_j}\right)^2+\cdots+\frac{1}{p_j}\left(\frac{z}{a_j}\right)^{p_j}}\right]^{k_j}\right\}$$

在 $\boldsymbol{C}$ 上内闭一致收敛于一个整函数 f，使得 f 恰以 $\{a_n\}$ 为其零点集，且 f 在每个 a_n 处的零点阶数恰为 k_n.

（**提 示**：$\sum_{n=1}^{\infty}k_n\left(\frac{1}{z-a_n}+\frac{1}{a_n}+\frac{z}{a_n^2}+\cdots+\frac{z^{p_n-1}}{a_n^{p_n}}\right)$ 在 $\boldsymbol{C}\setminus\{a_n: n\in\boldsymbol{N}\}$ 上内闭一致收敛.）

7. 设 $\{a_n\}$ 是 $\boldsymbol{C}\setminus\{0\}$ 中互不相同的点列，$\{k_n\}$ 是自然数列. 证明：若 $\lim\limits_{n\to\infty}|a_n|=\infty$，则

$$\left\{\prod_{j=1}^{n}\left[\left(1-\frac{z}{a_j}\right)e^{\frac{z}{a_j}+\frac{1}{2}\left(\frac{z}{a_j}\right)^2+\cdots+\frac{1}{jk_j}\left(\frac{z}{a_j}\right)^{jk_j}}\right]^{k_j}\right\}$$

在 $\boldsymbol{C}$ 上内闭一致收敛于一个整函数 f，使得 f 恰以 $\{a_n\}$ 为其零点集，且 f 在每个 a_n 处的零点阶数恰为 k_n.

8. 设 f 是非常数的整函数，f 在 $\boldsymbol{C}\setminus\{0\}$ 中的互不相同的零点集是 $\{a_n\}$，其相应的零点阶数为 $\{k_n\}$，$k_0=\operatorname{Res}\left(\frac{f'(z)}{f(z)},0\right)$. 证明：一定存在整函数 g，使得

$$f(z) = e^{g(z)} z^{k_0} \prod_{n=1}^{\infty} \left[\left(1 - \frac{z}{a_n}\right) e^{\frac{z}{a_n} + \frac{1}{2}\left(\frac{z}{a_n}\right)^2 + \cdots + \frac{1}{nk_n}\left(\frac{z}{a_n}\right)^{nk_n}} \right]^{k_n}.$$

9. 设 f 是有理函数，∞是 f 的至少 2 阶的零点，并且 f 的全部互不相同的极点 $a_1, a_2, \cdots, a_m$ 都不是整数. 证明：

(i) $\sum_{n=-\infty}^{\infty} f(n) = -\pi \sum_{k=1}^{m} \text{Res}(f(z)\text{ctg}\pi z, a_k)$；

(ii) $\sum_{n=-\infty}^{\infty} (-1)^n f(n) = -\pi \sum_{k=1}^{m} \text{Res}\left(\frac{f(z)}{\sin\pi z}, a_k\right)$.

10. 求下列级数的和：

(i) $\sum_{n=-\infty}^{\infty} \frac{1}{(a+n)^2}$，$\sum_{n=-\infty}^{\infty} \frac{(-1)^n}{(a+n)^2}$ (a 不是整数)；

(ii) $\sum_{n=0}^{\infty} \frac{1}{n^2+a^2}$，$\sum_{n=0}^{\infty} \frac{(-1)^n}{n^2+a^2}$ ($a > 0$)；

(iii) $\sum_{n=0}^{\infty} \frac{(-1)^n}{(2n+1)^3}$；

(iv) $\sum_{n=1}^{\infty} \frac{1}{n^{2k}}$ ($k \in \mathbf{N}$).

11. 设 f 是 $B(0,R)$ 上非常数的有界全纯函数，$\{a_n\}$ 是 f 在 $B(0,R)\setminus\{0\}$ 中的互不相同的零点集，$\{k_n\}$ 是相应的零点阶数. 证明：

$$\sum_{n=1}^{\infty} k_n (R - |a_n|) < \infty.$$

12. 设 f 是 $B(0,R)$ 上非常数的有界全纯函数，f 在 $B(0,R)\setminus\{0\}$ 中的全部互不相同的零点集为 $\{a_n\}$，相应的零点阶数为 $\{k_n\}$，$k_0 = \text{Res}\left(\frac{f'(z)}{f(z)}, 0\right)$. 证明：一定存在 $B(0,R)$ 上无零点的有界全纯函数 g，使得

$$f(z) = g(z) z^{k_0} \prod_{n=1}^{\infty} \left(\frac{R(a_n - z)}{R^2 - \bar{a}_n z}\right)^{k_n} \left(\frac{|a_n|}{a_n}\right)^{k_n}, \ \forall z \in B(0,R).$$

第6章　全纯开拓

设 f 是域 G 上的一个全纯函数，如果存在一个比 G 更大的域 D（$D\supset G, D\neq G$）以及 D 上的全纯函数 F，使得当 $z\in G$ 时有 $F(z)=f(z)$，就说 F 是 f 在域 D 上的**全纯开拓**.

例如，函数 $f(z)=\sum\limits_{n=0}^{\infty}z^n$ 是域 $G=\{z:|z|<1\}$ 上的全纯函数，令 $D=\mathbf{C}\setminus\{1\}$，则 $F(z)=\dfrac{1}{1-z}$ 是 D 上的全纯函数. 显然 $D\supset G$，且当 $z\in G$ 时有 $F(z)=f(z)$，所以 F 是 f 在 D 上的全纯开拓.

设 F 是 f 在 D 上的一个全纯开拓，如果 F_1 是 f 在 D 上的另一个全纯开拓，由于当 $z\in G$ 时有

$$F(z)=f(z)=F_1(z),$$

故由唯一性定理，当 $z\in D$ 时，$F(z)=F_1(z)$. 这说明，如果存在全纯开拓，那么这个开拓是唯一的.

对于给定的域 G 及 $f\in H(G)$，是否一定能将 f 全纯开拓到比 G 更大的域上去呢？答案是否定的. 例如，单位圆盘 $B(0,1)$ 上的全纯函数

$$f(z)=\sum_{n=0}^{\infty}z^{n!}$$

就不能全纯开拓到比 $B(0,1)$ 更大的域上去. 我们将在例 6.2.5 中给出这一事实的证明.

如果 $f\in H(G)$ 能全纯开拓，那么如何开拓呢？在这一章中，我们将介绍两种全纯开拓的方法：用 Schwarz 对称原理和用幂级数进行全纯开拓.

6.1 Schwarz 对称原理

先证明下面的 Painlevé 连续开拓原理：

定理 6.1.1(Painlevé 原理) 设 D 是域，$\gamma_1,\cdots,\gamma_n$ 是 $\mathbf{C}$ 中的 n 条可求长曲线. 如果 f 在 D 上连续，在开集 $D\setminus(\bigcup_{k=1}^{n}\gamma_k)$ 上全纯，那么 f 必在 D 上全纯.

证 任取圆盘 $B(a,r)\subset D$，只须证明 f 在 $B(a,r)$ 上全纯即可. 由 Morera 定理，只须证明对 $B(a,r)$ 中任意可求长简单闭曲线 l，总有

$$\int_l f(z)\mathrm{d}z = 0 \tag{1}$$

就行了. 如果 l 不与 $\gamma_1,\cdots,\gamma_n$ 中的任意一条相交，(1)式当然成立. 今设 l 与 γ_k 相交，那么由 Cauchy 积分定理(定理 3.2.4)，只要将 f 沿 l 的积分分解成沿图 6.1 中箭头方向所表示的两条闭曲线的积分，便知(1)式也成立. 这里考虑的是最简单的情形，一般情形的证明完全类似. □

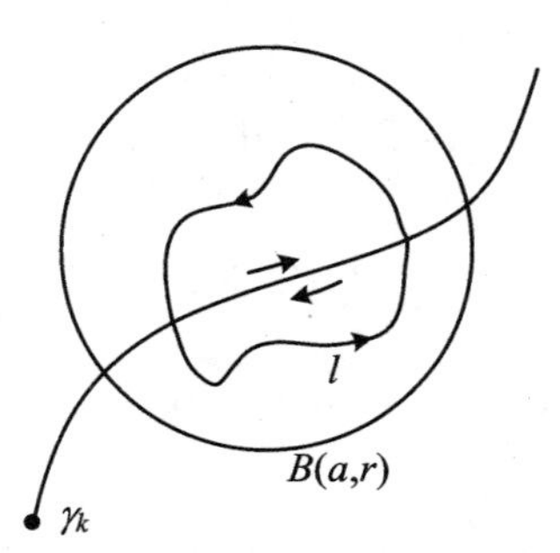

图 6.1

利用 Painlevé 原理，即可证明下面的 Schwarz 对称原理：

定理 6.1.2(Schwarz 对称原理) 设域 D 关于实轴对称，如果 f 满足

(i) f 在 $D\cap\{z\in\boldsymbol{C}:\ \text{Im}z>0\}$ 上全纯；

(ii) f 在 $D\cap\{z\in\boldsymbol{C}:\ \text{Im}z\geqslant 0\}$ 上连续；

(iii) $f(D\cap\boldsymbol{R})\subset\boldsymbol{R}$，

那么

$$F(z)=\begin{cases}f(z), & z\in D\cap\{z\in\boldsymbol{C}:\ \text{Im}z\geqslant 0\};\\ \overline{f(\overline{z})}, & z\in D\cap\{z\in\boldsymbol{C}:\ \text{Im}z<0\}\end{cases}$$

便是 f 在 D 上的全纯开拓.

证 我们证明 $F\in H(D)$. 显然，F 在 $D\cap\{z\in\boldsymbol{C}:\ \text{Im}z>0\}$ 中是全纯的. 今任取 $z\in D\cap\{z\in\boldsymbol{C}:\ \text{Im}z<0\}$，那么 $\zeta=\overline{z}\in D\cap\{z\in\boldsymbol{C}:\ \text{Im}z>0\}$，于是

$$\begin{aligned}\frac{\partial}{\partial\overline{z}}F(z)&=\frac{\partial}{\partial\overline{z}}\overline{f(\overline{z})}=\overline{\frac{\partial}{\partial z}f(\overline{z})}\\&=\overline{\frac{\partial}{\partial\overline{\zeta}}f(\zeta)}=0.\end{aligned}$$

这就证明了 F 在 $D\cap\{z\in\boldsymbol{C}:\ \text{Im}z<0\}$ 上全纯. 今任取 $x_0\in D\cap\boldsymbol{R}$，由(iii)，$f(x_0)$ 取实数值，因而当 z 在 D 的下半平面部分趋于 x_0 时，有

$$\begin{aligned}\lim_{z\to x_0}F(z)&=\lim_{\overline{z}\to x_0}\overline{f(\overline{z})}=\overline{f(x_0)}\\&=f(x_0)=F(x_0),\end{aligned}$$

故 F 在 D 上连续. 由 Painlevé 原理即知 $F\in H(D)$. □

Schwarz 对称原理可以推广到更一般的情形. 为了叙述方便，对 $\boldsymbol{C}_\infty$ 中的圆周 γ，分别用 $\boldsymbol{C}_\infty^+(\gamma)$ 和 $\boldsymbol{C}_\infty^-(\gamma)$ 表示 $\boldsymbol{C}_\infty$ 被 γ 分成的两个单连通域. 实际上，$\boldsymbol{C}_\infty^+(\gamma)$ 和 $\boldsymbol{C}_\infty^-(\gamma)$ 就是圆周 γ 的两侧.

定理 6.1.3(推广的 Schwarz 对称原理) 设 $\boldsymbol{C}_\infty$ 中的域 D 关于圆周 $\gamma=\{z\in\boldsymbol{C}:\ |z-z_0|=r\}$ 对称，如果 f 满足

(i) f 在 $D\cap\boldsymbol{C}_\infty^+(\gamma)$ 上全纯；

(ii) f 在 $D\cap(\boldsymbol{C}_\infty^+(\gamma)\cup\gamma)$ 上连续；

(iii) $f(D\cap\gamma)\subset\Gamma$，这里，$\Gamma=\{w\in\boldsymbol{C}:\ |w-w_0|=\rho\}$ 是一个圆周；

(iv) 对于任意 $z\in D\cap \boldsymbol{C}_{\infty}^{+}(\gamma)$, $f(z)\neq w_0$,

那么 f 能全纯开拓到 D 上,成为 D 上的全纯函数 F, F 将 D 中关于 γ 对称的两点映为 $F(D)$ 中关于 Γ 对称的两点.

证 由第 2 章 2.5 节知道, z 与 $z_0+\dfrac{r^2}{\overline{z}-\overline{z_0}}$ 关于圆周 γ 对称, w 与 $w_0+\dfrac{\rho^2}{\overline{w}-\overline{w_0}}$ 关于圆周 Γ 对称. 令

$$F(z)=\begin{cases} f(z), & z\in D\cap(\boldsymbol{C}_{\infty}^{+}(\gamma)\cup\gamma); \\ w_0+\dfrac{\rho^2}{\overline{f\left(z_0+\dfrac{r^2}{\overline{z}-\overline{a}}\right)}-\overline{w_0}}, & z\in D\cap\boldsymbol{C}_{\infty}^{-}(\gamma), \end{cases}$$

由定义, F 在 $D\cap\boldsymbol{C}_{\infty}^{+}(\gamma)$ 中全纯;用定理 6.1.2 证明中的方法即知 F 也在 $D\cap\boldsymbol{C}_{\infty}^{-}(\gamma)$ 中全纯,这里用到了条件(iv). 现在证明 F 在 D 上连续. 为此任取 $\zeta\in D\cap\gamma$, 当 $z\in D\cap\boldsymbol{C}_{\infty}^{-}(\gamma)$, 且 $z\to\zeta$ 时,总有 $z_0+\dfrac{r^2}{\overline{z}-\overline{a}}\in D\cap\boldsymbol{C}_{\infty}^{+}(\gamma)$, 且 $z_0+\dfrac{r^2}{\overline{z}-\overline{a}}\to\zeta$. 因而 $f\left(z_0+\dfrac{r^2}{\overline{z}-\overline{a}}\right)\to f(\zeta)\in\Gamma$, 于是也有 $w_0+\dfrac{\rho^2}{\overline{f\left(z_0+\dfrac{r^2}{\overline{z}-\overline{a}}\right)}-\overline{w_0}}\to f(\zeta)$, 即 $F(z)\to f(\zeta)$. 这就证明了 $F\in C(D)$. 于是由 Painlevé 原理即知 $F\in H(D)$. □

注意,在上面的证明中,我们假定 γ 和 Γ 都是 $\boldsymbol{C}$ 中的圆周. 实际上, γ 和 Γ 中有一条(或者两条)是直线,定理当然也成立. 特别地,当 γ 和 Γ 都是实轴时,就得到定理 6.1.2.

有时,下面这种特殊情形的 Schwarz 对称原理很有用处,它是定理 6.1.3 的一个推论.

定理 6.1.4(双全纯映射的 Schwarz 对称原理) 设 $\boldsymbol{C}_{\infty}$ 中的域 D 关于圆周 $\gamma=\{z\in\boldsymbol{C}: |z-z_0|=r\}$ 对称,如果 f 满足

(i) f 在 $D\cap\boldsymbol{C}_{\infty}^{+}(\gamma)$ 上单叶全纯;

(ii) f 在 $D\cap(\boldsymbol{C}_{\infty}^{+}(\gamma)\cup\gamma)$ 上单叶连续;

(iii) $f(D\cap\gamma)\subset\Gamma$, 这里, $\Gamma=\{w\in\boldsymbol{C}: |w-w_0|=\rho\}$ 是一个圆

周；

(iv) 对于任意 $z\in D\cap \boldsymbol{C}_{\infty}^{+}(\gamma)$，$f(z)\neq w_0$，
那么 f 能双全纯地开拓到 D 上，成为 D 上的单叶全纯函数 F，F 将 D 中关于 γ 对称的两点映为 $F(D)$ 中关于 Γ 对称的两点.

下面看两个用 Schwarz 对称原理来构造双全纯映射的例子.

例 6.1.5 设 $0<a<\infty$，$L_k=\{z=k\pi+\frac{\pi}{2}+\mathrm{i}y: 0\leqslant y\leqslant a\}$，$D=\{z\in \boldsymbol{C}: \mathrm{Im}z>0\}\setminus(\bigcup\limits_{k=-\infty}^{\infty}L_k)$（图 6.2），求一双全纯映射，把 D 映为上半平面.

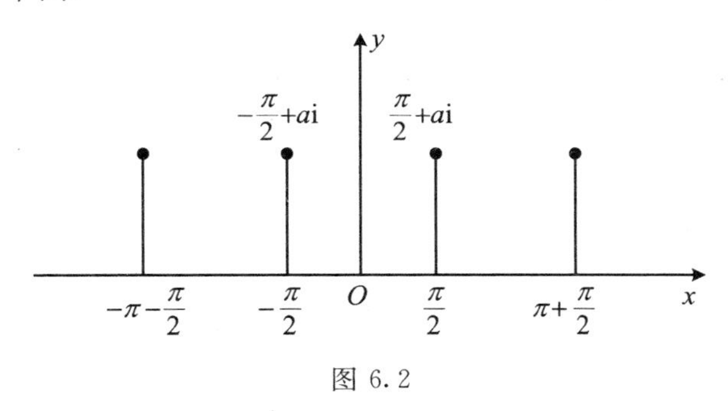

图 6.2

解 已知 $w=\sin z$ 把半带状域 $G=\{z\in \boldsymbol{C}: \mathrm{Im}z>0, -\frac{\pi}{2}<\mathrm{Re}z<\frac{\pi}{2}\}$ 双全纯地映为上半平面，把点 $-\frac{\pi}{2}+\mathrm{i}a$，$-\frac{\pi}{2}$，$\frac{\pi}{2}$，$\frac{\pi}{2}+\mathrm{i}a$ 分别映为 $-\mathrm{ch}a$，-1，1，$\mathrm{ch}a$，因此 $w=\arcsin\frac{\sin z}{\mathrm{ch}a}$ 便将 G 双全纯地映为自己. 这时，开射线

$$\{z=-\frac{\pi}{2}+\mathrm{i}y: a<y<\infty\}$$

和

$$\{z=\frac{\pi}{2}+\mathrm{i}y: a<y<\infty\}$$

分别被映为开射线

$$\{z=-\frac{\pi}{2}+\mathrm{i}y:\ 0<y<\infty\}$$

和

$$\{z=\frac{\pi}{2}+\mathrm{i}y:\ 0<y<\infty\}.$$

反复利用双全纯映射的 Schwarz 对称原理(定理 6.1.4)无穷多次,便可将

$$w=\arcsin\frac{\sin z}{\operatorname{ch} a}$$

双全纯地开拓到 D 上,成为 D 上的双全纯映射,它把 D 一一地映为上半平面. □

例 6.1.6 圆环 $D=\{z\in\boldsymbol{C}:\ r_1<|z|<r_2\}$ 与圆环 $G=\{w\in\boldsymbol{C}:\ R_1<|w|<R_2\}$ 双全纯等价的充分必要条件是

$$\frac{r_2}{r_1}=\frac{R_2}{R_1}. \tag{2}$$

当(2)式成立时,$w=f(z)$ 是将 D 映为 G 的双全纯映射,当且仅当

$$f(z)=\mathrm{e}^{\mathrm{i}\theta}\frac{R_2}{r_2}z,\ \theta\in\boldsymbol{R}$$

或

$$f(z)=\mathrm{e}^{\mathrm{i}\theta}\frac{r_1R_2}{z},\ \theta\in\boldsymbol{R}.$$

特别地,圆环 D 的全纯自同构群为

$$\operatorname{Aut}(D)=\{\mathrm{e}^{\mathrm{i}\theta}z\ 或\ \mathrm{e}^{\mathrm{i}\theta}\frac{r_1r_2}{z}:\ \theta\in\boldsymbol{R}\}.$$

证 如果(2)式成立,那么

$$f(z)=\mathrm{e}^{\mathrm{i}\theta}\frac{R_2}{r_2}z,\ \theta\in\boldsymbol{R}$$

或

$$f(z)=\mathrm{e}^{\mathrm{i}\theta}\frac{r_1R_2}{z},\ \theta\in\boldsymbol{R}$$

便把 D 双全纯地映为 G,因而 D 和 G 全纯等价.

现在证明(2)式是必要的. 如果 f 将 D 双全纯地映为 G,那么由习题 7.3 的第 2 题,f 也同胚地将 $\overline{D}$ 映为 $\overline{G}$. 先考虑 f 将 $|z|=r_1$ 和 $|z|=r_2$ 分别映为 $|w|=R_1$ 和 $|w|=R_2$ 的情形. 令

$$D_1=\left\{z\in \boldsymbol{C}:\ \frac{r_1^2}{r_2}<|z|<r_1\right\},$$

$$G_1=\left\{w\in \boldsymbol{C}:\ \frac{R_1^2}{R_2}<|w|<R_1\right\},$$

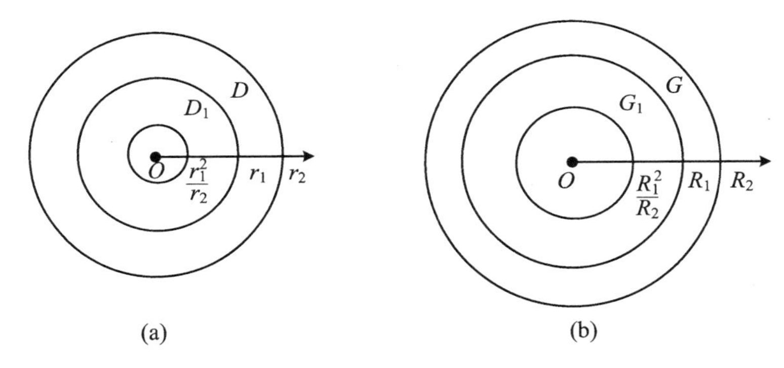

图 6.3

那么 D_1 和 G_1 分别是 D 和 G 关于 $|z|=r_1$ 和 $|w|=R_1$ 对称的圆环(图 6.3). 根据 Schwarz 对称原理(定理 6.1.4),f 可双全纯开拓到 D_1 上,成为 $D\cup D_1\cup\{z\in\boldsymbol{C}:\ |z|=r_1\}$上的双全纯函数,而且 $f(D\cup D_1\cup\{z\in\boldsymbol{C}:\ |z|=r_1\})=G\cup G_1\cup\{w\in\boldsymbol{C}:\ |w|=R_1\}$. 这个过程可继续进行,于是 f 可双全纯开拓到 $B(0,r_1)$,成为 $B(0,r_2)$上的双全纯映射,而且 $f(B(0,r_2))=B(0,R_2)$,$f(0)=0$,因而有$f(z)=\mathrm{e}^{\mathrm{i}\theta}\dfrac{R_2}{r_2}z$. 由于同时成立 $f(B(0,r_1))=B(0,R_1)$,所以也有$f(z)=\mathrm{e}^{\mathrm{i}\theta}\dfrac{R_1}{r_1}z$. 由此即得

$$\frac{r_2}{r_1}=\frac{R_2}{R_1}.$$

再考虑 f 将$|z|=r_1$ 和$|z|=r_2$ 分别映为$|w|=R_2$ 和$|w|=$

R_1 的情形. 这时,$g(z)=\dfrac{R_1R_2}{f(z)}$也将 D 双全纯地映为G,并且将$|z|=r_1$ 和$|z|=r_2$ 分别映为$|w|=R_1$ 和$|w|=R_2$. 由上面的证明便知$\dfrac{r_2}{r_1}=\dfrac{R_2}{R_1}$,而且 $g(z)=\mathrm{e}^{\mathrm{i}\theta}\dfrac{R_1}{r_1}z$,因而 $f(z)=\mathrm{e}^{-\mathrm{i}\theta}\dfrac{r_1R_2}{z}$. □

习 题 6.1

1. 设域 D 关于 x 轴对称,f 在 D 上亚纯,$f(D\cap\boldsymbol{R})\subset\boldsymbol{R}\cup\{\infty\}$. 证明:若 $z_0\in D$ 是 f 的极点,则$\overline{z_0}$也是 f 的极点,并且

$$\operatorname{Res}(f,\overline{z_0})=\overline{\operatorname{Res}(f,z_0)}.$$

2. 设域 D 关于圆周$\partial B(a,r)$对称,f 在 D 上亚纯,$f(D\cap\partial B(a,r))\subset\partial B(A,R)$. 证明:若 $z_0,w_0\in D$ 关于$\partial B(a,r)$对称,z_0 是$f(z)-A$的 1 阶零点,则 w_0 是 f 的 1 阶极点,并且

$$\operatorname{Res}(f,w_0)=-\frac{R^2(w_0-a)^2}{r^2\,\overline{f'(z_0)}}.$$

3. 设 $0<r<R<\infty$,f 在 $B(0,R)\setminus\overline{B(0,r)}$ 上全纯,在 $B(0,R)\setminus B(0,r)$上连续. 证明:若 f 在$\partial B(0,r)$上恒为零,则在 $B(0,R)\setminus\overline{B(0,r)}$上也恒为零.

4. 设 γ 是圆周$\partial B(a,R)$上的一段开圆弧. 证明:若 f 在 $B(a,R)$上全纯,在 $B(a,R)\cup\gamma$ 上连续,并且在 γ 上恒为零,则 f 在$B(a,R)$上也恒为零.

5. 将如图 6.4 所示的单连通域 D 双全纯地映为上半平面.

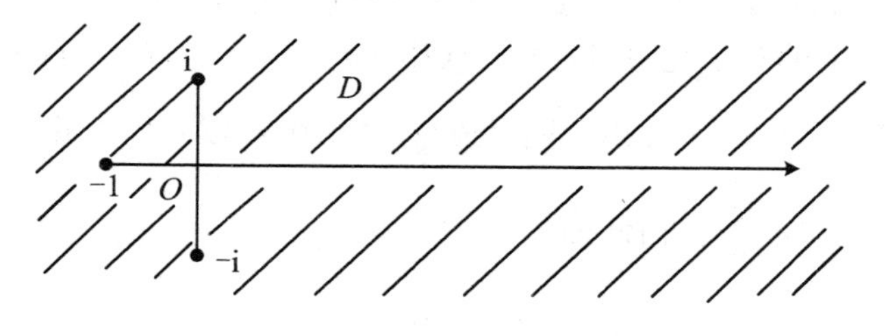

图 6.4

6. 利用 Schwarz 对称原理证明：若 f 双全纯地将 $B(a,r)$ 映为 $B(A,R)$，同胚地将 $\overline{B(a,r)}$ 映为 $\overline{B(A,R)}$，则 f 必是分式线性变换.

7. 设 $P(x_1,x_2,\cdots,x_n)$ 是关于 $x_1,x_2,\cdots,x_n$ 的多项式，$f\in H(B(0,r))$，$\rho>1$. 证明：若在圆盘 $B(0,r)$ 上成立 $f(z)=P\left(f\left(\frac{z}{\rho}\right),f'\left(\frac{z}{\rho}\right),\cdots,f^{(n-1)}\left(\frac{z}{\rho}\right)\right)$，则 f 必能全纯开拓到 $\mathbf{C}$.

8. 将如图 6.5 所示的单连通域 $D=(\mathbf{C}\setminus[2,\infty))\setminus(\overline{B(1,1)}\cup\overline{B(-1,1)})$ 双全纯地映为上半平面.

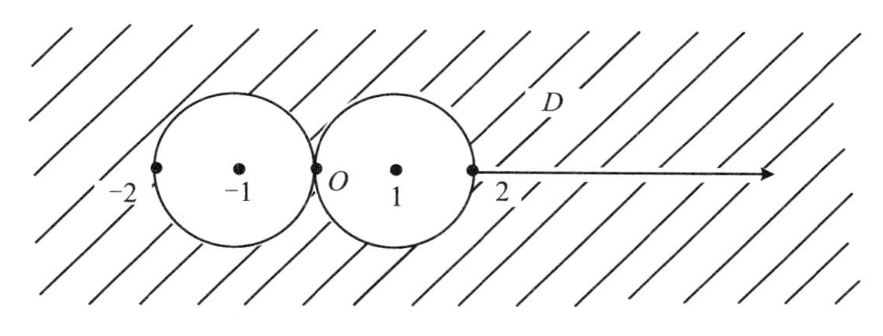

图 6.5

9. 设 $0<a<\infty$，$L_k=\{z=k\pi+\frac{\pi}{2}+\mathrm{i}y:\ -a\leqslant y\leqslant a\}$，$D=\left(\mathbf{C}\setminus\left(\left(-\infty,-\frac{\pi}{2}\right]\cup\left[\frac{\pi}{2},\infty\right)\right)\right)\setminus\left(\bigcup_{k=-\infty}^{\infty}L_k\right)$ 是如图 6.6 所示的单连通域，将 D 双全纯地映为上半平面.

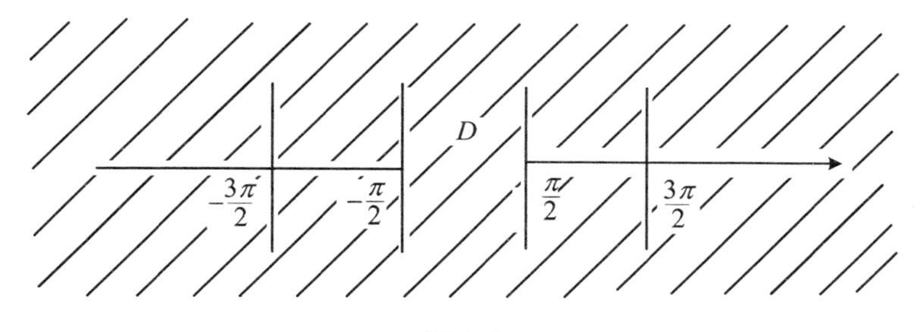

图 6.6

10. 设 $L_k=\{z=k\pi+\mathrm{i}y:0\leqslant y<\infty\}$，$D=\boldsymbol{C}\setminus(\bigcup_{k=-\infty}^{\infty}L_k)$ 是如图 6.7 所示的单连通域，将 D 双全纯地映为上半平面.

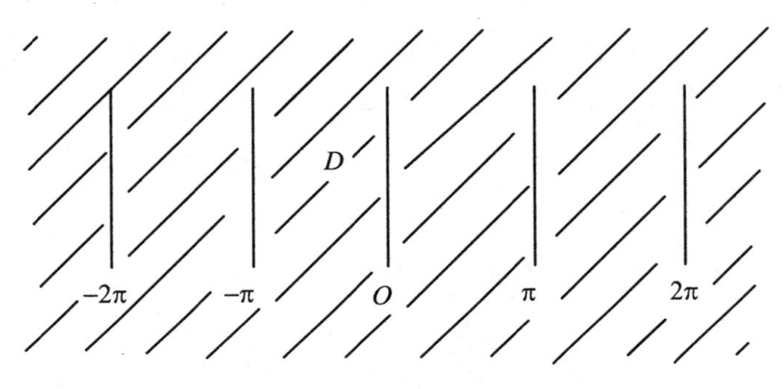

图 6.7

11. 设 D 是由 3 条与 $\partial B(0,1)$ 正交的圆弧所围成的单连通域，如图 6.8 所示. 证明：若 φ 双全纯地将 D 映为上半平面 $\boldsymbol{C}^+=\{z\in\boldsymbol{C}:\ \mathrm{Im}z>0\}$，同胚地将 $\overline{D}$ 映为 $\overline{\boldsymbol{C}^+}$，$A,B,C$ 分别映为 $0,1,\infty$，则 φ 可全纯开拓到 $B(0,1)$，并且 $\varphi(B(0,1))=\boldsymbol{C}\setminus\{0,1\}$.

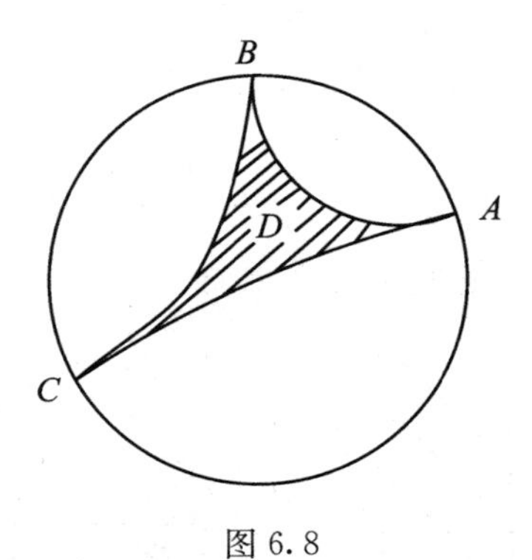

图 6.8

6.2 幂级数的全纯开拓

这一节要讨论由幂级数确定的和函数如何进行全纯开拓.

设幂级数

$$f(z)=\sum_{n=0}^{\infty}a_n z^n \tag{1}$$

的收敛半径为 R,那么 f 是 $B(0,R)$ 中的全纯函数. 今在收敛圆周 $\partial B(0,R)$ 上取点 ζ,并在半径 $O\zeta$ 上取点 $z_0\neq 0$,那么 f 在 z_0 处全纯,故在 z_0 的邻域中有幂级数展开式

$$f(z)=\sum_{n=0}^{\infty}\frac{f^{(n)}(z_0)}{n!}(z-z_0)^n. \tag{2}$$

设右端幂级数的收敛半径为 ρ,那么显然有 $\rho\geqslant R-|z_0|$. 这时有两种情形:

(i) 如果 $\rho>R-|z_0|$,这时幂级数(2)的收敛圆 $B(z_0,\rho)$有一部分在圆盘 $B(0,R)$的外部(见图 6.9). 设幂级数(2)在$B(z_0,\rho)$中

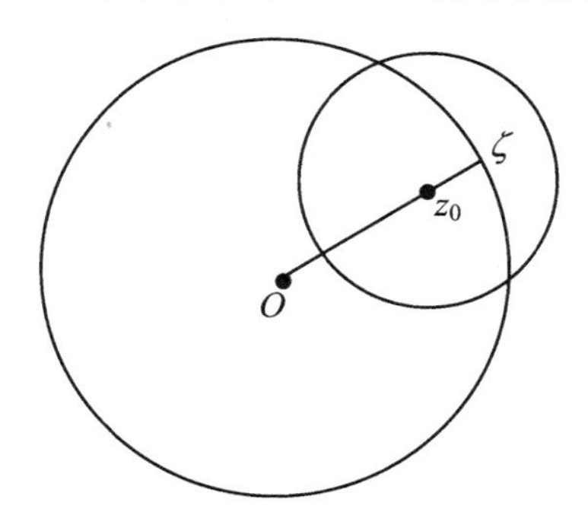

图 6.9

的和函数为 g,那么当 $z\in B(0,R)\cap B(z_0,\rho)$时,$f(z)=g(z)$,这说明 f 被全纯开拓到$B(z_0,\rho)\setminus(B(z_0,\rho)\cap B(0,R))$. 这时,称 f 可以沿半径$O\zeta$ 全纯开拓.

(ii) 如果 $\rho=R-|z_0|$,这时幂级数(2)的收敛圆 $B(z_0,\rho)$含在

$B(0,R)$中(图 6.10),因此 f 不能通过 ζ 全纯开拓到 $B(0,R)$ 的外部去. 也即对 ζ 的任意邻域$B(\zeta,\delta)$,不存在其上的全纯函数 g,使得 $f(z)=g(z)$ 在 $B(0,R)\cap B(\zeta,\delta)$ 中成立. 这时,称 ζ 是 f 的一个奇点.

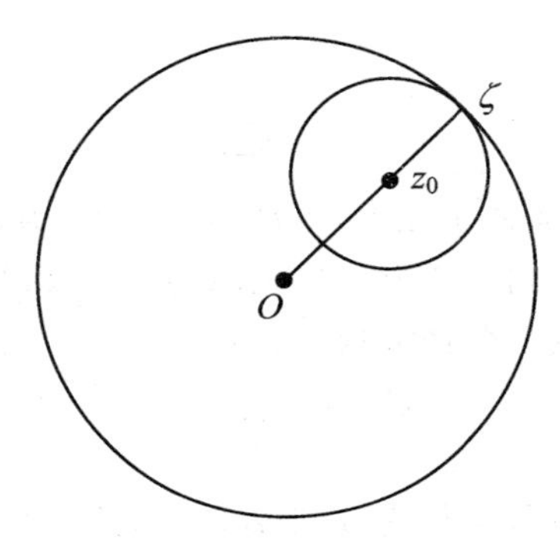

图 6.10

一般来说,我们有下面的

定义 6.2.1 设 f 是域 D 上的全纯函数,对于 $\zeta\in\partial D$,如果存在 ζ 的邻域 $B(\zeta,\delta)$ 及其上的全纯函数 g,使得 $f(z)=g(z)$ 对 $z\in D\cap B(\zeta,\delta)$ 成立,就称 ζ 是 f 的正则点,否则称 ζ 为 f 的奇点.

例 6.2.2 幂级数 $f(z)=\sum\limits_{n=0}^{\infty}z^n$ 的收敛半径 $R=1$. 取 $z_0\in B(0,1)$,$z_0\neq0$,则 f 在 z_0 处的幂级数展开式为

$$\begin{aligned}\frac{1}{1-z}&=\frac{1}{1-z_0}\frac{1}{1-\frac{z-z_0}{1-z_0}}\\&=\sum_{n=0}^{\infty}\frac{1}{(1-z_0)^{n+1}}(z-z_0)^n.\end{aligned}$$

右端幂级数的收敛半径

$$\begin{aligned}R&=\left(\overline{\lim_{n\to\infty}}\sqrt[n]{\frac{1}{|1-z_0|^{n+1}}}\right)^{-1}\\&=|1-z_0|\end{aligned}$$

$$\geqslant 1-|z_0|,$$

等号成立当且仅当 z_0 是非负实数. 这说明除了 $z=1$ 外, f 都能通过其收敛圆周上的点全纯开拓出去. □

上面的例子说明 f 在其收敛圆周上只有一个奇点. 那么是否有这样的幂级数, 其收敛圆周上一个奇点也没有呢? 这是不可能的.

定理 6.2.3 幂级数的收敛圆周上必有其奇点.

证 设幂级数

$$f(z)=\sum_{n=0}^{\infty}a_n z^n$$

的收敛半径为 R $(0<R<\infty)$, 那么 f 是 $B(0,R)$ 中的全纯函数. 如果 $\partial B(0,R)$ 上没有 f 的奇点, 那么对每个 $\zeta\in\partial B(0,R)$, 存在 $B(\zeta,r_\zeta)$ 及 $B(\zeta,r_\zeta)$ 上的全纯函数 f_ζ, 使得当 $z\in B(0,R)\cap B(\zeta,r_\zeta)$ 时, $f(z)=f_\zeta(z)$. 显然, $\{B(\zeta,r_\zeta)\}$ 的全体构成 $\partial B(0,R)$ 的一个开覆盖, 由于 $\partial B(0,R)$ 是紧集, 故从中可以选出有限个

$$B(\zeta_1,r_{\zeta_1}),\ \cdots,\ B(\zeta_m,r_{\zeta_m}),$$

使得

$$\partial B(0,R)\subset\bigcup_{n=1}^{m}B(\zeta_n,r_{\zeta_n}).$$

记

$$D=B(0,R)\cup\left(\bigcup_{n=1}^{m}B(\zeta_n,r_{\zeta_n})\right),$$

并在 D 上定义函数

$$g(z)=\begin{cases}f(z), & z\in B(0,R);\\ f_{\zeta_k}(z), & z\in B(\zeta_k,r_{\zeta_k}),\ k=1,\cdots,m,\end{cases}$$

则 g 是 D 上的单值全纯函数. 因若 $B(\zeta_j,r_{\zeta_j})\cap B(\zeta_k,r_{\zeta_k})\neq\varnothing$, 则当 $z\in B(\zeta_j,r_{\zeta_j})\cap B(\zeta_k,r_{\zeta_k})\cap B(0,R)$ 时, $f_{\zeta_j}(z)=f_{\zeta_k}(z)$. 由唯一性定理(定理 4.3.7), f_{ζ_j} 与 f_{ζ_k} 在 $B(\zeta_j,r_{\zeta_j})\cap B(\zeta_k,r_{\zeta_k})$ 上也相等. 所以, g 是 f 在 D 上的全纯开拓. 由于

$$g(z)=\sum_{n=0}^{\infty}\frac{g^{(n)}(0)}{n!}z^n$$

$$=\sum_{n=0}^{\infty}\frac{f^{(n)}(0)}{n!}z^n$$

$$=\sum_{n=0}^{\infty}a_nz^n,$$

但它的收敛半径严格大于 R,这就与假定相矛盾. □

对于给定的幂级数,找出其收敛圆周上的奇点并不是一件容易的事,但对于一些特殊的幂级数,还是可以作出一些判断的.

命题 6.2.4 设幂级数

$$f(z)=\sum_{n=0}^{\infty}a_nz^n$$

的收敛半径为 R $(0<R<\infty)$,如果存在自然数 n_0,使得当 $n\geqslant n_0$ 时总有 $a_n\geqslant 0$,那么 $z=R$ 必是 f 的奇点.

证 如果 $z=R$ 不是 f 的奇点,那么 f 在 $\frac{R}{2}$ 处展开的幂级数 $\sum_{n=0}^{\infty}\frac{f^{(n)}\left(\frac{R}{2}\right)}{n!}\left(z-\frac{R}{2}\right)^n$ 的收敛半径 $\rho>\frac{R}{2}$,即

$$\overline{\lim_{n\to\infty}}\sqrt[n]{\frac{\left|f^{(n)}\left(\frac{R}{2}\right)\right|}{n!}}=\frac{1}{\rho}<\frac{2}{R}. \tag{3}$$

由幂级数(1)知

$$f^{(k)}\left(\frac{R}{2}\right)=\sum_{n=k}^{\infty}n(n-1)\cdots(n-k+1)a_n\left(\frac{R}{2}\right)^{n-k}.$$

由于当 $n\geqslant n_0$ 时 $a_n\geqslant 0$,故当 $k\geqslant n_0$ 时,有

$$\left|f^{(k)}\left(\frac{R}{2}\right)\right|=\left|\sum_{n=k}^{\infty}n(n-1)\cdots(n-k+1)a_n\left(\frac{R}{2}\right)^{n-k}\right|$$

$$=\sum_{n=k}^{\infty}n(n-1)\cdots(n-k+1)a_n\left(\frac{R}{2}\right)^{n-k}.$$

今在收敛圆周 $\partial B(0,R)$ 上任取一点 $e^{i\theta}R$,则当 $k\geqslant n_0$ 时,有

$$\begin{aligned}\left|f^{(k)}\left(\frac{1}{2}e^{i\theta}R\right)\right| &= \left|\sum_{n=k}^{\infty}n(n-1)\cdots(n-k+1)a_n\left(\frac{e^{i\theta}R}{2}\right)^{n-k}\right| \\ &\leqslant \sum_{n=k}^{\infty}n(n-1)\cdots(n-k+1)a_n\left(\frac{R}{2}\right)^{n-k} \\ &= \left|f^{(k)}\left(\frac{R}{2}\right)\right|. \qquad (4)\end{aligned}$$

于是由(3)式和(4)式知道，f 在$\frac{1}{2}e^{i\theta}R$ 处展开的幂级数

$$\sum_{n=0}^{\infty}\frac{f^{(n)}\left(\frac{1}{2}e^{i\theta}R\right)}{n!}\left(z-\frac{1}{2}e^{i\theta}R\right)^n$$

的收敛半径为

$$\begin{aligned}\rho' &= \left(\overline{\lim_{n\to\infty}}\sqrt[n]{\frac{\left|f^{(n)}\left(\frac{1}{2}e^{i\theta}R\right)\right|}{n!}}\right)^{-1} \\ &\geqslant \left(\overline{\lim_{n\to\infty}}\sqrt[n]{\frac{\left|f^{(n)}\left(\frac{R}{2}\right)\right|}{n!}}\right)^{-1} \\ &> \frac{R}{2},\end{aligned}$$

这说明 $e^{i\theta}R$ 是 f 的正则点. 由于 $e^{i\theta}R$ 是$\partial B(0,R)$上的任意点，所以收敛圆周$\partial B(0,R)$上没有 f 的奇点，这与定理 6.2.3 的结论相矛盾. □

定理 6.2.3 断言幂级数在其收敛圆周上必有奇点，是否也必有正则点呢？下面的例子给出了否定的答案.

例 6.2.5 幂级数 $f(z)=\sum_{n=0}^{\infty}z^{n!}$ 的收敛半径显然为 1，我们证明收敛圆周$\partial B(0,1)$上的每一点都是它的奇点. 这时，我们称$\partial B(0,1)$是 f 的**自然边界**.

证 由命题 6.2.4 知道，$z=1$ 是 f 的奇点. 今取既约分数$\frac{p}{q}$

$(q>0)$，令 $g(z)=f(e^{i2\pi\frac{p}{q}}z)$，则

$$g(z)=\sum_{n=0}^{\infty}e^{i2\pi\frac{p}{q}n!}z^{n!}$$
$$=\sum_{n=0}^{q-1}e^{i2\pi\frac{p}{q}n!}z^{n!}+\sum_{n=q}^{\infty}z^{n!}.$$

仍由命题 6.2.4 知道，$z=1$ 是 g 的奇点，因而 $z=e^{i2\pi\frac{p}{q}}$ 是 f 的奇点. 现在证明 $\partial B(0,1)$ 上的每一点都是 f 的奇点. 如果 $\zeta\in\partial B(0,1)$ 不是 f 的奇点，则必存在圆盘 $B(\zeta,r)$，使得 f 能全纯开拓到 $B(\zeta,r)$，故 $\partial B(0,1)\cap B(\zeta,r)$ 中的每个点都是 f 的正则点. 而 $\partial B(0,1)\cap B(\zeta,r)$ 中必有形如 $e^{i2\pi\frac{p}{q}}$ 的点，这就和上面的结论相矛盾. □

例 6.2.6 研究幂级数 $f(z)=\sum\limits_{n=1}^{\infty}\dfrac{z^{n!}}{n^2}$ 的奇点.

解 上述幂级数的收敛半径显然为 1，并且在其闭收敛圆盘 $\overline{B(0,1)}$ 上绝对一致收敛. 用与例 6.2.5 完全相同的方法，知其收敛圆周上的每一点都是它的奇点，即单位圆周为其自然边界. □

从例 6.2.2、例 6.2.5 和例 6.2.6 这 3 个例子来看，幂级数在其收敛圆周上的收敛性质与奇点性质没有必然的联系.

习 题 6.2

1. 证明：幂级数收敛圆周上的点是否为其和函数的奇点，与该幂级数的前有限项无关.

2. 证明：若幂级数的收敛圆周上有其和函数的极点，则该幂级数在其收敛圆周上处处发散.

3. 证明：若幂级数 $\sum\limits_{n=0}^{\infty}a_nz^n$ 的和函数在其收敛圆周上有 1 阶极点 z_0，此外再无其他奇点，则

$$\lim_{n\to\infty}\frac{a_n}{a_{n+1}}=z_0.$$

4. 设 $f(z)=\sum_{n=0}^{\infty}a_nz^n$ 的收敛半径为 1，$F(w)=f\left(\frac{w}{1+w}\right)=\sum_{n=0}^{\infty}b_nw^n$ 的收敛半径为 ρ. 证明：

(i) $\rho\geqslant\frac{1}{2}$，并且 -1 是 $f(z)$ 的奇点当且仅当 $\rho=\frac{1}{2}$；

(ii) 若 $\frac{1}{2}<\rho<1$，则 $f(z)$ 能全纯开拓到 $B\left(-\frac{\rho^2}{1-\rho^2},\frac{\rho^2}{1-\rho^2}\right)$；

(iii) 若 $\rho=1$，则 $f(z)$ 能全纯开拓到 $\left\{z\in\boldsymbol{C}:\ \mathrm{Re}z<\frac{1}{2}\right\}$；

(iv) 若 $\rho>1$，则 $f(z)$ 能全纯开拓到 $\boldsymbol{C}\backslash\overline{B\left(\frac{\rho^2}{\rho^2-1},\frac{\rho}{\rho^2-1}\right)}$；

(v) 若 $\rho=\infty$，则 $f(z)$ 能全纯开拓到 $\boldsymbol{C}\backslash\{1\}$.

5. 设 D 是域. 证明：存在 $f\in H(D)$，使得 ∂D 中的每个点皆是 f 的奇点.

6. 证明：$\sum_{n=0}^{\infty}z^{2^n}$ 的收敛圆周上的每个点皆为其和函数的奇点.

7. 证明：$\sum_{n=0}^{\infty}\frac{z^{2^n}}{2^n}$ 的收敛圆周上的每个点皆为其和函数的奇点.

8. 设 $f(z)=\sum_{n=0}^{\infty}a_nz^n$ 的收敛半径为 1，$a_n\,(n\geqslant0)$ 是实数，$S_n=\sum_{k=0}^{n}a_k$. 证明：若 $S_n\to\infty\ (n\to\infty)$，则 1 是 $f(z)$ 的奇点. 举例说明，仅仅 $|S_n|\to\infty$ 不能保证 1 是 $f(z)$ 的奇点.

(**提示**：考虑 $\frac{f(z)}{1-z}$.)

9. 证明：若幂级数 $\sum_{n=0}^{\infty}a_nz^n$ 的收敛半径为 1，其和函数在 $\partial B(0,1)$ 上有 1 阶极点 $z_1,z_2,\cdots,z_m$，此外再无其他奇点，则 $\{a_n\}$

有界.

10. 设 $f(z)=\sum\limits_{n=0}^{\infty}a_nz^n$ 的收敛半径为 1,并且 $\lim\limits_{n\to\infty}a_n=0$. 证明:若 $z_0\in\partial B(0,1)$ 不是 $f(z)$ 的奇点,则 $\sum\limits_{n=0}^{\infty}a_nz_0^n$ 收敛.

6.3 多值全纯函数与单值性定理

前面我们已经遇到过为数不少的初等多值全纯函数,产生多值的唯一原因是辐角函数 $\mathrm{Arg}z$ 在 $\boldsymbol{C}\setminus\{0\}$ 上不能选出单值的连续分支. 因此,若初等多值全纯函数在单连通域上有定义,则必能在这个单连通域上选出单值的全纯分支,这就是所谓的单值性定理.

如何定义多值全纯函数并非易事. 本节将利用幂级数沿曲线全纯开拓的概念来定义多值全纯函数,然后证明单值性定理对于多值全纯函数也是成立的. 最后,作为单值性定理的一个应用,我们给出 Liouville 定理的推广——Picard 小定理.

定义 6.3.1 设幂级数 $P(z)=\sum\limits_{n=0}^{\infty}a_n(z-a)^n$ 的收敛半径 $R>0$, $z=\gamma(t)$ $(\alpha\leqslant t\leqslant\beta)$ 是以 a 为起点的平面曲线. 若存在幂级数族 $P_t(z)=\sum\limits_{n=0}^{\infty}a_n(t)(z-\gamma(t))^n$, 它具有下列性质:

(i) 对任意 $t\in[\alpha,\beta]$, P_t 的收敛圆盘 B_t 不退化为一点;

(ii) 对任意 $t_0\in[\alpha,\beta]$, 存在 $\delta>0$, 当 $t\in(t_0-\delta,t_0+\delta)\cap[\alpha,\beta]$ 时,总有 $B_t\cap B_{t_0}\neq\varnothing$, 并且 P_t 和 P_{t_0} 在 $B_t\cap B_{t_0}$ 上恒等;

(iii) $P_\alpha=P$,

则称 P 能沿曲线 γ 全纯开拓,并称 P_β 是 P 沿曲线 γ 的全纯开拓.

例 6.3.2 设幂级数 $P(z)=\sum\limits_{n=0}^{\infty}a_n(z-a)^n$ 的收敛半径 $R>0$, 若 $z_0\in\overline{B(a,R)}$ 不是 P 的奇点,则 P 能沿线段 $[a,z_0]$ 全纯开拓;

若 $w_0\in\partial B(a,R)$ 是 P 的奇点,则 P 不能沿半径 $[a,w_0]$ 全纯开拓.

例 6.3.3 幂级数

$$\log|z|+\mathrm{i}\arg z=\sum_{n=1}^{\infty}\frac{(-1)^{n-1}}{n}(z-1)^n$$

沿 $\partial B(0,1)$ 正向的全纯开拓为

$$\log|z|+\mathrm{i}(\arg z+2\pi)=2\pi\mathrm{i}+\sum_{n=1}^{\infty}\frac{(-1)^{n-1}}{n}(z-1)^n;$$

沿 $\partial B(0,1)$ 负向的全纯开拓为

$$\log|z|+\mathrm{i}(\arg z-2\pi)=-2\pi\mathrm{i}+\sum_{n=1}^{\infty}\frac{(-1)^{n-1}}{n}(z-1)^n.$$

这表明幂级数沿具有相同起点和终点的两条不同曲线的全纯开拓可能不同.

命题 6.3.4 若幂级数能沿某曲线全纯开拓,则它沿该曲线的全纯开拓是唯一的.

证 设幂级数 $P(z)=\sum\limits_{n=0}^{\infty}a_n(z-a)^n$ 的收敛半径 $R>0$, $z=\gamma(t)$ $(\alpha\leqslant t\leqslant\beta)$ 是以 a 为起点的平面曲线,幂级数族 P_t 和 Q_t 给出了 P 沿曲线 γ 的两个全纯开拓 P_β 和 Q_β,我们的目标是证明 $P_\beta=Q_\beta$.

设 P_t 和 Q_t 的收敛圆盘分别为 B_t 和 U_t, $\Gamma=\{t\in[\alpha,\beta]:P_t=Q_t\}$. 首先,可证明 Γ 是 $[\alpha,\beta]$ 中的开集. 事实上,若 $t_0\in\Gamma$,则存在 $\delta>0$,当 $t\in(t_0-\delta,t_0+\delta)\cap[\alpha,\beta]$ 时,成立 $B_t\cap B_{t_0}\neq\varnothing$, $P_t=P_{t_0}\Big|_{B_t\cap B_{t_0}}$ 和 $U_t\cap U_{t_0}\neq\varnothing$, $Q_t=Q_{t_0}\Big|_{U_t\cap U_{t_0}}$. 因为 $P_{t_0}=Q_{t_0}$, $B_{t_0}=U_{t_0}$,由全纯函数的内部唯一性定理便知 $P_t=Q_t$,即 $t\in\Gamma$.

其次,可证明 Γ 是 $[\alpha,\beta]$ 中的闭集. 事实上,若 t_0 是 Γ 的极限点,则可取 $t\in\Gamma$,使得 $B_t\cap B_{t_0}\neq\varnothing$, $P_t=P_{t_0}\Big|_{B_t\cap B_{t_0}}$ 和 $U_t\cap U_{t_0}\neq\varnothing$, $Q_t=Q_{t_0}\Big|_{U_t\cap U_{t_0}}$. 因为 $P_t=Q_t$, $B_t=U_t$,由全纯函数的内部唯一

性定理便知 $P_{t_0}=Q_{t_0}$，即 $t_0\in\Gamma$.

注意到 $\Gamma\neq\varnothing$，便知 $\Gamma=[\alpha,\beta]$. 因此，$P_\beta=Q_\beta$. □

现在给出域 D 上多值全纯函数的定义.

定义 6.3.5 设 D 是域，f 是 D 上的多值函数，即对任意 $z\in D$，$f(z)$ 是一个非空复数集. 若存在以 $a\in D$ 为收敛圆心、以 $R>0$ 为收敛半径的幂级数 P_0，使得

(i) P_0 能沿 D 中以 a 为起点的任意曲线 γ 全纯开拓；

(ii) 当 $z\in D$ 时，$f(z)=\{P(t):P$ 是 P_0 沿 D 中连接 a 和 z 的曲线 γ 的全纯开拓$\}$，

即 f 这个多值函数是由幂级数 P_0 在 D 上经过全纯开拓得到的，则称 f 是 D 上的多值全纯函数.

下面给出本节的主要定理：

定理 6.3.6(单值性定理) 设 f 是域 D 上的多值全纯函数，$z_0\in D$，$w_0\in f(z_0)$. 若 $G\subset D$ 是单连通域，$z_0\in G$，则必能在 G 上选出 f 的一个单值全纯分支 g，使得 $g(z_0)=w_0$，并且 f 可由 $\sum\limits_{n=0}^{\infty}\dfrac{g^{(n)}(z_0)}{n!}(z-z_0)^n$ 在 D 上经过全纯开拓得到.

证 设 f 是由幂级数 P_0 在 D 上经过全纯开拓得到的，故可取 D 中连接 P_0 的收敛圆心和 z_0 的曲线 γ，使得 P_0 沿 γ 的全纯开拓 P 满足 $P(z_0)=w_0$. 注意，f 也可由幂级数 P 在 D 上经过全纯开拓而得到.

不妨设 G 异于 $\mathbf{C}$，否则 P 的收敛半径为 ∞，定理显然成立. 由 Riemann 映射定理(定理 7.2.1)，存在双全纯映射 φ，使得 $\varphi(B(0,1))=G$，$\varphi(0)=z_0$，故 $(P\circ\varphi)(\zeta)$ 在 O 处全纯. 因此，$h(\zeta)=\sum\limits_{n=0}^{\infty}\dfrac{(P\circ\varphi)^{(n)}(0)}{n!}\zeta^n$ 的收敛半径 $\rho>0$. 我们断言，对任意 $\zeta_0\in B(0,1)$，h 能沿 $[0,\zeta_0]$ 全纯开拓. 实际上，对于 G 中的曲线 $z=\gamma(t)=\varphi(t\zeta_0)$ $(0\leqslant t\leqslant 1)$，$P$ 能沿 γ 全纯开拓. 设幂级数族 Q_t 给出了 P

沿 γ 的全纯开拓,则幂级数族 $h_t(\zeta)=\sum_{n=0}^{\infty}\frac{(Q_t\circ\varphi)^{(n)}(t\zeta_0)}{n!}(\zeta-t\zeta_0)^n$ 便给出了 h 沿 $[0,\zeta_0]$ 的全纯开拓. 这表明 ζ_0 不是 h 的奇点,因此 $\rho\geqslant 1$. 于是 $g=h\circ\varphi^{-1}$ 在 G 上全纯,并且

$$P(z)=\sum_{n=0}^{\infty}\frac{g^{(n)}(z_0)}{n!}(z-z_0)^n. \qquad \square$$

下面的 Picard 小定理是 Liouville 定理的推广:

定理 6.3.7(Picard 小定理) 设 f 是整函数,若存在 $a,b\in\mathbf{C}$, $a\neq b$,使得 $f(\mathbf{C})\subset\mathbf{C}\setminus\{a,b\}$,则 f 是常值函数.

证 不妨设 $a=0,b=1$,否则考虑 $\frac{f(z)-a}{b-a}$. 由 Riemann 映射定理(定理 7.2.1)、边界对应定理(定理 7.3.1)和习题 6.1 的第 11 题知,存在 $B(0,1)$ 上的全纯函数 φ,使得 $\varphi(B(0,1))=\mathbf{C}\setminus\{0,1\}$. 再由单值性定理(定理 6.3.6)知,多值全纯函数 $\varphi^{-1}\circ f$ 可在 $\mathbf{C}$ 上选出一个单值全纯分支 ψ. 由 Liouville 定理,ψ 是常值函数,故 f 也是常值函数. $\square$

习 题 6.3

1. 设 f 是域 D 上的全纯函数,$z_0\in D$. 证明:

$$F(z)=\int_{z_0}^{z}f(\zeta)\mathrm{d}\zeta$$

是 D 上的多值全纯函数. 这里,积分是沿 D 中连接 z_0 和 z 的任意可求长曲线进行的.

2. 证明:若 f 是域 D 上非常数的全纯函数,但不是局部双全纯的,则 f^{-1} 一定不是域 $G=f(D)$ 上的多值全纯函数.

3. 举例说明,存在 $B(0,1)$ 上的局部双全纯映射 f,使得 f^{-1} 不是域 $G=f(B(0,1))$ 上的多值全纯函数.

4. 证明:不存在 $B(0,1)$ 上的局部双全纯映射 f,使得 $f(B(0,1))=\mathbf{C}$,并且 f^{-1} 是 $\mathbf{C}$ 上的多值全纯函数.

5. 证明:不存在 $B(0,1)$ 上的局部双全纯映射 f,使得

$f(B(0,1))=\mathbf{C}\setminus\{a\}$，并且 f^{-1} 是 $\mathbf{C}\setminus\{a\}$ 上的多值全纯函数. 这里，a 是 $\mathbf{C}$ 中的一个固定点.

6. 求

$$f(z)=z^{\frac{1}{2}}=|z|^{\frac{1}{2}}\mathrm{e}^{\mathrm{i}\frac{1}{2}\arg z}=1+\sum_{k=1}^{\infty}\begin{pmatrix}\frac{1}{2}\\k\end{pmatrix}(z-1)^k$$

沿单位圆周 $\partial B(0,1)$ 的正向和反向的全纯开拓.

7. 设幂级数族 $\{P_t:\alpha\leqslant t\leqslant\beta\}$ 给出了沿平面曲线 $z=\gamma(t)$ $(\alpha\leqslant t\leqslant\beta)$ 的全纯开拓. 证明：P_t 的收敛半径 $R(t)$ 或者在 $[\alpha,\beta]$ 上恒为 ∞，或者是 $[\alpha,\beta]$ 上的正值连续函数.

第7章　共形映射

本章的主题是要对复平面上所有的单连通域在全纯等价的意义下进行分类. 两个域 D_1 和 D_2 称为是**全纯等价**的,如果存在单叶的全纯函数 $f:D_1\to\boldsymbol{C}$,使得 $f(D_1)=D_2$,即 f 一一地把 D_1 映为 D_2. 显然,这是一个等价关系. Riemann 首先发现,所有的单连通域中只有两个等价类:一类仅由一个元素组成,那就是复平面 $\boldsymbol{C}$;另一类是除 $\boldsymbol{C}$ 以外的全部单连通域. 换句话说,任何单连通域,只要不是整个复平面 $\boldsymbol{C}$,都是相互全纯等价的. 这就是本章要证明的主要定理——Riemann 映射定理. Riemann 映射定理在复变函数论中具有十分重要的地位. 在单连通域内研究保角变换下的某些不变量时,只需在最简单的单连通域——单位圆盘上研究就行了. 另外,有些物理量的某些性质在保角变换下保持不变,应用 Riemann映射定理讨论这类问题时,可把域尽量化简.

本章先介绍全纯函数的正规族理论,然后用它来证明 Riemann映射定理,最后,作为 Riemann 映射定理的应用,我们给出把上半平面映射为多角形的 Schwarz-Christoffel 公式.

7.1　正　规　族

我们从正规族的定义开始.

定义 7.1.1　设 $\mathscr{F}$ 是域 D 上的一个函数族,如果它的任意序列 $\{f_n\}\subset\mathscr{F}$ 中一定包含一个在 D 上内闭一致收敛的子列 $\{f_{n_k}\}$,就称 $\mathscr{F}$ 是 D 上的一个正规族.

为了给出正规族的特征,我们还需要下面的

定义 7.1.2　设 $\mathscr{F}$ 是域 D 上的一个函数族,如果存在常数

M,使得对任意的 $f\in\mathscr{F}$ 及 $z\in D$,均有 $|f(z)|\leqslant M$,就说 $\mathscr{F}$ 在 D 上是**一致有界**的. 如果对任意紧集 $K\subset D$,存在与 K 有关的常数 $M(K)$,使得对任意的 $f\in\mathscr{F}$ 及 $z\in K$,有 $|f(z)|\leqslant M(K)$,就说 $\mathscr{F}$ 在 D 上是**内闭一致有界**的.

显然,在 D 上一致有界的函数族一定是内闭一致有界的,反之不然.

定义 7.1.3 设 $\mathscr{F}$ 是域 D 上的一个函数族,如果对任意 $\varepsilon>0$,存在 $\delta>0$,当 $z_1,z_2\in D$,且 $|z_1-z_2|<\delta$ 时,有

$$|f(z_1)-f(z_2)|<\varepsilon$$

对每个 $f\in\mathscr{F}$ 都成立,就说 $\mathscr{F}$ 在 D 上是**等度连续**的.

关于一致有界且等度连续的函数列,有下面的 Arzela-Ascoli 定理:

定理 7.1.4 设 K 是 $\mathbf{C}$ 中的紧集,$\{f_n\}$ 是在 K 上一致有界且等度连续的函数列,那么 $\{f_n\}$ 必有子列在 K 上一致收敛.

证 令 $A\subset K$ 是可数集,且在 K 中稠密. 记

$$A=\{\zeta_1,\zeta_2,\cdots\}.$$

由于 $\{f_n(\zeta_1)\}$ 是有界数列,根据 Bolzano-Weierstrass 定理,从中可以取出收敛的子列,即有

$$f_{n_1}^{(1)}(z),\ f_{n_2}^{(1)}(z),\ \cdots$$

在 $z=\zeta_1$ 处收敛;因为 $\{f_{n_j}^{(1)}(\zeta_2)\}$ 有界,故有

$$f_{n_1}^{(2)}(z),\ f_{n_2}^{(2)}(z),\ \cdots$$

在 $z=\zeta_2$ 处收敛. 继续这样做下去,可得一串函数列:

$$\begin{aligned}&f_{n_1}^{(1)}(z),\ f_{n_2}^{(1)}(z),\ \cdots,\ f_{n_k}^{(1)}(z),\ \cdots;\\&\cdots;\\&f_{n_1}^{(s)}(z),\ f_{n_2}^{(s)}(z),\ \cdots,\ f_{n_k}^{(s)}(z),\ \cdots;\\&\cdots.\end{aligned}$$

其中,后一序列是前一序列的子列,第 s 个序列在

$$\zeta_1,\ \zeta_2,\ \cdots,\ \zeta_s$$

处收敛. 现在取对角线序列

$$f_{n_1}^{(1)}(z),\ \cdots,\ f_{n_2}^{(2)}(z),\ \cdots,\ f_{n_k}^{(k)}(z),\ \cdots, \tag{1}$$

它在 A 中的每一点处都收敛.

为符号简单起见,我们把函数列(1)记为$\{f_{n_k}\}$,它是$\{f_n\}$的一个子列,我们证明它在 K 上一致收敛. 因为$\{f_n\}$在 K 上等度连续,故对任意 $\varepsilon>0$,存在 $\delta>0$,当 $z_1,z_2\in K$,且$|z_1-z_2|<\delta$时,有$|f_n(z_1)-f_n(z_2)|<\varepsilon$对 $n=1,2,\cdots$都成立. 显然,$\bigcup\limits_{z\in K}B\left(z,\dfrac{\delta}{2}\right)$是 K 的一个开覆盖,根据有限覆盖定理,可以选出有限个圆盘,设为 $B\left(z_j,\dfrac{\delta}{2}\right),j=1,\cdots,n$ 来覆盖 K. 今取 $\zeta_j\in B\left(z_j,\dfrac{\delta}{2}\right),j=1,\cdots,n$,由于$\{f_{n_k}(\zeta_j)\},j=1,\cdots,n$ 收敛,由 Cauchy 收敛原理,存在 N,当 $l,k>N$ 时,有

$$|f_{n_l}(\zeta_j)-f_{n_k}(\zeta_j)|<\varepsilon,\ j=1,\cdots,n. \tag{2}$$

今任取 $z\in K$,z 必定属于 $B\left(z_j,\dfrac{\delta}{2}\right),j=1,\cdots,n$ 中的一个,不妨设 $z\in B\left(z_p,\dfrac{\delta}{2}\right)$. 因为 $\zeta_p\in B\left(z_p,\dfrac{\delta}{2}\right)$,于是$|z-\zeta_p|<\delta$,因而

$$|f_n(z)-f_n(\zeta_p)|<\varepsilon,\ n=1,2,\cdots. \tag{3}$$

由(2)式和(3)式即知,当 $l,k>N$ 时,便有

$$\begin{aligned}|f_{n_l}(z)-f_{n_k}(z)| &\leqslant |f_{n_l}(z)-f_{n_l}(\zeta_p)|+|f_{n_l}(\zeta_p)-f_{n_k}(\zeta_p)|\\ &\quad+|f_{n_k}(\zeta_p)-f_{n_k}(z)|\\ &<3\varepsilon.\end{aligned}$$

这就证明了$\{f_{n_k}\}$在 K 上一致收敛. □

下面的 Montel 定理给出了全纯函数族是正规族的特征:

定理 7.1.5(Montel) 设 $\mathscr{F}$ 是域 D 上的全纯函数族,那么 $\mathscr{F}$ 是正规族的充分必要条件是 $\mathscr{F}$ 在 D 上内闭一致有界.

证 先证必要性. 如果 $\mathscr{F}$ 是 D 上的正规族,但不是内闭一致有界的,那么存在一个紧集 $K\subset D$,使得

$$\sup\{|f(z)|:z\in K,f\in\mathscr{F}\}=\infty.$$

因而存在序列$\{f_n\}\subset\mathscr{F}$,使得

$$\sup\{|f_n(z)|: z\in K\}\geqslant n. \tag{4}$$

由于$\mathscr{F}$是D上的正规族,故在$\{f_n\}$中存在子列$\{f_{n_k}\}$,它在D上内闭一致收敛,设其极限函数为f,则当$k>k_0$时,$|f_{n_k}(z)-f(z)|<1$在K上成立.f是D上的全纯函数,当然在K上有界,不妨设$|f(z)|\leqslant M\ (z\in K)$.于是,当$z\in K$且$k>k_0$时,有

$$\begin{aligned}|f_{n_k}(z)| &\leqslant |f_{n_k}(z)-f(z)|+|f(z)| \\ &< M+1.\end{aligned} \tag{5}$$

由(4)式和(5)式就得到$n_k\leqslant M+1$的矛盾.

现在证明充分性.任取$\{f_n\}\subset\mathscr{F}$,再取圆盘$\overline{B(z_0,r)}\subset D$,按假定,$\{f_n\}$在$\overline{B(z_0,r)}$上一致有界.利用引理4.1.8,即知$\{f_n{}'\}$在$\overline{B(z_0,r)}$上也一致有界,不妨设$|f_n{}'(z)|\leqslant M, z\in\overline{B(z_0,r)}, n=1,2,\cdots$.对任意$\varepsilon>0$,取$\delta=\dfrac{\varepsilon}{M}$,当$z_1,z_2\in B(z_0,r)$,且$|z_1-z_2|<\delta$时,有

$$\begin{aligned}|f_n(z_1)-f_n(z_2)| &= \left|\int_{z_2}^{z_1} f_n{}'(z)\mathrm{d}z\right| \\ &\leqslant M|z_1-z_2| \\ &< \varepsilon.\end{aligned}$$

这就证明了$\{f_n\}$在$B(z_0,r)$上等度连续.今取任意紧集$K\subset D$,由于K可用有限个上面这种圆盘来覆盖,因而$\{f_n\}$在K上也是等度连续的,当然$\{f_n\}$在K上也是一致有界的.由定理7.1.4,$\{f_n\}$有子列$\{f_{n_k}\}$在K上一致收敛.为了取出在任意紧集上一致收敛的子列,取一列紧集K_j,使得

$$K_1\subset K_2\subset\cdots\subset K_j\subset\cdots\to D.$$

根据上面的讨论,先在$\{f_n\}$中取出在K_1上一致收敛的子列$\{f_{n_k}^{(1)}\}$,再从$\{f_{n_k}^{(1)}\}$中取出在K_2上一致收敛的子列$\{f_{n_k}^{(2)}\}$,继续这样做下去.最后,用对角线法即可取出在所有K_j上一致收敛的子列,这个子列便在任意紧集上一致收敛. □

习 题 7.1

1. 设$\{f_n\}$是域D上的全纯函数列，并且在D上内闭一致有界。证明：若$\lim\limits_{n\to\infty}f_n(z)$在$D$上处处存在，则$\{f_n\}$在$D$上内闭一致收敛。

2. 设$\{f_n\}$是域D上的全纯函数列，并且在D上内闭一致有界，$A=\{z=x+\mathrm{i}y\in D:\ x,y$为有理数$\}$. 证明：若$\lim\limits_{n\to\infty}f_n(z)$在$A$上处处存在，则$\{f_n\}$在$D$上内闭一致收敛。

3. (Vitali 定理)设$\{f_n\}$是域D上的全纯函数列，并且在D上内闭一致有界，$\{z_n\}$是D中彼此不同的点列，$\lim\limits_{n\to\infty}z_n=z_0\in D$. 证明：若$\lim\limits_{n\to\infty}f_n(z)$在$\{z_n\}$上处处存在，则$\{f_n\}$在$D$上内闭一致收敛。

4. 设$\mathscr{F}$是域D上的全纯函数族，$z_0\in D$. 证明：若

(i) $\mathrm{Re}f(z)\geqslant 0,\ \forall z\in D, f\in\mathscr{F}$;

(ii) $f(z_0)=g(z_0),\ \forall f,g\in\mathscr{F}$,

则$\mathscr{F}$是D上的正规族. 并举例说明条件(ii)是不可去掉的.

5. 设$\mathscr{F}$是域D上的正规全纯函数族，g是整函数. 证明：$\{g\circ f:\ f\in\mathscr{F}\}$也是$D$上的正规族.

6. 设D是有界域，$0<M<\infty$. 证明：

$$\mathscr{F}=\{f\in H(D):\iint_D |f(z)|^2\mathrm{d}x\mathrm{d}y\leqslant M\}$$

是D上的正规族.

7. 设$\{f_n\}$是域D上的全纯函数列，并且在D上内闭一致有界. 证明：若存在$z_0\in D$，使得$\lim\limits_{n\to\infty}f_n(z_0)=A$存在，并且$f_n(D)\subset \boldsymbol{C}\setminus\{A\}\ (n\in\boldsymbol{N})$，则$\{f_n\}$在$D$上内闭一致收敛于常数$A$.

7.2 Riemann 映射定理

现在可以证明下面的 Riemann 映射定理：

定理 7.2.1(Riemann) 设G是$\boldsymbol{C}$中的单连通域，$G\neq\boldsymbol{C}$. 对于

G 中的任意点 a,存在唯一的函数 $f:G\to\mathbf{C}$,使得

(i) f 在 G 中全纯且单叶;

(ii) $f(a)=0$, $f'(a)>0$;

(iii) $f(G)=B(0,1)$.

证 证明分下面四步进行:

(1) 作一函数 φ: $G\to\mathbf{C}$,它在 G 中是全纯且单叶的,使得$\varphi(G)$是一有界域. 事实上,因为 $G\neq\mathbf{C}$,故存在 $b\notin G,b\neq\infty$. 在 G 中取$\sqrt{z-b}$的单值全纯分支,记为 $g(z)=\sqrt{z-b}$. 显然,它在 G 中是单叶的. 设 $g(G)=E$,则由第 4 章定理 4.4.6 知,E 是$\mathbf{C}$ 中的域. E 有一个简单的性质:如果 $w\in E$,那么 $-w\notin E$. 因为如果 $-w\in E$,则有 $z_1,z_2\in G$,使得$\sqrt{z_1-b}=w$, $\sqrt{z_2-b}=-w$. 两边平方后即得 $z_1=z_2$,因而 $w=-w$,即 $w=0$. 这是不可能的,因为 g 在 G 中没有零点. 因为 $a\in G$,所以 $g(a)$是 E 的内点,故存在 $\delta>0$,使得 $B(g(a),\delta)\subset E$,因而 $B(-g(a),\delta)\subset\mathbf{C}\setminus E$. 于是,当 $z\in G$ 时,便有 $|g(z)+g(a)|>\delta$. 令

$$\varphi(z)=\frac{1}{g(z)+g(a)},$$

则当 $z\in G$ 时,$|\varphi(z)|<\frac{1}{\delta}$,即 $\varphi(G)\subset B\left(0,\frac{1}{\delta}\right)$,这说明 $\varphi(G)$是一个有界域.

(2) 由步骤(1)所证,我们不妨假定 G 是有界域. 在 G 上定义函数族

$$\mathscr{F}=\{f:\ f\text{ 在 }G\text{ 上全纯且单叶},f(a)=0,f'(a)>0,\ f(G)\subset B(0,1)\}.$$

我们首先证明 $\mathscr{F}$ 不是空集. 事实上,因为 G 是有界域,故存在 $R>0$,使得 $G\subset B(0,R)$. 若令

$$f(z)=\frac{1}{2R}(z-a),$$

由于$|f(z)|\leqslant\frac{1}{2R}(|z|+|a|)<1$,故 $f\in\mathscr{F}$,这证明 $\mathscr{F}$ 非空.

现取 $r>0$,使得 $B(a,r)\subset G$. 根据 Cauchy 不等式,对任意 $f\in\mathscr{F}$,有

$$f'(a)<\frac{1}{r}\sup\{|f(z)|: z\in B(a,r)\}<\frac{1}{r}.$$

这说明数集 $\{f'(a): f\in\mathscr{F}\}$ 有上界,设 M 为其上确界,则

$$M=\sup\{f'(a): f\in\mathscr{F}\}<\infty.$$

下面我们证明,存在 $f_*\in\mathscr{F}$,使得 $f_*'(a)=M$. 事实上,存在 $f_n\in\mathscr{F}$,使得 $\lim\limits_{n\to\infty}f_n'(a)=M$. 由于 $\mathscr{F}$ 在 G 上一致有界,因而由定理 7.1.5,它是一个正规族,故在 $\{f_n\}$ 中可以取出在 G 上内闭一致收敛的子列 $\{f_{n_k}\}$,设其极限函数为 f_*,即

$$\lim_{k\to\infty}f_{n_k}(z)=f_*(z). \tag{1}$$

由 Weierstrass 定理,$f_*\in H(G)$,且

$$\lim_{k\to\infty}f_{n_k}'(z)=f_*'(z). \tag{2}$$

由(2)式及 $\lim\limits_{k\to\infty}f_{n_k}'(a)=M$,即得

$$f_*'(a)=M. \tag{3}$$

现在证明 $f_*\in\mathscr{F}$. 因为每一个 f_{n_k} 都是 G 中的单叶全纯函数,由(3)式知 f_*'不是常数,由定理 4.4.11 知道 f_* 也是 G 中的单叶全纯函数. 由(1)式易知 $f_*(a)=0$,且 $|f_*(z)|\leqslant 1$,$z\in G$. 由最大模原理,$|f_*(z)|=1$ 不能成立,因而只有 $|f_*(z)|<1$. 这就证明了 $f_*\in\mathscr{F}$.

(3) 现在证明 f_* 即是定理中要找的函数,即要证明 $f_*(G)=B(0,1)$. 如果不是这样,设

$$f_*(G)=G_1\subset B(0,1),$$

那么 G_1 是 $B(0,1)$中的一个单连通域,但 $G_1\neq B(0,1)$. 因而存在 $u_0\in B(0,1)$,$u_0\notin G_1$,由此即可引出一个矛盾. 为此,令

$$v=\varphi_{u_0}(u)=\frac{u_0-u}{1-\overline{u_0}u},$$

于是

$$\varphi_{u_0}(u_0)=0,$$

$$\varphi_{u_0}{}'(0) = -(1 - |u_0|^2).$$

φ_{u_0} 把 G_1 映为 $B(0,1)$中的单连通域 G_2，把 u_0 映为原点，把原点映为 $v_0 = u_0$，所以 $O \notin G_2$. 再令

$$s = p(v) = \sqrt{v},$$

于是

$$s_0 = p(v_0) = \sqrt{v_0},$$

$$p'(v_0) = \frac{1}{2\sqrt{v_0}}.$$

它在 G_2 中能分出单值全纯的分支，记 $p(G_2) = G_3$，则 G_3 是 $B(0,1)$中的单连通域，$O \notin G_3$. 最后，令

$$w = q(s) = \frac{s_0}{|s_0|}\varphi_{s_0}(s),$$

于是

$$q'(s_0) = -\frac{s_0}{|s_0|}\frac{1}{1-|s_0|^2}.$$

它把 G_3 映为 $B(0,1)$中的单连通域 G_4，把 s_0 映为原点. 于是，复合函数

$$w = (q \circ p \circ \varphi_{u_0} \circ f_*)(z) = w(z)$$

把 G 映为 G_4，且 $w(a) = 0$（见图 7.1）. $w(z)$显然是 G 上的单叶全纯函数. 现在来计算 $w'(a)$，根据复合函数的求导法则，有

$$\begin{aligned} w'(a) &= q'(s_0)p'(v_0)\varphi_{u_0}{}'(0)f_*{}'(a) \\ &= \frac{s_0}{|s_0|}\frac{1}{1-|s_0|^2}\frac{1}{2\sqrt{v_0}}(1-|u_0|^2)M \\ &= \frac{1-|u_0|^2}{2|s_0|(1-|s_0|^2)}M \\ &> 0. \end{aligned}$$

所以 $w \in \mathscr{F}$. 若记 $u_0 = \rho e^{i\theta}$，则 $v_0 = -u_0 = \rho e^{i(\theta+\pi)}$，$|s_0| = |\sqrt{v_0}| = \sqrt{\rho}$，$1-|s_0|^2 = 1-\rho$，因而

$$
\begin{aligned}
w'(a) &= \frac{1-\rho^2}{2\sqrt{\rho}(1-\rho)}M \\
&= \frac{1+\rho}{2\sqrt{\rho}}M \\
&> M.
\end{aligned}
$$

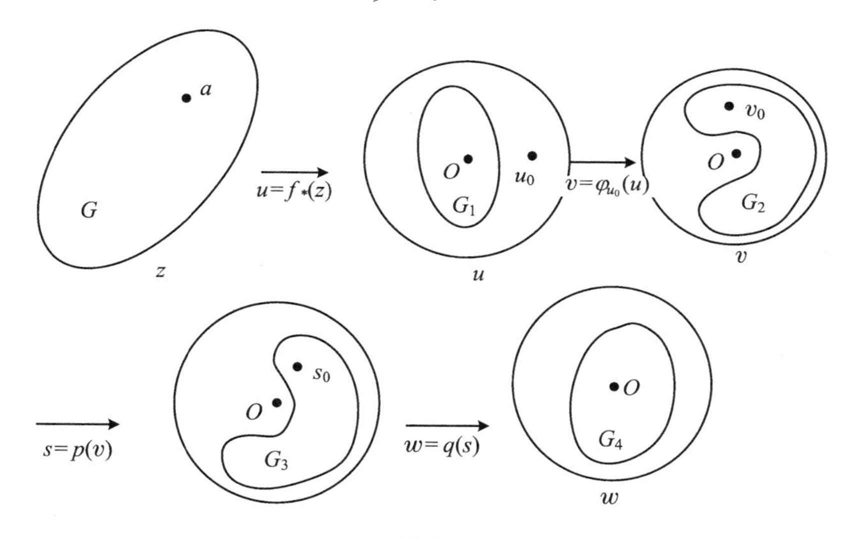

图 7.1

这就是说,我们在 $\mathscr{F}$ 中找到了一个函数 w,它在 a 点的导数大于 M,这是不可能的. 这个矛盾说明假设不成立,于是 $f_*(G)=B(0,1)$.

(4) 最后证明满足定理中三个条件的 f 是唯一的. 如果还有函数 g 也满足这三个条件,令

$$
h = f \circ g^{-1},
$$

那么 $h(B(0,1))=B(0,1)$,因而 $h\in \mathrm{Aut}(B(0,1))$. 又因 $h(0)=0$,因而由第 4 章定理 4.5.5 知道

$$
h(z) = e^{i\theta}z.
$$

但由于 $h'(0)=\dfrac{f'(a)}{g'(a)}>0$,即知 $h(z)=z$,从而

$$f(z) \equiv g(z),\ z \in G. \qquad \square$$

由 Riemann 定理立刻可得

定理 7.2.2 设 G 和 D 是 $\boldsymbol{C}$ 中的两个单连通域，如果它们都不是整个平面 $\boldsymbol{C}$，那么对于给定的 $z_0 \in G$ 和 $w_0 \in D$，存在唯一的函数 f，它在 G 上单叶且全纯，$f(z_0)=w_0$，$f'(z_0)>0$，且 $f(G)=D$.

证 由 Riemann 映射定理，存在唯一的全纯函数 g，使得 $\zeta=g(z)$ 把 G 一一地映为 $|\zeta|<1$，且 $g(z_0)=0$，$g'(z_0)>0$. 同样道理，存在唯一的全纯函数 $\zeta=h(w)$，它把 D 一一地映为 $|\zeta|<1$，且 $h(w_0)=0$，$h'(w_0)>0$. 于是，函数 $w=(h^{-1}\circ g)(z)=f(z)$ 即是符合定理条件的函数. $\square$

这个定理断言，两个异于 $\boldsymbol{C}$ 的单连通域是全纯等价的. 已经知道单连通域和多连通域一定不全纯等价，那么两个 n $(n>1)$ 连通域是不是全纯等价呢？一般来说，答案是否定的. 例 6.1.6 已为我们提供了这样的例子：即使两个最简单的二连通域——两个同心圆环 $D=\{z\in\boldsymbol{C}:\ r_1<|z|<r_2\}$ 和 $G=\{w\in\boldsymbol{C}:\ R_1<|w|<R_2\}$ 全纯等价也是有条件的，要求它们满足 $\dfrac{r_2}{r_1}=\dfrac{R_2}{R_1}$. 这从另一个角度说明了 Riemann 映射定理的重要性.

习 题 7.2

1. (推广的 Liouville 定理)设 D 是异于 $\boldsymbol{C}$ 的单连通域. 证明：若 f 是整函数，并且 $f(\boldsymbol{C})\subset D$，则 f 是常值函数.

2. 设 D 是异于 $\boldsymbol{C}$ 的单连通域，$a\in D$. 证明：若 f 将 D 双全纯地映为 $B(0,1)$，并且 $f(a)=0$，$f'(a)>0$，则

$$\min_{z\in\partial D}|z-a|\leqslant\frac{1}{f'(a)}\leqslant\max_{z\in\partial D}|z-a|.$$

称 $\dfrac{1}{f'(a)}$ 为 D 在 a 处的映射半径.

3. 设 D 是异于 $\boldsymbol{C}$ 的单连通域，$a\in D$，f 将 D 双全纯地映为

$B(0,1)$，并且 $f(a)=0,f'(a)>0$. 证明：若 g 将 D 双全纯地映为 $B(0,1)$，$p=g^{-1}(0)$，则

$$g(z)=\frac{g'(a)}{|g'(a)|}\frac{f(z)-f(p)}{1-\overline{f(p)}f(z)}.$$

4. 设 D 为异于 $\boldsymbol{C}$ 的凸域，$a\in D$，$\mathscr{F}=\{f\in H(D):f(a)=0,f'(a)>0\}$. 证明：$\mathscr{F}$ 中满足 $f(D)=B(0,1)$ 和 $\mathrm{Re}f'(z)\geqslant 0$（$\forall z\in D$）的 f 最多只有一个.

5. 设 D 是异于 $\boldsymbol{C}$ 的单连通域，$a\in D$，R 为 D 在 a 处的映射半径. 证明：若 $F\in H(D)$，$F(a)=0$，$F'(a)=1$，则 $\sup\limits_{z\in D}|F(z)|\geqslant R$. 等号成立当且仅当 F 是将 D 映为 $B(0,R)$ 的双全纯映射.

6. 证明：

(i) 存在 $B(0,1)$ 上的全纯函数 f，使得 $f(B(0,1))=\boldsymbol{C}$；

(ii) 对于 $a\in\boldsymbol{C}$，存在 $B(0,1)$ 上的全纯函数 f，使得 $f(B(0,1))=\boldsymbol{C}\backslash\{a\}$.

并将这里的结论与习题 6.4 的第 3 题和第 4 题作比较.

7. 设 D 是异于 $\boldsymbol{C}$ 的单连通域，$a\in D$，R 为 D 在 a 处的映射半径. 证明：若 $F\in H(D)$，$F(a)=0$，$F'(a)=1$，则

$$\iint\limits_D|F'(z)|^2\mathrm{d}x\mathrm{d}y\geqslant\pi R^2.$$

等号成立当且仅当 F 是将 D 映为 $B(0,R)$ 的双全纯映射.

7.3 边界对应定理

Riemann 映射定理断言，一定存在双全纯映射 f 把任一单连通域 G（整个平面 $\boldsymbol{C}$ 除外）一一地映为单位圆盘 $B(0,1)$. 一个自然的问题是，f 在把 G 映为 $B(0,1)$ 的同时，是否也把 G 的边界 ∂G 映为单位圆盘的边界？一般来说，一个域的边界可以是相当复杂的，下面只就 G 的边界是一条简单闭曲线的情形来回答上面的问题.

定理 7.3.1（边界对应定理） 设 G 是由一条简单闭曲线 Γ 所

围成的域,如果 $w=f(z)$ 把 G 双全纯地映为 $B(0,1)$,那么 f 的定义可扩充到 Γ 上,使得 $f\in C(\overline{G})$,且把 Γ 一一地映为 $|w|=1$,Γ 关于 G 的正向对应于 $f(\Gamma)$ 关于 $B(0,1)$ 的正向.

证 证明分下面四步进行:

(1) 先证明对于任意 $\zeta\in\partial G$,$\lim\limits_{\substack{z\to\zeta\\ z\in G}} f(z)$ 存在. 为此只要证明,如果 $\lim\limits_{z_n\to\zeta} f(z_n)=a$,$\lim\limits_{z_n'\to\zeta} f(z_n')=b$,则必有 $a=b$.

首先,容易看出,a,b 都在单位圆周上. 不然的话,若 $a\in B(0,1)$,记 $w_n=f(z_n)$,则 $z_n=f^{-1}(w_n)$. 由于 f^{-1} 在 $B(0,1)$ 中连续,因而有

$$\begin{aligned}\zeta&=\lim_{n\to\infty} z_n=\lim_{n\to\infty} f^{-1}(w_n)\\&=\lim_{w_n\to a} f^{-1}(w_n)=f^{-1}(a),\end{aligned}$$

这不可能.

现在设 $a\neq b$,作分式线性变换 T,使得 $T(B(0,1))=B(0,1)$,$T(a)=\mathrm{e}^{\mathrm{i}\frac{\pi}{4}}$,$T(b)=\mathrm{e}^{\mathrm{i}\frac{5}{4}\pi}$. 令 $g(z)=T(f(z))$,则 g 仍然把 G 双全纯地映为 $B(0,1)$,但

$$\lim_{z_n\to\zeta} g(z_n)=\lim_{z_n\to\zeta} T(f(z_n))=T(a)=\mathrm{e}^{\mathrm{i}\frac{\pi}{4}},$$

$$\lim_{z_n'\to\zeta} g(z_n')=\lim_{z_n'\to\zeta} T(f(z_n'))=T(b)=\mathrm{e}^{\mathrm{i}\frac{5}{4}\pi}.$$

对任给的 $\varepsilon>0$,必有 $\delta>0$,当 $0<|z_n-\zeta|<\delta$,$0<|z_n'-\zeta|<\delta$ 时,$|g(z_n)-\mathrm{e}^{\mathrm{i}\frac{\pi}{4}}|<\varepsilon$,$|g(z_n')-\mathrm{e}^{\mathrm{i}\frac{5}{4}\pi}|<\varepsilon$. 现设 $z_0=g^{-1}(0)$,则 $z_0\in G$. 取充分小的 $\delta>0$,使得 $G_\delta=B(\zeta,\delta)\cap G$ 不包含 z_0. 取 $z_n,z_n'\in G_\delta$,则 $g(z_n)$,$g(z_n')$ 分别在以 $\mathrm{e}^{\mathrm{i}\frac{\pi}{4}}$ 和 $\mathrm{e}^{\mathrm{i}\frac{5}{4}\pi}$ 为中心、以 ε 为半径的圆盘中. 用位于 G_δ 中的连续曲线 l 连接 z_n 和 z_n',则它的像 $L=g(l)$ 是连接 $g(z_n)$ 和 $g(z_n')$ 的 $B(0,1)$ 中的连续曲线,它不会经过原点,因此必和实轴、虚轴相交,设交点分别为 P 和 Q (见图 7.2). 用 $\widehat{PQ'}$,$\widehat{P'Q'}$,$\widehat{P'Q}$ 分别记 $\widehat{PQ}$ 相对于实轴、原点和虚轴对称的弧段,由这四段弧围成的域记为 D,显然 $O\in D$.

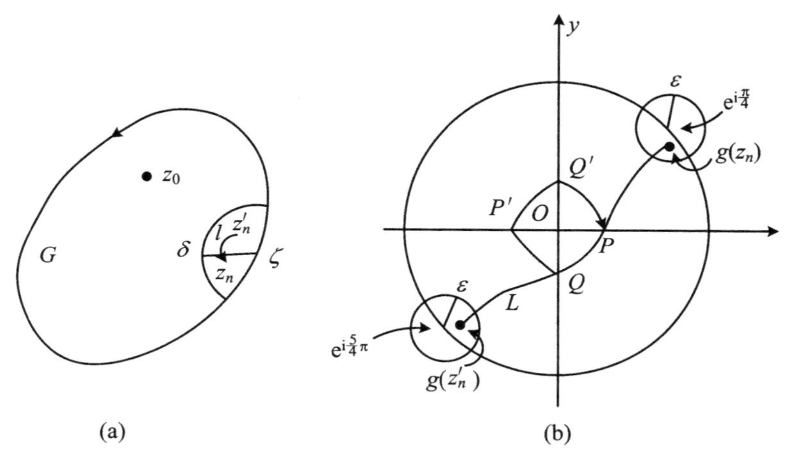

图 7.2

令

$$F(w)=(g^{-1}(w)-\zeta)(\overline{g^{-1}(\overline{w})}-\overline{\zeta})$$
$$\cdot(g^{-1}(-w)-\zeta)(\overline{g^{-1}(-\overline{w})}-\overline{\zeta}),$$

则 $F\in H(B(0,1))$. 我们来估计 F 在∂D 上的值. 任取 $w\in\widehat{PQ}$,则 $g^{-1}(w)\in l$,因此$|g^{-1}(w)-\zeta|<\delta$. 如果记 $M=\sup\limits_{z\in\partial G}|z-\zeta|$,那么因为 $g^{-1}(\overline{w}),g^{-1}(-w),g^{-1}(-\overline{w})$都属于 G,因而有

$$|g^{-1}(\overline{w})-\zeta|\leqslant M,$$
$$|g^{-1}(-w)-\zeta|\leqslant M,$$
$$|g^{-1}(-\overline{w})-\zeta|\leqslant M,$$

于是$|F(w)|\leqslant\delta M^3$. 同样道理,当 w 属于其他三段弧时也有同样的估计,即在∂D 上有

$$|F(w)|\leqslant\delta M^3.$$

因而由最大模原理,上式在 D 中也成立. 特别有$|F(0)|\leqslant\delta M^3$,即$|g^{-1}(0)-\zeta|^4\leqslant\delta M^3$. 让 $\delta\to0$,即得 $g^{-1}(0)=\zeta$,这不可能. 因而 $a=b$,于是$\lim\limits_{\substack{z\to\zeta\\z\in G}}f(z)$存在.

(2) 现在对任意 $\zeta\in\partial G$,定义

$$f(\zeta)=\lim_{\substack{z\to\zeta\\ z\in G}}f(z).$$

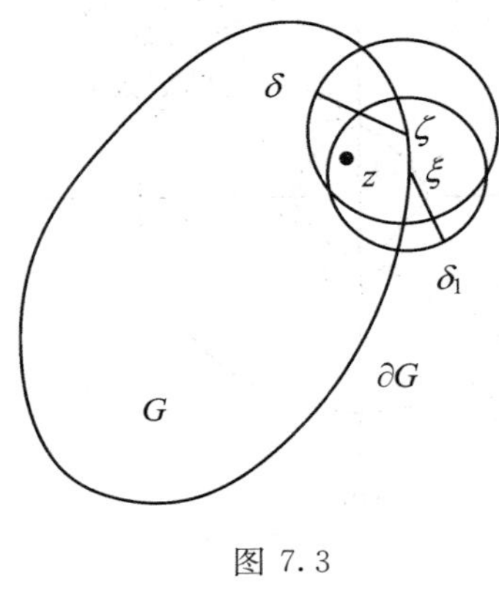

图 7.3

这样,f 在 $\overline{G}$ 上都有了定义,我们证明 $f\in C(\overline{G})$. 为此,只需证明对任意 $\zeta\in\partial G$, $\lim\limits_{\substack{\xi\to\zeta\\ \xi\in\partial G}}f(\xi)=f(\zeta)$就行了. 如图 7.3 所示,固定 $\zeta\in\partial G$,对任意 $\varepsilon>0$,存在 $\delta>0$,当 $z\in B(\zeta,\delta)\cap G$ 时, $|f(z)-f(\zeta)|<\varepsilon$. 今取 $\xi\in B(\zeta,\delta)\cap\partial G$,对于这个 ξ,有相应的 δ_1,当 $z\in B(\xi,\delta_1)\cap G$时,有 $|f(\xi)-f(z)|<\varepsilon$. 今取 $z\in B(\zeta,\delta)\cap B(\xi,\delta_1)\cap G$,便有

$$\begin{aligned}|f(\zeta)-f(\xi)|&\leqslant|f(\zeta)-f(z)|+|f(z)-f(\xi)|\\&<2\varepsilon,\end{aligned}$$

这就证明了 $f\in C(\overline{G})$.

(3) 前面已经证明,对每个 $\zeta\in\partial G$, $|f(\zeta)|=1$,这说明 f 把∂G 映入$\partial B(0,1)$. 现在证明,如果 $\zeta,\zeta'\in\partial G$, $\zeta\neq\zeta'$,那么 $f(\zeta)\neq f(\zeta')$. 取充分小的 $\varepsilon>0$,使得 $B(\zeta,\varepsilon)\cap B(\zeta',\varepsilon)=\varnothing$,由于 f 是单叶的,因而

$$f(B(\zeta,\varepsilon)\cap G)\cap f(B(\zeta',\varepsilon)\cap G)=\varnothing,$$

这就证明了 $f(\zeta)\neq f(\zeta')$.

由于 f 是 $\overline{G}$ 上的一一连续映射,所以 $f(\overline{G})$是紧集. 注意到 $B(0,1)\subset f(\overline{G})\subset\overline{B(0,1)}$,即知 $f(\overline{G})=\overline{B(0,1)}$. 由习题 1.7 的第 7 题便知 f^{-1}也是$\overline{B(0,1)}$上的一一连续映射.

(4) 最后证明 f 保持边界的方向不变. 在∂G 上沿着关于G 的正方向取三点 z_1,z_2,z_3,它们在 f 下的像分别为 w_1,w_2,w_3,半径 Ow_1,Ow_2,Ow_3 的原像分别是曲线弧段$\widehat{z_0z_1},\widehat{z_0z_2},\widehat{z_0z_3}$ (图 7.4). 由于$f'(z_0)\neq0$, f 在 z_0 处具有保角性,而且保持角度的方向不

变，因此 w_1, w_2, w_3 也是沿着关于 $B(0,1)$ 的正方向. □

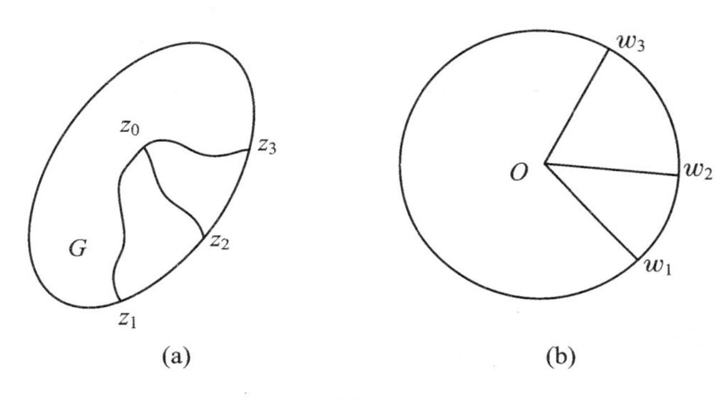

图 7.4

后面我们将应用边界对应定理来推导把上半平面映为多角形域的 Schwarz-Christoffel 公式.

在实际应用中，下面的边界对应定理的逆定理很有用.

定理 7.3.2 设 G 和 D 分别是由可求长简单闭曲线 γ 和 Γ 围成的域，如果 $f\in H(G)\cap C(\overline{G})$，且把 γ 一一地映为 Γ，那么 $w=f(z)$ 把 G 一一地映为 D，并且使 γ 关于 G 的正向对应于 Γ 关于 D 的正向.

证 任取 $w_0\in D$，先证明 $f(z)-w_0$ 在 G 中有且只有一个零点. 由辐角原理，$f(z)-w_0$ 在 G 中的零点个数为

$$\begin{aligned}N&=\frac{1}{2\pi}\Delta_\gamma \operatorname{Arg}(f(z)-w_0)\\&=\frac{1}{2\pi}\Delta_\Gamma \operatorname{Arg}(w-w_0)\\&=\pm 1,\end{aligned}$$

右端等于 ± 1 是因为 $w_0\in D$ 之故. 但因 N 是零点的个数，不能取 -1，故有 $N=1$. 这就证明了 $f(z)-w_0$ 在 G 内有且只有一个零点，且当 z 沿 γ 的正向转一圈时，w 也沿 Γ 的正向转一圈. 容易看出，当 $w_0\notin\overline{D}$ 时，$N=0$，即 f 不会把 G 中的点映到 D 的外部去. 当 $w_0\in\Gamma$ 时，如果存在 $z_0\in G$，使得 $f(z_0)=w_0$，那么 w_0 必须是

$f(G)$的内点，这不可能. 这就证明了定理的断言. $\square$

下面看一个简单的例子：

例 7.3.3 问 $w=z^2$ 把由圆周 $\left|z-\dfrac{1}{2}\right|=\dfrac{1}{2}$围成的域变成什么样的域?

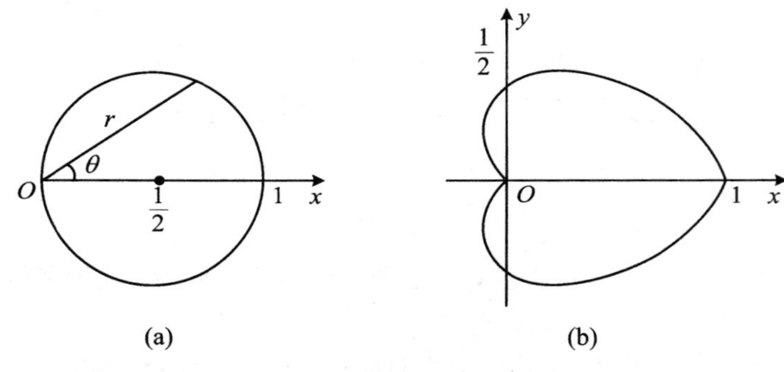

图 7.5

解 从图 7.5(a)可以看出，圆周 $\left|z-\dfrac{1}{2}\right|=\dfrac{1}{2}$的极坐标方程为$r=\cos\theta\ \left(-\dfrac{\pi}{2}\leqslant\theta\leqslant\dfrac{\pi}{2}\right)$，这里，$z=re^{i\theta}$. 若记 $w=\rho e^{i\varphi}$，则 $w=z^2=r^2e^{2i\theta}$，所以 $\rho=r^2$，$\varphi=2\theta$，故 $r=\cos\theta$ 经变换后的极坐标方程为

$$\rho=\frac{1}{2}(1+\cos\varphi),$$

这是一条心脏线(图 7.5(b)). 由定理 7.3.2，$w=z^2$ 把圆周 $\left|z-\dfrac{1}{2}\right|=\dfrac{1}{2}$的内部一一地映成上述心脏线的内部. $\square$

习 题 7.3

1. 利用 Schwarz 对称原理和边界对应定理证明：将 $B(0,1)$ 映为自身的双全纯映射一定是分式线性变换.

2. 证明：若 f 将圆环$\{z\in\boldsymbol{C}:\ r_1<|z|<r_2\}$双全纯地映为圆环$\{z\in\boldsymbol{C}:\ R_1<|z|<R_2\}$，则 f 将闭圆环$\{z\in\boldsymbol{C}:\ r_1\leqslant|z|\leqslant r_2\}$同胚

地映为闭圆环$\{z\in \boldsymbol{C}: R_1\leqslant|z|\leqslant R_2\}$.

3. 设 D 是由简单闭曲线所围成的单连通域,$z_1, z_2, z_3\in\partial D$ 是彼此不同的三点,按∂D 的正向排列. 证明:若 $w_1, w_2, w_3\in\partial B(0,1)$是彼此不同的三点,按$\partial B(0,1)$的正向排列,则存在唯一的 φ,将 D 双全纯地映为 $B(0,1)$,将 $\overline{D}$ 同胚地映为$\overline{B(0,1)}$,并且 $f(z_k)=w_k, k=1,2,3$.

4. (边界对应原理)设 D 是由简单闭曲线 γ 所围成的单连通域(γ 不必可求长),$f\in H(D)\cap C(\overline{D})$. 证明:若 f 将 γ 一一地映为简单闭曲线 Γ,则 f 将 D 双全纯地映为由 Γ 所围成的单连通域 G. 将这里的结论与习题 4.4 中的第 17 题作比较.

5. 设 $f\in H(B(0,1)), f(0)=0, f'(0)=a>0$. 证明:若 $f(B(0,1))\subset B(0,1)$,则 f 在 $B\left(0,\dfrac{a}{1+\sqrt{1-a^2}}\right)$上双全纯.

7.4 Schwarz-Christoffel 公式

Riemann 映射定理断言,任意两个异于 $\boldsymbol{C}$ 的单连通域都可通过双全纯映射把一个变成另一个,但是具体写出这个映射却不是一件容易的事. 本节介绍的 Schwarz-Christoffel 公式给出了把上半平面映为多角形域的变换.

设 G 是 w 平面上以 $w_1,\cdots,w_n$ 为顶点的多角形域,$w=f(z)$ 是把 z 平面的上半平面 D 一一地映为 G 的双全纯映射. 为了求得 f 的具体表达式,我们必须了解 f 的一些简单性质.

引理 7.4.1 存在把上半平面 D 一一地映为多角形域 G 的双全纯映射 $w=f(z)$,它在 $\overline{D}$ 上连续,且把实轴一一地映为∂G.

证 任取 $a\in D$,则分式线性变换

$$\zeta=\frac{z-a}{z-\overline{a}}$$

把 D 一一地映为$|\zeta|<1$,它在 $\overline{D}$ 上连续,且把实轴一一地映为$|\zeta|$

$=1$. 根据 Riemann 映射定理和边界对应原理，存在双全纯函数 $w=g(\zeta)$，它把 $|\zeta|<1$ 一一地映为 G，且 g 在 $|\zeta|\leqslant 1$ 上连续，并把 $|\zeta|=1$ 一一地映为 ∂G. 于是，函数

$$w=g\left(\frac{z-a}{z-\bar{a}}\right)=f(z)$$

即符合引理的要求. □

设 f 是引理 7.4.1 中的函数，那么在 z 平面的实轴上必有 n 个点 $a_1,\cdots,a_n$，使得

$$f(a_1)=w_1,\ f(a_2)=w_2,\ \cdots,\ f(a_n)=w_n.$$

我们先弄清 f 在 a_k 点邻域中的性质.

引理 7.4.2 设 Ω 是具有角点 w_0 的域，在 w_0 的邻域中，Ω 的边界由两个直线段构成，它们的交角为 $\alpha\pi$. 设双全纯映射 $w=f(z)$ 把上半平面映为 Ω，把实轴上的点 z_0 映为 w_0，那么在 z_0 的邻域内，f 可表示为

$$f(z)=w_0+(z-z_0)^{\alpha}\{c_0+c_1(z-z_0)+\cdots\},\ c_0\neq 0. \tag{1}$$

证 令 $\eta=(w-w_0)^{\frac{1}{\alpha}}$，它可以在 Ω 中分出单值的全纯分支，它把 w_0 映为原点，且把 Ω 的两条边界线所张的角扩大成 π. 因此

$$\eta=\eta(z)=(f(z)-w_0)^{\frac{1}{\alpha}} \tag{2}$$

把 z_0 的邻域在上半平面中的那部分变到 η 平面上 $\eta=0$ 的一个邻域的某个半平面，对应于 z 平面中实轴上的线段的是一段直线段. 由引理 7.4.1 知，它连续到实轴上，故由 Schwarz 对称原理，$\eta=\eta(z)$ 可以全纯开拓到 z_0 的整个邻域中，因而在 z_0 的邻域中有展开式

$$\eta(z)=b_1(z-z_0)+b_2(z-z_0)^2+\cdots,\ b_1\neq 0. \tag{3}$$

这里，没有常数项是因为 $\eta(z_0)=0$，$b_1\neq 0$ 是因为 $b_1=\eta'(z_0)\neq 0$. 由(2)式和(3)式即得

$$\begin{aligned} f(z)&=w_0+(\eta(z))^{\alpha}\\ &=w_0+(z-z_0)^{\alpha}\{b_1+b_2(z-z_0)+\cdots\}^{\alpha}. \end{aligned} \tag{4}$$

如果记 $g(z)=b_1+b_2(z-z_0)+\cdots$，由于 $g(z_0)=b_1\neq 0$，故在 z_0

的邻域中$(g(z))^{\alpha}$能分出单值的全纯分支，把$(g(z))^{\alpha}$在z_0的邻域中展开成幂级数

$$(g(z))^{\alpha}=c_0+c_1(z-z_0)+\cdots.$$

再由(4)式即得(1)式. □

现在可以证明本节的主要定理：

定理 7.4.3(Schwarz-Christoffel) 设双全纯函数$w=f(z)$把上半平面D一一地映为多角形域G，且f在$\overline{D}$上连续. 如果G在其顶点$w_k(k=1,\cdots,n)$处的顶角是$\alpha_k\pi$ $(0<\alpha_k<2)$，实轴上与w_k对应的点是$a_k(k=1,\cdots,n)$，$-\infty<a_1<\cdots<a_n<\infty$，那么$f$可表示为

$$f(z)=C\int_{z_0}^{z}(z-a_1)^{\alpha_1-1}\cdots(z-a_n)^{\alpha_n-1}\mathrm{d}z+C_1, \qquad (5)$$

其中，z_0,C,C_1是三个常数.

证 由于f把实轴一一地映为G的边界，所以当z在(a_k,a_{k+1})中变动时，$f(z)$在线段w_kw_{k+1}上变动，即f把直线段映为直线段. 根据 Schwarz 对称原理，f可以跨过(a_k,a_{k+1})，全纯开拓到下半平面D'中去. 即可以得一函数f_k，它满足条件：

(i) f_k在$D\cup D'\cup(a_k,a_{k+1})$中全纯；

(ii) 当$z\in D$时，$f_k(z)=f(z)$，f_k把下半平面D'映成G关于线段w_kw_{k+1}对称的多角形域G'；

(iii) 当$z\in D\cup D'\cup(a_k,a_{k+1})$时，$f_k'(z)\neq 0$.

让$k=1,\cdots,n$，我们就得到n个函数$f_1,\cdots,f_n$，它们在D内都等于f，而在D'中是不相等的.

我们来研究f_k和f_{k+1}在D'中的关系. 任取$z_0\in D'$，则$\overline{z_0}\in D$，于是$f_k(z_0)$是$f(\overline{z_0})$关于线段w_kw_{k+1}的对称点，$f_{k+1}(z_0)$是$f(\overline{z_0})$关于线段$w_{k+1}w_{k+2}$的对称点（图 7.6）. 因此，$f_k(z_0)$可以看成是由$f_{k+1}(z_0)$经过两条直线的对称变换得到的. 显然，有

$$\begin{aligned}f_k(z_0)-w_{k+1}&=\mathrm{e}^{2\mathrm{i}\theta}(f(\overline{z_0})-w_{k+1})\\&=\mathrm{e}^{2\mathrm{i}(\theta+\varphi)}(f_{k+1}(z_0)-w_{k+1})\end{aligned}$$

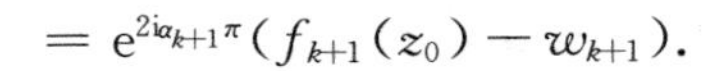

$$= \mathrm{e}^{2\mathrm{i}\alpha_{k+1}\pi}(f_{k+1}(z_0) - w_{k+1}).$$

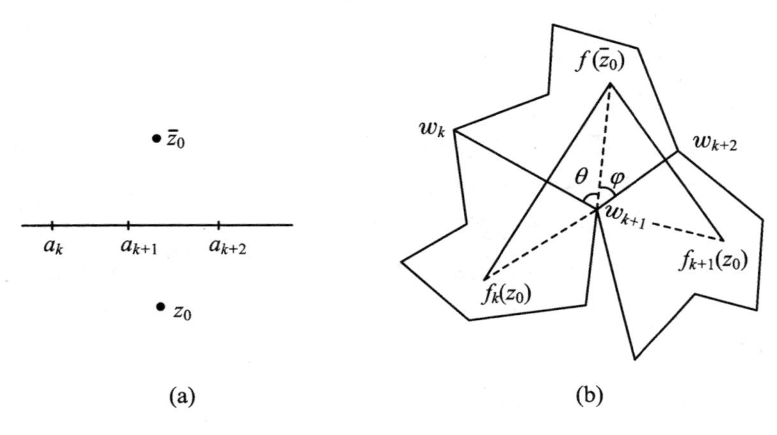

图 7.6

由于 z_0 是 D' 中的任意点，故可设

$$f_k(z) = \alpha_k f_{k+1}(z) + \beta_k,\ z \in D',$$

其中，$\alpha_k = \mathrm{e}^{2\mathrm{i}\alpha_{k+1}\pi}$，$\beta_k = (1 - \mathrm{e}^{2\mathrm{i}\alpha_{k+1}\pi})w_{k+1}$. 所以

$$f_k{}'(z) = \alpha_k f_{k+1}{}'(z),$$

$$f_k{}''(z) = \alpha_k f_{k+1}{}''(z),$$

因而

$$\frac{f_k{}''(z)}{f_k{}'(z)} = \frac{f_{k+1}{}''(z)}{f_{k+1}{}'(z)},\ z \in D'.$$

这说明 $f_k(k=1,\cdots,n)$ 在 D' 中虽然都不相等，但$\frac{f_k{}''}{f_k{}'}$ $(k=1,\cdots,n)$ 在 D' 中却都是一样的，它们在 D 中当然都等于$\frac{f''}{f'}$. 这样，我们就得到了一个单值函数 g，它在 D' 中等于$\frac{f_k{}''}{f_k{}'}$，在 D 中

$$g(z) = \frac{f_k{}''(z)}{f_k{}'(z)}.$$

故 g 在 $\boldsymbol{C}$ 中除去 $a_1,\cdots,a_n$ 外是全纯的.

下面我们证明，$a_k(k=1,\cdots,n)$是 g 的 1 阶极点. 事实上，由引理 7.4.2，f 在 a_k 的邻域中可展开为

$$f(z)=w_k+(z-a_k)^{\alpha_k}h(z),\ h(a_k)\neq 0,$$

这里，h 是 a_k 的邻域中的全纯函数. 于是

$$\begin{aligned}f'(z)&=\alpha_k(z-a_k)^{\alpha_k-1}h(z)+(z-a_k)^{\alpha_k}h'(z)\\&=(z-a_k)^{\alpha_k-1}[\alpha_k h(z)+(z-a_k)h'(z)]\\&=(z-a_k)^{\alpha_k-1}q(z),\end{aligned}$$

这里，$q(z)=\alpha_k h(z)+(z-a_k)h'(z)$是 a_k 的邻域中的全纯函数，而且 $q(a_k)=\alpha_k h(a_k)\neq 0$. 因而

$$f''(z)=(\alpha_k-1)(z-a_k)^{\alpha_k-2}q(z)+(z-a_k)^{\alpha_k-1}q'(z).$$

于是，在 a_k 的邻域中有

$$g(z)=\frac{f''(z)}{f'(z)}=\frac{\alpha_k-1}{z-a_k}+\frac{q'(z)}{q(z)}.\tag{6}$$

因为$\dfrac{q'(z)}{q(z)}$在 a_k 的邻域中全纯，可以展开成幂级数，所以(6)式就是 g 在 a_k 处的 Laurent 展开式，它说明 a_k 是 g 的 1 阶极点，g 在 a_k 处的残数为 α_k-1.

再看 g 在 $z=\infty$处的情况. 由于 f 把∞映入多角形的边界，因此 f 在∞处全纯，它在∞的邻域中有展开式

$$f(z)=b_0+\frac{b_m}{z^m}+\frac{b_{m+1}}{z^{m+1}}+\cdots,\ b_m\neq 0,$$

$$\begin{aligned}f'(z)&=-\frac{mb_m}{z^{m+1}}-\frac{(m+1)b_{m+1}}{z^{m+2}}-\cdots\\&=-\frac{1}{z^{m+1}}p(z),\end{aligned}$$

这里，p 在 $z=\infty$的邻域内全纯，且 $p(\infty)\neq 0$. 由此可得

$$f''(z)=\frac{m+1}{z^{m+2}}p(z)-\frac{1}{z^{m+1}}p'(z),$$

因而

$$g(z)=\frac{f''(z)}{f'(z)}=-\frac{m+1}{z}+\frac{p'(z)}{p(z)}.$$

由此即得

$$\lim_{z\to\infty} g(z) = 0. \tag{7}$$

现在令

$$G(z) = g(z) - \sum_{k=1}^{n} \frac{\alpha_k - 1}{z - a_k},$$

它是一个整函数，由(7)式即知 $G(z)\equiv 0$，即

$$g(z) = \sum_{k=1}^{n} \frac{\alpha_k - 1}{z - a_k}.$$

由于在上半平面中 $g(z)=\dfrac{f''(z)}{f'(z)}$，因而有

$$\frac{f''(z)}{f'(z)} = \sum_{k=1}^{n} \frac{\alpha_k - 1}{z - a_k},\ z \in D.$$

让上式两边沿上半平面内任一条从 z_0 到 z 的可求长曲线积分，可得

$$\begin{aligned}\log f'(z) &= \sum_{k=1}^{n} (\alpha_k - 1)\log(z - a_k) + C' \\ &= \log[C(z-a_1)^{\alpha_1-1}\cdots(z-a_n)^{\alpha_n-1}],\end{aligned}$$

即

$$f'(z) = C(z-a_1)^{\alpha_1-1}\cdots(z-a_n)^{\alpha_n-1},$$

由此即得

$$f(z) = C\int_{z_0}^{z} (z-a_1)^{\alpha_1-1}\cdots(z-a_n)^{\alpha_n-1}\mathrm{d}z + C_1.$$

这就是所要证明的. □

在 Schwarz-Christoffel 公式中，用以表达 f 的是 z 平面实轴上的点 $a_1,\cdots,a_n$. 但在具体问题中，通常给出的是多角形的顶点 $w_k(k=1,\cdots,n)$，而 a_k 却是未知的，如何确定 a_k 是解决问题的关键. 在实际解题时，我们往往在实轴上任取三点 $a_1<a_2<a_3$，使其与多角形的三个顶点 w_1,w_2,w_3 相对应，而其他的 $a_4,\cdots,a_n$ 及 C,C_1 则由具体问题中的条件来确定. 之所以能这样做，其依据是下面的定理：

定理 7.4.4 对于实轴上任意三点 $a_1<a_2<a_3$，一定存在唯一的 f，它在上半平面 D 中单叶且全纯，在 $\overline{D}$ 上连续，把 D 一一地映为多角形域 G，且把 a_1,a_2,a_3 分别映为 G 的三个顶点 w_1,w_2,w_3.

证 根据引理 7.4.1，存在 $w=\varphi(\zeta)$，它在 ζ 平面的上半平面 $\mathrm{Im}\zeta>0$ 中单叶且全纯，在 $\mathrm{Im}\zeta\geqslant 0$ 上连续，且把 $\mathrm{Im}\zeta>0$ 一一地映为 G，把 $\mathrm{Im}\zeta=0$ 一一地映为∂G. 设 $\varphi^{-1}(w_j)=\zeta_j,j=1,2,3$，且满足 $\zeta_1<\zeta_2<\zeta_3$. 作分式线性变换 $\zeta=T(z)$，把 a_1,a_2,a_3 分别变成 ζ_1,ζ_2 和 ζ_3，于是复合函数

$$w=\varphi(T(z))=f(z)$$

便满足定理的要求.

如果还有 $w=g(z)$ 也满足定理的要求，那么函数 $h(z)=g^{-1}(f(z))$便把上半平面映为上半平面，且把实轴映为实轴. 如果记$g(\infty)=w'$，则 w' 是多角形边界上某一点，而 $f^{-1}(w')=t$，t 是实轴上某一点，那么 $h(t)=\infty$. 现在 h 在$(-\infty,t)$和(t,∞)上取实数值，根据对称原理，它可以全纯开拓到下半平面，因而 $h\in\mathrm{Aut}(\boldsymbol{C}_\infty)$. 由定理 5.3.5，$h$ 是一个分式线性变换. 但 $h(z_j)=z_j$，$j=1,2,3$，即 h 有三个不动点，因而 $h(z)=z$，即 $f(z)=g(z)$. 这就证明了满足定理要求的函数是唯一的. □

如果 $a_1,\cdots,a_n$ 中有一个是∞，比如 $a_n=\infty$，这时 Schwarz-Christoffel 公式是一个什么样子呢？我们有下面的

定理 7.4.5 f 如定理 7.4.3 中所述，但与 w_n 对应的 $a_n=\infty$，这时 f 可表示为

$$f(z)=C\int_{z_0}^{z}(z-a_1)^{\alpha_1-1}\cdots(z-a_{n-1})^{\alpha_{n-1}-1}\mathrm{d}z+C_1.\qquad(8)$$

证 任取 $a<a_1$，作分式线性变换

$$\zeta=T(z)=\frac{1}{a-z}.$$

容易看出，它把 $\mathrm{Im}z>0$ 映为 $\mathrm{Im}\zeta>0$，把实轴上的

$$a_1 < a_2 < \cdots < a_{n-1},\ a_n = \infty$$

映为

$$b_1 < b_2 < \cdots < b_{n-1} < b_n = 0,$$

这里,$b_j = T(a_j)$,$j=1,\cdots,n$. 于是,函数

$$F(\zeta) = (f \circ T^{-1})(\zeta)$$

把上半平面 $\operatorname{Im}\zeta > 0$ 双全纯地映为多角形域 G,且把 $b_1,\cdots,b_n$ 分别映为 $w_1,\cdots,w_n$. 根据定理 7.4.3,F 可表示为

$$F(\zeta) = C'\int_{\zeta_0}^{\zeta} (\tau - b_1)^{\alpha_1 - 1}\cdots(\tau - b_{n-1})^{\alpha_{n-1}-1}\tau^{\alpha_n - 1}\mathrm{d}\tau + C_1.$$

作变量代换 $\tau = \dfrac{1}{a-\eta}$,因为 $b_k = \dfrac{1}{a-a_k}$,$k=1,\cdots,n-1$,所以

$$\tau - b_k = \frac{\eta - a_k}{(a-\eta)(a-a_k)},\quad k = 1,\cdots,n-1.$$

上式就变成

$$F(\zeta) = C\int_{T^{-1}(\zeta_0)}^{T^{-1}(\zeta)} (\eta - a_1)^{\alpha_1 - 1}\cdots(\eta - a_{n-1})^{\alpha_{n-1}-1}$$

$$\cdot \frac{1}{(a-\eta)^{\alpha_1+\cdots+\alpha_n-(n-2)}}\mathrm{d}\eta + C_1,$$

这里,$C = \dfrac{C'}{(a-a_1)^{\alpha_1-1}\cdots(a-a_{n-1})^{\alpha_{n-1}-1}}$. 由于 $\alpha_1+\cdots+\alpha_n = n-2$,所以

$$F(\zeta) = C\int_{T^{-1}(\zeta_0)}^{T^{-1}(\zeta)} (\eta - a_1)^{\alpha_1 - 1}\cdots(\eta - a_{n-1})^{\alpha_{n-1}-1}\mathrm{d}\eta + C_1.$$

由此即得

$$\begin{aligned} f(z) &= F(T(z)) \\ &= C\int_{z_0}^{z} (\eta - a_1)^{\alpha_1 - 1}\cdots(\eta - a_{n-1})^{\alpha_{n-1}-1}\mathrm{d}\eta + C_1. \end{aligned}$$

这就是要证明的. □

定理 7.4.5 说明,如果 $a_n = \infty$,那么在公式中把 $(z-a_n)^{\alpha_n - 1}$ 这个因子去掉就行了.

如果多角形有一个或几个顶点在无穷远处，变换的公式应是什么样子呢？

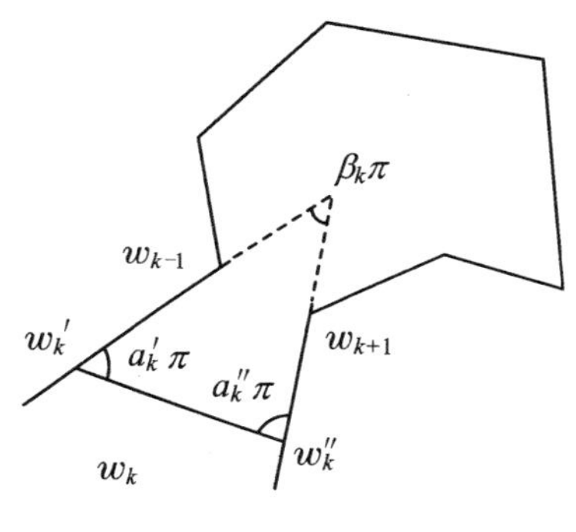

图 7.7

设 $w_k=\infty$. 如图 7.7 所示，在 $w_{k-1}w_k$ 和 w_kw_{k+1} 上分别取 w_k' 和 w_k''，连接 w_k' 和 w_k'' 后得一 $n+1$ 角形 G'. 于是，把上半平面映为 G' 的公式为

$$w=C\int_{z_0}^{z}(z-a_1)^{\alpha_1-1}\cdots(z-a_k')^{\alpha_k'-1}(z-a_k'')^{\alpha_k''-1}\cdots(z-a_n)^{\alpha_n-1}\mathrm{d}z$$
$$+C_1,$$

这里，a_k' 和 a_k'' 是 w_k' 和 w_k'' 在实轴上的原像. 现在让线段 $w_k'w_k''$ 平行移动到无穷远去，G' 就趋于 G，而 a_k' 和 a_k'' 就趋于 ∞ 点在实轴上的原像 a_k，上面公式中的被积函数

$$(z-a_k')^{\alpha_k'-1}(z-a_k'')^{\alpha_k''-1}\to(z-a_k)^{\alpha_k'+\alpha_k''-2}.$$

如果直线 $w_{k-1}w_k'$ 和 $w_k''w_{k+1}$ 在有限点处的交角为 $\beta_k\pi$，那么易知 $\alpha_k'+\alpha_k''+\beta_k=1$，所以 $\alpha_k'+\alpha_k''-2=-1-\beta_k$. 若记 $\alpha_k=-\beta_k$，则有

$$\alpha_k'+\alpha_k''-2=\alpha_k-1.$$

这样，上面的公式仍可写成

$$w=C\int_{z_0}^{z}(z-a_1)^{\alpha_1-1}\cdots(z-a_k)^{\alpha_k-1}\cdots(z-a_n)^{\alpha_n-1}\mathrm{d}z+C_1.$$

这里的 $\alpha_k\pi$ 是顶点在无穷远处的两条边在有限点处的交角乘以 -1. 综上所述，我们得到了

定理 7.4.6 设 G 是有一个或几个顶点在无穷远处的多角形，如果把在 ∞ 处那个顶点的顶角规定为过 ∞ 点的两条边在有限点处的夹角乘以 -1，那么 Schwarz-Christoffel 公式仍然成立.

下面通过例子来说明 Schwarz-Christoffel 公式的用法.

例 7.4.7 设 G 是以 w_1, w_2, w_3 为顶点，相应的顶角为 $\alpha_1\pi$，$\alpha_2\pi$，$\alpha_3\pi$ $(\alpha_1+\alpha_2+\alpha_3=1)$ 的三角形域，求出把上半平面映为 G 的保角变换.

解 设所求的变换为 $w=f(z)$. 在实轴上取三点 $a_1=0, a_2=1$，$a_3=\infty$，使得 $f(a_j)=w_j, j=1,2,3$. 由公式(8)，有

$$f(z)=C\int_0^z \zeta^{\alpha_1-1}(1-\zeta)^{\alpha_2-1}\mathrm{d}\zeta+C_1. \tag{9}$$

由 $f(0)=w_1$，得 $C_1=w_1$. 再由 $f(1)=w_2$，得

$$C=\frac{w_2-w_1}{\int_0^1 t^{\alpha_1-1}(1-t)^{\alpha_2-1}\mathrm{d}t}=\frac{w_2-w_1}{B(\alpha_1,\alpha_2)}.$$

这里，B 表示 Beta 函数. 由于 $\alpha_1+\alpha_2+\alpha_3=1$，所以

$$B(\alpha_1,\alpha_2)=\frac{\Gamma(\alpha_1)\Gamma(\alpha_2)}{\Gamma(\alpha_1+\alpha_2)}=\frac{\Gamma(\alpha_1)\Gamma(\alpha_2)}{\Gamma(1-\alpha_3)}.$$

由余元公式，有

$$\Gamma(\alpha_3)\Gamma(1-\alpha_3)=\frac{\pi}{\sin\alpha_3\pi},$$

所以

$$B(\alpha_1,\alpha_2)=\frac{1}{\pi}\Gamma(\alpha_1)\Gamma(\alpha_2)\Gamma(\alpha_3)\sin\alpha_3\pi.$$

于是

$$C=\frac{\pi(w_2-w_1)}{\Gamma(\alpha_1)\Gamma(\alpha_2)\Gamma(\alpha_3)\sin\alpha_3\pi}.$$

将 C 和 C_1 的值代入(9)式，即得所要求的变换. □

例 7.4.8 求一保角变换,把上半平面映为域 $G=\{w: -\frac{\pi}{2}<\mathrm{Re}w<\frac{\pi}{2}, \mathrm{Im}w>0\}$ (图 7.8).

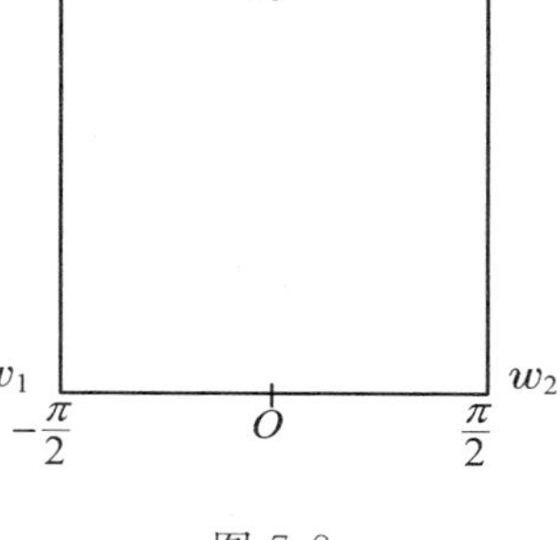

图 7.8

解 把 G 看成一个三角形,它的三个顶点为

$$w_1=-\frac{\pi}{2},\ w_2=\frac{\pi}{2},\ w_3=\infty,$$

对应的三个角分别为 $\frac{\pi}{2}$, $\frac{\pi}{2}$ 和 0. 在实轴上取三个点 $a_1=-1, a_2=1, a_3=\infty$,由公式(8)即知,把上半平面映为域 G 的变换为

$$\begin{aligned} f(z) &= C\int_0^z (z+1)^{-\frac{1}{2}}(z-1)^{-\frac{1}{2}}\mathrm{d}z + C_1 \\ &= C\int_0^z \frac{\mathrm{d}z}{\sqrt{z^2-1}} + C_1 \\ &= C'\arcsin z + C_1. \end{aligned}$$

由 $f(-1)=-\frac{\pi}{2}, f(1)=\frac{\pi}{2}$,得 $C_1=0, C'=1$. 故所求的变换为

$$w=\arcsin z. \qquad \square$$

例 7.4.9 求一保角变换,把带状域 $D=\{z: -\pi<\mathrm{Im}z<\pi\}$ 映为图 7.9(b)所示的域 G.

解 由对称性,我们只需考虑把 $0<\mathrm{Im}z<\pi$ 映为图 7.9(b)中上半部分域的变换. 因为 $\zeta=\mathrm{e}^z$ 可以把 $0<\mathrm{Im}z<\pi$ 映为上半平面,故只需研究把上半平面映为图 7.10(b)中的那个域 G'.

把域 G' 看成一个三角形,它的三个顶点为

$$w_1=\infty,\ w_2=\infty,\ w_3=h\mathrm{i},$$

相应的三个角分别为 $\alpha_1=0, \alpha_2=-\beta$ 和 $\alpha_3=\beta+1$. 让 $a_1=0, a_2=\infty, a_3=-1$,由定理 7.4.6,所求的变换为

$$w=f(z)=C\int_{-1}^z z^{-1}(z+1)^{\beta}\mathrm{d}z + C_1. \tag{10}$$

因为 $f(-1)=h\mathrm{i}$,所以 $C_1=h\mathrm{i}$.

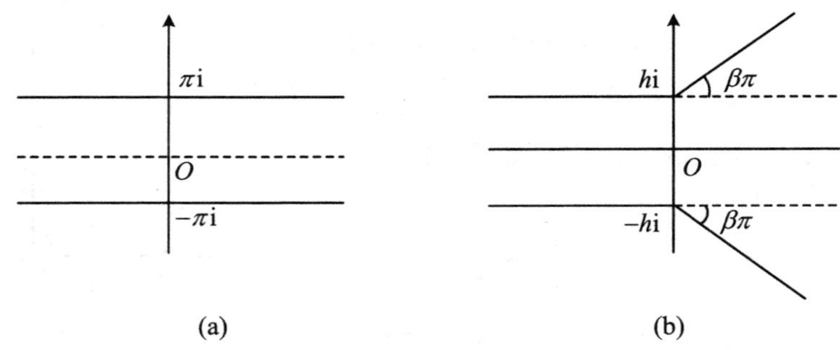

图 7.9

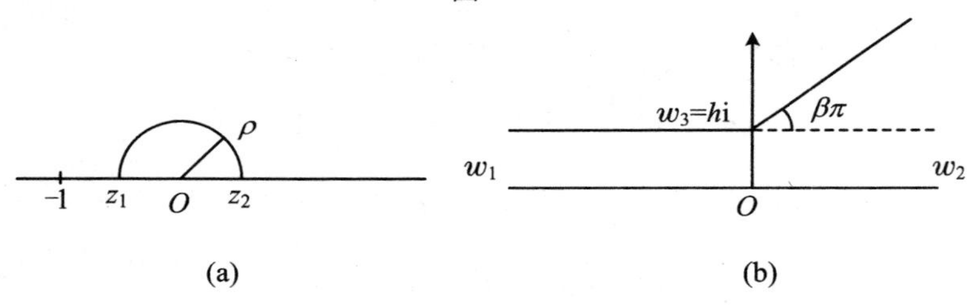

图 7.10

现设法确定常数 C. 以 $a_1=0$ 为中心、ρ 为半径作圆,与实轴交于 z_1 和 z_2 (图 7.10(a)). 因为 $z_1\in(-1,0)=(a_3,a_1)$, $z_2\in(0,\infty)=(a_1,a_2)$,所以 $f(z_1)\in w_3w_1$, $f(z_2)\in w_1w_2$,因而

$$\operatorname{Im}(f(z_2)-f(z_1))=-h. \tag{11}$$

另一方面,如果记 $\gamma_\rho=\{z:\ z=\rho e^{i\theta},0\leqslant\theta\leqslant\pi\}$,则当 $z\in\gamma_\rho$ 时,有

$$\begin{aligned}(1+z)^\beta&=(1+\rho e^{i\theta})^\beta\\&=1+\beta\rho e^{i\theta}+\cdots\\&=1+O(\rho).\end{aligned}$$

于是,从(10)式可得

$$\begin{aligned}f(z_2)-f(z_1)&=C\int_{z_1}^{z_2}\frac{(1+z)^\beta}{z}\mathrm{d}z\\&=-C\int_{\gamma_\rho}\frac{(1+z)^\beta}{z}\mathrm{d}z\end{aligned}$$

$$
\begin{aligned}
&= -C\int_0^{\pi} \frac{(1+\rho e^{i\theta})^{\beta}}{\rho e^{i\theta}} \rho i e^{i\theta} d\theta \\
&= -C\pi i + O(\rho),
\end{aligned}
$$

令 $\rho \to 0$,即得

$$
\operatorname{Im}(f(z_2) - f(z_1)) = -C\pi. \tag{12}
$$

比较(11)式和(12)式,即得

$$
C = \frac{h}{\pi}.
$$

至此,得到把上半平面 $\operatorname{Im}\zeta > 0$ 映为 G' 的变换为

$$
w = f(\zeta) = \frac{h}{\pi}\int_{-1}^{\zeta} \frac{(1+z)^{\beta}}{z} dz + ih. \tag{13}
$$

所以,$w = f(e^z)$ 是把 $0 < \operatorname{Im}z < \pi$ 映为 G' 的变换. 当 z 在实轴上时,e^z 在正实轴上,因而 $f(e^z)$ 取实数值,根据对称原理,$w = f(e^z)$ 把 $-\pi < \operatorname{Im}z < \pi$ 映为 G.

下面来看两个特例:

(1) 如果 $\beta = 1$,那么

$$
\begin{aligned}
f(\zeta) &= \frac{h}{\pi}\int_{-1}^{\zeta} \left(1 + \frac{1}{z}\right) dz + ih \\
&= \frac{h}{\pi}(\log\zeta + \zeta + 1),
\end{aligned}
$$

所以

$$
w = f(e^z) = \frac{h}{\pi}(e^z + z + 1),
$$

它把 $-\pi < \operatorname{Im}z < \pi$ 一一地映为全平面除去两条半直线(图 7.11):$\{z: z = x \pm hi, -\infty < x < 0\}$.

(2) 如果 $\beta = \frac{1}{2}$,那么

$$
\begin{aligned}
f(\zeta) &= \frac{h}{\pi}\int_{-1}^{\zeta} \frac{\sqrt{z+1}}{z} dz + ih \\
&= \frac{2h}{\pi}\left[\sqrt{\zeta+1} + \log(\sqrt{\zeta+1} - 1) - \frac{1}{2}\log\zeta\right],
\end{aligned}
$$

所以

$$w=f(\mathrm{e}^z)=\frac{2h}{\pi}\left[\sqrt{\mathrm{e}^z+1}+\log(\sqrt{\mathrm{e}^z+1}-1)-\frac{z}{2}\right],$$

它把$-\pi<\mathrm{Im}z<\pi$一一地映为图 7.12 所示的域. □

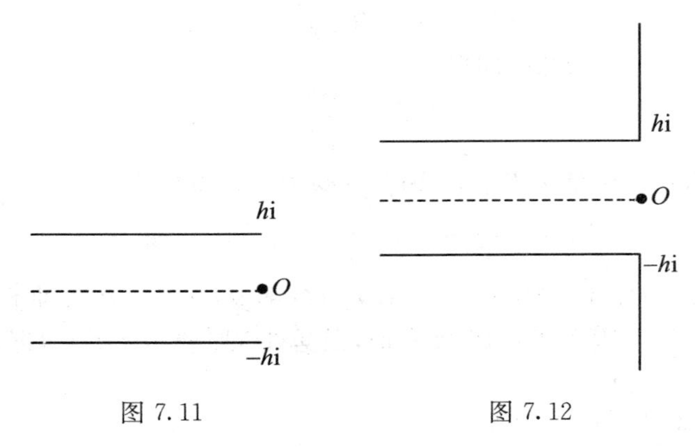

图 7.11　　　　图 7.12

习　题　7.4

1. 设$L_k=\{z=r\mathrm{e}^{\mathrm{i}\frac{2k\pi}{n}}:1\leqslant r<\infty\}$,$G=\mathbf{C}\setminus(\bigcup_{k=1}^{n}L_k)$. 求出将上半平面映为$G$的双全纯映射$\varphi$,使得$\varphi(\mathrm{i})=0$.

$$\left(\varphi(z)=\frac{z^2+1}{\left(\sum_{k=0}^{[\frac{n}{2}]}(-1)^k\binom{n}{2k}z^{n-2k}\right)^{\frac{2}{n}}}\right)$$

2. 证明:将$B(0,1)$映为n角形内部的双全纯映射φ具有形状

$$\varphi(z)=C_0\int_{z_0}^{z}\prod_{k=1}^{n}(\zeta-a_k)^{\alpha_k-1}\mathrm{d}\zeta+C_1,$$

其中,$a_1,a_2,\cdots,a_n\in\partial B(0,1)$是与该$n$角形顶点相对应的点;$\alpha_1\pi$,$\alpha_2\pi,\cdots,\alpha_n\pi$是该$n$角形的内角;$z_0\in B(0,1)$.

3. 设G是正n角形,O是它的中心,1是它的一个顶点. 求出将$B(0,1)$映为G的双全纯映射φ,使得$\varphi(0)=0$,$\varphi'(0)>0$.

$$\left(\varphi(z) = \frac{n}{B\left(\frac{1}{n}, 1-\frac{2}{n}\right)}\int_0^z (1-\zeta^n)^{-\frac{2}{n}}\,\mathrm{d}\zeta\right)$$

4. 证明：将上半平面映为 $\boldsymbol{C}_\infty$ 中的 n 角形外部的单叶亚纯函数 φ 具有形状

$$\varphi(z) = C_0\int_{z_0}^z \prod_{k=1}^n (\zeta - a_k)^{\alpha_k - 1}\,\frac{1}{(\zeta-a_0)(\zeta-\overline{a_0})}\mathrm{d}\zeta + C_1,$$

其中，$a_1, a_2, \cdots, a_n \in \boldsymbol{R}$ 是与该 n 角形顶点相对应的点；$\alpha_1\pi, \alpha_2\pi, \cdots, \alpha_n\pi$ 是该 n 角形的外角；$a_0 = \varphi^{-1}(\infty)$，$\mathrm{Im}z_0 > 0$.

5. 设 $G = \boldsymbol{C}_\infty \setminus ([0,1] \cup [0, \mathrm{e}^{\mathrm{i}\frac{2\pi}{3}}] \cup [0, \mathrm{e}^{-\mathrm{i}\frac{2\pi}{3}}])$，$\mathrm{Im}z_0 > 0$. 求出将上半平面映为 G 的单叶亚纯映射 φ，使得 $\varphi(z_0) = \infty$.

$$\left(\varphi(z) = \frac{[(z-x_0)^3 - 3y_0^2(z-x_0)]^{\frac{2}{3}}}{(z-x_0)^2 + y_0^2}\right)$$

6. 设 $L_1, L_2, \cdots, L_n$ 是以 O 为端点的 n 条线段，它们彼此仅在 O 处相交，$\mathrm{Im}a_0 > 0$. 证明：将上半平面映为 $G = \boldsymbol{C}_\infty \setminus (\bigcup_{k=1}^n L_k)$，并且将 a_0 映为 ∞ 的单叶亚纯函数 φ 具有形状

$$\varphi(z) = C\,\frac{\prod_{k=1}^n (z-a_k)^{\alpha_k}}{(z-a_0)(z-\overline{a_0})},$$

其中，$a_1, a_2, \cdots, a_n \in \boldsymbol{R}$；$\alpha_1, \alpha_2, \cdots, \alpha_n > 0$，并且 $\sum_{k=1}^n \alpha_k = 2$.

第 8 章　调和函数与次调和函数

8.1　平均值公式与极值原理

在第 2 章 2.2 节中，我们已经介绍过调和函数的概念. 设 u 是域 D 上的实值函数，如果 $u\in C^2(D)$，且对任意 $z\in D$，有

$$\Delta u(z)=\frac{\partial^2 u(z)}{\partial x^2}+\frac{\partial^2 u(z)}{\partial y^2}=0,$$

就称 u 是 D 中的调和函数.

我们知道，D 中全纯函数 $f=u+\mathrm{i}v$ 的实部 u 和虚部 v 都是 D 中的调和函数，而且构成一对共轭的调和函数. 反过来，单连通域 D 上的任意调和函数 u 一定是 D 上某个全纯函数的实部. 由于全纯函数有任意阶导数，因而 $u\in C^\infty(D)$.

由于调和函数与全纯函数有密切的关系，全纯函数的某些性质对调和函数也成立.

设 f 在圆盘 $B(a,R)$ 中全纯，根据 Cauchy 积分公式，对任意 $0<r<R$，有

$$\begin{aligned} f(a)&=\frac{1}{2\pi\mathrm{i}}\int_{|\zeta-a|=r}\frac{f(\zeta)}{\zeta-a}\mathrm{d}\zeta\\ &=\frac{1}{2\pi}\int_0^{2\pi}f(a+r\mathrm{e}^{\mathrm{i}\theta})\mathrm{d}\theta. \end{aligned}\tag{1}$$

这表明 f 在圆周 $|\zeta-a|=r$ 上的平均值就等于 f 在圆心的值. 因此，(1)式称为全纯函数的平均值公式. 全纯函数的这一性质对调和函数也成立.

定理 8.1.1　设 u 是圆盘 $B(a,R)$ 中的调和函数，那么对任意 $0<r<R$，有平均值公式

$$u(a)=\frac{1}{2\pi}\int_0^{2\pi}u(a+re^{i\theta})d\theta. \tag{2}$$

证 因为 u 是 $B(a,R)$ 中的调和函数，故必存在函数 $f\in H(B(a,R))$，使得 $u=\mathrm{Re}f$. 对于 f，(1)式成立，在(1)式的两端取实部即得(2)式. □

调和函数平均值公式的一个重要应用是由它可以推出调和函数的极值原理.

定理 8.1.2 设 u 是域 D 中非常数的调和函数，那么 u 在 D 中的最大值和最小值都不能在 D 的内点取到.

证 先证明 u 不能在 D 中取到最大值. 设 $M=\sup\limits_{z\in D}u(z)$. 如果 $M=\infty$，那么定理成立. 今设 M 是一有限数，如果存在 $a\in D$，使得 $u(a)=M$，则取 $r>0$，使得 $B(a,r)\subset D$，我们证明 u 在$B(a,r)$中恒等于 M. 若不然，必有 $0<\rho\leqslant r$ 及某个实数 θ_0，使得$u(a+\rho e^{i\theta_0})<M$. 由 u 的连续性，必存在 $\delta>0$，使得 $u(a+\rho e^{i\theta})<M$ 在 $\theta\in(\theta_0-\delta,\theta_0+\delta)$中成立. 于是，由平均值公式，有

$$\begin{aligned}
M=u(a)&=\frac{1}{2\pi}\int_0^{2\pi}u(a+\rho e^{i\theta})d\theta\\
&=\frac{1}{2\pi}\int_{\theta_0-\delta}^{\theta_0+\delta}u(a+\rho e^{i\theta})d\theta+\frac{1}{2\pi}\int\limits_{|\theta-\theta_0|>\delta}u(a+\rho e^{i\theta})d\theta\\
&<\frac{1}{2\pi}[2\delta M+(2\pi-2\delta)M]\\
&=M.
\end{aligned}$$

这个矛盾说明 u 在 $B(a,r)$中恒等于 M.

现在证明对任意 $b\in D$，$u(b)=M$. 用 D 中的曲线 γ 连接 a 和 b，记 $\eta=d(\gamma,\partial D)>0$. 在 γ 上依次取点 $a,z_1,\cdots,z_n=b$，使得 $z_1\in B(a,r)$，其他各点之间的距离都小于 η，作圆盘 $B(z_j,\eta)$，$j=1,\cdots,n$. 由于 $z_1\in B(a,r)$，所以 $u(z_1)=M$，由此即知 u 在 $B(z_1,\eta)$中恒等于 M，因而 $u(z_2)=M$. 继续往下推，即知 $u(b)=M$. 这就证明了 u 在 D 上恒等于常数，与假设矛盾.

因为 u 是调和函数，所以 $-u$ 也是调和函数，根据刚才的证明，$-u$ 不能在 D 的内点取到最大值，因而 u 不能在 D 的内点取到最小值. □

定义 8.1.3 设 u 是域 D 上的实值连续函数，如果对任意 $B(a,r)\subset D$，均有

$$u(a)=\frac{1}{2\pi}\int_0^{2\pi}u(a+re^{i\theta})d\theta$$

成立，就称 u 在 D 上具有平均值性质.

显然，D 上的调和函数具有平均值性质，下面我们将证明（定理 8.2.4），具有平均值性质的函数也一定是调和函数.

由于在定理 8.1.2 的证明中只用到了 u 的连续性和平均值性质，因而有如下的

命题 8.1.4 如果 u 在 D 上具有平均值性质，那么极值原理对 u 成立，即 u 不能在 D 的内点取到它的最大值或最小值.

设 u 是 $B(0,R)$ 中的调和函数，且在 $\overline{B(0,R)}$ 上连续，由平均值公式，得

$$u(0)=\frac{1}{2\pi}\int_0^{2\pi}u(Re^{i\theta})d\theta, \tag{3}$$

即 u 用它在圆周 $|z|=R$ 上的值表示出了它在圆心的值. 一个自然的问题是，u 能否用它在圆周上的值表示出圆内任意点的值？

任取 $a\in B(0,R)$，容易知道

$$w=\varphi_a(z)=R^2\frac{z-a}{R^2-\bar{a}z} \tag{4}$$

是圆盘 $B(0,R)$ 的一个自同构，且 $\varphi_a(a)=0$. 如果记 $u_1(w)=u(\varphi_a^{-1}(w))$，那么

$$u_1(0)=u(a), \tag{5}$$

而且 u_1 仍是 $B(0,R)$ 中的调和函数，在 $\overline{B(0,R)}$ 上连续，因而由(3)式可得

$$u_1(0)=\frac{1}{2\pi}\int_0^{2\pi}u_1(Re^{i\tau})d\tau. \tag{6}$$

由于(4)式把圆周上的点变为圆周上的点，即 $\psi_a(Re^{i\varphi})=Re^{i\tau}$，或者

$$e^{i\tau}=\frac{Re^{i\varphi}-a}{R-\bar{a}e^{i\varphi}}.$$

两边微分后取绝对值，即得

$$d\tau=\frac{R^2-|a|^2}{|Re^{i\varphi}-a|^2}d\varphi. \tag{7}$$

且易知

$$\begin{aligned}u_1(Re^{i\tau})&=u_1(\psi_a(Re^{i\varphi}))\\&=u(Re^{i\varphi}).\end{aligned} \tag{8}$$

现在把(5)式、(7)式和(8)式代入(6)式，即得

$$u(a)=\frac{1}{2\pi}\int_0^{2\pi}\frac{R^2-|a|^2}{|Re^{i\varphi}-a|^2}u(Re^{i\varphi})d\varphi. \tag{9}$$

这个公式称为 **Poisson 积分公式**，它用 u 在圆周 $|z|=R$ 上的值表示出了 u 在圆内任意点 a 的值. 这样，我们已经证明了

定理 8.1.5 设 u 是圆盘 $B(0,R)$ 中的调和函数，且在 $\overline{B(0,R)}$ 上连续，那么对任意 $r\in[0,R)$，有

$$u(re^{i\theta})=\frac{1}{2\pi}\int_0^{2\pi}\frac{R^2-r^2}{R^2-2rR\cos(\varphi-\theta)+r^2}u(Re^{i\varphi})d\varphi. \tag{10}$$

证 只要在(9)式中令 $a=re^{i\theta}$，即得公式(10). □

称

$$P(a,Re^{i\varphi})=\frac{1}{2\pi}\frac{R^2-|a|^2}{|Re^{i\varphi}-a|^2} \tag{11}$$

为圆盘 $B(0,R)$的 **Poisson 核**. 这样，(9)式可写成

$$u(a)=\int_0^{2\pi}P(a,Re^{i\varphi})u(Re^{i\varphi})d\varphi. \tag{12}$$

由(7)式知道，$B(0,R)$的 Poisson 核恰好是圆周的弧长元素在自同构变换下的 Jacobian. 这一简单事实启发人们把 Poisson 积分的理论推广到多个复变数的函数论中去.

Poisson 核具有一些重要性质，它们使得 Poisson 积分成为解决 Dirichlet 问题的有效工具.

命题 8.1.6 $B(0,R)$的 Poisson 核 $P(z,Re^{i\varphi})$具有下列性质：

(i) $P(z,Re^{i\varphi})>0, z\in B(0,R)$；

(ii) $\int_0^{2\pi} P(z,Re^{i\varphi})d\varphi = 1$，对任意 $z\in B(0,R)$ 成立；

(iii) $P(z,Re^{i\varphi})$是 $z\in B(0,R)$中的调和函数.

证 (i) 从 Poisson 核的定义(11)式即知.

(ii) 在(12)式中令 $u\equiv 1$ 即得.

(iii) 记 $\zeta=Re^{i\varphi}$，那么

$$\begin{aligned} P(z,\zeta) &= \frac{1}{2\pi}\frac{R^2-|z|^2}{|\zeta-z|^2} \\ &= \frac{1}{2\pi}\left(\frac{\zeta}{\zeta-z}+\frac{\bar{z}}{\bar{\zeta}-\bar{z}}\right). \end{aligned}$$

于是

$$\Delta P(z,\zeta) = 4\frac{\partial^2}{\partial z\partial\bar{z}}P(z,\zeta) = 0,$$

即 $P(z,\zeta)$是 z 的调和函数. □

习　题　8.1

1. 证明：若 u 是域 D 上的调和函数，则$\dfrac{\partial^{j+k}u}{\partial x^j\partial y^k}$也是 D 上的调和函数 $(j,k=0,1,2,\cdots)$.

2. 证明：若 u 是域 D 上的调和函数，则$\dfrac{\partial u}{\partial z}$是 D 上的全纯函数.

3. 设 $f(z)$是域 D 上非常数的全纯函数，并且在 D 上不取零值. 证明：

(i) $\log|f(z)|$在 D 上调和；

(ii) $|f(z)|^p$ 在 D 上不调和，$p>0$.

4. 证明：若域 D 上的调和函数列$\{u_n(z)\}$在 D 上内闭一致收敛于 $u(z)$，则 $u(z)$也是 D 上的调和函数，并且$\left\{\dfrac{\partial^{j+k}u_n(z)}{\partial x^j\partial y^k}\right\}$在 D

上内闭一致收敛于$\dfrac{\partial^{j+k}u(z)}{\partial x^j\partial y^k}$.

5. 证明:若u是域D上非常数的调和函数,则$u(D)$是开区间.

6. 利用上题的结论证明:若u是域D上非常数的调和函数,则u不能在D内部取得极大值和极小值,自然不能在D内部取得最大值和最小值.

7. 设$u(z)$在$B(0,1)$上调和,并且对任意$z_0\in\partial B(0,1)$,成立$\lim\limits_{r\to 1}u(rz_0)=0$,是否可以断言$u(z)\equiv 0$?

(**提示:** 举例说明答案是否定的.)

8. 设u是$B(0,1)$上的非负调和函数,$u(0)=1$,给出$u\left(\dfrac{1}{2}\right)$的最佳估计.

9. 设D是域,$E\subset D$是紧集,$a\in E$. 证明:若u是D上的非负调和函数,则必存在仅与a,E,D有关的常数$\varepsilon\in(0,1)$,使得

$$\varepsilon u(a)\leqslant u(z)\leqslant\frac{1}{\varepsilon}u(a).$$

10. (Harnack 定理)设$\{u_n\}$是域D上单调增加的调和函数列. 证明:若存在$z_0\in D$,使得$\{u_n(z_0)\}$有界,则$\{u_n\}$在D上内闭一致收敛.

11. 设D是由有限条光滑简单闭曲线围成的域,$\boldsymbol{n}$是∂D的单位法向量场,指向D的外部,u,v在$\overline{D}$上调和. 证明:

(i) $\displaystyle\int_{\partial D}\frac{\partial v(z)}{\partial\boldsymbol{n}}\,|\,\mathrm{d}z\,|=0$;

(ii) $\displaystyle\int_{\partial D}u(z)\,\frac{\partial v(z)}{\partial\boldsymbol{n}}\,|\,\mathrm{d}z\,|=\int_{\partial D}v(z)\,\frac{\partial u(z)}{\partial\boldsymbol{n}}\,|\,\mathrm{d}z\,|$;

(iii) $\displaystyle\iint_D\left[\left(\frac{\partial u(z)}{\partial x}\right)^2+\left(\frac{\partial u(z)}{\partial y}\right)^2\right]\mathrm{d}x\mathrm{d}y=\int_{\partial D}u(z)\,\frac{\partial u(z)}{\partial\boldsymbol{n}}\,|\,\mathrm{d}z\,|$.

12. 设$u_1,u_2,\cdots,u_n$是域D上的调和函数. 证明:若$|u_1(z)|+|u_2(z)|+\cdots+|u_n(z)|$能在$D$内部取得极大值,则$u_1,u_2,\cdots,$

u_n 全部都是常值函数.

13. (调和函数的 Hadamard 三圆定理)设 $0<r_1<r_2<\infty$, $D=\{z\in\mathbf{C}: r_1<|z|<r_2\}$, u 在 D 上调和,在 $\overline{D}$ 上连续, $A(r)=\max\limits_{|z|=r}u(z)$ $(r_1\leqslant r\leqslant r_2)$. 证明: $A(r)$ 在 $[r_1,r_2]$ 上是 $\log r$ 的凸函数,即

$$A(r)\leqslant\frac{\log r_2-\log r}{\log r_2-\log r_1}A(r_1)+\frac{\log r-\log r_1}{\log r_2-\log r_1}A(r_2).$$

14. 设 $\varphi\in C^2((0,1))$. 证明: $\varphi(|z|)$ 在 $B(0,1)\setminus\{0\}$ 上调和,当且仅当存在实数 a 和 b,使得 $\varphi(|z|)=a\log|z|+b$.

15. 设 D 是凸域, u 是 D 上的调和函数. 证明: 若当 $z\in D$ 时总有 $u(z)\geqslant 0$,则必存在 D 上的双全纯映射 f,使得 $\mathrm{Re}f'(z)=u(z)$.

16. 设 $\gamma_1,\gamma_2,\cdots,\gamma_n$ 是 n 条可求长曲线, u 是域 D 上的连续函数. 若 u 在开集 $D\setminus(\bigcup\limits_{k=1}^{n}\gamma_k)$ 上调和,问 u 是否在 D 上调和?

(**提示**: 举例说明答案是否定的.)

17. 设 $a_1,a_2,\cdots,a_n$ 是实数. 证明: 若 $p(\theta)=\sum\limits_{k=1}^{n}a_k\cos k\theta$ 在 $[0,\pi]$ 上单调减少,则

$$\sum_{k=1}^{n}a_k\sin k\theta\geqslant 0,\ \forall\,\theta\in[0,\pi].$$

(**提示**: 注意 $g(r,\theta)=\sum\limits_{k=1}^{n}ka_kr^k\sin k\theta$ 是单位圆盘中的调和函数.)

18. 设 D 是域, $a\in D$. 证明: 若 u 在 D 上连续,在 $D\setminus\{a\}$ 上调和,则 u 在 D 上调和.

19. (Jensen 公式)设 $f\in H(\overline{B(0,r)})$, $a_1,\cdots,a_m$ 是 f 在 $B(0,r)$ 中的零点,重零点按重数重复计算,但 $f(0)\neq 0$. 证明:

$$\log|f(0)|=-\sum_{k=1}^{m}\log\frac{r}{|a_k|}+\frac{1}{2\pi}\int_0^{2\pi}\log|f(re^{i\theta})|\,\mathrm{d}\theta.$$

（**提示**：考虑函数 $g(z)=f(z)\prod_{k=1}^{m}\frac{r^2-\overline{a_k}z}{r(z-a_k)}$.）

8.2 圆盘上的 Dirichlet 问题

许多数学物理问题往往归结为这样一个问题：求出域 D 上的调和函数，它在 $\overline{D}$ 上连续，且在 D 的边界 ∂D 上等于一个事先给定的连续函数. 这个问题称为 **Dirichlet 问题**. 但在实际应用中，要求事先给定的那个函数在边界上连续，条件过分苛刻. 比较接近实际的是要求它除了在有限个点处有第一类间断点外处处连续，我们把这样一类函数称为逐段连续函数. 这样，Dirichlet 问题的准确提法为：

在区域 D 的边界 ∂D 上，给定一个连续或逐段连续的函数 $u(\zeta)$，要求出 D 内的有界调和函数，使其在 u 的连续点 ζ 处等于 $u(\zeta)$.

这里要求调和函数有界，是为了保证解的唯一性.

根据 Riemann 映射定理，任何单连通域（除去整个复平面 $\boldsymbol{C}$）都可共形映射为单位圆盘，而调和函数经过共形映射后仍为调和函数，因此，只要讨论圆盘上的 Dirichlet 问题就行了.

设 u 是圆周 $|z|=R$ 上的逐段连续函数，称

$$P[u](z)=\int_0^{2\pi}P(z,Re^{i\theta})u(Re^{i\theta})\mathrm{d}\theta \tag{1}$$

为 u 在圆盘 $B(0,R)$ 中的 Poisson 积分.

定理 8.2.1 设 u 是圆周 $|z|=R$ 上的逐段连续函数，那么 $P[u](z)$ 是圆盘 $B(0,R)$ 中的有界调和函数，且在 u 的连续点 $Re^{i\varphi_0}$ 处有

$$\lim_{z\to Re^{i\varphi_0}}P[u](z)=u(Re^{i\varphi_0}). \tag{2}$$

证 由命题 8.1.6 的(iii)即知 $P[u](z)$ 是 $B(0,R)$ 中的调和函数. 因为 u 有界，设 $|u(Re^{i\varphi})|\leqslant M, 0\leqslant\varphi\leqslant 2\pi$. 由命题 8.1.6 的

(i)和(ii)即得

$$|P[u](z)| \leqslant \int_0^{2\pi} P(z, Re^{i\varphi}) |u(Re^{i\varphi})| d\varphi \leqslant M.$$

这就证明了 $P[u](z)$是 $B(0,R)$中的有界调和函数.

下面证明等式(2). 因为 u 在 $Re^{i\varphi_0}$ 处连续,故对任意 $\varepsilon>0$,存在 $\delta>0$,当$|\varphi-\varphi_0|\leqslant\delta$时,有

$$|u(Re^{i\varphi}) - u(Re^{i\varphi_0})| < \varepsilon. \tag{3}$$

由命题 8. 1. 6 的(ii),可得

$$u(Re^{i\varphi_0}) = \int_0^{2\pi} P(z, Re^{i\varphi}) u(Re^{i\varphi_0}) d\varphi,$$

因而

$$\begin{aligned}
&|P[u](z) - u(Re^{i\varphi_0})| \\
&\leqslant \int_0^{2\pi} P(z, Re^{i\varphi}) |u(Re^{i\varphi}) - u(Re^{i\varphi_0})| d\varphi \\
&= \int_{|\varphi-\varphi_0|\leqslant\delta} P(z, Re^{i\varphi}) |u(Re^{i\varphi}) - u(Re^{i\varphi_0})| d\varphi \\
&\quad + \int_{|\varphi-\varphi_0|>\delta} P(z, Re^{i\varphi}) |u(Re^{i\varphi}) - u(Re^{i\varphi_0})| d\varphi \\
&= I_1 + I_2.
\end{aligned}$$

由(3)式立刻可得

$$\begin{aligned}
I_1 &= \int_{|\varphi-\varphi_0|\leqslant\delta} P(z, Re^{i\varphi}) |u(Re^{i\varphi}) - u(Re^{i\varphi_0})| d\varphi \\
&< \varepsilon \int_0^{2\pi} P(z, Re^{i\varphi}) d\varphi \\
&= \varepsilon.
\end{aligned} \tag{4}$$

若令 $z=re^{i\theta}$,则

$$P(z, Re^{i\varphi}) = \frac{1}{2\pi} \frac{R^2 - r^2}{R^2 - 2rR\cos(\theta-\varphi) + r^2}.$$

当 $z=re^{i\theta}\to Re^{i\varphi_0}$ 时,由于 $r\to R$, $\theta\to\varphi_0$,因而 $R^2-r^2\to 0$, R^2

$-2rR\cos(\theta-\varphi)+r^2\to 2R^2(1-\cos(\varphi_0-\varphi))$. 而当$|\varphi-\varphi_0|>\delta$时，$2R^2(1-\cos(\varphi_0-\varphi))>2R^2(1-\cos\delta)$. 故对于任意的$\varepsilon>0$及固定的$\delta>0$，必存在$\eta>0$，使得当$|z-Re^{i\varphi_0}|<\eta$且$|\varphi-\varphi_0|>\delta$时，有

$$R^2-2rR\cos(\theta-\varphi)+r^2>2R^2(1-\cos\delta),$$

$$R^2-r^2<\frac{R^2}{M}(1-\cos\delta)\varepsilon.$$

于是

$$\begin{aligned}I_2&=\frac{1}{2\pi}\int_{|\varphi-\varphi_0|>\delta}\frac{R^2-r^2}{R^2-2rR\cos(\theta-\varphi)+r^2}\\&\quad\cdot|u(Re^{i\varphi})-u(Re^{i\varphi_0})|\,d\varphi\\&<\frac{1}{2\pi}\cdot 2M\cdot\frac{R^2}{M}\cdot\frac{(1-\cos\delta)\varepsilon}{2R^2(1-\cos\delta)}\cdot 2\pi\\&=\varepsilon.\end{aligned}\tag{5}$$

由(4)式和(5)式即知(2)式成立. □

定理 8.2.1 说明u的 Poisson 积分$P[u](z)$就是u在圆盘$B(0,R)$中 Dirichlet 问题的解. 问题是除了这个解以外还有没有别的解？如果u是$|z|=R$上的连续函数，那么由调和函数的极值原理，立刻可以断言，这个解是唯一的. 对于有间断点的u，要证明解的唯一性，还需要下面的

命题 8.2.2 设u是圆周$|z|=R$上的逐段连续函数，E是u的全体连续点的集合. 如果

$$M=\sup_{\zeta\in E}u(\zeta),\quad m=\inf_{\zeta\in E}u(\zeta),$$

那么u在$B(0,R)$中 Dirichlet 问题的有界解h满足

$$m\leqslant h(z)\leqslant M,\ z\in B(0,R).$$

证 设u在$|z|=R$上的第一类间断点为$\zeta_1,\cdots,\zeta_n$. 令

$$v(z)=M+\varepsilon\sum_{k=1}^{n}\log\frac{2R}{|z-\zeta_k|},$$

这里，ε是任意一个正数. 容易知道v是$B(0,R)$中的调和函数，且对任意$z\in B(0,R)$，有$v(z)>M$. 取充分小的$r>0$，令$D_k=$

$B(\zeta_k,r)\cap B(0,R)$，记

$$G_r = B(0,R)\setminus \bigcup_{k=1}^{n} D_k.$$

显然，$v(z)-h(z)$是 G_r 中的调和函数，而且在$\overline{G_r}$上连续. 当 $\zeta\in\partial G_r\cap\partial B(0,R)$时，有

$$v(\zeta)-h(\zeta)\geqslant M-h(\zeta)=M-u(\zeta)\geqslant 0.$$

当 $\zeta\in\partial G_r\cap B(0,R)$时，令 $r\to 0$，则 $\zeta\to\zeta_k$，$v(\zeta)\to\infty$，而 h 是一个有界函数，因而也有 $v(\zeta)-h(\zeta)>0$. 总之，当 $\zeta\in\partial G_r$ 时，$v(\zeta)-h(\zeta)\geqslant 0$. 于是，由调和函数的极值原理，当 $z\in G_r$ 时，有 $v(z)-h(z)\geqslant 0$. 因为 r 可以任意小，所以这个不等式对任意 $z\in B(0,R)$成立. 固定 z，让 $\varepsilon\to 0$，即得 $h(z)\leqslant M$. 因为$-h$ 也是调和函数，类似地可以证得$-h(z)\leqslant -m$. 因而 $m\leqslant h(z)\leqslant M$. □

现在可以证明

定理 8.2.3 设 u 是圆周$|z|=R$ 上的逐段连续函数，那么 u 的 Poisson 积分 $P[u](z)$是 Dirichlet 问题的唯一解.

证 $P[u](z)$是 Dirichlet 问题的解已由定理 8.2.1 证明. 如果另外还有一个解 h，那么 $P[u](z)-h(z)$是 $B(0,R)$中的有界调和函数，且在 u 的连续点处取零值. 由命题 8.2.2，在 $B(0,R)$中有 $P[u](z)\equiv h(z)$. 这就证明了解的唯一性. □

作为圆盘上 Dirichlet 问题解的一个应用，我们来证明定理 8.1.1 的逆命题.

定理 8.2.4 域 D 上具有平均值性质的函数一定是调和函数.

证 设 u 是域 D 上具有平均值性质的函数，因而对任意 $B(z_0,r)\subset D$，平均值性质成立. 根据定理 8.2.3，存在 $B(z_0,r)$中的调和函数 v，它在$\overline{B(z_0,r)}$上连续，在圆周$|z-z_0|=r$ 上与 u 相等. 由于 u,v 在 $B(z_0,r)$中都有平均值性质，因而 $h=u-v$ 也有平均值性质. 由命题 8.1.4，极值原理对 h 成立. 由于 h 在圆周$|z-z_0|=r$ 上恒等于零，因而在 $B(z_0,r)$中 $u(z)\equiv v(z)$，故 u 是

$B(z_0,r)$中的调和函数. 由于$B(z_0,r)$是包含在D中的任意圆盘，故u是D中的调和函数. □

综合定理 8.1.1 和 8.2.4 可知,平均值性质是调和函数的特征性质.

习　题　8.2

1. 设D是异于$\mathbf{C}$的单连通域. 证明:对于任意$\zeta\in D$,若$f_\zeta(z)$是将D映为$B(0,1)$的双全纯映射,$f_\zeta(\zeta)=0$,$f_\zeta{}'(\zeta)>0$,则

(i) $\log|f_\zeta(z)|=\log|f_z(\zeta)|$, $\forall\,\zeta,z\in D$;

(ii) $\lim\limits_{z\to z_0}\log|f_\zeta(z)|=0$, $\forall\,z_0\in\partial D,\zeta\in D$;

(iii) 对于固定的$\zeta\in D$, $\log|f_\zeta(z)|-\log|z-\zeta|$作为$z$的函数在$D$上调和.

2. 设D是域,若g: $\overline{D}\times\overline{D}\to\mathbf{R}$满足

(i) $g(z,\zeta)=g(\zeta,z)$, $\forall(z,\zeta)\in\overline{D}\times\overline{D}$;

(ii) g在$(\overline{D}\times\partial D)\cup(\partial D\times\overline{D})$上恒为零;

(iii) 对于固定的$\zeta\in\overline{D}$,$g(z,\zeta)+\log|z-\zeta|$作为z的函数在D上调和,在$\overline{D}$上连续,

则称g是域D的 Green 函数. 证明:异于$\mathbf{C}$的单连通域必有 Green 函数,并且是唯一的.

3. 证明:若g是$B(0,R)$的 Green 函数,则

$$P(z,Re^{i\theta})=-\frac{1}{2\pi}\lim_{r\to1}\frac{\partial g(z,rRe^{i\theta})}{\partial r},\ \ z\in B(0,R).$$

由此也可得到$B(0,R)$的 Poisson 积分公式和 Dirichlet 问题的解.

4. 证明:$B(0,1)\setminus\{0\}$的 Dirichlet 问题不可解.

5. (Weierstrass 一致逼近定理)设f是$\partial B(0,R)$上的复连续函数. 证明:对于任意$n\in\mathbf{N}$,必存在z的n次多项式$P_n(z)$和$\overline{z}$的n次多项式$Q_n(\overline{z})$,使得$\{P_n(z)+Q_n(\overline{z})\}$在$\partial B(0,R)$上一致收敛于$f(z)$.

6. 设γ_1和γ_2为$\partial B(0,R)$上两段互余的开圆弧,试求$B(0,R)$中的调和函数u,使得当$\zeta\in\gamma_1$时,$u(\zeta)=0$;当$\zeta\in\gamma_2$时,$u(\zeta)=1$.

并由此证明存在 $f\in H(B(0,R))$，使得当 $\zeta\in\gamma_1$ 时，$|f(\zeta)|=1$；当 $\zeta\in\gamma_2$ 时，$|f(\zeta)|=\mathrm{e}$.

8.3 上半平面的 Dirichlet 问题

前面曾经提到过，一般域的 Dirichlet 问题可以通过共形映射化为圆盘上的 Dirichlet 问题. 这一节以上半平面为例，来说明这一转化过程.

设 $u(t)$ 是定义在实轴上的逐段连续函数，它在 $t_1,\cdots,t_n$ 处有第一类间断点. 因为 ∞ 在实轴上也看作普通的点，因此要求 $\pm\infty$ 是 u 的连续点或第一类间断点，即要假定 $\lim\limits_{t\to\infty}u(t)$ 和 $\lim\limits_{t\to-\infty}u(t)$ 都存在且有限. 我们要求一上半平面中的有界调和函数，其在实轴上 u 的连续点 t 处等于 $u(t)$.

在上半平面中任取一点 z_0，分式线性变换

$$w=\varphi(z)=\frac{z-z_0}{z-\overline{z_0}}$$

把上半平面一一地映为 $|w|<1$，把实轴一一地映为单位圆周 $|w|=1$. 通过这一映射，$u(t)$ 变成了 $|\zeta|=1$ 上的函数 $u_1(\zeta)=u(\varphi^{-1}(\zeta))$，它在 $|\zeta|=1$ 上除了有限个第一类间断点外处处连续. 根据定理 8.2.3，可以得到 $|w|<1$ 中唯一的有界调和函数 $u_1(w)$，使其在 $|\zeta|=1$ 上 u_1 的连续点 ζ 处取值 $u_1(\zeta)$. 于是

$$u(z)=u_1(\varphi(z))$$

便是要求的函数.

现在来求 $u(z)$ 的具体表达式. 因为 u_1 是 $|w|<1$ 中的调和函数，且在 $|\zeta|=1$ 上除去有限个点外取值 $u_1(\zeta)$，故有

$$u_1(0)=\frac{1}{2\pi}\int_0^{2\pi}u_1(\mathrm{e}^{\mathrm{i}\varphi})\mathrm{d}\varphi. \tag{1}$$

其中

$$u_1(0)=u(z_0),\quad u_1(\mathrm{e}^{\mathrm{i}\varphi})=u(t), \tag{2}$$

且

$$e^{i\varphi}=\frac{t-z_0}{t-\overline{z_0}}.$$

上式两边取对数后求微分,即得

$$d\varphi=\frac{2y_0\,dt}{(t-x_0)^2+y_0^2},\ z_0=x_0+iy_0. \tag{3}$$

把(2)式和(3)式代入(1)式,即得 $u(z)$ 的表达式为

$$u(z_0)=\frac{1}{\pi}\int_{-\infty}^{\infty}\frac{y_0}{(t-x_0)^2+y_0^2}u(t)\,dt,\ \operatorname{Im}z_0>0. \tag{4}$$

由于

$$\operatorname{Re}\frac{1}{i(t-z_0)}=\frac{y_0}{(t-x_0)^2+y_0^2},$$

故(4)式也可改写为

$$u(z_0)=\operatorname{Re}\frac{1}{\pi i}\int_{-\infty}^{\infty}\frac{u(t)}{t-z_0}dt,\ \operatorname{Im}z_0>0. \tag{5}$$

把上面的结果写成定理的形式,有

定理 8.3.1 设 u 是定义在实轴上的逐段连续函数,如果 $\lim\limits_{t\to\infty}u(t)$ 和 $\lim\limits_{t\to-\infty}u(t)$ 都存在且有限,那么以 $u(t)$ 为边值的上半平面的 Dirichlet 问题的解可以写成(4)式或(5)式.

作为公式(5)的一个应用,下面我们给出 Schwarz-Christoffel 公式(定理 7.4.3)的一个简单的证明.

设 $w=f(z)$ 是把上半平面 D 一一地映为多角形域 G,且在 $\overline{D}$ 上连续的双全纯函数. 如果 G 在其顶点 w_k $(k=1,\cdots,n)$ 处的顶角为 $\alpha_k\pi$ $(0<\alpha_k<2)$,实轴上与 w_k 对应的点为 $a_k(k=1,\cdots,n)$, $-\infty<a_1<\cdots<a_n<\infty$,我们要证明

$$f(z)=C\int_{z_0}^{z}(z-a_1)^{\alpha_1-1}\cdots(z-a_n)^{\alpha_n-1}dz+C_1, \tag{6}$$

其中, z_0,C,C_1 是三个常数.

因为 $f'(z)$ 在上半平面中处处不为零,所以 $\log f'(z)$ 在上半平面中能分出单值的全纯分支. 今取定一个分支,有

$$\log f'(z) = \log|f'(z)| + \mathrm{i}\arg f'(z).$$

记 $v(z)=\arg f'(z)$，它是上半平面中的调和函数，我们看它在实轴上满足什么条件. 当 $z\in(a_k,a_{k+1})$ $(k=1,\cdots,n-1)$时，$f(z)$在线段 w_kw_{k+1}上，根据导数辐角的几何意义，这时有

$$v(z) = \arg f'(z) = \arg(w_{k+1}-w_k),\ k=1,\cdots,n-1.$$

若记 $a_0=-\infty$，$a_{n+1}=\infty$，则当 $z\in(a_0,a_1)$或(a_n,a_{n+1})时，$f(z)$在线段 w_nw_1 上，所以此时

$$v(z) = \arg f'(z) = \arg(w_1-w_n).$$

如果记

$$\theta_k = \begin{cases}\arg(w_{k+1}-w_k), & k=1,\cdots,n-1;\\ \arg(w_1-w_n), & k=0,n,\end{cases} \tag{7}$$

那么 v 在实轴上应满足条件

$$v(t) = \theta_k,\ a_k<t<a_{k+1},\ k=0,1,\cdots,n.$$

根据上半平面 Dirichlet 问题解的公式(5)，有

$$\begin{aligned} v(z) &= \mathrm{Re}\,\frac{1}{\pi\mathrm{i}}\int_{-\infty}^{\infty}\frac{v(t)}{t-z}\mathrm{d}t \\ &= \sum_{k=0}^{n}\mathrm{Re}\,\frac{1}{\pi\mathrm{i}}\int_{a_k}^{a_{k+1}}\frac{\theta_k}{t-z}\mathrm{d}t \\ &= \sum_{k=0}^{n}\mathrm{Re}\,\frac{\theta_k}{\pi\mathrm{i}}\log\frac{z-a_{k+1}}{z-a_k} \\ &= \frac{1}{\pi}\sum_{k=0}^{n}\theta_k\arg\frac{z-a_{k+1}}{z-a_k}. \end{aligned}$$

容易知道，当 z 在上半平面时，有

$$\begin{aligned} &\arg(z-a_0)=0,\\ &\arg(z-a_{n+1})=\pi. \end{aligned} \tag{8}$$

记

$$S_k = \sum_{j=0}^{k}\arg\frac{z-a_{j+1}}{z-a_j} = \arg(z-a_{k+1}),$$

应用 Abel 变换和(8)式，有

$$v(z)=\frac{1}{\pi}\sum_{k=0}^{n-1}(\theta_k-\theta_{k+1})\arg(z-a_{k+1})+\theta_n$$

$$=\frac{1}{\pi}\sum_{k=1}^{n}(\theta_{k-1}-\theta_k)\arg(z-a_k)+\theta_n.$$

但从(7)式容易直接验证

$$\theta_{k-1}-\theta_k=(\alpha_k-1)\pi,\ k=1,\cdots,n,$$

因而有

$$\arg f'(z)=v(z)=\sum_{k=1}^{n}(\alpha_k-1)\arg(z-a_k)+\theta_n.$$

现在令

$$F(z)=\sum_{k=1}^{n}(\alpha_k-1)\log(z-a_k)+\mathrm{i}\theta_n,$$

它和 $\log f'(z)$有相同的虚部,所以

$$\log f'(z)=\log C'+\mathrm{i}\theta_n+\sum_{k=1}^{n}\log(z-a_k)^{\alpha_k-1},$$

由此即得

$$f(z)=C\int_{z_0}^{z}(z-a_1)^{\alpha_1-1}\cdots(z-a_n)^{\alpha_n-1}\mathrm{d}z+C_1.$$

这就是要证明的公式(6).

习 题 8.3

1. 求出上半平面 D 的 Green 函数 g,并证明:若

$$P(z,t)=\frac{1}{2\pi}\lim_{s\to 0}\frac{\partial g(z,t+s\mathrm{i})}{\partial s},\ z\in D,t\in\boldsymbol{R},$$

则

$$u(z)=\int_{-\infty}^{\infty}P(z,t)f(t)\mathrm{d}t$$

是上半平面以 $f(t)$为边界值的 Dirichlet 问题的解.

2. 设 D 是由简单闭曲线围成的单连通域. 证明:D 的 Dirichlet 问题可解,并且解是唯一的.

3. 求出解上半单位圆盘 Dirichlet 问题的具体公式.

8.4 次调和函数

上面我们已经看到，平均值性质是调和函数的特征性质（定理 8.1.1 和定理 8.2.4），这一节我们要讨论具有次平均值性质的函数.

定义 8.4.1 设 D 是 $\boldsymbol{C}$ 中的域，如果 D 上的实值函数 $u: D\to \boldsymbol{R}\cup\{-\infty\}$ $(u\not\equiv-\infty)$满足

(i) u 是上半连续的；

(ii) 对任意以 a 为中心、r 为半径的闭圆盘$\overline{B(a,r)}\subset D$，有不等式

$$u(a)\leqslant\frac{1}{2\pi}\int_0^{2\pi}u(a+re^{i\theta})d\theta,\tag{1}$$

就称 u 是 D 上的**次调和函数**.

所谓 u 在 D 中上半连续，是指对 D 中的每一点 a，有

$$\overline{\lim_{z\to a}}u(z)\leqslant u(a).$$

满足不等式(1)的函数称为具有**次平均值性质**.

由定义 8.4.1 马上知道，每个调和函数一定是次调和的. 因此，次调和函数是比调和函数更宽的一类函数，但它仍具有调和函数的一些优良性质，下面的极值特征便是其中之一.

定理 8.4.2 设 D 是 $\boldsymbol{C}$ 中的域，u 是 D 上的连续实值函数. u 是 D 上的次调和函数的充分必要条件是，对任意域 $G\subset\subset D$ 及任意在 $\overline{G}$ 上连续、在 G 内调和的函数 h，如果 $u(z)\leqslant h(z)$ 在 ∂G 上成立，那么在 G 内也有 $u(z)\leqslant h(z)$.

证 先证必要性. 如果 $u(z_0)>h(z_0)$ 对某个 $z_0\in G$ 成立，令 $u_1=u-h$，则 $u_1(z_0)>0$. 因为 u_1 在 $\overline{G}$ 上连续，故在 $\overline{G}$ 上达到它的最大值 M. 记

$$E = \{z \in \overline{G}:\ u_1(z) = M\}.$$

因为在 G 的边界上 $u_1 \leqslant 0$,所以 u_1 的最大值只能在 G 中取到,因此 E 是 G 中的紧子集. 今设 a 是 E 的一个边界点,于是有 $r>0$,使得 $\overline{B(a,r)} \subset G$. 但 $\overline{B(a,r)}$ 的边界上必有某段弧不在 E 中,因而

$$u_1(a) = M > \frac{1}{2\pi}\int_0^{2\pi} u_1(a + re^{i\theta})\,d\theta. \tag{2}$$

另一方面,u 和 h 分别在 G 中次调和与调和,因而有

$$u(a) \leqslant \frac{1}{2\pi}\int_0^{2\pi} u(a + re^{i\theta})\,d\theta,$$

$$h(a) = \frac{1}{2\pi}\int_0^{2\pi} h(a + re^{i\theta})\,d\theta,$$

由此即得

$$u_1(a) \leqslant \frac{1}{2\pi}\int_0^{2\pi} u_1(a + re^{i\theta})\,d\theta.$$

这和(2)式矛盾.

再证充分性. 任取 $\overline{B(a,r)} \subset D$,那么存在 $B(a,r)$ 中的调和函数 h,它在圆周上和 u 一致. 于是由假定,$u(z) \leqslant h(z)$ 在圆内成立. 这样

$$\begin{aligned} u(a) \leqslant h(a) &= \frac{1}{2\pi}\int_0^{2\pi} h(a + re^{i\theta})\,d\theta \\ &= \frac{1}{2\pi}\int_0^{2\pi} u(a + re^{i\theta})\,d\theta. \end{aligned}$$

这正好说明 u 是次调和函数. □

从定理 8.4.2 可以看出,次调和函数是凸函数概念在平面上的推广. 事实上,如果把 $\frac{d^2 u}{dx^2} = 0$ 看作一维的 Laplace 方程,那么这个方程的解 $u = ax + b$ 便是一维的调和函数. 而凸函数是在任一区间的两个端点处与一线性函数有相同的值,在区间内部,它不超过这个线性函数. 把区间换成平面上的区域,线性函数换成二维调和函数,那么凸函数就是这里定义的次调和函数.

作为这个定理的一个应用,我们有

定理 8.4.3 设 u 是单位圆盘 U 中的次调和函数,令

$$m(r)=\frac{1}{2\pi}\int_0^{2\pi}u(re^{i\theta})\mathrm{d}\theta,\ 0\leqslant r<1,$$

那么 $m(r)$ 是 r 的非降函数.

证 设 $0<r_1<r_2<1$. 存在圆盘 $B(0,r_2)$ 上的调和函数 h,它在圆周上和 u 一致. 由定理 8.4.2,在 $B(0,r_2)$ 中有 $u\leqslant h$,因而

$$\begin{aligned}m(r_1)&=\frac{1}{2\pi}\int_0^{2\pi}u(r_1e^{i\theta})\mathrm{d}\theta\\&\leqslant\frac{1}{2\pi}\int_0^{2\pi}h(r_1e^{i\theta})\mathrm{d}\theta\\&=h(0)\\&=\frac{1}{2\pi}\int_0^{2\pi}h(r_2e^{i\theta})\mathrm{d}\theta\\&=\frac{1}{2\pi}\int_0^{2\pi}u(r_2e^{i\theta})\mathrm{d}\theta\\&=m(r_2).\end{aligned}$$ □

下面给出两个具体的次调和函数. 为此,先证明

命题 8.4.4 设 u 是域 D 上的次调和函数,φ 是 $(-\infty,\infty)$ 上递增的凸函数,那么 $\varphi\circ u$ 也是 D 上的次调和函数.

证 因为 u 是次调和函数,故对任意 $\overline{B(a,r)}\subset D$,有

$$u(a)\leqslant\frac{1}{2\pi}\int_0^{2\pi}u(a+re^{i\theta})\mathrm{d}\theta.$$

又因为 φ 是递增的凸函数,所以

$$\begin{aligned}\varphi(u(a))&\leqslant\varphi\left(\frac{1}{2\pi}\int_0^{2\pi}u(a+re^{i\theta})\mathrm{d}\theta\right)\\&\leqslant\frac{1}{2\pi}\int_0^{2\pi}\varphi(u(a+re^{i\theta}))\mathrm{d}\theta.\end{aligned}$$

因而 $\varphi\circ u$ 也是次调和函数. □

命题 8.4.5 设 f 是域 D 上的全纯函数,$f\not\equiv0$,那么 $\log|f|$ 和 $|f|^p$ $(0<p<\infty)$ 都是 D 上的次调和函数.

证 容易知道,$\log|f|$ 是上半连续的. 任取圆盘 $\overline{B(a,r)}\subset D$,

我们要证明

$$\log|f(a)|\leqslant\frac{1}{2\pi}\int_0^{2\pi}\log|f(a+re^{i\theta})|\,d\theta. \tag{3}$$

如果 $f(a)=0$,那么 $\log|f(a)|=-\infty$,(3)式显然成立. 今设 $f(a)\neq0$,f 在 $\overline{B(a,r)}$ 中也没有其他零点,那么通过直接计算知道,$\log|f|$ 是 $B(a,r)$ 中的调和函数,因而它是次调和的. 现若 f 在 $B(a,r)$ 中有零点 $z_1,\cdots,z_m$,重零点按重数重复计算,根据 Jensen 公式,有

$$\begin{aligned}\log|f(a)|&=-\sum_{k=1}^{m}\log\frac{r}{|a-z_k|}+\frac{1}{2\pi}\int_0^{2\pi}\log|f(a+re^{i\theta})|\,d\theta\\&\leqslant\frac{1}{2\pi}\int_0^{2\pi}\log|f(a+re^{i\theta})|\,d\theta.\end{aligned}$$

这就是(3)式. 这就证明了 $\log|f|$ 的次调和性.

因为 $\varphi(t)=e^{pt}$ 是递增的凸函数,而

$$|f|^p=e^{p\log|f|}=\varphi(\log|f|),$$

故由命题 8.4.4,$|f|^p$ $(0<p<\infty)$是次调和的. □

利用定理 8.4.3 和命题 8.4.5,立刻可得

命题 8.4.6 设 $f\in H(U)$,那么对任意 $0<p<\infty$,积分平均

$$M_p(r,f)=\left(\frac{1}{2\pi}\int_0^{2\pi}|f(re^{i\theta})|^p\,d\theta\right)^{\frac{1}{p}}$$

是 r 的非降函数.

证明留给读者作练习.

对于二次连续可微的函数,次调和性有更简单的特征. 先证明下面的

命题 8.4.7 设 $u\in C^2(D)$是一实值函数,如果对任意 $z\in D$,$\Delta u(z)\geqslant0$,那么对任意域 $G\subset\subset D$,u 在 G 上的最大值必在∂G 上取到.

证 先设对每点 $z\in D$,有 $\Delta u(z)>0$. 如果 u 在G 上的最大值在 G 的内点 z_0 取到,记 $z_0=x_0+iy_0$,$g(t)=u(x_0,t)$,那么 g 在 t

$=y_0$ 处有极大值，因而$\dfrac{\partial^2 u(z_0)}{\partial y^2}=g''(y_0)\leqslant 0$. 同理，$\dfrac{\partial^2 u(z_0)}{\partial x^2}\leqslant 0$. 所以 $\Delta u(z_0)\leqslant 0$，这与假定 $\Delta u(z_0)>0$ 矛盾.

现设 $\Delta u(z)\geqslant 0$. 令

$$u_\varepsilon(z)=u(z)+\varepsilon\mid z\mid^2,\ \varepsilon>0,$$

于是，$\Delta u_\varepsilon(z)=\Delta u(z)+\varepsilon>0$. 因而 u_ε 在 $\overline{G}$ 上的最大值必在 ∂G 上取到，即 $u_\varepsilon(z)\leqslant\sup\limits_{\zeta\in\partial G}u_\varepsilon(\zeta)$. 让 $\varepsilon\to 0$，即得 $u(z)\leqslant\sup\limits_{\zeta\in\partial G}u(\zeta)$. 这就是要证明的. □

现在很容易证明下面的

定理 8.4.8 设 $u\in C^2(D)$ 是一实值函数，那么 u 是 D 上的次调和函数的充分必要条件是，对任意 $z\in D$，有 $\Delta u(z)\geqslant 0$.

证 充分性. 设 $\Delta u(z)\geqslant 0$ 在 D 内处处成立. 对于 $G\subset\subset D$ 上的调和函数 h，如果 $u\leqslant h$ 在 ∂G 上成立，我们要证明 $u\leqslant h$ 在 G 内也成立. 令 $u_1=u-h$，那么

$$\Delta u_1(z)=\Delta(u-h)(z)=\Delta u(z)\geqslant 0.$$

而在 ∂G 上 $u_1\leqslant 0$，于是由命题 8.4.7，在 G 内也有 $u_1\leqslant 0$，即 $u\leqslant h$ 在 G 内成立. 故由定理 8.4.2 知道，u 是 D 上的次调和函数.

必要性. 设 u 是 D 上的次调和函数. 如果存在 $a\in D$，使得 $\Delta u(a)<0$，那么有 a 的一个邻域 $B(a,\varepsilon)$，$\Delta u(z)<0$ 对于任意 $z\in B(a,\varepsilon)$ 成立，即 $-\Delta u(z)>0$ 在 $B(a,\varepsilon)$ 中成立. 由充分性证明的结果，$-u$ 是 $B(a,\varepsilon)$ 上的次调和函数，因而 u 的平均值公式在 $B(a,\varepsilon)$ 中的任意小圆盘上成立. 故由定理 8.2.4 知道，u 是 $B(a,\varepsilon)$ 中的调和函数，因而 $\Delta u(a)=0$，这与假定 $\Delta u(a)<0$ 矛盾. 所以，$\Delta u\geqslant 0$ 在 D 中处处成立. □

次调和函数概念在多复变数空间 $\boldsymbol{C}^n(n>1)$ 中的推广——多次调和函数，在多复变函数论中扮演着重要的角色.

习 题 8.4

1. 证明：若 u 在域 D 上次调和，则对于任意 $z_0\in D$，成立

$$\overline{\lim_{z\to z_0}} u(z) = u(z_0).$$

2. 证明：域 D 上非常数的次调和函数不能在 D 内部取得最大值.举例说明，域 D 上非常数的次调和函数能在 D 内部取得极大值.

3. 证明：若 u 是域 D 上非常数的连续次调和函数，则 $u(D)$ 是右开的区间.

4. 证明：若 u 是 $B(0,R)$ 上的连续次调和函数，则

$$m(r) = \frac{1}{\pi r^2} \iint_{B(0,r)} u(z)\,\mathrm{d}x\mathrm{d}y$$

是 $(0,R)$ 上的增加函数.

5. 举例说明，存在域 D 上的上半连续函数 u，其不能在 D 内部取得最大值，但它不是 D 上的次调和函数.这表明，最大值原理不是次调和函数的特征性质.

6. 证明：域 D 上有限个次调和函数的和仍然是 D 上的次调和函数.

7. 证明：若 $\{u_n\}$ 是域 D 上单调减少的次调和函数列，并且 $\lim\limits_{n\to\infty} u_n = u \not\equiv -\infty$，则 u 也是 D 上的次调和函数.

8. 设 $\{u_n\}$ 是域 D 上的次调和函数列.证明：若 $\sup\limits_{n\geqslant 1} u_n = u \not\equiv \infty$，并且 u 是 D 上的上半连续函数，则 u 也是 D 上的次调和函数.

9. 证明：若 u 在域 D 上调和，则对于任意 $p\geqslant 1$，$|u|^p$ 在 D 上次调和.

10. (次调和函数的 Hadamard 三圆定理)设 $0<r_1<r_2<\infty$，$D=\{z\in \boldsymbol{C}: r_1<|z|<r_2\}$，$u(z)$ 在 D 上次调和，在 $\overline{D}$ 上连续，$A(r) = \max\limits_{|z|=r} u(z)$ $(r_1\leqslant r\leqslant r_2)$.证明：$A(r)$ 在 $[r_1, r_2]$ 上是 $\log r$ 的凸函数，即

$$A(r) \leqslant \frac{\log r_2 - \log r}{\log r_2 - \log r_1} A(r_1) + \frac{\log r - \log r_1}{\log r_2 - \log r_1} A(r_2).$$

11. 设 D, G 是域，u 是 G 上的次调和函数.证明：若 $\varphi: D\to G$

全纯，则 $u\circ\varphi$ 是 D 上的次调和函数.

12. 设 D 是凸域，$f\in H(D)$. 证明：若 $\mathrm{Re}\,\bar{z}f(z)$ 是 D 上的次调和函数，则或者 f 是常值函数，或者 f 是 D 上的双全纯映射.

13. 设 $\gamma_1,\gamma_2,\cdots,\gamma_n$ 是 n 条可求长曲线，u 是域 D 上的连续函数. 若 u 在开集 $D\setminus(\bigcup\limits_{k=1}^{n}\gamma_k)$ 上次调和，问 u 是否在 D 上次调和？

(**提示**：举例说明答案是否定的.)

14. 设 v 是有界域 D 上的次调和函数，u 是 D 上的调和函数. 证明：若存在 $z_1,z_2,\cdots,z_n\in\partial D$，使得

$$\overline{\lim_{z\to z_0}}[v(z)-u(z)]\leqslant 0,\ \forall\, z_0\in\partial D\setminus\{z_1,z_2,\cdots,z_n\};$$

$$\overline{\lim_{z\to z_k}}[v(z)-u(z)]<\infty,\ k=1,2,\cdots,n,$$

则

$$v(z)\leqslant u(z),\ \forall\, z\in D.$$

15. (两常数定理)设 γ,Γ 是 $\partial B(0,1)$ 上两段不相交的开圆弧，其长度分别为 $2\alpha\pi$ 和 $2(1-\alpha)\pi$，f 是 $B(0,1)$ 上的有界全纯函数. 证明：若存在 $m,M>0$，使得

$$\overline{\lim_{z\to z_0}}\,|\,f(z)\,|\leqslant m,\ \forall\, z_0\in\gamma;$$

$$\overline{\lim_{z\to z_0}}\,|\,f(z)\,|\leqslant M,\ \forall\, z_0\in\Gamma,$$

则

$$|\,f(0)\,|\leqslant m^{\alpha}M^{1-\alpha}.$$

由此可得到 $|f(z)|$ 的什么样的估计？

(**提示**：参考习题 8.2 的第 6 题.)

第 9 章　多复变数全纯函数与全纯映射

前面八章讨论的是一个复变数全纯函数的性质及其应用，从全纯函数的积分表示和级数表示到几何理论，它构成一个完美的体系. 我们自然要问，如果复变数增加到两个或 n ($n>1$)个，这时候全纯函数是否还具有前面所说的那些性质呢? 1906 年，Hartogs发现在 n 个复变数的空间中，存在这样一种域，这种域上的每一个全纯函数都可全纯开拓到比它更大的域上去，这种现象在复平面的域中是不会发生的. 后人把这种现象称为 Hartogs 现象. 从Hartogs现象马上可以推出，多个复变数的全纯函数的零点一定不是孤立的，这是又一个与单复变数全纯函数根本不同的性质！当然，只有在不发生 Hartogs 现象的域上研究函数论才是有意义的. 我们把不发生 Hartogs 现象的域称为全纯域. 因此，寻找刻画全纯域的特征就是一个十分重要的问题. 围绕这个问题以及其他有关的问题，在多复变的研究中引进了一系列新概念和新方法，使多复变逐渐成为一门新的独立的学科. 时至今日，多复变已经成为当代数学研究的主流方向之一.

本章将对多复变函数的若干性质作一个十分简单的介绍，目的是使读者看到多复变函数论和单复变函数论的一些本质区别，从而产生对多复变函数论的兴趣.

9.1　多复变数全纯函数的定义

我们用 $\boldsymbol{C}^n$ 记 n 个坐标都是复数的 n 维向量的全体，即

$$\boldsymbol{C}^n = \{z = (z_1, \cdots, z_n) :\ z_j \in \boldsymbol{C}, j = 1, \cdots, n\}.$$

设 $z=(z_1,\cdots,z_n)$，$w=(w_1,\cdots,w_n)$是 $\boldsymbol{C}^n$ 中的两个点，$\lambda\in\boldsymbol{C}$，定义它们的加法和数乘如下：

$$z+w=(z_1+w_1,\cdots,z_n+w_n),$$
$$\lambda z=(\lambda z_1,\cdots,\lambda z_n).$$

在这样的定义下，$\boldsymbol{C}^n$ 是复数域上的线性空间. $\boldsymbol{C}^n$ 中向量 z 的长度定义为

$$|z|=(|z_1|^2+\cdots+|z_n|^2)^{\frac{1}{2}}.$$

正像 $\boldsymbol{C}$ 可以看成 $\boldsymbol{R}^2$ 一样，$\boldsymbol{C}^n$ 也可以看成 $\boldsymbol{R}^{2n}$.

$\boldsymbol{C}^n$ 中的连通开集 Ω 称为域. 当 Ω 有界时，就称 Ω 为有界域. 下面两类简单的有界域值得我们特别注意：

设 $a=(a_1,\cdots,a_n)\in\boldsymbol{C}^n$，$r=(r_1,\cdots,r_n)$，$r_j>0$，$j=1,\cdots,n$. 称

$$P(a,r)=\{(z_1,\cdots,z_n):|z_j-a_j|<r_j,\ j=1,\cdots,n\}$$

为以 a 为中心、r 为半径的**多圆柱**. 特别地，当 $a=0$，$r_j=1$，$j=1,\cdots,n$ 时，称之为**单位多圆柱**，记为 U^n，即

$$U^n=\{(z_1,\cdots,z_n):|z_j|<1,\ j=1,\cdots,n\}.$$

显然，当 $n=1$ 时，它就是单位圆盘.

以 $a=(a_1,\cdots,a_n)$为中心、$\rho>0$ 为半径的**球**是指

$$B(a,\rho)=\{(z_1,\cdots,z_n):\sum_{j=1}^{n}|z_j-a_j|^2<\rho^2\}.$$

特别地，当 $a=0$，$\rho=1$ 时，称之为**单位球**，记为 B_n，即

$$B_n=\{(z_1,\cdots,z_n):\sum_{j=1}^{n}|z_j|^2<1\}.$$

当 $n=1$ 时，它也是单位圆盘.

U^n 和 B_n 都是单位圆盘在 $\boldsymbol{C}^n$ 中的推广，但它们不是全纯等价的，即不存在双全纯映射把 B_n 映为 U^n，这是著名的 Poincaré 定理. 它说明单复变中的 Riemann 映射定理在多复变中是不成立的.

为了引进全纯函数的概念，我们要讨论多重幂级数的性质. 先从多重级数讲起.

给定依赖两个指标的数列$\{a_{jk}\}$，称 $\sum_{j,k=1}^{\infty} a_{jk}$ 为**二重级数**，数 $S_{m,n}=\sum_{j=1}^{m}\sum_{k=1}^{n}a_{jk}$ 称为它的部分和. 如果$\lim_{\substack{m\to\infty\\ n\to\infty}} S_{m,n}=S$存在，就说上述二重级数是收敛的，$S$是它的和.

用同样的方法可以定义一般多重级数收敛的概念.

级数

$$\sum_{\alpha_1,\cdots,\alpha_n=0}^{\infty} c_{\alpha_1\cdots\alpha_n}(z_1-a_1)^{\alpha_1}\cdots(z_n-a_n)^{\alpha_n}$$

称为 ***n* 重幂级数**，它在点 $b=(b_1,\cdots,b_n)$处收敛是指 n 重级数

$$\sum_{\alpha_1,\cdots,\alpha_n=0}^{\infty} c_{\alpha_1\cdots\alpha_n}(b_1-a_1)^{\alpha_1}\cdots(b_n-a_n)^{\alpha_n}$$

收敛.

关于多重幂级数，也有类似于单变数中的 Abel 定理. 为简单起见，我们讨论 $a=0$ 的情形.

命题 9.1.1 如果 n 重幂级数

$$\sum_{\alpha_1,\cdots,\alpha_n=0}^{\infty} c_{\alpha_1\cdots\alpha_n}z_1^{\alpha_1}\cdots z_n^{\alpha_n} \tag{1}$$

在点 $b=(b_1,\cdots,b_n)$处收敛，这里，$b_j\neq 0$，$j=1,\cdots,n$. 那么它在闭多圆柱

$$\overline{P(0,r)}=\{(z_1,\cdots,z_n):\ |z_j|\leqslant r_j,\ j=1,\cdots,n\}$$

中绝对且一致收敛，这里，$r_j<|b_j|$，$j=1,\cdots,n$.

证 因为幂级数 $\sum_{\alpha_1,\cdots,\alpha_n=0}^{\infty} c_{\alpha_1\cdots\alpha_n}b_1^{\alpha_1}\cdots b_n^{\alpha_n}$ 收敛，所以存在常数 M，使得对任意 $\alpha_1,\cdots,\alpha_n\geqslant 0$，有

$$|c_{\alpha_1\cdots\alpha_n}|\leqslant\frac{M}{|b_1|^{\alpha_1}\cdots|b_n|^{\alpha_n}}.$$

故当$|z_j|\leqslant r_j<|b_j|$ $(j=1,\cdots,n)$时，有

$$|c_{\alpha_1\cdots\alpha_n}z_1^{\alpha_1}\cdots z_n^{\alpha_n}|\leqslant M\left|\frac{z_1}{b_1}\right|^{\alpha_1}\cdots\left|\frac{z_n}{b_n}\right|^{\alpha_n}$$

$$\leqslant M\left(\frac{r_1}{|b_1|}\right)^{\alpha_1}\cdots\left(\frac{r_n}{|b_n|}\right)^{\alpha_n},$$

于是

$$\sum_{\alpha_1,\cdots,\alpha_n=0}^{\infty} |c_{\alpha_1\cdots\alpha_n} z_1{}^{\alpha_1}\cdots z_n{}^{\alpha_n}|$$

$$\leqslant M\sum_{\alpha_1=0}^{\infty}\left(\frac{r_1}{|b_1|}\right)^{\alpha_1}\cdots\sum_{\alpha_n=0}^{\infty}\left(\frac{r_n}{|b_n|}\right)^{\alpha_n}$$

$$= M\left(1-\frac{r_1}{|b_1|}\right)^{-1}\cdots\left(1-\frac{r_n}{|b_n|}\right)^{-1}. \qquad \square$$

为简化记号,我们采用下面的习惯记法:对于有序数组 $\alpha=(\alpha_1,\cdots,\alpha_n)$,其中,每个 α_j 都是非负整数,记

$$|\alpha| = \alpha_1+\cdots+\alpha_n,$$

$$\alpha! = \alpha_1!\cdots\alpha_n!,$$

$$z^\alpha = z_1{}^{\alpha_1}\cdots z_n{}^{\alpha_n},$$

其中,$z=(z_1,\cdots,z_n)$. 这样,幂级数(1)就可简记为 $\sum\limits_{\alpha} c_\alpha z^\alpha$ 或者 $\sum\limits_{\alpha\geqslant 0} c_\alpha z^\alpha$.

现在可以给出多复变数全纯函数的概念了.

定义 9.1.2 设 Ω 是 $\boldsymbol{C}^n$ 中的域,$f:\Omega\to\boldsymbol{C}$ 是定义在 Ω 上的一个复值函数. 如果对每一点 $a\in\Omega$,存在多圆柱 $P(a,\rho)\subset\Omega$ 和幂级数 $\sum\limits_{\alpha} c_\alpha(z-a)^\alpha$,使得

$$f(z) = \sum_{\alpha} c_\alpha(z-a)^\alpha \tag{2}$$

在 $P(a,\rho)$ 中成立,则称 f 为 Ω 中的全纯函数.

与单复变中一样,我们用 $H(\Omega)$ 记 Ω 上全纯函数的全体.

设 f 在点 $\alpha\in\Omega$ 附近全纯,那么 f 在 a 点附近可以用幂级数(2)表示. 如果把幂级数(2)写成

$$f(z) = \sum_{\alpha_1=0}^{\infty}\left\{\sum_{\alpha_2=0}^{\infty}\cdots\sum_{\alpha_n=0}^{\infty} c_{\alpha_1\cdots\alpha_n}(z_2-a_2)^{\alpha_2}\cdots(z_n-a_n)^{\alpha_n}\right\}(z_1-a_1)^{\alpha_1},$$

那么当 $z_2,\cdots,z_n$ 固定时,上式是 $f(z_1,z_2,\cdots,z_n)$ 关于 z_1 在 a_1 附近的幂级数展开式,因此它是 z_1 的全纯函数. 一般来说,如果 f 在 a 点附近全纯,那么当 $z_1,\cdots,z_{j-1},z_{j+1},\cdots,z_n$ 固定时,f 便是单变数 z_j 的全纯函数,因而有 Cauchy-Riemann 方程

$$\frac{\partial f}{\partial \bar{z}_j} = 0,\ j = 1,\cdots,n. \tag{3}$$

这 n 个方程称为 f 的 Cauchy-Riemann 方程组.

一个自然的问题是,如果(3)式在 a 点附近成立,能否断言 f 在 a 点附近全纯呢? 答案是肯定的,但证明起来很困难,这里略去它的证明.

定理 9.1.3(Hartogs) 设 Ω 是 $\boldsymbol{C}^n$ 中的域,f: $\Omega\to\boldsymbol{C}$ 是定义在 Ω 上的函数. 对于 $a\in\boldsymbol{C}^n$,定义 $\boldsymbol{C}$ 中的域 $\Omega_{j,a}$ 及 $\Omega_{j,a}$ 上的函数 $f_{j,a}$ 如下:

$$\Omega_{j,a} = \{z\in\boldsymbol{C}:\ (a_1,\cdots,a_{j-1},z,a_{j+1},\cdots,a_n)\in\Omega\},$$

$$f_{j,a}(z) = f(a_1,\cdots,a_{j-1},z,a_{j+1},\cdots,a_n).$$

如果对任意的 $a\in\boldsymbol{C}^n$ 及 $j=1,\cdots,n$, $f_{j,a}\in H(\Omega_{j,a})$,那么 $f\in H(\Omega)$.

设 $f\in H(\Omega)$,根据上面的讨论,当 $z_1,\cdots,z_{j-1},z_{j+1},\cdots,z_n$ 固定时,f 是 z_j 的全纯函数,因而对它的幂级数表达式可以逐项求导数,从幂级数(2)可得

$$\left.\frac{\partial^{\alpha_1+\cdots+\alpha_n} f(z)}{\partial z_1^{\alpha_1}\cdots\partial z_n^{\alpha_n}}\right|_{z=a} = \alpha!c_\alpha.$$

如果记

$$(\mathrm{D}^\alpha f)(a) = \left.\frac{\partial^{\alpha_1+\cdots+\alpha_n} f(z)}{\partial z_1^{\alpha_1}\cdots\partial z_n^{\alpha_n}}\right|_{z=a},$$

那么 f 在 a 点的幂级数展开式(2)可写为

$$f(z) = \sum_\alpha \frac{(\mathrm{D}^\alpha f)(a)}{\alpha!}(z-a)^\alpha.$$

类似于第 4 章定理 4.3.7 的唯一性定理在多复变中是不成立的. 例如,函数 $f(z_1,z_2)=z_1z_2$ 在双圆柱 $U^2=\{z=(z_1,z_2):\ |z_1|$

$<1, |z_2|<1\}$中全纯,点列$\left\{\left(0,\frac{1}{k}\right),\ k=2,3,\cdots\right\}$以$(0,0)$为极限点,且$f\left(0,\frac{1}{k}\right)=0$,但 f 在双圆柱中并不恒等于零. 在多复变中,有下列形式的唯一性定理:

定理 9.1.4 设 Ω 是 $\boldsymbol{C}^n$ 中的域,$f\in H(\Omega)$. 如果 f 在非空开集 $E\subset\Omega$ 上恒等于零,那么 f 在 Ω 上恒等于零.

证 令

$$K=\{z\in\Omega:(\mathrm{D}^\alpha f)(z)=0\text{ 对所有 }\alpha=(\alpha_1,\cdots,\alpha_n)\text{ 成立}\},$$
$$K_\alpha=\{z\in\Omega:(\mathrm{D}^\alpha f)(z)=0\text{ 对某个 }\alpha=(\alpha_1,\cdots,\alpha_n)\text{ 成立}\}.$$

由假定,$E\subset K$,所以 K 不是空集. 显然

$$K=\bigcap_\alpha K_\alpha.$$

因为 $\mathrm{D}^\alpha f$ 是连续函数,所以 K_α 是闭集,因而 K 也是闭集. 任取 $a\in K$,因为 f 在 Ω 中全纯,故存在多圆柱 $P(a,r)\subset\Omega$,使得

$$f(z)=\sum_\alpha\frac{(\mathrm{D}^\alpha f)(a)}{\alpha!}(z-a)^\alpha=0$$

在 $P(a,r)$中成立,因而 $P(a,r)\subset K$,这说明 K 是一个开集. 由于 $\Omega\backslash K$ 也是开集,等式

$$\Omega=K\cup(\Omega\backslash K)$$

与 Ω 的连通性矛盾. 因为 K 不是空集,所以只能 $\Omega\backslash K$ 是空集,即 $K=\Omega$. 由此即知 f 在 Ω 上恒等于零. □

作为唯一性定理的应用,我们可以证明下面的开映射定理:

定理 9.1.5 设 Ω 是 $\boldsymbol{C}^n$ 中的域,f 是 Ω 上非常数的全纯函数,那么 f 把 Ω 中的开集映成 $\boldsymbol{C}$ 中的开集.

证 $n=1$ 时定理是成立的(见定理 4.4.6). 现设 $n>1$. 任取开集 $E\subset\Omega$,我们要证明 $f(E)$是 $\boldsymbol{C}$ 中的开集. 为此任取 $w\in f(E)$,则必存在 $a\in E$,使得 $f(a)=w$. 令 Q 是 a 的一个凸邻域(例如可以取 Q 为包含 a 的一个多圆柱),$Q\subset E$,由定理 9.1.4 知道,f 在 Q 上不能恒等于 $f(a)$,因而能找到 $b\in Q$,使得 $f(a)\neq f(b)$. 令

$$D = \{\lambda \in \boldsymbol{C}\colon a + \lambda(b - a) \in Q\},$$

显然 $\lambda=0$,$\lambda=1$ 都属于 D,因而 D 不是空集. 由于 Q 是开集,所以 D 也是 $\boldsymbol{C}$ 中的开集. 令

$$g(\lambda) = f(a + \lambda(b - a)),\ \lambda \in D.$$

容易知道它是 D 上的全纯函数,且

$$g(0) = f(a) \neq f(b) = g(1),$$

即 g 不是常数. 于是,由定理 4.4.6 即知 $g(D)$是 $\boldsymbol{C}$ 中的开集,且 $w=f(a)=g(0)\in g(D)$. 另一方面,$g(D)\subset f(Q)\subset f(E)$,因而 $f(E)$是 $\boldsymbol{C}$ 中的开集. □

利用开映射定理又可得到下面的最大模原理:

定理 9.1.6 设 Ω 是 $\boldsymbol{C}^n$ 中的域,f 是 Ω 上非常数的全纯函数,那么 f 的模不可能在 Ω 的内点达到最大值.

这个定理的证明与定理 4.5.1 的证明一样,留给读者作为练习.

习 题 9.1

1. 设 Ω 是 $\boldsymbol{C}^n$ 中的域,$f\in H(\Omega)$. 如果存在 $a\in\Omega$,使得 $(\mathrm{D}^\alpha f)(a)=0$ 对所有多重指标 $\alpha=(\alpha_1,\cdots,\alpha_n)$成立,证明在 Ω 上 $f(z)\equiv 0$.

2. 设 Ω 是 $\boldsymbol{C}^n$ 中的域,$f_1,\cdots,f_m\in H(\Omega)$. 如果 $\sum\limits_{j=1}^{m} | f_j(z) |^2$ 在 Ω 上为一常数,证明 $f_1,\cdots,f_m$ 都是常数.

3. 设 Ω 是 $\boldsymbol{C}^n$ 中的域,$f,g\in H(\Omega)$. 如果 $f(z)g(z)\equiv 0$ 在 Ω 上成立,证明 f 或 g 必在 Ω 上恒等于零.

4. 证明定理 9.1.6.

9.2 多圆柱的 Cauchy 积分公式

在单复变中,Cauchy 积分公式起了十分重要的作用,对于不

同的域，Cauchy 积分公式具有相同的形式. 但在多复变中，情况要复杂得多，对于不同的域，有不同的 Cauchy 积分公式. 下面先给出多圆柱上的 Cauchy 积分公式.

定理 9.2.1 设 Ω 是 $\boldsymbol{C}^n$ 中的域，$f\in H(\Omega)$. 如果 $\overline{P(a,r)}\subset\Omega$，则对 $z\in P(a,r)$，有

$$f(z)=\frac{1}{(2\pi\mathrm{i})^n}\int\limits_{|\zeta_1-a_1|=r_1}\cdots\int\limits_{|\zeta_n-a_n|=r_n}\frac{f(\zeta_1,\cdots,\zeta_n)\mathrm{d}\zeta_1\cdots\mathrm{d}\zeta_n}{(\zeta_1-z_1)\cdots(\zeta_n-z_n)}. \quad (1)$$

证 当 $n=1$ 时，这是熟知的圆盘上的 Cauchy 积分公式. 今设定理对 $n-1$ 个变数的全纯函数成立. 分别在圆周 $|\zeta_2-a_2|=r_2,\cdots,|\zeta_n-a_n|=r_n$ 上固定 $\zeta_2,\cdots,\zeta_n$，则 $f(z_1,\zeta_2,\cdots,\zeta_n)$ 是圆盘 $|z_1-a_1|\leqslant r_1$ 上的全纯函数，由单复变的 Cauchy 积分公式得

$$f(z_1,\zeta_2,\cdots,\zeta_n)=\frac{1}{2\pi\mathrm{i}}\int\limits_{|\zeta_1-a_1|=r_1}\frac{f(\zeta_1,\zeta_2,\cdots,\zeta_n)}{\zeta_1-z_1}\mathrm{d}\zeta_1. \quad (2)$$

固定 z_1，把 $f(z_1,z_2,\cdots,z_n)$ 看成 $z_2,\cdots,z_n$ 的函数，用归纳法的假定，再利用(2)式，即得

$$\begin{aligned}&f(z_1,z_2,\cdots,z_n)\\&\quad=\frac{1}{(2\pi\mathrm{i})^{n-1}}\int\limits_{|\zeta_2-a_2|=r_2}\cdots\int\limits_{|\zeta_n-a_n|=r_n}\frac{f(z,\zeta_2,\cdots,\zeta_n)\mathrm{d}\zeta_2\cdots\mathrm{d}\zeta_n}{(\zeta_2-z_2)\cdots(\zeta_n-z_n)}\\&\quad=\frac{1}{(2\pi\mathrm{i})^n}\int\limits_{|\zeta_1-a_1|=r_1}\cdots\int\limits_{|\zeta_n-a_n|=r_n}\frac{f(\zeta_1,\cdots,\zeta_n)\mathrm{d}\zeta_1\cdots\mathrm{d}\zeta_n}{(\zeta_1-z_1)\cdots(\zeta_n-z_n)}.\end{aligned}$$ □

如果记 $D_j=\{z_j\in\boldsymbol{C}:\ |z_j-a_j|<r_j\}$，$j=1,2,\cdots,n$，那么多圆柱 $P(a,r)$ 是这 n 个圆盘的拓扑积. 它的边界 ∂P 由若干部分组成，例如，$\partial D_1\times D_2\times\cdots\times D_n$，$\partial D_1\times\partial D_2\times D_3\times\cdots\times D_n$，$\cdots$，$\partial D_1\times\partial D_2\times\cdots\times\partial D_n$ 都是它的边界的组成部分. 其中，最低维的那一部分

$$\partial D_1\times\cdots\times\partial D_n=\{(z_1,\cdots,z_n):\ |z_j-a_j|=r_j,\ j=1,\cdots,n\}$$

称为 $P(a,r)$ 的特征边界，记为 $\partial_0 P$.

多圆柱的 Cauchy 积分公式(1)的积分区域不是 $P(a,r)$ 的全部边界，而只是它的边界的一部分——特征边界. 这是多复变与单复变的一个重要区别. 在单复变中，Cauchy 积分公式的积分是在

全部边界上进行的.

如果在 Cauchy 积分公式(1)中对 z 求导数,可得

$$(\mathrm{D}^{\alpha}f)(a)=\frac{\alpha!}{(2\pi\mathrm{i})^{n}}\int_{\partial_0 P}\frac{f(\zeta)\mathrm{d}\zeta_1\cdots\mathrm{d}\zeta_n}{(\zeta_1-a_1)^{\alpha_1+1}\cdots(\zeta_n-a_n)^{\alpha_n+1}}. \qquad (3)$$

由此可以得到下面的 **Cauchy 不等式**.

定理 9.2.2 设 Ω 是 $\boldsymbol{C}^n$ 中的域,$\overline{P(a,r)}\subset\Omega$. 如果 $f\in H(\Omega)$,记 $M=\sup\{|f(\zeta)|:\zeta\in\partial_0 P\}$,那么对任意多重指标 $\alpha=(\alpha_1,\cdots,\alpha_n)$,有

$$|(\mathrm{D}^{\alpha}f)(a)|\leqslant M\frac{\alpha!}{r^{\alpha}}.$$

证 从等式(3)即得

$$\begin{aligned}|(\mathrm{D}^{\alpha}f)(a)|&\leqslant\frac{\alpha!}{(2\pi)^{n}}\int_{\partial_0 P}\frac{|f(\zeta)||\mathrm{d}\zeta_1|\cdots|\mathrm{d}\zeta_n|}{|\zeta_1-a_1|^{\alpha_1+1}\cdots|\zeta_n-a_n|^{\alpha_n+1}}\\&\leqslant\frac{\alpha!}{(2\pi)^{n}}\frac{M}{r_1^{\alpha_1+1}\cdots r_n^{\alpha_n+1}}(2\pi)^{n}r_1\cdots r_n\\&=M\frac{\alpha!}{r^{\alpha}}.\end{aligned}$$ □

当 $n=1$ 时,这就是定理 3.5.1.

我们也有类似于引理 4.1.8 的结果.

定理 9.2.3 设 Ω 是 $\boldsymbol{C}^n$ 中的域,$f\in H(\Omega)$. 如果紧集 K 及其邻域 G 满足条件 $K\subset G\subset\subset\Omega$,那么有不等式

$$\sup\{|(\mathrm{D}^{\alpha}f)(z)|:z\in K\}\leqslant C\sup\{|f(z)|:z\in G\},$$

这里,C 是与 K,G 及 α 有关的常数.

证 因为 $\rho=d(K,\partial G)>0$,所以以 K 中任何点 a 为中心、ρ 为半径的多圆柱

$$P=\{(z_1,\cdots,z_n):|z_j-a_j|<\rho,\ j=1,\cdots,n\}$$

都含在 G 中. 于是由 Cauchy 不等式,有

$$\begin{aligned}|(\mathrm{D}^{\alpha}f)(a)|&\leqslant\sup_{\zeta\in\partial_0 P}|f(\zeta)|\frac{\alpha!}{\rho^{|\alpha|}}\\&\leqslant C\sup\{|f(z)|:z\in G\}.\end{aligned}$$

由此即得所要证的不等式. □

在多复变中,也有类似于单复变中的 Weierstrass 定理.

定理 9.2.4 设 Ω 是 $\boldsymbol{C}^n$ 中的域,$\{f_k\}$ 是 Ω 上的一列全纯函数,如果它在 Ω 上内闭一致收敛于 f,那么 $f\in H(\Omega)$,而且对任意多重指标 $\alpha=(\alpha_1,\cdots,\alpha_n)$,$\{D^\alpha f_k\}$ 在 Ω 上内闭一致收敛于 $D^\alpha f$.

证 对任意 $a\in\Omega$,我们证明 f 在 a 附近能展开成幂级数. 适当选取 $\rho=(\rho_1,\cdots,\rho_n)$,使得 $\overline{P(a,\rho)}\subset\Omega$. 对 f_k 用 Cauchy 积分公式,得

$$f_k(z)=\frac{1}{(2\pi\mathrm{i})^n}\int_{\partial_0 P}\frac{f_k(\zeta)\mathrm{d}\zeta_1\cdots\mathrm{d}\zeta_n}{(\zeta_1-z_1)\cdots(\zeta_n-z_n)},\ z\in P(a,\rho).$$

由于当 $k\to\infty$ 时,f_k 在 $\partial_0 P$ 上一致收敛于 f,故在上式中令 $k\to\infty$,即得

$$f(z)=\frac{1}{(2\pi\mathrm{i})^n}\int_{\partial_0 P}\frac{f(\zeta)\mathrm{d}\zeta_1\cdots\mathrm{d}\zeta_n}{(\zeta_1-z_1)\cdots(\zeta_n-z_n)},\ z\in P(a,\rho).\qquad(4)$$

利用证明定理 4.3.1 时用过的方法,有

$$\begin{aligned}\frac{1}{\zeta_j-z_j}&=\frac{1}{(\zeta_j-a_j)-(z_j-a_j)}\\&=\frac{1}{\zeta_j-a_j}\left(1-\frac{z_j-a_j}{\zeta_j-a_j}\right)^{-1}\\&=\frac{1}{\zeta_j-a_j}\sum_{\alpha_j=0}^{\infty}\left(\frac{z_j-a_j}{\zeta_j-a_j}\right)^{\alpha_j},\end{aligned}$$

于是

$$\frac{1}{(\zeta_1-z_1)\cdots(\zeta_n-z_n)}=\sum_{\alpha_1=0}^{\infty}\cdots\sum_{\alpha_n=0}^{\infty}\frac{(z_1-a_1)^{\alpha_1}\cdots(z_n-a_n)^{\alpha_n}}{(\zeta_1-a_1)^{\alpha_1+1}\cdots(\zeta_n-a_n)^{\alpha_n+1}}.$$

上述级数对于 $\zeta\in\partial_0 P$ 是一致收敛的,代入(4)式即得

$$f(z)=\sum_{\alpha\geqslant 0}\left\{\frac{1}{(2\pi\mathrm{i})^n}\int_{\partial_0 P}\frac{f(\zeta)\mathrm{d}\zeta_1\cdots\mathrm{d}\zeta_n}{(\zeta_1-a_1)^{\alpha_1+1}\cdots(\zeta_n-a_n)^{\alpha_n+1}}\right\}(z-a)^\alpha.$$

把上面花括弧中的数记为 c_α,即得

$$f(z)=\sum_{\alpha\geqslant 0}c_\alpha(z-a)^\alpha.$$

这就证明了 $f\in H(\Omega)$.

对于任意紧集 $K\subset D$,取其邻域 G,使得 $K\subset G\subset\subset\Omega$. 因为 $\overline{G}$ 是紧的,故对任意 $\varepsilon>0$,存在 k_0,当 $k>k_0$ 时,有

$$\sup\{|f_k(z)-f(z)|: z\in\overline{G}\}<\varepsilon.$$

于是,由定理 9.2.3 得

$$\begin{aligned}&\sup\{|D^\alpha(f_k-f)(z)|: z\in K\}\\ &\quad\leqslant C\sup\{|f_k(z)-f(z)|: z\in\overline{G}\}\\ &\quad< C\varepsilon.\end{aligned}$$

这正好说明 $D^\alpha f_k$ 在 Ω 上内闭一致收敛到 $D^\alpha f$. □

多圆柱的 Cauchy 积分公式是单位圆盘 Cauchy 积分公式的自然推广,人们很早就知道它了. 可是长期以来人们不知道球的 Cauchy 积分公式是什么样子,直到本世纪 50 年代中期,华罗庚得到了四类典型域的 Cauchy 积分公式,作为第一类典型域的一种特殊情形,人们才得到了球的 Cauchy 积分公式. 由此可见,在多复变中,Cauchy 积分公式因域而异,寻找给定域的 Cauchy 积分公式本身是一个相当困难的研究课题.

习　题　9.2

1. 设 $P(a,r)$ 是一个多圆柱,试利用多圆柱上的 Cauchy 积分公式证明:若 $f\in C(\overline{P(a,r)})\cap H(P(a,r))$,则 f 的最大模必在 $\partial_0 P$ 上取到.

2. 设 Ω 是 $\boldsymbol{C}^n$ 中的域,$\overline{P(a,r)}\subset\Omega$. 如果 $f\in H(\Omega)$,那么对任意多重指标 $\alpha=(\alpha_1,\cdots,\alpha_n)$,有

$$|(D^\alpha f)(a)|\leqslant\frac{\alpha!(\alpha_1+2)\cdots(\alpha_n+2)}{(2n)^n r^{\alpha+2}}\|f\|_{L^1(P(a,r))},$$

这里

$$\|f\|_{L^1(P(a,r))}=\int_{P(a,r)}|f(z)|\,dm(z),$$

$dm(z)$ 是 $\boldsymbol{R}^{2n}$ 中的测度.

3. 设 f 是 $\boldsymbol{C}^n$ 上的有界全纯函数，证明 f 必为常数.

4. 设 Ω 是 $\boldsymbol{C}^n$ 中的域，$\{f_k\}$ 是 Ω 上一列处处不为零的全纯函数. 如果 $\{f_k\}$ 在 Ω 上内闭一致收敛于 f，那么 f 在 Ω 中或者恒等于零，或者处处不等于零.

9.3 全纯函数在 Reinhardt 域上的展开式

为了找出发生 Hartogs 现象的域，我们要先讨论全纯函数在 Reinhardt 域上的展开式.

定义 9.3.1 设 Ω 是 $\boldsymbol{C}^n$ 中的域，如果对任意 $(z_1,\cdots,z_n)\in\Omega$ 及 $\theta_1,\cdots,\theta_n\in\boldsymbol{R}$，必有 $(\mathrm{e}^{\mathrm{i}\theta_1}z_1,\cdots,\mathrm{e}^{\mathrm{i}\theta_n}z_n)\in\Omega$，就称 Ω 是 **Reinhardt 域**.

前面提到的球和多圆柱都是 Reinhardt 域.

定理 9.3.2 设 Ω 是 $\boldsymbol{C}^n$ 中的 Reinhardt 域，$f\in H(\Omega)$，那么 f 必有 Laurent 展开式

$$f(z)=\sum_{\alpha\in\boldsymbol{Z}^n}a_\alpha z^\alpha, \tag{1}$$

这里，$\boldsymbol{Z}^n=\{(\alpha_1,\cdots,\alpha_n):\alpha_1,\cdots,\alpha_n$ 都是整数$\}$. 上述级数在 Ω 中内闭一致收敛，且 a_α 由 f 唯一确定.

证 我们先证，如果展开式(1)在 Ω 上内闭一致收敛，那么 a_α 由 f 唯一确定. 事实上，取 $w\in\Omega$，要求 w 的每个坐标 $w_j\neq0$. 对于这个固定的 w，取 $z=(\mathrm{e}^{\mathrm{i}\theta_1}w_1,\cdots,\mathrm{e}^{\mathrm{i}\theta_n}w_n)$，则 $z\in\Omega$. 于是，由展开式(1)得

$$f(\mathrm{e}^{\mathrm{i}\theta_1}w_1,\cdots,\mathrm{e}^{\mathrm{i}\theta_n}w_n)=\sum_{\alpha\in\boldsymbol{Z}^n}a_\alpha w_1{}^{\alpha_1}\cdots w_n{}^{\alpha_n}\mathrm{e}^{\mathrm{i}(\alpha_1\theta_1+\cdots+\alpha_n\theta_n)}.$$

两端乘以 $\mathrm{e}^{-\mathrm{i}(\beta_1\theta_1+\cdots+\beta_n\theta_n)}$，得

$$\begin{aligned}&f(\mathrm{e}^{\mathrm{i}\theta_1}w_1,\cdots,\mathrm{e}^{\mathrm{i}\theta_n}w_n)\mathrm{e}^{-\mathrm{i}(\beta_1\theta_1+\cdots+\beta_n\theta_n)}\\&\quad=\sum_{\alpha\in\boldsymbol{Z}^n}a_\alpha w_1{}^{\alpha_1}\cdots w_n{}^{\alpha_n}\mathrm{e}^{\mathrm{i}[(\alpha_1-\beta_1)\theta_1+\cdots+(\alpha_n-\beta_n)\theta_n]},\end{aligned}$$

这里，$(\beta_1,\cdots,\beta_n)$ 是任意一个多重指标. 上式两端分别对 $\theta_1,\cdots,\theta_n$ 在 $[0,2\pi]$ 上积分，由于右端级数的项只有当 $\alpha=\beta$ 时不为零，因

而有

$$a_\beta = \frac{1}{(2\pi)^n}\frac{1}{w^\beta}\int_0^{2\pi}\cdots\int_0^{2\pi} f(e^{i\theta_1}w_1,\cdots,e^{i\theta_n}w_n)e^{-i(\beta_1\theta_1+\cdots+\beta_n\theta_n)}d\theta_1\cdots d\theta_n.$$

这就证明了展开式(1)中的系数由 f 所唯一确定.

现在证明展开式(1)成立. 取定 $w\in\Omega$,由于 Ω 是 Reinhardt 域,故可取充分小的 $\varepsilon>0$,使得

$G(w,\varepsilon) = \{z \in \boldsymbol{C}^n: |w_j|-\varepsilon<|z_j|<|w_j|+\varepsilon, j = 1,\cdots,n\}$

含在 Ω 中. 这是因为对于任意的 $z\in G(w,\varepsilon)$,有

$$||z_j|-|w_j||<\varepsilon,\ j = 1,\cdots,n.$$

令 $z_j{}'=e^{i\theta_j}z_j$,当然有

$$||z_j{}'|-|w_j||<\varepsilon,\ j = 1,\cdots,n. \tag{2}$$

适当选择 θ_j,可使 $\arg z_j{}'=\arg w_j$,于是(2)式变成

$$|z_j{}'-w_j|<\varepsilon,\ j = 1,\cdots,n.$$

因为 Ω 是域,取 $\varepsilon>0$ 充分小,可使$(z_1{}',\cdots,z_n{}')\in\Omega$. 因为 Ω 是 Reinhardt 域,所以

$$(z_1,\cdots,z_n) = (e^{-i\theta_1}z_1{}',\cdots,e^{-i\theta_n}z_n{}')\in\Omega.$$

由于 $G(w,\varepsilon)$是 n 个圆环的拓扑积,对 f 的每个变量分别用单复变中的 Laurent 定理,可得

$$f(z) = \sum_{\alpha\in\boldsymbol{Z}^n} a_\alpha(w)z^\alpha,\ z\in G(w,\varepsilon),$$

它在 w 的邻域中一致收敛. 不难证明 $a_\alpha(w)$实际上与 w 无关. 为此,取 $w'\in G(w,\varepsilon)$,同样有

$$f(z) = \sum_{\alpha\in\boldsymbol{Z}^n} a_\alpha(w')z^\alpha,\ z\in G(w',\varepsilon').$$

由上面证明的 a_α 的唯一性知道,$a_\alpha(w)=a_\alpha(w')$, $\alpha\in\boldsymbol{Z}^n$. 这就证明了$a_\alpha(w)$在一个局部范围内是一个常数,利用 Ω 的连通性,便知 $a_\alpha(w)=a_\alpha$在 Ω 上成立. 因而

$$f(z) = \sum_{\alpha\in\boldsymbol{Z}^n} a_\alpha z^\alpha$$

在 Ω 中每一点的邻域中一致地成立,从而在 Ω 中内闭一致地成

立. □

从这个定理可得下面很有用的定理:

定理 9.3.3 设 Ω 是 $\boldsymbol{C}^n$ 中的 Reinhardt 域,如果对每个 j $(j=1,\cdots,n)$,Ω 中都有第 j 个坐标为零的点,那么每个 $f\in H(\Omega)$ 都有幂级数展开式

$$f(z)=\sum_{\alpha\geqslant 0}a_\alpha z^\alpha, \tag{3}$$

它在 Ω 上内闭一致地成立.

证 因为 Ω 是 Reinhardt 域,根据定理 9.3.2,f 有 Laurent 展开式

$$f(z)=\sum_{\alpha\in\boldsymbol{Z}^n}a_\alpha z^\alpha. \tag{4}$$

我们要证明,如果 $\alpha=(\alpha_1,\cdots,\alpha_n)$ 的某个分量出现负整数,那么相应的系数 $a_\alpha=0$,这样展开式(4)就变成幂级数了. 事实上,设 α_k 是一个负整数,而相应的 $a_\alpha\neq 0$,这时取第 k 个坐标为零的点

$$\tilde{z}=(z_1,\cdots,z_{k-1},0,z_{k+1},\cdots,z_n),$$

于是 $a_\alpha\tilde{z}^\alpha=\infty$,因而(4)式在 $\tilde{z}$ 处不成立,这是一个矛盾. 所以,(4)式的右端就是幂级数(3). □

由于单位球 B_n 和单位多圆柱 U^n 都满足定理 9.3.3 的条件,所以从定理 9.3.3 立刻可得

定理 9.3.4 每个 $f\in H(B_n)$ 都有幂级数展开式

$$f(z)=\sum_{\alpha\geqslant 0}a_\alpha z^\alpha,\ z\in B_n.$$

定理 9.3.5 每个 $f\in H(U^n)$ 都有幂级数展开式

$$f(z)=\sum_{\alpha\geqslant 0}a_\alpha z^\alpha,\ z\in U^n.$$

上面这个展开式也可写为

$$f(z)=\sum_{k=0}^{\infty}\sum_{|\alpha|=k}a_\alpha z^\alpha=\sum_{k=0}^{\infty}P_k(z),$$

这里,$P_k(z)=\sum\limits_{|\alpha|=k}a_\alpha z^\alpha$ 是 $z_1,\cdots,z_n$ 的 k 次齐次多项式. 上式称为

f 的齐次展开式.

为简单起见,我们就 $n=2$ 的情形写出 $P_k(z)$的具体表达式:

$$P_0(z)=a_{0,0},$$

$$P_1(z)=\sum_{|\alpha|=1}a_\alpha z^\alpha=a_{1,0}z_1+a_{0,1}z_2,$$

$$P_2(z)=\sum_{|\alpha|=2}a_\alpha z^\alpha=a_{2,0}z_1^2+a_{1,1}z_1z_2+a_{0,2}z_2^2,$$

$$P_3(z)=\sum_{|\alpha|=3}a_\alpha z^\alpha=a_{3,0}z_1^3+a_{2,1}z_1^2z_2+a_{1,2}z_1z_2^2+a_{0,3}z_2^3,$$

$\cdots$.

从定理 9.3.3 还可得到下面的全纯开拓定理:

定理 9.3.6 设 Ω 是 $\boldsymbol{C}^n$ 中的 Reinhardt 域,如果对每个 j $(j=1,\cdots,n)$,Ω 中都有第 j 个坐标为零的点,那么每个 $f\in H(\Omega)$ 都能全纯开拓到域

$$\Omega'=\{w=(\rho_1z_1,\cdots,\rho_nz_n):(z_1,\cdots,z_n)\in\Omega,$$
$$0\leqslant\rho_j\leqslant1,j=1,\cdots,n\}.$$

证 根据定理 9.3.3,f 在Ω 中有幂级数展开式

$$f(z)=\sum_{\alpha\geqslant0}a_\alpha z^\alpha,\ z\in\Omega.$$

任取 $w\in\Omega'$,按定义,存在 $z\in\Omega$ 及 $0\leqslant\rho_j\leqslant1,j=1,\cdots,n$,使得 $w_j=\rho_jz_j,j=1,\cdots,n$,因而$|w_j|\leqslant|z_j|$. 由于 $\sum\limits_{\alpha\geqslant0}a_\alpha z^\alpha$ 收敛,由命题 9.1.1, $\sum\limits_{\alpha\geqslant0}a_\alpha w^\alpha$ 收敛,且在Ω'中内闭一致收敛. 现在定义

$$F(w)=\sum_{\alpha}a_\alpha w^\alpha,\ w\in\Omega',$$

由 Weierstrass 定理,$F\in H(\Omega')$,且 $F|_\Omega=f$,所以 F 是 f 在Ω'上的全纯开拓. □

从这个定理马上可以举出发生 Hartogs 现象的具体的域.

例 9.3.7 设 $0<r<R$,若

$$\Omega=\{z=(z_1,\cdots,z_n):r^2<|z_1|^2+\cdots+|z_n|^2<R^2\},$$

则每个 $f\in H(\Omega)$必能全纯开拓到

$$B(0,R) = \{z = (z_1,\cdots,z_n): |z_1|^2 + \cdots + |z_n|^2 < R^2\}.$$

由例 9.3.7 还可得到一个与单复变有本质不同的事实：在单复变中，全纯函数的零点一定是孤立的，可在多复变中恰好相反.

定理 9.3.8 设 Ω 是 $\boldsymbol{C}^n(n>1)$ 中的域，$f\in H(\Omega)$，那么 f 在 Ω 上的零点一定不是孤立的.

证 如果 $a\in\Omega$ 是 f 的一个孤立零点，这意味着存在以 a 为中心、以充分小的正数 ε 为半径的球 $B(a,\varepsilon)\subset\Omega$，$f$ 在 $B(a,\varepsilon)$ 中除 a 以外不再有其他的零点. 令

$$g(z) = \frac{1}{f(z)},$$

则 g 在 $B(a,\varepsilon)\backslash\overline{B\left(a,\frac{\varepsilon}{2}\right)}$ 中全纯. 由例 9.3.7，g 必在 $B(a,\varepsilon)$ 中全纯，因而 $f(a)\neq 0$，这是一个矛盾. □

Hartogs 现象是多复变数空间 $\boldsymbol{C}^n(n>1)$ 中所特有的，在复平面上没有这种现象. 设 D 是 $\boldsymbol{C}$ 中的域，在 ∂D 上任意取一点 a，那么

$$f(z) = \frac{1}{z-a}$$

是 D 中的全纯函数，但它不能越过 a 全纯开拓出去. 这说明对 D 不会发生 Hartogs 现象.

$\boldsymbol{C}^n$ 中怎样的域不会发生 Hartogs 现象呢? 我们把不发生 Hartogs 现象的域称为全纯域. 严格说来，我们有下面的

定义 9.3.9 设 Ω 是 $\boldsymbol{C}^n$ 中的域，如果不存在比 Ω 更大的域 Ω' ($\Omega'\supset\Omega,\Omega'\neq\Omega$)，使得 $H(\Omega)$ 中的每个函数都能全纯开拓到 Ω' 上去，就称 Ω 是**全纯域**.

如上面所说，$\boldsymbol{C}$ 中所有的域都是全纯域. $\boldsymbol{C}^n(n>1)$ 中什么样的域是全纯域，这是多复变中一个十分重要的问题. 我们在这里给出一个域是全纯域的一个充分条件.

定理 9.3.10 $\boldsymbol{C}^n$ 中的凸域一定是全纯域.

证 设 Ω 是 $\boldsymbol{C}^n$ 中的凸域，故对 $\partial\Omega$ 上每一点 ζ，存在一个过 ζ 的超平面 Q，它与 Ω 不相交. 不妨设 $\zeta=0$，则过 ζ 的超平面可写为

$$a_1x_1+b_1y_1+\cdots+a_nx_n+b_ny_n=0. \tag{5}$$

记 $c_j=a_j-\mathrm{i}b_j$，$z_j=x_j+\mathrm{i}y_j$，则(5)式可写为

$$\mathrm{Re}\Big(\sum_{j=1}^{n}c_jz_j\Big)=0.$$

令 $g(z)=\sum\limits_{j=1}^{n}c_jz_j$，易知 g 在 Ω 中没有零点. 因为若有 $w\in\Omega$，使得 $g(w)=0$，则 $\mathrm{Re}g(w)=0$，这等于说超平面(5)通过 w 点，与 Q 的取法相矛盾. 因而

$$f(z)=\frac{1}{g(z)}$$

是 Ω 中的全纯函数，但它不能通过边界点 ζ 全纯开拓出去. □

显然，这个定理的逆是不成立的，即全纯域不一定是凸域，这在 $n=1$ 时就有大量的反例. 因此，全纯域是比凸域更为广泛的一类域.

习　题　9.3

1. 记 $A(B_n)=H(B_n)\cap C(\overline{B}_n)$，$n>1$.

(i) 设 $f\in A(B_n)$，如果 f 在 ∂B_n 上处处不为零，证明 f 在 B_n 中也处处不为零；

(ii) 设 $f\in A(B_n)$，证明 $f(\overline{B_n})=f(\partial B_n)$；

(iii) 举例说明，上述结论在 $n=1$ 时不成立.

2. 设 $f\in A(B_n)$，$n>1$. 如果 $|f|$ 在球面 ∂B_n 上恒等于常数 c，那么 f 在 B_n 中也恒等于常数 c. 举例说明 $n=1$ 时结论不成立.

3. 设 $0<\alpha,\beta<1$，记

$$G_1=\{(z,w)\in\boldsymbol{C}^2:|z|<1,\beta<|w|<1\},$$

$$G_2=\{(z,w)\in\boldsymbol{C}^2:|z|<\alpha,|w|<1\},$$

令 $G=G_1\cup G_2$. 证明：$H(G)$ 中的每一个函数都能全纯开拓到双圆柱域

$$U^2=\{(z,w)\in\boldsymbol{C}^2:|z|<1,|w|<1\}.$$

9.4 全纯映射的导数

设Ω是$\boldsymbol{C}^n$中的域，$f:\Omega\to\boldsymbol{C}$是定义在$\Omega$上的复值函数，它可以看成是$\Omega$到$\boldsymbol{C}$上的一个映射. 从映射的角度来看，更重要的是要考虑Ω到$\boldsymbol{C}^n$中的映射.

定义 9.4.1 设Ω是$\boldsymbol{C}^n$中的域，$f_1,\cdots,f_n$是Ω上的n个全纯函数，称$F=(f_1,\cdots,f_n)$是Ω到$\boldsymbol{C}^n$的全纯映射.

在单变数的情形下，如果f在z_0处可微，则有

$$f(z_0+h)-f(z_0)=f'(z_0)h+o(|h|),$$

这里，导数$f'(z_0)$可以看成是由f和z_0确定的一个线性算子A：$h\to f'(z_0)h$. 下面就用这一观点来定义全纯映射的导数.

定义 9.4.2 设Ω是$\boldsymbol{C}^n$中的域，$F:\Omega\to\boldsymbol{C}^n$是一个映射. 对于给定的$z\in\Omega$，如果存在$A\in L(\boldsymbol{C}^n,\boldsymbol{C}^n)$，使得

$$F(z+h)-F(z)=Ah+o(|h|),\tag{1}$$

就称F在z点可微，称A为F在z点的导数，记为$F'(z)=A$. 这里，$h\in\boldsymbol{C}^n$，$L(\boldsymbol{C}^n,\boldsymbol{C}^n)$表示$\boldsymbol{C}^n\to\boldsymbol{C}^n$的线性映射的全体，(1)式的含义是

$$\lim_{h\to0}\frac{|F(z+h)-F(z)-Ah|}{|h|}=0.$$

那么什么样的映射可微呢？我们有下面的

定理 9.4.3 设Ω是$\boldsymbol{C}^n$中的域，$F=(f_1,\cdots,f_n)$是Ω上的全纯映射，那么F在Ω中的每一点都可微，而且对任意$z\in\Omega$，有

$$F'(z)=\begin{pmatrix}\dfrac{\partial f_1(z)}{\partial z_1} & \cdots & \dfrac{\partial f_1(z)}{\partial z_n}\\ \cdots & \cdots & \cdots\\ \dfrac{\partial f_n(z)}{\partial z_1} & \cdots & \dfrac{\partial f_n(z)}{\partial z_n}\end{pmatrix}.\tag{2}$$

证 因为每个f_j都是Ω上的全纯函数，故在z的邻域中可以

展开为幂级数:

$$f_1(z+h)=f_1(z)+\frac{\partial f_1(z)}{\partial z_1}h_1+\cdots+\frac{\partial f_1(z)}{\partial z_n}h_n+o(|h|),$$

$\cdots,$

$$f_n(z+h)=f_n(z)+\frac{\partial f_n(z)}{\partial z_1}h_1+\cdots+\frac{\partial f_n(z)}{\partial z_n}h_n+o(|h|).$$

写成向量的形式,就有

$$F(z+h)=F(z)+Ah+o(|h|),$$

这里,A 就是(2)式右边的方阵. 按照定义 9.4.2,F 在 z 点可微,而且 $F'(z)=A$. □

由此可知,全纯映射 F 的导数就是它的 Jacobian 矩阵.

下面我们将证明,两个全纯映射的复合映射也是全纯的,而且有类似于复合函数求导数的求导法则.

命题 9.4.4 设 Ω_1,Ω_2 是 $\boldsymbol{C}^n$ 中的两个域,如果

$$F:\Omega_1\rightarrow\Omega_2,$$
$$G:\Omega_2\rightarrow\boldsymbol{C}^n$$

都是全纯映射,那么复合映射 $H=G\circ F$ 也是 Ω_1 上的全纯映射,而且

$$H'(z)=G'(w)F'(z),$$

其中,$w=F(z)$.

证 设 $F=(f_1,\cdots,f_n)$, $G=(g_1,\cdots,g_n)$, $H=(h_1,\cdots,h_n)$,其中

$$h_j=g_j(f_1,\cdots,f_n),\ j=1,\cdots,n.$$

于是

$$\frac{\partial h_j}{\partial \overline{z}_l}=\sum_{s=1}^{n}\left(\frac{\partial g_j}{\partial w_s}\frac{\partial w_s}{\partial \overline{z}_l}+\frac{\partial g_j}{\partial \overline{w}_s}\frac{\partial \overline{w}_s}{\partial \overline{z}_l}\right), \tag{3}$$

$$\frac{\partial h_j}{\partial z_l}=\sum_{s=1}^{n}\left(\frac{\partial g_j}{\partial w_s}\frac{\partial w_s}{\partial z_l}+\frac{\partial g_j}{\partial \overline{w}_s}\frac{\partial \overline{w}_s}{\partial z_l}\right). \tag{4}$$

由 Cauchy-Riemann 方程组,有

$$\frac{\partial w_s}{\partial \bar{z}_l} = 0,\ s = 1,\cdots,n,$$

$$\frac{\partial g_j}{\partial \bar{w}_s} = 0,\ s = 1,\cdots,n.$$

(3)式和(4)式分别变成

$$\frac{\partial h_j}{\partial \bar{z}_l} = 0,\ j,l = 1,\cdots,n, \tag{5}$$

$$\frac{\partial h_j}{\partial z_l} = \sum_{s=1}^{n} \frac{\partial g_j}{\partial w_s}\frac{\partial w_s}{\partial z_l},\ j,l = 1,\cdots,n. \tag{6}$$

从(5)式即得 $h_j \in H(\Omega_1)$，$j=1,\cdots,n$，所以 H 是全纯映射. 由(6)式即得

$$H'(z) = G'(w)F'(z). \qquad \square$$

习 题 9.4

1. 设 f 是 $\boldsymbol{C}$ 上的一个整函数，满足 $f(0)=f'(0)=1$. 令 $F(z_1,z_2)=(z_1,z_2+f(z_1))$，$I_2$ 为 2 阶单位方阵. 证明：

$$F(0) = 0,\ F'(0) = I_2.$$

2. 设 $\Omega=\{z=(z_1,z_2)\in\boldsymbol{C}^2: |z_1z_2|<1\}$，任取 $h: U\to\boldsymbol{C}$ 为 U 中处处不为零的全纯函数，这里，U 表示单位圆盘. 令

$$F_h(z_1,z_2) = \left(z_1h(z_1z_2),\ \frac{z_2}{h(z_1z_2)}\right).$$

证明：

(i) $F_h(0)=0$；

(ii) $(F_h)^{-1}=F_{\frac{1}{h}}$；

(iii) 如果 $h(0)=1$，那么 $F_h{}'(0)=I_2$.

3. 设 Ω 是 $\boldsymbol{C}^n$ 中的域，$F: \Omega\to\boldsymbol{C}^n$ 是全纯映射，设 $F=(f_1,\cdots,f_n)$，$f_j=u_j+\mathrm{i}v_j$，$j=1,\cdots,n$. 记

$$(\mathrm{J}F)(z) = \det F'(z),$$

$$(\mathrm{J}_R F)(z) = \det\begin{pmatrix} \dfrac{\partial(u_1,\cdots,u_n)}{\partial(x_1,\cdots,x_n)} & \dfrac{\partial(u_1,\cdots,u_n)}{\partial(y_1,\cdots,y_n)} \\ \dfrac{\partial(v_1,\cdots,v_n)}{\partial(x_1,\cdots,x_n)} & \dfrac{\partial(v_1,\cdots,v_n)}{\partial(y_1,\cdots,y_n)} \end{pmatrix},$$

前者称为 F 的复 Jacobian,后者称为 F 的实 Jacobian. 证明:

$$(\mathrm{J}_R F)(z) = |(\mathrm{J}F)(z)|^2.$$

4. 设 Ω 是 $\boldsymbol{C}^n$ 中的域,$F:\Omega\to\boldsymbol{C}^n$ 是全纯映射. 如果存在 $a\in\Omega$,使得 $F'(a)$可逆,那么一定存在 a 和 $F(a)$的邻域 V 和 W,使得 F 一一地把 V 映为 W,而且 F 的逆映射 $G:W\to V$ 是全纯的,等式

$$G'(w) = (F'(z))^{-1}$$

对 $z\in V$ 成立.

9.5 Cartan 定理

定理 4.5.5 给出了单位圆盘的全纯自同构. 一个自然的问题是,如何确定 $\boldsymbol{C}^n$ 中单位球的全纯自同构? 在证明定理 4.5.5 时,用到了 Schwarz 引理(定理 4.5.3)的第(iii)个结论,即若 f 是单位圆盘到单位圆盘的映射,$f(0)=0$,如果 $f'(0)=1$,那么 $f(z)=z$. H. Cartan 把这个定理推广到了多复变数.

定理 9.5.1 设 Ω 是 $\boldsymbol{C}^n$ 中包含原点的有界域,如果 $F:\Omega\to\Omega$ 是全纯的,且有 $F(0)=0$,$F'(0)=I_n$,这里,I_n 是 n 阶单位方阵,那么对任意 $z\in\Omega$,有 $F(z)=z$.

证 因为 Ω 是有界域,故必存在 $0<r<R<\infty$,使得 $B(0,r)\subset\Omega\subset B(0,R)$. 设 $F=(f_1,\cdots,f_n)$,由假定得

$$f_j(0) = 0,\ \frac{\partial f_i}{\partial z_j}(0) = \delta_{ij},\ i,j = 1,\cdots,n.$$

根据定理 9.3.4,f_j 在 $B(0,r)$中有展开式

$$f_j(z) = z_j + P_2^{(j)}(z) + \cdots,\ j = 1,\cdots,n,$$

这里,$P_2^{(j)}$,$P_3^{(j)}$,…分别是 $z_1,\cdots,z_n$ 的 2 次、3 次、…齐次多项式.

因而上式可写为

$$F(z)=z+\sum_{s=2}^{\infty}F_s(z), \tag{1}$$

这里，$F_s(z)=(P_s^{(1)}(z),\cdots,P_s^{(n)}(z))$. 我们要证明

$$F_s(z)\equiv 0,\ s=2,3,\cdots.$$

设第一个不为零的是 F_m，$m\geqslant 2$，则(1)式可写为

$$F(z)=z+\sum_{s=m}^{\infty}F_s(z). \tag{2}$$

注意到 $P_m^{(j)}(z)=\sum\limits_{|\alpha|=m}a_\alpha z^\alpha$，所以

$$\begin{aligned}
P_m^{(j)}(F(z)) &= P_m^{(j)}(f_1,\cdots,f_n)\\
&=\sum_{|\alpha|=m}a_\alpha f_1{}^{\alpha_1}\cdots f_n{}^{\alpha_n}\\
&=\sum_{|\alpha|=m}a_\alpha(z_1+\cdots)^{\alpha_1}\cdots(z_n+\cdots)^{\alpha_n}\\
&=\sum_{|\alpha|=m}a_\alpha z^\alpha+\cdots\\
&=P_m^{(j)}(z)+\cdots,
\end{aligned}$$

因而

$$F_m(F(z))=F_m(z)+\cdots.$$

记 $F^2=F\circ F$，$F^k=F\circ F^{k-1}$，那么

$$\begin{aligned}
F^2(z) &= F(F(z))\\
&=F(z)+F_m(F(z))+\cdots\\
&=z+2F_m(z)+\cdots.
\end{aligned}$$

一般可得

$$F^k(z)=z+kF_m(z)+\cdots,\ k=1,2,\cdots,\ z\in B(0,r).$$

因为 $F_m(z)$的每个分量都是 m 次齐次多项式，所以

$$F^k(\mathrm{e}^{\mathrm{i}\theta}z)=\mathrm{e}^{\mathrm{i}\theta}z+k\mathrm{e}^{\mathrm{i}m\theta}F_m(z)+\cdots.$$

两端乘以 $\mathrm{e}^{-\mathrm{i}m\theta}$，并对 θ 从 0 到 2π 积分，得

$$kF_m(z)=\frac{1}{2\pi}\int_0^{2\pi}F^k(\mathrm{e}^{\mathrm{i}\theta}z)\mathrm{e}^{-\mathrm{i}m\theta}\mathrm{d}\theta, \tag{3}$$

这里，积分是对 F^k 的每个分量进行的．因为 F 把 Ω 映入 Ω，所以 F^k 也把 Ω 映入 Ω，因而

$$|F^k(e^{i\theta}z)| < R,\ k = 1,2,\cdots$$

对所有 $z\in B(0,r)$ 及 $0\leqslant\theta\leqslant 2\pi$ 成立．由(3)式即得

$$k\ |F_m(z)| < R,\ k = 1,2,\cdots$$

对每个 $z\in B(0,r)$ 成立，因而在 $B(0,r)$ 上有 $F_m(z)\equiv 0$．再由唯一性定理（定理 9.1.4），$F_m(z)\equiv 0$ 在 Ω 上成立，所以在 Ω 上有 $F(z)\equiv z$． □

Cartan 证明的另一个定理是对圆型域上的双全纯映射来说的．

定义 9.5.2 设 Ω 是 $\boldsymbol{C}^n$ 中的域，如果对任意 $z\in\Omega$ 及实数 θ，均有 $e^{i\theta}z\in\Omega$，就称 Ω 为**圆型域**．

显然，球和多圆柱都是圆型域，Reinhardt 域也一定是圆型域，但圆型域不一定是 Reinhardt 域．例如，$\Omega=\{(z_1,\cdots,z_n):|z_1+\cdots+z_n|<1\}$ 显然是圆型域，但它不是 Reinhardt 域．

定义 9.5.3 设 Ω 是 $\boldsymbol{C}^n$ 中的域，$F:\Omega\to\boldsymbol{C}^n$ 是全纯映射．如果 F 有全纯的逆映射 F^{-1}，就称 F 是双全纯映射．

对于圆型域上的双全纯映射，有下面的

定理 9.5.4 设 Ω_1 和 Ω_2 是 $\boldsymbol{C}^n$ 中包含原点的圆型域，其中 Ω_1 是有界的．如果 $F:\Omega_1\to\Omega_2$ 是双全纯映射，且 $F(0)=0$，那么 F 一定是线性映射．

证 令 $G=F^{-1}$，因为 $G(F(z))=z$，对等式两边求导数，由命题 9.4.4 得 $G'(0)F'(0)=I_n$．对于固定的实数 θ，定义

$$H(z) = G(e^{-i\theta}F(e^{i\theta}z)),\ z\in\Omega_1.$$

因为 Ω_1 和 Ω_2 都是圆型域，所以 H 是 $\Omega_1\to\Omega_1$ 的全纯映射，而且 $H(0)=0$，$H'(0)=G'(0)F'(0)=I_n$．又因为 Ω_1 是有界域，于是由定理 9.5.1，$H(z)=z$ 对 $z\in\Omega_1$ 成立．由此可得

$$\begin{aligned}F(z) &= F(H(z))\\ &= F(G(e^{-i\theta}F(e^{i\theta}z)))\end{aligned}$$

$$= e^{-i\theta}F(e^{i\theta}z),$$

即

$$F(e^{i\theta}z) = e^{i\theta}F(z), \tag{4}$$

对任意 $z\in\Omega_1$ 及实数 θ 成立. 今在原点附近作 $F(z)$ 的齐次展开式:

$$F(z) = F'(0)z + F_m(z) + \cdots,\ m \geqslant 2, \tag{5}$$

这里, $F(z)$, z, $F_m(z)$ 都写成列向量, $F_m(z)$ 的每个分量都是 m 次齐次多项式. 在(5)式中用 $e^{i\theta}z$ 代替 z, 并注意到等式(4), 即得

$$F(z) = F'(0)z + e^{i(m-1)\theta}F_m(z) + \cdots. \tag{6}$$

比较(5)式与(6)式, 即得 $F_m(z)=0$, 因而

$$F(z) = F'(0)z.$$

这就证明了 F 是一个线性映射. □

设 Ω 是 $\boldsymbol{C}^n$ 中的域, 如果 F 是把 Ω 映为自己的双全纯映射, 就称 F 是 Ω 的一个**全纯自同构**. 与单复变的情形一样, Ω 的全纯自同构的全体记为 $\mathrm{Aut}(\Omega)$.

定义 9.5.5 设 Ω 是 $\boldsymbol{C}^n$ 中的域, 如果对 Ω 中任意两点 a, b, 必有 $\varphi\in\mathrm{Aut}(\Omega)$, 使得 $\varphi(a)=b$, 就称 Ω 为**可递域**或**齐性域**.

可递域有很多良好的性质.

定理 9.5.6 设 Ω_1 和 Ω_2 是 $\boldsymbol{C}^n$ 中包含原点的圆型域, 其中 Ω_1 是有界的可递域. 如果存在双全纯映射 F 把 Ω_1 映为 Ω_2, 那么一定存在线性映射把 Ω_1 映为 Ω_2.

证 设 $a=F^{-1}(0)$. 因为 Ω_1 是可递的, 故必存在 $\varphi\in\mathrm{Aut}(\Omega_1)$, 使得 $\varphi(0)=a$. 令 $G=F\circ\varphi$, 于是

$$G(\Omega_1) = F(\varphi(\Omega_1)) = F(\Omega_1) = \Omega_2,$$

而且 $G(0)=F(\varphi(0))=F(a)=0$. 应用定理 9.5.4, 即知 G 是线性映射. □

习 题 9.5

1. 由习题 9.4 中的第 1,2 两题说明, 定理 9.5.1 和定理

9.5.4 中域 Ω 和 Ω_1 有界的条件是不能去掉的.

2. 设 $F=(f_1, f_2): U^2 \to B_2$ 是双全纯映射.

(i) 证明:对于任意 $\{z_k\} \subset U$ (U 是单位圆盘), $|z_k| \to 1$, 必有子列 $\{z_{k_\nu}\}$, 使得

$$\lim_{\nu \to \infty} F(z_{k_\nu}, w) = \varphi(w),$$

其中, φ 是常数映射, 即 $\varphi(w)=(c_1, c_2)$;

(ii) 由此证明 F 不存在, 即不存在把 U^2 一一地映为 B_2 的双全纯映射.

3. 设 $f \in \mathrm{Aut}(U^n)$, U^n 是单位多圆柱.

(i) 如果 $f(0)=0$, 那么一定存在实数 $\theta_1, \cdots, \theta_n$ 和置换 $\tau: (1, \cdots, n) \to (1, \cdots, n)$, 使得

$$f(z) = (\mathrm{e}^{\mathrm{i}\theta_1} z_{\tau(1)}, \cdots, \mathrm{e}^{\mathrm{i}\theta_n} z_{\tau(n)});$$

(ii) 如果 $f(a)=0$, $a \neq 0$, 那么一定存在实数 $\theta_1, \cdots, \theta_n$ 和置换 $\tau: (1, \cdots, n) \to (1, \cdots, n)$, 使得

$$f(z) = \left(\mathrm{e}^{\mathrm{i}\theta_1} \frac{z_{\tau(1)} - a_1}{1 - \overline{a}_1 z_{\tau(1)}}, \ \cdots, \ \mathrm{e}^{\mathrm{i}\theta_n} \frac{z_{\tau(n)} - a_n}{1 - \overline{a}_n z_{\tau(n)}} \right).$$

9.6 球的全纯自同构和 Poincaré 定理

在这一节中,我们要定出单位球的全部自同构.

先定出让原点保持不变的全纯自同构.

定理 9.6.1 设 $\varphi \in \mathrm{Aut}(B_n)$, 如果 $\varphi(0)=0$, 那么 φ 是一个酉变换, 即存在酉方阵 U, 使得

$$\varphi(z) = zU, \ z \in B_n.$$

证 由定理 9.5.4 知道, φ 是一个线性变换. 设 $\varphi(z)=zT$, 这里, T 是一个 n 阶可逆方阵. 对于任意 $z \in B_n$, 如果 $|z|<|zT|$, 那么 $\frac{z}{|zT|} \in B_n$, 因而 $\left(\frac{z}{|zT|}\right)T \in B_n$, 但 $\left|\left(\frac{z}{|zT|}\right)T\right|=1$, 这不可能. 同理可证, $|z|>|zT|$ 也不可能. 因而对所有 $z \in B_n$, 都有

$|z|=|zT|$,这说明 T 是酉方阵. □

在下面的讨论中,$z=(z_1,\cdots,z_n)$, $a=(a_1,\cdots,a_n)$都表示行向量,z',a'表示它们的转置,是一个列向量,因而 az'表示一个数,而 $a'z$ 表示一个方阵:

$$az' = (a_1,\cdots,a_n)\begin{pmatrix} z_1 \\ \cdots \\ z_n \end{pmatrix} = a_1z_1+\cdots+a_nz_n,$$

$$a'z = \begin{pmatrix} a_1 \\ \cdots \\ a_n \end{pmatrix}(z_1,\cdots,z_n) = \begin{pmatrix} a_1z_1 & \cdots & a_1z_n \\ \cdots & \cdots & \cdots \\ a_nz_1 & \cdots & a_nz_n \end{pmatrix}.$$

定理 9.6.2 对于每个 $a\in B_n$,记 $s^2=1-|a|^2$,$A=sI_n+\dfrac{\overline{a}'a}{1+s}$,那么映射

$$\varphi_a(z)=\frac{a-zA}{1-\overline{a}z'}$$

具有下列性质:

(i) $\varphi_a(0)=a$, $\varphi_a(a)=0$;

(ii) $\varphi_a{}'(0)=a'\overline{a}-A'$, $\varphi_a{}'(a)=-\dfrac{A'}{s^2}$;

(iii) 对 $z\in\overline{B_n}$,有

$$1-|\varphi_a(z)|^2=\frac{(1-|a|^2)(1-|z|^2)}{|1-\overline{a}z'|^2};$$

(iv) $\varphi_a(\varphi_a(z))=z$;

(v) $\varphi_a\in \mathrm{Aut}(B_n)$.

证 (i) $\varphi_a(0)=a$ 是显然的. 由于

$$
\begin{aligned}
aA &= sa + \frac{a\bar{a}'a}{1+s} \\
&= sa + (1-s)a \\
&= a,
\end{aligned}
$$

所以 $\varphi_a(a)=0$.

(ii) 因为

$$
\begin{aligned}
\varphi_a(z) &= (a - zA)(1 + \bar{a}z' + o(|z|)) \\
&= a - zA + z\bar{a}'a + o(|z|) \\
&= \varphi_a(0) + z(\bar{a}'a - A) + o(|z|),
\end{aligned}
$$

根据全纯映射导数的定义(定义 9.4.2),即得

$$\varphi_a{}'(0) = a'\bar{a} - A'.$$

为了计算 $\varphi_a{}'(a)$,注意

$$
\begin{aligned}
\varphi_a(a+h) - \varphi_a(a) &= \varphi_a(a+h) \\
&= \frac{a-(a+h)A}{1-\bar{a}(a+h)'} \\
&= -\frac{hA}{s^2}\left(1-\frac{\bar{a}h'}{s^2}\right)^{-1} \\
&= -\frac{hA}{s^2}\left(1+\frac{\bar{a}h'}{s^2}+o(|h|)\right) \\
&= -\frac{hA}{s^2} + o(|h|),
\end{aligned}
$$

由此即得

$$\varphi_a{}'(a) = -\frac{A'}{s^2}.$$

(iii) 通过直接计算,得

$$
\begin{aligned}
1-|\varphi_a(z)|^2 &= 1-\varphi_a(z)\overline{\varphi_a(z)}' \\
&= 1-\frac{a-zA}{1-\bar{a}z'}\frac{\bar{a}'-\bar{A}'\bar{z}'}{1-a\bar{z}'} \\
&= \frac{1}{|1-\bar{a}z'|^2}(1-\bar{a}z'-a\bar{z}'+\bar{a}z'a\bar{z}' \\
&\quad -a\bar{a}'+zA\bar{a}'+a\bar{A}'\bar{z}'-zA\bar{A}'\bar{z}'). \qquad (1)
\end{aligned}
$$

注意到

$$a\overline{A}' = aA = a,$$
$$A\overline{a}' = \overline{a}',$$

所以

$$a\overline{A}'\overline{z}' = a\overline{z}',$$
$$zA\overline{a}' = z\overline{a}' = \overline{a}z'.$$

显然 $\overline{A}'=A$,所以

$$\begin{aligned} A\overline{A}' = A^2 &= s^2 I_n + \frac{2s\overline{a}'a}{1+s} + \frac{\overline{a}'a\overline{a}'a}{(1+s)^2} \\ &= s^2 I_n + \frac{2s\overline{a}'a}{1+s} + \frac{1-s}{1+s}\overline{a}'a \\ &= s^2 I_n + \overline{a}'a, \end{aligned}$$

即

$$\overline{a}'a - A\overline{A}' = -s^2 I_n.$$

于是,(1)式可写为

$$\begin{aligned} 1-|\varphi_a(z)|^2 &= \frac{1}{|1-\overline{a}z'|^2}(1-|a|^2 + z\overline{a}'a\overline{z}' - zA\overline{A}'\overline{z}') \\ &= \frac{1}{|1-\overline{a}z'|^2}(1-|a|^2 + z(\overline{a}'a - A\overline{A}')\overline{z}') \\ &= \frac{1}{|1-\overline{a}z'|^2}(1-|a|^2 - s^2 z\overline{z}') \\ &= \frac{1}{|1-\overline{a}z'|^2}(1-|a|^2)(1-|z|^2). \end{aligned}$$

这就是要证明的.

(iv) 记 $H=\varphi_a \circ \varphi_a$. 由(iii)知 φ_a 是把 B_n 映入 B_n 的全纯映射,所以 H 也是把 B_n 映入 B_n 的全纯映射. 由(i)得

$$H(0) = \varphi_a(\varphi_a(0)) = \varphi_a(a) = 0.$$

再由命题 9.4.4 及(ii),可得

$$\begin{aligned} H'(0) &= \varphi_a{}'(a)\varphi_a{}'(0) \\ &= -\frac{A'}{s^2}(a'\overline{a} - A') \end{aligned}$$

$$= I_n.$$

于是由定理 9.5.1,即得

$$\varphi_a(\varphi_a(z)) = z.$$

(v) 由(iii)知 φ_a 是把 B_n 映入 B_n 的全纯映射,由(iv)知 $\varphi_a^{-1}=\varphi_a$ 是全纯的,因而 $\varphi_a\in \mathrm{Aut}(B_n)$. □

上面证明了 φ_a 是 B_n 的一个全纯自同构,但是否 B_n 的每个自同构都能写成这种样子呢? 下面的定理断言,B_n 的任何自同构必是 φ_a 和一个酉变换的复合.

定理 9.6.3 设 $\psi\in \mathrm{Aut}(B_n)$,如果 $\psi^{-1}(0)=a$,则必存在唯一的酉方阵 U,使得对每个 $z\in B_n$,有

$$\psi(z) = \varphi_a(z)U.$$

证 记 $f=\psi\circ\varphi_a$,则 $f\in \mathrm{Aut}(B_n)$,且 $f(0)=\psi(a)=0$. 由定理 9.6.1 知,f 是一个酉变换,即存在酉方阵 U,使得 $\psi(\varphi_a(w))=wU$. 令 $\varphi_a(w)=z$,则 $w=\varphi_a(z)$,因而 $\psi(z)=\varphi_a(z)U$. U 的唯一性是显然的. □

现在很容易证明下面的

定理 9.6.4 单位球 B_n 是 $\boldsymbol{C}^n$ 中的可递域.

证 任取 $a,b\in B_n$,则有 $\varphi_a\in \mathrm{Aut}(B_n)$,使得 $\varphi_a(a)=0$,同时有 $\varphi_b\in \mathrm{Aut}(B_n)$,使得 $\varphi_b(0)=b$. 令 $\psi=\varphi_b\circ\varphi_a$,则当然 $\psi\in \mathrm{Aut}(B_n)$,而且 $\psi(a)=b$. 所以 B_n 是可递域. □

定义 9.6.5 设 Ω_1 和 Ω_2 是 $\boldsymbol{C}^n$ 中的两个域,如果存在双全纯映射把 Ω_1 映为 Ω_2,就称 Ω_1 和 Ω_2 是全纯等价的.

在单复变中,Riemann 定理断言,除了整个复平面 $\boldsymbol{C}$ 以外,$\boldsymbol{C}$ 上任意两个单连通域都是全纯等价的. 在多复变中,Riemann 定理不再成立,即使是两个最简单的域 U^n 和 B_n 也不是全纯等价的. 这一事实于本世纪初首先由 Poincaré 指出.

定理 9.6.6(Poincaré) 多圆柱 U^n 和球 B_n 不全纯等价.

证 如果 U^n 和 B_n 全纯等价,那么存在双全纯映射 F,使得 $F(B_n)=U^n$. 由于 B_n 是圆型的,而且是有界可递的,U^n 也是圆型

的，由定理 9.5.6，一定存在线性映射把 B_n 映为 U^n. 但线性映射把球映为椭球，不可能是多圆柱. 这个矛盾证明了 U^n 和 B_n 不是全纯等价的. □

习　题　9.6

1. 对于任意 $z,w\in B_n$，证明：

$$|\varphi_z(w)|=|\varphi_w(z)|.$$

2. 设 $a,z,w\in B_n$，证明：

$$|\varphi_{\varphi_a(w)}(z)|=|\varphi_w(\varphi_a(z))|.$$

（**提示**：考虑映射 $\varphi_{\varphi_a(w)}\circ\varphi_a\circ\varphi_w$.）

3. 定义 $E(a,r)=\varphi_a(B(0,r))=\{z: |\varphi_a(z)|<r\}$. 证明：对任意 $a,z\in B_n$，$0<r<1$，有

$$\varphi_a(E(z,r))=E(\varphi_a(z),r).$$

4. 设 $F\in H(B_n)$，$F=f\circ\varphi_z$. 证明：

(i) $(\nabla F)(0)=(\nabla f)(z)\varphi_z'(0)$，这里

$$(\nabla f)(z)=\left(\frac{\partial f(z)}{\partial z_1},\cdots,\frac{\partial f(z)}{\partial z_n}\right);$$

(ii) $|(\nabla F)(0)|^2=(1-|z|^2)[|(\nabla f)(z)|^2-|(\mathrm{R}f)(z)|^2]$，

这里，$(\mathrm{R}f)(z)=\sum_{j=1}^{n}z_j\dfrac{\partial f(z)}{\partial z_j}$ 是 f 的径向导数.

5. 设 $\psi\in\mathrm{Aut}(B_n)$，如果 $\psi(a)=0$，那么对任意 $z,w\in\overline{B_n}$，有等式

$$1-\psi(z)\,\overline{\psi(w)}'=\frac{(1-|a|^2)(1-z\overline{w}')}{(1-\overline{a}z')(1-a\overline{w}')}.$$

6. 设 $\psi\in\mathrm{Aut}(B_n)$. 如果 ψ 在 ∂B_n 上有三个不同的不动点，证明 ψ 在 B_n 中至少有一个不动点.

（**提示**：设 ζ_1,ζ_2,ζ_3 是 ψ 在 ∂B_n 上的三个不动点，令 $z_0=\dfrac{1}{2}(\zeta_1+\zeta_2)$，先证明 $\varphi_a(z_0)=\dfrac{1}{2}(\varphi_a(\zeta_1)+\varphi_a(\zeta_2))$，这里 $a=\psi^{-1}(0)$，然后再证明 $\psi(z_0)=z_0$.）

名词索引

中文词条按笔画排列，以西文开头的词条按字母顺序排列.

七　画

八　画

九　画

十　画

十一画

十二画

十三画

十四画

十六画